問題編

生物 ［生物基礎・生物］
標準問題精講 六訂版

Standard Exercises in *Biology*

旺文社

学ぶ人は、変えてゆく人だ。

目の前にある問題はもちろん、
人生の問いや、
社会の課題を自ら見つけ、
挑み続けるために、人は学ぶ。
「学び」で、
少しずつ世界は変えてゆける。
いつでも、どこでも、誰でも、
学ぶことができる世の中へ。

旺文社

Standard Exercises in Biology

生 物

[生物基礎・生物]

標準問題精講

六訂版

石原 將弘・朝霞 靖俊・山下 翠 共著

問題編

旺文社

はじめに

　「先生。授業で先生が教えてくれた色んな考え方や計算方法を完全に自分のものにしたいから，もっと沢山の問題を解いてみよと思て問題集を買ってん。でも，問題は難しいのに解説が少ないから，自分一人では，どう考えてどう解いたらいいかわかれへんねん。どうしたらいいん?? もっと詳しく解説してくれてる問題集はないん??」という学生の切実な質問を，今までに一体どれほど受け続けてきただろうか…。

　そして「やっぱりページ数に限りがあるから，どうしても解説が少なくなってしまうんやろなぁ」と答えながら，心の中で「実験考察系や計算系が中心の良問を集めて，ページ数のことを気にせず，自分の納得がいくまで詳しく解説できる問題集を出せる機会があればいいのに」と，一体どれほど思い続けてきただろうか…。

　この『生物（生物基礎・生物）　標準問題精講〔六訂版〕』は，そのような私の願いがようやく叶ったと言える問題集である。そして，本書を一緒に執筆していただいた朝霞靖俊先生と山下翠先生も，必ずや私と同じ気持ちでおられるはずである。とにかく，一刻も早く，本書の奥の深い精講・丁寧で解りやすい解説・そして的を射た **Point** を通じて，実験考察の仕方・計算の仕方・論述の仕方などの本質を学んで欲しい。高度な問題も数多く扱っているので苦労も多いだろうが，その分さらに，諸君の生物学に対する理解や考察する力が飛躍的に伸びることを信じて疑わない。

　なお今回の改訂にあたっては，今後の入試にしっかり対応できるものとなるよう，新しい出題傾向に沿った問題や今後も出題が増加すると予想される問題を積極的に取り入れ，解答・解説の内容がより理解しやすいものとなるよう，多くの修正と加筆を行った。

　最後に，編集部の方々，特に小平雅子さんには本書を執筆する機会を与えていただいた上に甚大なご協力をいただいた。ここに改めて「本当に有り難うございました」と，心より感謝の意を表したい。

M. Ishihara

本書の特長と使い方

　入試では，ほとんどの受験生が解ける基本問題を完全に解答することはもちろん，標準的な問題～やや難しい問題もかなり解けないと，合格はおぼつきません。

　本書は国公立大二次・私立大の入試問題を徹底的に分析し，難関大学の入試で合否の分かれ目になる問題を厳選して，それらを解くためにはどのような学習をしたらよいのかを示しながら丁寧に解説したものです（問題は適宜改題してあります）。したがって，基本的な学習を終了した上で本書にチャレンジしてください。

　なお，本書の姉妹書として『生物（生物基礎・生物）基礎問題精講〔四訂版〕』がありますので，基礎力に少し不安のある人は，そちらを理解してから本書にとりかかってください。

　本書は10章105標問で構成されています。学習の進度に応じて，どの項目からでも学習できますので，自分にあった学習計画を立て，効果的に活用してください。

標問
国公立大二次・私立大の入試問題を徹底的に分析し，生物基礎・生物の分野から，難関大学の入試で合否の分かれ目になる問題を厳選しました。

扱うテーマ
関連する分野を示しました。チャレンジしたい問題を探すときの目安に使うなど，うまく活用してください。

「生物基礎」「生物」
使いやすいように「生物基礎」「生物」の分野を示しました。

★印
- ★なし…必修問題（入試の基礎レベルの問題）
- ★………合格ラインの問題（難関大の合否を決める問題[平均点をとるためには正解することが必要]）
- ★★……チャレンジ問題（難関大の生物で点差をつけたい人が正解したい問題）

目　次

はじめに …………………………………………………………………… 2

本書の特長と使い方 ……………………………………………………… 3

/第 1 章/ 細胞と個体

標問 No.	問題タイトル	扱うテーマ	範囲	ページ
標問 1	生物を構成する物質	生体物質	生物	……8
標問 2	細胞分画法	細胞分画法／密度勾配遠心法	生物基礎 生物	……9
標問 3	細胞間結合	細胞接着分子／カドヘリン	生物基礎 生物	……10
標問 4	細胞膜の構造と機能	流動モザイクモデル／選択的透過性／受動輸送／能動輸送	生物基礎 生物	……12
標問 5	グルコースの輸送	輸送体による輸送／受動輸送／能動輸送	生物	……14
標問 6	細胞周期	細胞周期の解析	生物基礎 生物	……16
標問 7	細胞周期の調節	細胞周期／細胞融合	生物	……18
標問 8	モータータンパク質と細胞骨格	モータータンパク質／細胞骨格／酵素反応の速度	生物	……19
標問 9	細胞内のタンパク質輸送	細胞小器官の役割／モータータンパク質／細胞骨格	生物	……21
標問 10	プロトプラスト・顕微鏡の操作	プロトプラストの作製／ミクロメーターによる計測	生物基礎 生物	……23

/第 2 章/ 代　謝

標問 No.	問題タイトル	扱うテーマ	範囲	ページ
標問 11	タンパク質と酵素	タンパク質の構造／酵素の性質／酵素反応のグラフ	生物基礎 生物	……24
標問 12	酵素反応とその阻害	最適温度と熱変性／競争的阻害／非競争的阻害／化学平衡	生物基礎 生物	……26
標問 13	酵素反応の速度論（K_m と V_{max}）	ミカエリス・メンテンの式／K_m と V／競争的阻害と非競争的阻害	生物基礎 生物	……28
標問 14	アロステリック酵素とフィードバック調節	生合成系の活性調節／アロステリック酵素／フィードバック調節	生物基礎 生物	……30
標問 15	エネルギー代謝と膜輸送	エネルギー代謝／受動輸送と能動輸送／二次能動輸送	生物	……32
標問 16	光合成の計算と遮断実験	光合成の計算／カルビン・ベンソン回路の遮断実験	生物基礎 生物	……34
標問 17	光合成と酵素	C_3 回路とルビスコ／光呼吸／K_m／C_4 回路と PEP カルボキシラーゼ	生物基礎 生物	……35
標問 18	呼吸の計算	呼吸の計算／酸素と二酸化炭素の運搬／過呼吸	生物基礎 生物	……37
標問 19	呼吸とその反応調節	呼吸／アロステリック酵素／酸化的リン酸化／化学浸透／アンカップラー	生物	……39
標問 20	精子の鞭毛運動と ATP 生成	呼吸での ATP 生産／ATP の再生／脂肪の異化	生物基礎 生物	……41

/第 3 章/ 遺伝情報とその発現

標問 No.	問題タイトル	扱うテーマ	範囲	ページ
標問 21	点突然変異	翻訳／遺伝子突然変異	生物基礎 生物	……44
標問 22	転写と翻訳（スプライシング）	転写／スプライシング／翻訳／遺伝子突然変異	生物基礎 生物	……46
標問 23	選択的スプライシング	選択的スプライシング／遺伝子突然変異	生物基礎 生物	……48
標問 24	PCR 法	DNA の半保存的複製／PCR 法／遺伝子突然変異	生物基礎 生物	……50
標問 25	原核生物の遺伝子発現とその調節(1)	オペロン説／ラクトースオペロン／リプレッサーによる負の調節	生物基礎 生物	……52
標問 26	原核生物の遺伝子発現とその調節(2)	オペロン説／アクティベーターによる正の調節／ゲル電気泳動法	生物	……54
標問 27	遺伝子組換え（ブルーホワイトセレクション）	遺伝子組換え／ラクトースオペロン／ブルーホワイトセレクション	生物基礎 生物	……56
標問 28	遺伝子組換え（プロモーターと遺伝子の向き）	遺伝子組換え／葉緑体 DNA と RNA 編集	生物基礎 生物	……58

| 標問 29 | 真核生物の遺伝子発現とその調節 | 真核生物の転写調節／DNA のメチル化／エピジェネティック変化 | 生物基礎 生物 | ⋯⋯60 |
| 標問 30 | RNA ウイルスと逆転写 | セントラルドグマ／レトロウイルス／逆転写／cDNA | 生物基礎 生物 | ⋯⋯63 |

第4章 生殖と発生

標問 31	動物の生殖	無性生殖と有性生殖／減数分裂と配偶子形成／性の分化と SRY／ウニの多精拒否	生物	⋯⋯65
標問 32	受精と減数分裂の再開	受精による減数分裂再開のしくみ／対照実験の組み方	生物	⋯⋯67
標問 33	被子植物の受粉	花粉管伸長のしくみ／自家不和合のしくみ	生物	⋯⋯69
標問 34	被子植物の受精	被子植物の重複受精／花粉の発芽／花粉管の胚のうへの誘導	生物	⋯⋯71
標問 35	母性因子と形態形成(1)	母性因子／位置情報／ショウジョウバエの前後軸の決定	生物	⋯⋯72
標問 36	母性因子と形態形成(2)	母性因子／表層回転／灰色三日月環／形成体／カエルの背腹軸の決定	生物	⋯⋯74
標問 37	両生類の中胚葉誘導	形成体と誘導／両生類の中胚葉誘導／ニューコープの実験	生物	⋯⋯76
標問 38	色素細胞の分化	キメラマウス／神経堤と神経堤細胞／色素細胞の分化	生物	⋯⋯77
標問 39	花器官の形成と ABC モデル	ホメオティック遺伝子／ホメオティック突然変異／ABC モデル	生物	⋯⋯79
標問 40	細胞の分化と多能性	発生の進行と遺伝子発現／多能性／全能性／ES 細胞／iPS 細胞	生物	⋯⋯81

第5章 遺　伝

標問 41	自家受精	自家受精／独立／三遺伝子雑種	生物	⋯⋯82
標問 42	胚乳形質と独立の三遺伝子雑種	胚乳形質／独立／三遺伝子雑種	生物	⋯⋯83
標問 43	母性効果遺伝	独立／二遺伝子雑種／不完全優性／母性効果遺伝／自由交配	生物	⋯⋯84
標問 44	連鎖と組換え(1)	独立／補足遺伝子／連鎖と組換え／三遺伝子雑種／一遺伝子一酵素説	生物	⋯⋯85
標問 45	連鎖と組換え(2)	共優性／独立／連鎖と組換え／電気泳動／一塩基多型(SNP)	生物	⋯⋯87
標問 46	雄性不稔(細胞質遺伝)	細胞質遺伝／雄性不稔／自家受精	生物	⋯⋯89
標問 47	性と遺伝	ヒトゲノム／性決定の様式／伴性遺伝／ライオニゼーション／SRY	生物	⋯⋯90
標問 48	家系分析	家系分析／伴性遺伝／集団遺伝	生物	⋯⋯92
標問 49	集団遺伝(1)	集団遺伝／自由交配／ハーディ・ワインベルグの法則／自然選択	生物	⋯⋯93
標問 50	集団遺伝(2)	集団遺伝／自由交配／ハーディ・ワインベルグの法則／自然選択	生物	⋯⋯95
標問 51	DNA マーカーを用いた遺伝子の位置決定	連鎖と組換え／自由交配／DNA マーカー／遺伝子の位置決定	生物	⋯⋯96

第6章 体内環境の維持

標問 52	心臓・循環	循環系／血管系／血液循環／自律神経系	生物基礎	⋯⋯98
標問 53	酸素解離曲線	酸素解離曲線／二酸化炭素の運搬	生物基礎	⋯100
標問 54	肝臓の構造と機能	肝臓の構造と機能／内分泌系／細胞接着	生物基礎 生物	⋯103
標問 55	循環系・腎臓	尿生成／内分泌系／血管系／体液／脊椎動物の心臓の構造／排出系／尿素合成	生物基礎 生物	⋯105
標問 56	尿生成	腎臓の構造／尿生成／内分泌系／体液浸透圧の調節	生物基礎	⋯107
標問 57	カルシウム代謝	内分泌による恒常性維持	生物基礎	⋯109
標問 58	血糖量調節	血糖量調節／消化管ホルモン／外分泌と内分泌／糖尿病	生物基礎	⋯111
標問 59	糖尿病	血糖量調節／糖尿病	生物基礎	⋯114

目 次　5

標問 60	体温調節	体温調節／内分泌系／自律神経系	生物基礎	‥‥115
標問 61	レプチン	レプチン／血糖量調節／摂食行動の制御	生物基礎	‥‥118
標問 62	細胞性免疫	細胞性免疫／拒絶反応／遺伝／免疫寛容	生物基礎	‥‥121
標問 63	体液性免疫	体液性免疫／バイオテクノロジー／血液／抗体の構造	生物基礎	‥‥124
標問 64	血液型	ABO 式血液型／Rh 式血液型／遺伝	生物	‥‥126

/第 7 章/ 動物の反応と調節

標問 65	ニューロンの興奮	ニューロン／伝導と伝達のしくみ／膜電位変化と膜タンパク質	生物	‥‥127
標問 66	閾値と伝導速度	神経細胞／伝導速度／閾値	生物	‥‥130
標問 67	筋収縮	筋繊維の構造／筋収縮のしくみ／神経伝達物質	生物	‥‥132
標問 68	張 力	サルコメアの構造／滑り説	生物	‥‥134
標問 69	中枢神経	神経系の種類／脊椎動物の脳	生物	‥‥135
標問 70	眼(1)	眼の構造／視神経の構造／明暗調節	生物	‥‥138
標問 71	眼(2)	眼の構造／錐体細胞の種類と色覚	生物	‥‥140
標問 72	耳	耳の構造／全か無かの法則／音の受容と聴覚	生物	‥‥141
標問 73	動物の行動	本能行動／フェロモン	生物	‥‥144

/第 8 章/ 植物の反応と調節

標問 74	オーキシンの働き	植物ホルモンによる成長調節／重力屈性とオーキシン／オーキシンの器官最適濃度	生物	‥‥146
標問 75	オーキシンの移動	極性移動／オーキシン輸送タンパク質／重力屈性とオーキシン	生物	‥‥148
標問 76	発芽の促進	発芽とジベレリン／光発芽種子	生物	‥‥151
標問 77	アブシシン酸の働き	光発芽種子／フォトトロピン／気孔の開閉	生物	‥‥153
標問 78	カルス	組織培養／相互作用／遺伝子組換え	生物	‥‥155
標問 79	フロリゲン	花芽形成／遺伝子発現調節	生物	‥‥157
標問 80	花芽形成	花芽形成／フロリゲン／日周性／遺伝子発現調節	生物	‥‥159
標問 81	発芽調節	光発芽種子／光受容体／春化処理(バーナリゼーション)	生物	‥‥161
標問 82	水分調節	気孔の開閉／植物の体制	生物	‥‥164

/第 9 章/ 生態と環境

標問 83	個体群密度の変化	成長曲線	生物	‥‥167
標問 84	個体数の推測・相変異	個体数の推測／標識再捕法／区画法／相変異	生物	‥‥169
標問 85	種内関係，種間関係	捕食者-被食者相互作用／種内関係／種間関係／学習	生物	‥‥171
標問 86	遷 移	植生の遷移／ギャップ更新	生物基礎 生物	‥‥174
標問 87	バイオーム	バイオーム／(ラウンケルの)生活形	生物基礎	‥‥175
標問 88	垂直分布(動物)	動物の垂直分布／種／種分化	生物基礎 生物	‥‥177
標問 89	垂直分布(植物)	植物の垂直分布／暖かさの指数	生物基礎 生物	‥‥179
標問 90	生態系とエネルギーの移動	生態ピラミッド／物質とエネルギーの移動	生物基礎 生物	‥‥181

6

標問 91	炭素循環	生態系における物質の循環	生物基礎 生物	‥‥183
標問 92	海岸の生態系	植物の環境への適応	生物基礎 生物	‥‥184
標問 93	キーストーン種	食物連鎖／食物網／海岸の生態系／キーストーン種	生物基礎 生物	‥‥185
標問 94	環境保全	生物濃縮	生物基礎 生物	‥‥187

第10章 生物の進化と系統

標問 95	進化の証拠	命名法／学名／相似と相同	生物	‥‥188
標問 96	熱水噴出孔	化学進化／熱水噴出孔の生物	生物	‥‥190
標問 97	進化の要因(1)	集団遺伝／環境要因と遺伝子頻度の変化	生物	‥‥192
標問 98	進化の要因(2)	隔離／自然選択／性選択	生物	‥‥194
標問 99	鎌状赤血球貧血症	自然選択／集団遺伝／ハーディ・ワインベルグの法則	生物	‥‥196
標問 100	遺伝的浮動	ハーディ・ワインベルグの法則／遺伝的浮動／びん首効果	生物	‥‥198
標問 101	分子系統樹	分子系統樹／分子時計／同義置換と非同義置換	生物	‥‥199
標問 102	ヒトの進化	霊長類とヒトの進化／ヒトの特徴	生物	‥‥201
標問 103	五界説とドメイン	五界説／ドメイン	生物	‥‥203
標問 104	動物の分類	動物の分類／脱皮動物と冠輪動物	生物	‥‥205
標問 105	植物の分類	植物の分類／被子植物の生殖と意義	生物	‥‥207

編集担当：小平雅子

著者紹介

石原 將弘(いしはら まさひろ)

元代々木ゼミナール講師。京都大学で学部と大学院博士課程の前後期を通じて魚類の行動生態学を専攻し, 南紀白浜の瀬戸臨海実験所で長年に渡って SCUBA で黒潮の魚を相手にする日々を過ごしていたが, いつの間にやら陸に上がって人の相手をすることに…。著書は『生物思考力問題精講』(旺文社)のほか, 『渚の生物』(共著, 海鳴社), 『さんご礁の海から(ハンス・W・フリッケ著)』(共訳, 思索社), 『魚類の繁殖行動』(共著, 東海大学出版会)などの研究関連のもの。本書の第 2 章〜第 5 章の精講や解説からもわかるように, 既成概念に囚われない自由な発想で物事をわかりやすく説明することを得意とする。

朝霞 靖俊(あさか やすとし)

1968 年, 北海道生まれ。北海道大学獣医学部卒。獣医師免許をもち, 臨床経験あり。現在, 駿台予備学校講師。「入試生物を特別視せず, 日常の出来事から考える」という観点から行う講義は, まさに「目からウロコ」。非効率的な学習法から脱却し, 開眼した学生は数知れない。著書に, 『医学部への生物』(駿台文庫)などがある。

山下 翠(やました みどり)

愛知県生まれ。現在, 駿台予備学校講師。論理的でストーリー性のある解説に定評がある。「得点アップのためにはまず楽しむことが必須」という観点から行われる講義は, 受講生から「勉強なのに楽しい！」との声が絶えない。著書に, 『生物入門問題精講』, 『書き込みサブノート 生物基礎』, 『書き込みサブノート 生物』(以上旺文社)などがある。趣味はランニング。生徒の合格報告とマラソンの記録更新が同じくらい嬉しい。

第1章　細胞と個体

標問 1　生物を構成する物質

扱うテーマ：生体物質

解答・解説 p.6

生物

　生物は各々の種類や生活環境に応じ，さまざまな色・形・大きさを示す。しかし，構成元素や分子・細胞のレベルでは共通点が多い。例えば，人体の乾燥重量の90％以上はわずか①4つの元素で占められているが，これは他の生物でも同様である。また，どの生物でもそれを構成する分子の中で最も多く存在するのは水で，ヒトの成人では重量のおおよそ　ア　％を占める。

　右図は，ヒト，マウス(肝臓)，ウニ(卵)，トウモロコシ(植物全体)，大腸菌の成分組成を，乾燥重量中の比率で示したものである。

　トウモロコシ(植物全体)に存在する代表的な炭水化物はセルロースとデンプンで，これらはともにグルコースを単位とする高分子化合物である。しかしセルロースとデンプンでは，物質としての特性も生体内での機能も大きく異なっている。トウモロコシはセルロースを構造維持に，デンプンを　イ　に用いている。動物はセルロースを合成できないため，構造維持には別の機構を用いている。ヒトやマウスのような脊椎動物の場合，体の力学的な支持を行うのは，　ウ　とその周辺組織である。　ウ　には先に述べた主要4元素に加え，無機物質である　エ　の多いのが特徴である。また，動物はデンプンも合成できないため，ヒトを含む多くの動物ではデンプンに代わる炭水化物として　オ　を産生・利用している。ただし一般に動物では，　イ　のための主要物質は　カ　である。　オ　のかわりに　カ　を用いると体重増加が少なく，移動を必要とする動物には有利である。

　無機物質は，生体中での量は少ないが，浸透圧の調節や酵素反応の進行などに必要とされる。中でも　エ　は，ヒト体内では上記の構造体成分であるばかりでなく，②動物に特徴的かつ生命維持にかかわる現象にも必須である。このため　エ　の細胞内外の濃度は，どちらも厳密に調節されている。

問1　　ア　にあてはまる数値はいくらか。
問2　下線部①で示した，"4つの元素"とは何か。元素記号で答えよ。
問3　　イ　にあてはまるデンプンの生体内での機能は何か。
問4　　ウ　～　カ　にあてはまる語は何か。　エ　は元素記号で答えよ。
問5　下線部②で示した　エ　の必要とされる現象(場面)の例を2つ挙げよ。
★★問6　ヒト，トウモロコシ，大腸菌は各々図中の　あ　～　え　のどれか。
問7　タンパク質，炭水化物は各々図中のA～Cのどれか。
問8　ヒトの体重に占める水分の比率(水占有率)には，年齢・性別・肥満の有無による差が見られる。これは脂肪組織の水分含有率が他組織に比べて低いことの影響が大きい。一般的な男性と女性では，どちらの水占有率が高いか。

［名古屋市大］

標問 2 細胞分画法

扱うテーマ 細胞分画法／密度勾配遠心法

植物の緑葉を用いて，以下の手順で密度勾配遠心法を行った。

濃度の異なるスクロース（ショ糖）水溶液を重層した遠心管を準備した。用いたスクロース水溶液の質量パーセントと体積濃度の関係を表1に示す。ある植物の緑葉を等張液中でつぶして細胞破砕液を作製した。この操作によってある割合で細胞小器官も破壊され，その内部の構造体が遊離した。この細胞破砕液をスクロース水溶液の上に重層し（図1，遠心分離前），遠心分離機にかけて遠心操作を行った。遠心分離後，①細胞小器官やその他の構造体は密度に応じて分離され，図1の矢印1～6のいずれかの位置に濃縮された（図1，遠心分離後）。細胞小器官の密度は生物種や

表1 スクロース濃度

質量パーセント(%)[注1]	20	30	40	50	60
体積濃度(g/L)[注2]	216.2	338.1	470.6	614.8	771.9

注1：たとえば，20%スクロース水溶液は溶液100g中にスクロース20gを含む。

注2：たとえば，20%スクロース水溶液は溶液1L(リットル)中にスクロース216.2gを含む。

図1

表2 細胞小器官の密度

細胞小器官	(a) 核	(b) ゴルジ体	(c) ミトコンドリア
密度(g/cm³)	1.32	1.10	1.20

細胞の種類によって異なるが，この実験に用いた植物細胞の3種類の細胞小器官の密度を表2に示す。なお，実験中に遠心管内のスクロース水溶液は濃度変化しなかったものとする。

★★ 問1 下線部①について，遠心分離後に表2の細胞小器官(a)～(c)は主に遠心管のどの位置に分離されていると考えられるか。細胞小器官ごとに対応する図1の位置番号を記せ。

問2 遠心分離後，遠心管の図1の位置番号1～6のうちの2ヶ所が緑色を呈していた。この観察結果について，以下の(1)～(3)の問いに答えよ。

(1) 緑色を呈する物質の名称を記せ。

(2) 緑色を呈していた2ヶ所の位置には，それぞれどのような構造体が濃縮されていると考えられるか。それらの名称を記せ。

(3) この観察結果から，実験操作中にどのようなことが起き，緑色の構造体が2ヶ所に分かれたと考えられるか，記せ。

｜京大｜

標問 3 細胞間結合

扱うテーマ　細胞接着分子／カドヘリン

　動物の細胞は細胞膜によって外部と隔てられている。細胞膜は，親水性の頭部と疎水性の尾部からなる脂質分子で主に構成されている。各脂質分子は互いの位置を変えながら脂質二重膜の中を横方向へ動くことができる。また，細胞膜の所々ではタンパク質が埋め込まれていたり貫通したりしており，これらタンパク質も脂質分子の間を横方向に移動できる(問 1)。

　多細胞生物では秩序だった構造や機能を実現するために，細胞どうしが接着し合ったり情報を伝達し合ったりするしくみが必要である。これら細胞間の接着や情報伝達には，細胞膜に埋め込まれたタンパク質が関わっている。そこで，細胞間の接着や情報伝達のしくみについて調べるために，以下の実験を行った(図1)。

図1

準備実験　シャーレの中に栄養液を入れて，動物から取り出した細胞を加えて数日間培養した。すると，細胞はシャーレの底面に接着し，さらに分裂を繰り返して増えながら，細胞どうしも接着し合ってシャーレの底に一面に広がった。続いて以下の実験1～実験4をそれぞれ行った。なお，ここで用いるトリプシンはタンパク質を分解する酵素であり，EDTAはカルシウムイオン(Ca^{2+})を捕獲できる分子である。

実験1　栄養液を取り除き，Ca^{2+}を含む緩衝液を加えた。さらに，トリプシンと同時にEDTAを加えたところ，細胞はシャーレの底面からはがれて個々の細胞にバラバラに分離した。ここにEDTAが捕獲できる以上にCa^{2+}を加えても，細胞はバラバラに分離したままであった。

実験2　栄養液を取り除き，Ca^{2+}を含む緩衝液を加えた。まずトリプシンを加えると，細胞は互いに接着し合った塊の状態でシャーレの底面からはがれた。続いて，トリプシンの働きを失わせて(失活させて)からEDTAを加えると，細胞の塊は個々の細胞にバラバラに分離した。さらにEDTAが捕獲できる以上にCa^{2+}を加えると，細胞は再度集まって塊を形成した。

実験3　2種類の細胞を別々のシャーレで培養し，実験2と同様の方法でトリプシンで処理し，続いてトリプシンを失活させた後にEDTAを加え，それぞれの細胞をバラバラにした。続いて，これら細胞を含む2種類の液をひとつに混ぜ合わせ，ここにEDTAが捕獲できる以上にCa^{2+}を加えると，同じ種類の細胞どうしが再度集まってそれぞれ塊を形成した。

実験4　シャーレの底に一面に広がって接着している細胞のひとつに，極細の針で蛍光を発する親水性の小分子を注入したところ，隣接する細胞へと順々に蛍光が広がっていった。大きさの異なる蛍光分子で同様の実験を行ったところ，ある一定の大きさ以上の蛍光分子では隣の細胞への蛍光の広がりは観察されなくなった。これら一連の実験において，栄養液中には蛍光分子は検出されなかった(問5)。

問1　この細胞膜の構造モデルの名称を答えよ。

★★問2　(1) Ca^{2+} および，(2) トリプシンはそれぞれ，「細胞どうしの接着において実際につなぎとめている分子」にどのように作用しているか。実験1と実験2からわかることを説明せよ。

★問3　「細胞どうしの接着において実際につなぎとめている分子」について，実験3からわかることを説明せよ。

★問4　実験4より，蛍光分子が隣接する細胞へどのようなメカニズムで移動したと考えられるかを述べよ。

★問5　親水性の蛍光分子が栄養液中に検出されなかった理由を説明せよ。

| 早大(先進理工) |

標問 4 細胞膜の構造と機能

扱うテーマ／流動モザイクモデル／選択的透過性／受動輸送／能動輸送

細胞は，絶えず水や養分を取り入れ，余分な水や老廃物などを排出している。細胞における物質の出入りは，ₐ細胞膜を通して行われている。細胞膜は主として ア とタンパク質からできている。 ア 分子には イ 性の部分と ウ 性の部分があり，2層に並んだ ア 分子が イ 性の部分を外側に， ウ 性の部分を内側にして向かい合っている。細胞膜に埋め込まれたタンパク質には，物質の輸送に関連するものとᵦ細胞外の情報を受け取り細胞内へ伝えるものが存在する。細胞膜は特定の物質を選択的に通過させる性質を示し，ᴄ濃度勾配に従って物質を通過させる場合と，濃度勾配に逆らって物質を通過させる場合とがある。

問1　下線部aに関して，細胞膜の厚さとして適切な値を次から1つ選べ。
① 約1nm　　② 約10nm　　③ 約100nm　　④ 約1000nm

問2　上の文中の空欄に適語を入れよ。

問3　下線部bに関して，細胞外の情報を細胞内へ伝えるタンパク質の具体的な名称を1つ答えよ。

問4　下線部cに関して，単純拡散(輸送タンパク質を必要としない濃度勾配に従った輸送)によって細胞膜を透過する物質を次から2つ選べ。
① グリセリン　　　② 水　　　　　　　　③ ATP
④ 二酸化炭素　　　⑤ カルシウムイオン　⑥ グルタミン酸

図1　蛍光物質の結合と退色の模式図

図2　蛍光測定を行う細胞の模式図

図3　測定領域での蛍光の強度の変化

★問5 細胞膜の研究のために,次のような**実験**を行った。この実験結果から,細胞膜のどの様な性質が明らかになるか,理由とあわせて述べよ。

実験 蛍光物質とは,励起光と呼ばれるある波長の光を当てると,蛍光と呼ばれる特定の波長の光を出す物質である。蛍光物質に強力なレーザー光を照射すると,退色と呼ばれる現象を起こし,励起光を当てても蛍光を出さなくなる。ある細胞の細胞膜に存在するタンパク質に蛍光物質を結合させ(図1),図2の破線で示した場所にレーザー光を照射して蛍光物質を退色させる実験を行った。その場所で一定強度の励起光を当て蛍光の強度をレーザー光照射の前後にわたって測定したところ,図3のグラフに示すような蛍光の強度の変化が見られた。

★問6 細胞膜をつくるリン脂質だけを取り出して試験管の中でリポソームという脂質二重膜からなる人工膜小胞を作ることができる。細胞膜の特定のタンパク質を精製してリポソームに組み込むと,組み込んだタンパク質固有の性質を詳しく調べることができる。

ナトリウムポンプ(ナトリウム-カリウム ATP アーゼ)は細胞膜を貫通するタンパク質であり,細胞膜では常に分子の特定の部位を細胞の外側に向け,別の特定の部位を細胞の内側に向けている。ナトリウムポンプを組み込んだリポソームを作製し,体液と同じイオン組成の液に入れて実験を行った。

図4に示すように,リポソームに組み込んだナトリウムポンプがA～Cの3つの異なる向きを取るようにした。すなわち,本来,細胞の外側に面している部位が,全てリポソームの外側に向くようにしたもの(A),全てリポソームの内側に向くようにしたもの(B),リポソームの内側,外側に向くものが半数ずつ混在するようにしたもの(C),の3種類である。これらのリポソームを用いて37℃の液中で次の**実験1,2**を行った。なお実験開始時のリポソームの内側には外側と同じ液が含まれるようにした。

図4

実験1 (A)～(C)のリポソームの外側の液に ATP を添加した。

実験2 (B)のリポソームの内側の液の Na^+ 濃度を外側より20ミリモル/L 低くし,逆に K^+ 濃度は外側より20ミリモル/L 高くした。この条件でリポソームの外側の液に ATP を添加した。

それぞれの実験において,リポソームの内側の Na^+,K^+ 濃度は実験開始時に比較してどのように変化するか。①高くなる,②変わらない,③低くなる,の中からそれぞれ1つずつ選べ。

| 大阪市大・浜松医大・名古屋大 |

標問 5 グルコースの輸送

扱うテーマ：輸送体による輸送／受動輸送／能動輸送

食物として摂取したデンプンはアミラーゼと ア によってグルコースに分解される。このグルコースは，小腸の内面を覆う上皮細胞が吸収する。この上皮細胞にはグルコースなどの栄養物を効率よく吸収するために イ が発達している。上皮細胞は小腸の腸管内腔から血管側の細胞外液にグルコースを輸送する働きがある。このグルコースの輸送は上皮細胞の細胞膜にある次の3種類のタンパク質によって行われる。

i．Na^+ がその濃度勾配に従って輸送される時に，Na^+ の輸送と同じ方向にグルコースを能動的に輸送する輸送体タンパク質

ii．グルコースをその濃度勾配に従って輸送する輸送体タンパク質

iii．ATP を消費して Na^+ を能動輸送するタンパク質（ウアバインはこの輸送タンパク質の働きを特異的に阻害する）

これらのタンパク質は上皮細胞の腸管内腔と接する頂頭部の細胞膜と血管側の細胞外液と接する細胞膜のどちらか一方のみに存在している。グルコースの輸送に関わるこれらのタンパク質について以下の実験を行った。

[実験] ネズミの円筒状の小腸の一部を切り出し，下図のように平板状にした小腸を，2つの容器で挟んで固定した。2つの容器は酸素で飽和させた生理的塩類溶液（Na^+ を含む）で満たし，全体を37℃に保ちながら，測定点A（上部容器内），測定点B（小腸の上皮細胞内），測定点C（下部容器内）でグルコース濃度と Na^+ 濃度を測定した。ただし，上部容器と下部容器の容量は上皮細胞の容量に比べ充分な量があり，物質の出入りがあっても上部容器と下部容器での物質の濃度の変化は無視できるものとする。なお，ウアバインは細胞の外側の表面だけに作用するものとする。

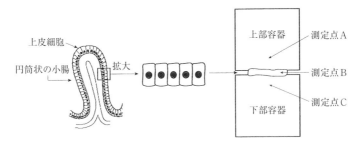

実験1 上部容器と下部容器の溶液に，それぞれ最終濃度が1g/Lになるようにグルコースを加えた。しばらくして，測定点A，B，Cでグルコース濃度と Na^+ 濃度を測定したところ，グルコース濃度は測定点Bで最も高い濃度を示し，Na^+ 濃度は測定点Bで最も低い濃度を示した。

実験2 両容器の溶液から酸素を除去して，実験1と同様の実験を行うと，グルコース濃度と Na^+ 濃度は測定点A，B，Cでほぼ同じになった。

実験3　ウアバインを上部容器に加え，実験1と同様の実験を行うと，実験2の結果とほぼ同じになった。

実験4　上部容器と下部容器の溶液から酸素を除去して，下部容器のNa^+だけを10倍の濃度にして実験1と同様の実験を行うと，グルコース濃度は測定点Bで最も高い濃度を示した。

問1　文中の空欄に最も適当な語句を入れよ。

★★問2　上部容器だけにグルコースを加えて，実験1と同様の実験を行った。このとき，測定点A〜Cのグルコース濃度について最も適当なものを，次から1つ選べ。

① Aが一番高い　　② Bが一番高い　　③ Cが一番高い

④ AとCがほぼ同じで高い　　⑤ AとBがほぼ同じで高い

⑥ BとCがほぼ同じで高い　　⑦ 3点において濃度差が見られない

★★問3　下部容器だけにグルコースを加えて，実験1と同様の実験を行った。この実験におけるグルコースの移動について最も適当なものを，次から1つ選べ。

① 下部容器のグルコースはそのまま下部容器から移動しない。

② 下部容器のグルコースは上皮細胞に移動し，細胞内で留まる。

③ 下部容器のグルコースは上皮細胞に移動した後，下部容器に戻り，下部容器と上皮細胞の間を循環する。

④ 下部容器のグルコースは上皮細胞を経て，上部容器に移動する。

⑤ 下部容器のグルコースは上皮細胞を経て，上部容器に移動した後，上皮細胞を経由して下部容器に戻り，下部容器と上部容器の間を循環する。

★★問4　グルコースの能動輸送と，ATPの消費に関する記述として最も適当なものを，次から1つ選べ。

① 上部容器と接している細胞膜でATPを消費し，下部容器と接している細胞膜でグルコースを能動輸送する。

② 上部容器と接している細胞膜でATPを消費し，グルコースを能動輸送する。

③ 下部容器と接している細胞膜でATPを消費し，上部容器と接している細胞膜でグルコースを能動輸送する。

④ 下部容器と接している細胞膜でATPを消費し，グルコースを能動輸送する。

⑤ 上部容器と接している細胞膜と下部容器と接している細胞膜の両方でATPの消費とグルコースの能動輸送をする。

問5　iの輸送タンパク質は，グルコース1分子を小腸上皮細胞へ取り込む時に，同時に1個のNa^+を取り込む。100gのグルコースを取り込む時に必要なNa^+を得るには，何グラムのNaClが必要か，小数第2位を四捨五入して求めよ。なお，C，H，O，Na，Clの原子量は，それぞれ，12，1，16，23，35.5とする。

| 立教大・大阪市大 |

第1章　細胞と個体　　15

標問 6 細胞周期

扱うテーマ　細胞周期の解析

A. 植物の根が伸長するとき，根端分裂組織では細胞が分裂を繰り返し細胞増殖する。根の細胞周期を調べるために，チミジンの類似物質であるエチニル・デオキシウリジン（EdU）を含む培地で根を生育させた。EdU は DNA 複製時に DNA に取り込まれるが，DNA 複製や細胞周期に影響を及ぼすことはない。化学処理をすることで，EdU は蛍光を発するため，顕微鏡を使用して DNA 複製期（S 期）の細胞を特定することができる。EdU を用いて，次の実験1と実験2を行った。

実験1 EdU を含んだ培地で生育させたところ，17時間経過後に根端分裂組織の全細胞の細胞核でEdU の取り込みが検出できた。

実験2 EdU を含む培地で短時間生育させた後，根をよく洗い，EdU を含まない培地で生育させた。EdU を含まない培地で生育させた根端分裂組織の中で，明視野観察による細胞数の測定および，DNA を染色した細胞内の特徴を指標に分裂期（M期）の細胞を特定して EdU の取り込み細胞の割合を算出した。その結果，図1のように EdUの検出されたM期の細胞の割合は時間によって変動した。

図1

問1 実験1および実験2の結果から，この植物の根端分裂組織細胞の細胞周期の各期はそれぞれ何時間と考えられるか。

B. ある哺乳動物に由来する体細胞の細胞周期を調べる実験を行った。この細胞は，通常の条件で培養すると細胞周期の時期はそろわないが，細胞集団中のすべての細胞は約16時間で細胞周期が1回転することがわかっている。この実験では，ヨウ化プロピジウムという，2本鎖ヌクレオチドに入り込み，隣接する塩基対と塩基対の間に入ると蛍光を発するようになる色素と，フローサイトメーターという細胞1個1個の発する蛍光強度を測定することができる分析機を使用した。この細胞をヨウ化プロピジウムで染色し，フローサイト

図2　細胞の蛍光強度分布

メーターで個々の細胞の蛍光強度とその数を測定したところ、図2のような結果が得られた。

問2 図2の蛍光の強さは個々の細胞の何に対応するか。次から最も適切なものを1つ選べ。
① DNA含量　② RNA含量　③ タンパク質含量
④ 脂質含量　⑤ GC含量

問3 G_1期、G_2およびM期、S期の前半、S期の後半にある細胞の蛍光は図2中の両矢印(ア)〜(エ)で示した領域のいずれに観察されるか。それぞれ最も適切なものを1つずつ選べ。

★問4 ノコダゾールという薬剤は紡錘糸の伸長を阻害し、染色体が分離できない状態のまま細胞周期の進行を停止させることがわかっている。細胞をノコダゾールを加えた培地中で20時間培養した後、ヨウ化プロピジウムで染色した場合、蛍光強度分布はどのようになると予想されるか。右の図①〜⑥の中から最も適切なものを1つ選べ。

★問5 ある薬剤Xは、細胞周期の進行を阻害することはわかっているが、どのようなしくみで細胞周期を停止させるかはわかっていない。そこで培地に薬剤Xを加えて細胞を20時間培養した後、蛍光の強さを測定したところ図3に実線で示すような結果を得た。薬剤Xを加える前の細胞の蛍光は図3の点線で示すような分布であった。薬剤Xは、どのように働いて細胞周期を停止させたと考えられるか。次から最も適切なものを1つ選べ。
① 細胞質分裂の阻害
② 染色体の凝縮の阻害
③ DNA合成の阻害　④ 新たな核膜の形成阻害

図3 薬剤Xを作用させる前と後の細胞の蛍光強度分布

| 東京理大・大阪府大 |

標問 **7** **細胞周期の調節**

解答・解説 p.20

扱うテーマ　細胞周期／細胞融合

生物

　細胞分裂において DNA 合成（複製），核分裂，細胞質分裂などにみられる周期性を細胞周期と呼び，細胞は，… → G_1 期（DNA 合成準備期）→ S 期（DNA 合成期）→ G_2 期（分裂準備期）→ M 期（分裂期）→ G_1 期 → …，という経過を繰り返しながら分裂する。

　異なる細胞周期にある 2 つの細胞を融合させ，それぞれの核が融合せず共存している状態の細胞の核について調べたところ，以下のような結果が得られた。

(i)　S 期の細胞と G_1 期の細胞を融合したところ，S 期の核では DNA 合成が進行し，G_1 期の核はすぐに S 期に進んだ。

(ii)　S 期の細胞と G_2 期の細胞を融合したところ，S 期の核はそのまま DNA 合成を続け，G_2 期の核は S 期の核が追いつくまで G_2 期にとどまり，その後そろって M 期に進んだ。

(iii)　G_2 期の細胞を G_1 期の細胞と融合したところ，G_2 期の核はそのまま G_2 期にとどまって，分裂の進行が遅れた。G_1 期の核は予定通り S 期に進み，特別の変化はみられなかった。

(iv)　M 期の細胞と融合した間期の細胞の核では，染色体が形成され，核膜が崩壊した。

★★ 問1　次の中から正しいものを 4 つ選べ。

①　G_1 期の細胞は DNA を合成する準備ができているが，DNA 合成を開始するのに必要なシグナル（S 期活性化因子）をもたない。

②　M 期の細胞質には M 期を開始するのに必要なシグナル（M期促進因子）があり，細胞周期のどの期にある細胞もこれに感受性をもつ。

③　G_1 期の核は S 期活性化因子に応答しない。

④　G_2 期の核は S 期活性化因子に応答しないが，M期を経て新たな G_1 期に入れば，DNA 合成が可能になる。

⑤　M 期の細胞質にある M期促進因子は，M 期に進行する準備が整った細胞にしか作用しない。

⑥　S 期活性化因子は S 期が終わると消失し，G_2 期の細胞には存在しない。

⑦　G_2 期の核は S 期活性化因子に応答し，DNA 合成を再び開始する。

⑧　S 期活性化因子は S 期が終わっても消失せず，G_2 期の細胞でも存在する。

⑨　G_1 期の細胞は DNA を合成する準備ができているが，DNA 合成を阻害する因子をもっている。

問2　細胞融合は自然条件下における細胞や組織などの形成時にも起こることが知られている。次の中から適切な例を 3 つ選べ。

①　血管内皮　　②　シナプス　　③　心筋　　④　小腸縦走筋

⑤　導管　　⑥　変形菌類（真性粘菌）の変形体

⑦　黄体　　⑧　受精卵　　⑨　形成層　　⑩　骨格筋

| 早大 |

18

標問 8 モータータンパク質と細胞骨格

扱うテーマ ▶ モータータンパク質／細胞骨格／酵素反応の速度

筋細胞内のモータータンパク質ミオシンは，細胞骨格タンパク質アクチンからなるフィラメントと作用することによって，ATPを盛んに分解するようになり，その結果，力を発生しアクチンフィラメント上を一方向へ移動することができる。このとき，ATPはADPとリン酸に分解される。ふつうの細胞内でも，筋細胞のミオシンやアクチンと同じような性質をもったタンパク質が存在する。そのモータータンパク質は，物質や細胞小器官を結合し，はりめぐらされた鉄道網のような細胞骨格上を移動している。

ある種のキノコの細い菌糸を顕微鏡で観察すると，細胞小器官(小胞)が先端と基部方向および核方向へ輸送されるのが見える

図1

基部　　　核　　　小胞　　先端

(図1)。小胞輸送に関与するタンパク質として，A，B，Cがみつかっている。これらのタンパク質に関して次の3つの実験をした。

実験1 野生型またはタンパク質A，Bのいずれかを欠損したキノコの菌糸を顕微鏡で観察して小胞の分布を調べたところ，下の表1のような結果が得られた。

表1

キノコの型	タンパク質 ある：+ なし：-		小胞の分布
	A	B	
野生型	+	+	全体に分布している。
変異型Ⅰ	+	-	核付近に蓄積している。
変異型Ⅱ	-	+	先端と基部に蓄積している。

実験2 ATPが分解されてリン酸が増える反応を調べることにした。野生型のキノコ菌糸から調製したタンパク質A，B，Cを異なる組み合わせで，1リットルの反応液に加え，さまざまなATP濃度で反応させた。その結果得られたリン酸量の増加速度を図2に示す。ただし，A，B，C単独で実験する場合にはタンパク質量は2.0×10^{-6}モルに調製した(1モルは6.02×10^{23}分子を表す単位である)。また，A+CとB+Cの場合は，2.0×10^{-6}モルのタンパク質AまたはBに，タンパク質Cを過剰に加えた。

実験3 実験2で調製したタンパク質Bに目印となる色素を結合させ，キノコの菌糸に注入してタンパク質1分子の運動を調べ

第1章 細胞と個体　19

た。図3は0.5秒間にみられた変位(実験開始時の位置からの距離)の時間経過を示しており，小さなステップ(段)状に動く頻度は，確率的であることがわかる。ここでは，0.5秒間のステップ数について，最もよく観測された典型例を示している。

問1 実験2のA＋Cの条件で，タンパク質Aの量を$1.0×10^{-6}$モルで実験した。その結果を，右のグラフに$2.0×10^{-6}$モルの結果にならって記入せよ。

問2 細胞小器官を先端や基部へ運ぶモータータンパク質はどれか。また核付近へ運ぶモータータンパク質はどれか。A，Bで答えよ。

★問3 タンパク質Cの役割について答えよ。根拠となる実験結果とともに記述せよ。

★問4 実験2のグラフB＋Cにおいて，ATP濃度を増やしたとき，リン酸増加速度がほぼ一定になる。その理由を述べよ。

★★問5 キノコ菌糸内部においてATP濃度が$1.0×10^{-3}$モル/リットル，タンパク質B濃度が$2.0×10^{-6}$モル/リットルでタンパク質Cが十分に存在するとき，1秒間に1分子のタンパク質Bが分解するATPの平均分子数を計算せよ。その計算結果と実験3のタンパク質Bのステップ状の動きとから予想される「1分子のタンパク質BのATP分解と運動の連動性」について述べよ。ここで行った実験結果のみから考察すること。ただし，実験3の目印色素の結合によってモータータンパク質の働きは変化しないものとする。

|阪大|

| 標問 | 9 | 細胞内のタンパク質輸送 | 解答・解説 p.24 |

扱うテーマ 細胞小器官の役割／モータータンパク質／細胞骨格 　　　　　　　　　　　生物

　細胞の中には細胞小器官として小胞体やゴルジ体が存在し，これらが細胞内のタンパク質輸送に関与することが知られている。タンパク質が小胞体やゴルジ体の間でどのように輸送されるかを知るため，GFP（green fluorescent protein：緑色蛍光タンパク質）[注] を用いて，細胞の表面に分布し細胞膜を貫通するタンパク質（膜貫通タンパク質）Xについて，以下のような実験を行った。このタンパク質Xは温度によって構造が変わり，異なる細胞小器官に蓄積することが知られている。

注　GFPは，下村脩博士がオワンクラゲから精製したタンパク質であり，特定の波長の光を吸収し緑色の蛍光を発する。GFPとさまざまなタンパク質との融合タンパク質を細胞に発現させ，そのタンパク質の動きを生きた細胞で蛍光を指標に観察することができるようになり，生物学研究に飛躍的な進歩がもたらされた。この功績により，下村博士らは2008年のノーベル賞を受賞した。

実験　膜貫通タンパク質XとGFPの融合タンパク質（これをX-GFPと呼ぶ）の遺伝子を培養細胞に導入して40℃で1晩（約12時間）培養し，X-GFPを細胞に合成させた。

　　その後，A群の細胞は引き続き40℃で2時間培養した。B群の細胞は32℃で2時間培養した。C群の細胞は温度を急激に20℃にして20℃のまま2時間培養した。

　　温度を40℃から32℃や20℃に変化させてからタンパク質合成はないものとし，細胞死は起こらないものとする。

　　その結果，X-GFPの蛍光の2時間後の分布は以下のようになった。

・A群の細胞：小胞体のみに分布した。

・B群の細胞：細胞膜に主に分布した。

・C群の細胞：ゴルジ体に主に分布した。

　　小胞体は膜貫通タンパク質の合成の場所として重要なことが知られており，ゴルジ体の役割はタンパク質の加工（修飾や濃縮）であることが知られている。そして，小胞体とゴルジ体の間や，ゴルジ体と細胞膜の間では膜の袋（小胞）でタンパク質の輸送が行われていることが知られている。

　　そこで，X-GFPが細胞内でどのように輸送されるかを知るために，細胞内の分布の時間経過を観察した結果は以下のようであった。

　　A群の細胞では，観察開始から2時間に渡り，X-GFPの蛍光は細胞質全体に網目状に観察された。

　　B群の細胞では，40℃から32℃に変化させてから30分までは，X-GFPの蛍光は網目状に観察され，その網目状の構造物の近くで小さな球状となり，それが細胞の周辺部から細胞の中心に向けてすばやく輸送され，核近傍に集積した。その後，X-GFPの蛍光がやや大きい細長い構造物として，核近傍に集積した場所から辺縁部に移動し，細胞の辺縁部の蛍光が増強することが分かった。

　　C群の細胞では，核近傍にX-GFPの蛍光が集積していた。

★問1　(1)　観察されたX-GFPの細胞内での動きについて，以下の文の①〜③に適当

第1章　細胞と個体　　21

な語句を入れよ。

　　X-GFP は，40℃ では（　①　）から出られず，20℃ では（　②　）から出ることができないが，32℃ では（　①　）から（　②　）を通って（　③　）に行くことができることがわかる。

(2)　40℃ から 32℃ にしてから 30分までと，30分から 2 時間までの間では，各々どの細胞小器官からどの細胞小器官への動きを主に観察することができるか，④〜⑦に適当な語句を入れよ。

　　30分まで：（　④　）から（　⑤　）

　　30分から 2 時間まで：（　⑥　）から（　⑦　）

★問2　C群の温度を 20℃ から 32℃ に上げると X-GFP の蛍光の分布はどうなると考えられるか，30字以内で答えよ。

★問3　B群の細胞で観察された事象について，以下の問いに答えよ。

(1)　下線部の細胞小器官は何か答えよ。

(2)　小胞体から細胞膜への X-GFP の輸送について，以下の語句を用いて100字以内で説明せよ。

　〔語句〕　小さい球状の構造物，やや大きい細長い構造物，細胞の核近傍，
　　ゴルジ体

|　阪大　|

標問 10 プロトプラスト・顕微鏡の操作

扱うテーマ：プロトプラストの作製／ミクロメーターによる計測

トマトの葉からプロトプラストを作製する目的で，以下のような実験を行った。

実験 トマトの葉を取り，葉の裏面の表皮層をはがした。溶液①※が入ったペトリ皿に，表皮層をはがした面を下にして葉を浮かべた。ペトリ皿をゆっくりと振とうしながら2～3時間放置し，低速の遠心分離によりプロトプラストを集め，光学顕微鏡でプロトプラストを観察した（図1）。

図1

次に，対物ミクロメーターと接眼ミクロメーターを用いて，プロトプラストの大きさ（直径）を測定した。対物ミクロメーターには，1mmを100等分した目盛りがついている。まず，プロトプラストが載ったスライドガラスを顕微鏡からはずし，対物ミクロメーターと接眼ミクロメーターを顕微鏡にセットした。図2のように顕微鏡の視野の中で2つの目盛りが平行になるようにステージ，対物ミクロメーター，接眼レンズを調整した。次に，対物ミクロメーターをはずしプロトプラストが載ったスライドガラスを観察すると，図3のようにプロトプラストと接眼ミクロメーターの目盛りが重なって観察された。

接眼ミクロメーターの目盛り

対物ミクロメーターの目盛り

図2

図3

※溶液①（10mLあたりの含有量）
　ペクチナーゼ　20mg　セルラーゼ　200mg
　塩化カルシウム　15mg　マンニトール　1.2g

問1 溶液①中のペクチナーゼとセルラーゼの働きをそれぞれ25字以内で答えよ。

★**問2** 図2，図3を参考にして，図3左（大きい方）のプロトプラストの直径を求めよ。

問3 スライドガラス上のプロトプラストが含まれている溶液に水を加えると，プロトプラストに変化が起こった。どのような変化が起こったか10字以内で答えよ。また，その変化が起こる理由を40字以内で説明せよ。

★**問4** 光学顕微鏡を用いた観察において，対物レンズを高倍率に変えた時に，視野の明るさを適切にするために，どのような操作をする必要があるか20字以内で答えよ。

問5 図1のプロトプラストのAの部分は，細胞の大部分を占める細胞小器官である。この細胞小器官は何か。また，この細胞小器官の働きを30字以内で答えよ。

| 東京農工大 |

第2章 代謝

標問 11 タンパク質と酵素

扱うテーマ／タンパク質の構造／酵素の性質／酵素反応のグラフ

タンパク質は，アミノ酸が鎖状につながった分子であり，隣り合ったアミノ酸はペプチド結合で結ばれている。アミノ酸は，種類により側鎖

図1

（図1のX）の構造が異なっている。タンパク質は数多くのアミノ酸から構成されているため，表1のように1つのアミノ酸をアルファベット一文字で表記し，アミノ酸の配列を示す一次構造は，一文字を並べてMGAVL…のように表される。

表1 アミノ酸の一文字表記

アミノ酸	一文字表記	アミノ酸	一文字表記	アミノ酸	一文字表記
グリシン	G	フェニルアラニン	F	システイン	C
アラニン	A	トリプトファン	W	リシン	K
バリン	V	セリン	S	アルギニン	R
ロイシン	L	トレオニン	T	ヒスチジン	H
イソロイシン	I	アスパラギン	N	アスパラギン酸	D
メチオニン	M	グルタミン	Q	グルタミン酸	E
プロリン	P	チロシン	Y		

生体では，さまざまな化学反応により物質の変換が行われる。この化学反応のほとんどで酵素が　ア　として働き，反応の活性化エネルギーを下げることにより反応速度を大きくする。酵素は，　イ　と呼ばれる特定の物質にしか作用しない。この性質を　ウ　と呼ぶ。これは，酵素の　エ　に適合する物質だけが酵素と結合して　オ　を形成し，酵素の作用を受けるためである。

トリプシンおよびキモトリプシンは，すい臓由来のタンパク質分解酵素であり，特定のペプチド結合に作用する。トリプシンは，図1のアミノ酸(n)がリシンまたはアルギニンの時，その次のアミノ酸($n+1$)との間の矢印で示すペプチド結合を切断する。キモトリプシンは，アミノ酸(n)がフェニルアラニン，トリプトファン，またはチロシンの時，矢印で示すペプチド結合を切断する。

実験1 ポリペプチドAが溶けている水溶液に，トリプシンを加え37℃で反応させた。一定時間ごとに反応生成物の量を測定したところ，反応時間と反応生成物量の関係は図2のようになった。また，この反応時間

図2

中はトリプシンの活性は安定であることが確かめられた。

実験2 短いポリペプチドBが溶けている水溶液に，トリプシンを加え37℃で充分長く反応させると，反応生成物1〜4が生じた。同様に，ポリペプチドBをキモトリプシンと37℃で充分長く反応させると，反応生成物5〜7が生じた。反応生成物1〜7の一次構造を分析すると，表2に示す結果が得られた。

表2 反応生成物の一次構造

酵素	反応生成物	一次構造
トリプシン	生成物1	SEAGWSK
	生成物2	VFSTR
	生成物3	GAK
	生成物4	VD
キモトリプシン	生成物5	STRSEAGW
	生成物6	GAKVF
	生成物7	SKVD

問1 文中の空欄に入る最も適切な語句を記せ。

問2 実験1でトリプシンの濃度だけを2倍にして同じ実験を行うと，反応時間と反応生成物量の関係はどのようになるか。予想されるグラフを図2中に描け。また，その根拠を60字以内で述べよ。

★**問3** 実験1で，文章中の オ の濃度は反応時間とともにどのように変化するか。 オ の濃度の最大値を1として，予想されるグラフを図3中に描け。

★**問4** 実験2の結果からポリペプチドBの一次構造を予想し，その配列をアミノ酸の一文字表記で記せ。

図3

|広島大|

標問 12 酵素反応とその阻害

扱うテーマ：最適温度と熱変性／競争的阻害／非競争的阻害／化学平衡

乳酸脱水素酵素は，乳酸を基質とする反応においてピルビン酸を生成する。この酵素の性質を調べるために問1～問4の実験を行ったところ，それぞれ図1～図4に示す結果が得られた。いずれの実験においても，まず酵素以外の成分を含む溶液を反応に使用する温度に保ち，それに10℃に維持しておいた少量の酵素液を加えて反応を開始させた。

★★問1 反応速度と温度の関係を調べたところ，図1のグラフが得られた。
(1) 反応速度が最大となる温度を何と呼ぶか，答えよ。
(2) 50℃以上で反応速度が急激に低下した理由を15字以内で述べよ。
(3) (2)の理由が正しいことを確かめるためには，下線部の実験をどのように変更して行えばよいか，実験方法を60字以内で，予想される実験結果を100字以内でそれぞれ述べよ。

図1　反応速度と温度の関係

★問2 反応速度と基質濃度の関係を40℃で調べたところ，図2のaで示す曲線が得られた。同じ反応液に新たに一定量の物質Aを加えて実験を行ったところ，bで示す曲線が得られた。
(1) 物質Aは，反応速度と基質濃度の関係をどのように変化させたか，60字以内で述べよ。
(2) 物質Aが(1)のような影響を与えた理由として最も適切なものを次から1つ選べ。
① 活性部位に可逆的に結合することによって，乳酸の活性部位への結合を妨げた。
② 活性部位とは異なる部位に可逆的に結合することによって，活性部位に結合している乳酸をピルビン酸に変える反応を妨げた。
③ 活性部位とは異なる部位に不可逆的に結合することによって，活性部位に結合しているピルビン酸を乳酸に変える反応を妨げた。

図2　反応速度と基質濃度の関係

★問3 反応速度と基質濃度の関係を40℃で調べたところ，図3のaで示す曲線が得られた。同じ反応液に新たに一定量の物質Bを加えて実験を行ったところ，bで示す曲線が得られた。
(1) 物質Bは，反応速度と基質濃度の関係をどのように変化させたか，30字以内で述べよ。

図3　反応速度と基質濃度の関係

(2) 物質Bが(1)のような影響を与えた理由として最も適切なものを，問2(2)の①～
③のうちから1つ選べ。

★ 問4　反応液中のピルビン酸濃度と反応時間の関係を40℃
で調べたところ，図4のaで示す曲線が得られた。同じ
実験を行い，矢印Tの位置で反応液に水素と結合した補
酵素XHを加えたところ，曲線は，bで示すように変化
した。

(1)　XHを加えることによって，ピルビン酸の濃度が低
下した理由を30字以内で述べよ。

(2)　曲線aが矢印Tの位置から一定値を示す直線となっ
た理由として最も適切なものを次から1つ選べ。

①　反応時間の経過にともなって酵素が分解した。

②　乳酸が完全に失われた。

③　酵素が乳酸をピルビン酸に変えることができなくなった。

④　乳酸からピルビン酸を生成する反応とその逆の反応が同程度に起こり，反応
が起こっていないように見えた。

|大阪市大|

図4　反応液中のピルビン
酸濃度と反応時間の関係

第2章　代　謝　　27

標問 13 酵素反応の速度論（K_m と V_{max}）

扱うテーマ：ミカエリス・メンテンの式／K_m と V／競争的阻害と非競争的阻害

A. 酵素は基質と結合して酵素-基質複合体を形成する。酵素の中には酵素-基質複合体を形成しやすいものもあれば，形成しにくいものもある。酵素-基質複合体を形成しやすい酵素を基質との親和性が高い酵素といい，酵素-基質複合体を形成しにくい酵素を基質との親和性が低い酵素という。基質との親和性は，酵素の反応速度を決める要因の1つである。

図1

図1は，2種類のスクロース分解酵素について，基質（スクロース）の濃度を変えて反応速度（グルコース生成速度）を測定した結果を模式的に示すグラフである。曲線aを与えた酵素をA，曲線bを与えた酵素をBとする。

〈注〉 1M ＝ 1mol/L

問1 酵素Aと酵素Bのどちらが基質との親和性が高いか。

★**問2** 酵素Aではスクロースが1.0mMより高い濃度で反応速度が一定になっているのに，酵素Bではスクロース濃度が5.0mMになるまで反応速度が上昇している。考えられる理由を80字以内で記述せよ。

★**問3** スクロース濃度が1.0mMの時，酵素Aおよび酵素Bのそれぞれ何％がスクロースと結合して酵素-基質複合体を形成していると考えられるか。数字を記せ。

なお，最大反応速度の $\frac{1}{2}$ の速度を与えるスクロース濃度は，酵素Aでは0.2mM，酵素Bでは2.5mMである。

B. グルコースのような電荷をもたない比較的小さな分子でも，単純拡散によって脂質二重膜を透過することはほとんどできない。しかし，グルコースは細胞内のエネルギー代謝のもとになる重要な物質で，すみやかに細胞内に供給される必要がある。そこで細胞は，細

図2

胞膜の表面にある「グルコース輸送体」を用いてグルコースを促進拡散させることにより，すみやかにグルコースを細胞内に供給している。単純拡散や促進拡散による物質輸送は，ともに細胞からのエネルギーを必要とせず，細胞内と細胞外の物質の濃度勾配を利用しているため，　ア　と呼ばれる。

ある均一な細胞の細胞外のグルコース濃度に対するグルコース取り込み速度を，

一定数の細胞で測定した結果を図2に示す(図中および文中のLはリットルを表す)。細胞外のグルコース濃度が高くなると，輸送体によるグルコース取り込み速度は，ある一定の最大値に近づいていく。これは，グルコース輸送体がグルコースの輸送を触媒する酵素のようにふるまうことを示して

図3

いる。このときのグルコース取り込み速度の最大値を V_{max} とする。また，グルコース取り込み速度が V_{max} の半分を示すグルコース濃度を K_m とする。K_m はグルコースと輸送体の結合の強さを表す定数であり，値が小さいほど結合が強いことを意味する。図2より，グルコース輸送体の K_m は ┃ イ ┃ mmol/L（mmol：ミリモル，1 mmol = 1×10⁻³ mol）であることが読み取れる。図2と同じ測定条件下で，グルコース輸送体の阻害剤Aをこの細胞に添加したときのグルコース取り込み速度を測定した結果を図3に示す。

問4　文中の ┃ ア ┃，┃ イ ┃ に適切な語句または数値を記入せよ。

★問5　図3の結果から，阻害剤Aがグルコースの取り込みを阻害するしくみを，「結合部位」という用語を用いて60字程度で説明せよ。

　次に，図2の測定で用いた細胞をがん化させて異常細胞を作った。その異常細胞では，グルコース取り込み速度が正常細胞と比較して増加していた。そこで，その原因を検討するために，以下の実験を行った。

　実験　正常細胞と異常細胞を用いて，図2と同じ実験条件下でグルコース取り込み速度を測定した。その結果，異常細胞は正常細胞と比較して10倍の速度で細胞内にグルコースを取り込んでいたことがわかった。さらに(ア)正常細胞と異常細胞について V_{max} と K_m を比較した結果，異常細胞のグルコース取り込み速度の上昇は，細胞膜上のグルコース輸送体の数が増加したことによってもたらされたことがわかった。

★★問6　下線部(ア)の結果から，異常細胞を用いて得られた V_{max} と K_m は正常細胞の場合と比較してどのような値であったか。次から1つ選べ。

① V_{max}：1倍，K_m：10倍
② V_{max}：$\sqrt{10}$ 倍，K_m：1倍
③ V_{max}：10倍，K_m：1倍
④ V_{max}：1倍，K_m：$\dfrac{1}{10}$ 倍
⑤ V_{max}：10倍，K_m：$\dfrac{1}{\sqrt{10}}$ 倍

標問 14 アロステリック酵素とフィードバック調節

扱うテーマ：生合成系の活性調節／アロステリック酵素／フィードバック調節

アロステリック酵素には基質が結合する ア 以外に，酵素の活性を調節する低分子（エフェクター）が結合するアロステリック部位が存在する。アロステリック部位に結合するエフェクターは，基質である場合も基質以外の場合もある。また，アロステリック部位にエフェクターが結合して酵素反応を促進する場合と，酵素反応を抑制する場合とがある。

アロステリック酵素の一例として，大腸菌のアスパラギン酸トランスカルバミラーゼ(ATCase)があげられる。ATCase には L-アスパラギン酸，アデノシン三リン酸(ATP)，シチジン三リン酸(CTP)の 3 種類のエフェクターが存在する。この酵素はヌクレオチドのウラシル，チミン，シトシンといったピリミジン塩基の生合成の一連の反応にかかわる初めの酵素である。この酵素は

　　L-アスパラギン酸＋カルバモイルリン酸
　　　　　　⟶ N-カルバモイル-L-アスパラギン酸＋リン酸

という反応を触媒する。カルバモイルリン酸が充分な濃度で存在すればその濃度による反応速度に対する影響は無視してよい。つまり，ATCase のもう 1 つの基質である L-アスパラギン酸の濃度についてのみ考慮すればよい。図1は，カルバモイルリン酸が充分な濃度で存在する状態での ATCase の L-アスパラギン酸濃度と反応速度の関係を示したものである。L-アス

図1　ATCase の L-アスパラギン酸濃度と反応速度の関係

パラギン酸以外のエフェクターがない場合は，反応速度と L-アスパラギン酸濃度の関係は図1のbのようなS字に似た曲線になった。つまり，L-アスパラギン酸が低濃度では酵素活性が低いが，L-アスパラギン酸の濃度が高くなると急激に反応速度が上昇する。この特徴は基質の濃度によって反応を制御するスイッチの役割を担っている。ヌクレオチドのプリン塩基であるアデニンを含む ATP にも反応促進効果があり，L-アスパラギン酸以外に ATP が充分に存在する場合は図1において イ のような曲線になった。また，ATCase が関与する一連の生合成の最終産物の一種であるシトシンに由来する CTP が存在し ATP が存在しないと，酵素反応が抑制される。その場合，図1において ウ のような曲線になった。つまり，CTP は，ピリミジン塩基の生合成を エ している。

図1からわかるように，アロステリック酵素の特徴の1つは，反応を調節するエフェクターが存在しても基質濃度を上げていくと，最終的に オ がエフェクターがなくても同じになることである。これは，基質と化学構造が似た カ が，基質と ア を奪い合う競争的阻害によるものではない。

★ 問1 文中の空欄に最も適切な語句や図中の記号を記せ。

★ 問2 文中の エ には物質の生合成においてどのような利点があるのか，50字以内で説明せよ。

★★ 問3 ヌクレオチドの塩基にはアデニン，グアニンのようなプリン塩基と，ウラシル，チミン，シトシンのようなピリミジン塩基が存在する。プリン塩基のヌクレオチドとピリミジン塩基のヌクレオチドの生体内濃度のバランスを保つようにATCaseの活性は調節されていると考えられる。次から正しいものをすべて選べ。

① CTPには抑制効果があるため，ATCase活性を抑制してウラシル，チミンの生合成を促進する。

② ATPには促進効果があるため，ATP濃度をより高める効果がある。

③ CTPが存在しない場合，ATP濃度が低くなるとピリミジン塩基の生合成は促進される。

④ ATP濃度が高くなると，基質濃度が低くてもATCaseの反応速度は上昇する。

⑤ ATP非存在下でCTP濃度が低下した場合と，CTP非存在下でATP濃度が低下した場合とでは，反応速度と基質濃度の関係は似た曲線になる。

⑥ エフェクターの種類によってATCaseの基質との結合のしやすさが変化することにより，酵素活性を調節している。

| 東京農工大 |

第2章 代謝　31

標問 15 エネルギー代謝と膜輸送

扱うテーマ　エネルギー代謝／受動輸送と能動輸送／二次能動輸送

　細胞は生物の基本単位で，細胞膜により外界から仕切られている。生きている細胞の内部にはイオンや有機分子などのさまざまな物質が存在し，細胞の生存や機能と密接に結びついているため，それら分子の濃度の制御は不可欠である。その制御を行う上で重要な役割を果たしているのが細胞膜である。細胞膜は脂質とタンパク質からなる薄い膜である。細胞膜は細胞内外を区切る単なる「仕切り」ではなく，種々の物質を選択的に透過させる性質をもつ。この選択的透過性は，細胞膜に存在するタンパク質によっている。

　赤血球などの動物細胞では，細胞内の Na^+ 濃度は $10mM$ 程度で細胞外の Na^+ 濃度 $140mM$ に比べ低く抑えられている。それとは逆に，K^+ 濃度は細胞内が $140mM$，細胞外が $5mM$ 程度となっている。この2種類のイオンの細胞膜を隔てた大きな濃度勾配は細胞膜に存在する Na^+/K^+-ATP 分解酵素により形成されている。Na^+/K^+-ATP 分解酵素は ATP 加水分解のエネルギーを利用して，細胞内の Na^+ と細胞外の K^+ を交換する(a)能動輸送を行っている。〈注〉$1M = 1mol/L$

　Na^+ および K^+ の濃度勾配は，他の溶質分子やイオンの細胞内外への輸送に密接に関係している。例えば，(b)Na^+ の濃度勾配は，小腸上皮細胞において低濃度のグルコースを腸管内腔から細胞内に取り込む際に利用される。また，(c)細胞内の急激な酸性化(H^+ 濃度の上昇)に対して細胞内を中性に戻す際にも Na^+ の濃度勾配が利用される。これらの輸送現象は Na^+/K^+-ATP 分解酵素と同じく，細胞膜中に存在するタンパク質によって触媒される。

★ **問1** 下線部(a)に示す能動輸送とはどのような輸送のことか。対照的な輸送形式である受動輸送と対比し，80字程度で説明せよ。

★★ **問2** 赤血球を低張液で処理し溶血させた後，再び細胞膜が閉じて袋状の細胞の形を取り戻したものを赤血球ゴーストという。内部に Na^+ と ATP を含むが，K^+ と ADP を含まない赤血球ゴーストを調製した。この赤血球ゴーストを KCl を含む適当な緩衝液中に懸濁した。このときに起こる赤血球ゴースト内での Na^+，K^+，ATP および ADP の濃度変化を右のグラフ中にそれぞれ示せ。ただし，Na^+ および ATP のグラフ縦軸に記した矢印はそれぞれの初

期濃度を示す。また，赤血球ゴーストを緩衝液中に懸濁した時間を 0 とする。

★★ 問3　下線部(b)の輸送現象およびタンパク質の性質を詳しく調べるため，その輸送タンパク質を細胞膜から取り出し，脂質からなる人工膜に埋め込んだ。この人工膜は袋状の小胞になっており，小胞内外の溶液組成を自由に設定することができる。グルコースを含む溶液に小胞を懸濁し，小胞外の Na^+ 濃度を小胞内に比べ高濃度にした場合，小胞内で Na^+ およびグルコースの濃度の上昇が観察された。一方，小胞内外の Na^+ 濃度を同一にした場合は Na^+ およびグルコースの濃度の変化は認められなかった。ただし，この実験は小胞内外の溶液に ATP を含まない条件で行った。この輸送タンパク質と Na^+/K^+-ATP 分解酵素が利用するエネルギーには明らかな違いが存在する。それはどのような違いか80字程度で説明せよ。

★ 問4　小腸上皮細胞で見られる下線部(b)および(c)で示した輸送現象で起こる物質の動き（輸送される物質名とその方向）を Na^+/K^+-ATP 分解酵素の例にならって右の図中に示せ。

★ 問5　Na^+ の濃度勾配が物質輸送に利用されるためには細胞膜の脂質部分のどのような性質が重要であるといえるか。理由とともに80字程度で答えよ。

｜阪大｜

第 2 章　代　謝　　33

標問 16 光合成の計算と遮断実験

次の文章を読み,以下の問いに答えよ。なお,H,C,Oの原子量はそれぞれ1,12,16とし,実験温度におけるCO_2の密度は1.8g/Lとして計算せよ。

植物の光合成速度と呼吸速度は,植物のCO_2の吸収量と放出量から求めることができる。そこで,ある植物の光合成速度と呼吸速度を測定するために透明なアクリル板で図1のような装置(同化箱)を作り,実験を行った。この装置では,同化箱の入口と出口以外は密閉され,入口から一定の流量(30L/時)で出口の方向に空気が流れている。同化箱の入口(図中のA点)における空気中のCO_2濃度は300ppmである。なお,1ppmは,空気中にその体積の$1/10^6$の体積のCO_2を含む濃度である。

表1

光の強さ(ルクス)	0	2,000	4,000	6,000	8,000	10,000	12,000
CO_2濃度(ppm)	330	300	270	240	210	210	210

この同化箱の中に,面積が100cm²の葉を入れて密閉し,光の強さを0〜12,000ルクスに変化させて,同化箱出口(図中のB点)におけるCO_2濃度を測定した。B点でのCO_2濃度(ppm)は表1のとおりであった。なお,すべての実験は同一の温度で行った。

★問1 葉の呼吸速度はいくらか。葉面積100cm²・1時間当たりのCO_2重量($mgCO_2$/100cm²・時)を小数点以下第1位(小数点以下第2位を四捨五入)まで求めよ。

★問2 葉の光飽和における光合成速度($mgCO_2$/100cm²・時)はいくらか。小数点以下第1位(小数点以下第2位を四捨五入)まで求めよ。

★問3 10,000ルクスで2時間照射した後,暗黒下に2時間置いた。光合成で作られる炭水化物と呼吸の基質はすべてグルコース(ブドウ糖)とすると,4時間後の葉に含まれるグルコース量(mg)の増減はいくらか。小数点以下第1位(小数点以下第2位を四捨五入)まで求め,増加する場合には「+」,減少する場合には「−」の記号をつけよ。

★問4 10,000ルクスでしばらく照射を続けた後,CO_2吸収剤であるソーダライムが入った管を図中のC点に挿入した。その後,葉中のカルビン・ベンソン回路のC_3化合物とC_5化合物の量はどのように変化し始めるか,30字以内で記せ。なお,C_3化合物とはPGA(ホスホグリセリン酸)のことであり,C_5化合物とはRuBP(リブロースビスリン酸)のことである。

|九大|

標問 17 光合成と酵素

扱うテーマ: C₃回路とルビスコ／光呼吸／K_m／C₄回路とPEPカルボキシラーゼ

　光合成のカルビン・ベンソン回路において，ルビスコと呼ばれる酵素は，二酸化炭素を固定する最も初期の反応を触媒している。ルビスコは，基質として二酸化炭素1分子と(a)炭素数　ア　の物質1分子から，(b)炭素数　イ　の物質を　ウ　分子生成する反応を触媒している。この反応以外にも，ルビスコは基質として酸素1分子と炭素数　ア　の物質1分子から，炭素数　イ　と炭素数　エ　の物質をそれぞれ1分子ずつ生成する反応も触媒する（図1）。

図1

　一般に，ルビスコの反応のように　基質X＋基質Y→生成物　で示される酵素反応では，酵素濃度が一定で，基質Xの濃度が十分高い場合，基質Yの濃度と酵素反応速度の関係は図2のように表される。図2のK_mはミカエリス定数と呼ばれ，酵素反応速度が最大反応速度（V_{max}）の半分 $\left(\dfrac{V_{max}}{2}\right)$ になるときの基質濃度であり，酵素の基質Yに対する親和性の尺度となっている。

図2

問1　文中の空欄に適切な数字を記せ。

問2　下線部(a)および(b)の物質はそれぞれ何か，その物質名を記せ。

★問3　酵素濃度を図2で用いた濃度の半分にした場合，基質Yの濃度と酵素反応速度の関係はどのように変化するか。変化したグラフを図示せよ。また，この場合，K_mの値はもとの値の何倍になるか，最も適切なものを次から1つ選べ。

① 4倍　　② 2倍　　③ 1倍　　④ $\dfrac{1}{2}$倍　　⑤ $\dfrac{1}{4}$倍

★問4　ルビスコが基質として二酸化炭素と酸素のどちらを用いるかは，二酸化炭素と酸素の濃度の比に依存しており，二酸化炭素および酸素を用いる反応速度の比 $\left(\dfrac{v_{CO_2}}{v_{O_2}}\right)$ は次ページの（式1）で表すことができる。

$$\frac{v_{\mathrm{CO_2}}}{v_{\mathrm{O_2}}}=\frac{\left(\dfrac{V_{\max}^{\mathrm{CO_2}}}{K_{\mathrm{m}}^{\mathrm{CO_2}}}\right)}{\left(\dfrac{V_{\max}^{\mathrm{O_2}}}{K_{\mathrm{m}}^{\mathrm{O_2}}}\right)}\times\frac{\text{二酸化炭素濃度}}{\text{酸素濃度}}\qquad(\text{式}1)$$

（式1）における記号の説明

$v_{\mathrm{CO_2}}$ ：二酸化炭素と下線部(a)の物質を基質とするルビスコの反応速度

$v_{\mathrm{O_2}}$ ：酸素と下線部(a)の物質を基質とするルビスコの反応速度

$K_{\mathrm{m}}^{\mathrm{CO_2}}$ ：ルビスコの二酸化炭素に対する K_{m}

$K_{\mathrm{m}}^{\mathrm{O_2}}$ ：ルビスコの酸素に対する K_{m}

$V_{\max}^{\mathrm{CO_2}}$ ：二酸化炭素と下線部(a)の物質を基質とするルビスコの最大反応速度

$V_{\max}^{\mathrm{O_2}}$ ：酸素と下線部(a)の物質を基質とするルビスコの最大反応速度

二酸化炭素および酸素を基質として用いるルビスコの反応が右記の条件で起こるとき，反応速度の比 $\left(\dfrac{v_{\mathrm{CO_2}}}{v_{\mathrm{O_2}}}\right)$ はどのような値になるか。解答は小数点以下第2位を四捨五入して示せ。

反応の条件
・$K_{\mathrm{m}}^{\mathrm{O_2}}$ は $K_{\mathrm{m}}^{\mathrm{CO_2}}$ の20倍。
・$V_{\max}^{\mathrm{CO_2}}$ は $V_{\max}^{\mathrm{O_2}}$ の4.5倍。
・水中の酸素濃度は二酸化炭素濃度の23倍。
・下線部(a)の物質は十分な量存在する。

★問5　（式1）における $\left(\dfrac{v_{\mathrm{CO_2}}}{v_{\mathrm{O_2}}}\right)$ の値が大きくなることは，植物における正味の二酸化炭素の固定化効率を上げることになる。これは植物の成長において重要な意味をもつ。C_4 植物は $\left(\dfrac{v_{\mathrm{CO_2}}}{v_{\mathrm{O_2}}}\right)$ の値を大きくするために，C_4 ジカルボン酸回路と呼ばれる機構をもつ。（式1）を考慮した上で，「濃縮装置」という用語を用いて，この回路の役割を70字程度で述べよ。

| 広島大 |

標問 **18** 呼吸の計算

解答・解説 p.49

扱うテーマ：呼吸の計算／酸素と二酸化炭素の運搬／過呼吸

生物基礎 生物

グルコース($C_6H_{12}O_6$)を細胞内で酸素(O_2)を用いて，二酸化炭素(CO_2)と水(H_2O)に分解してエネルギーを取り出す反応を式で表すと次のように書ける。

$$C_6H_{12}O_6 + 6O_2 \longrightarrow 6CO_2 + 6H_2O + エネルギー$$

細胞で使われる O_2 は，肺呼吸により体内に取り入れられる。吸い込んだ空気(吸気という)中の O_2 は，血液により各組織の細胞に運ばれる。血液の液体成分(血漿という)に溶け込む O_2 の量は限られているが，赤血球中に多く存在する ア が含んでいる イ に O_2 は結合して運搬される。一方各組織の細胞でできた CO_2 は ウ となり，血漿に溶けた状態で肺まで運搬され，肺では CO_2 に戻って吐く息(呼気という)に出される。

呼気の中に O_2 と CO_2 がどのくらい含まれているか推測してみよう。宮沢賢治の有名な詩の『雨ニモ負ケズ』にある理想の人物は，「一日ニ玄米四合ト，味噌ト少シノ野菜ヲタベ」る。玄米の主成分は炭水化物(($CH_2O)_n$)のデンプンであり，(a)人はそれを糖に分解して体内に吸収する。吸収された糖は血液により各組織の細胞に運ばれてエネルギー源として利用される。「玄米四合」には約 480g の炭水化物が含まれており，この炭水化物をすべてエネルギーに変える時に出る CO_2 量は 1 日で何 L(リットル)となるかは計算で求めることができる。人は平均的に毎分10回呼吸しており，その1回の呼吸で 0.5L の吸気と同体積の呼気があるとすると，呼気に含まれる CO_2 の平均濃度は約 エ ％になる。また呼気に含まれる O_2 は約 オ ％に減少していることになる。これらの値は人の呼気を実際に分析した値とおおよそ一致している。

人が何もしないでじっとしているときでも，かなりのエネルギー消費が行われている。安静時でも心臓は拍動し，肺の呼吸運動や消化器官の活動は止まらない。他にも カ や キ が常に活動しており，これらのためにエネルギーが消費されている。人が運動を始めると時間当たりの呼吸量が増える。運動することによって，筋肉中のエネルギー消費が上がり，O_2 消費と CO_2 産生が上昇するからである。そこで，運動時の呼気を分析することによって，その運動によりどのくらいのエネルギーを消費しているかを推測できる。例えば，安静時の CO_2 放出量が10分間あたり 2.5L の人が，5分間のなわとび運動を行い，その5分間とその後の5分間の休憩時間を合わせた CO_2 放出量が 7.0L に増加したとすると，炭水化物の約 ク g 分のエネルギーをその運動により消費したことになる。なお，なわとびを行っている5分間とその後の5分間の休憩を合わせて測定するのは，運動を止めた後の休憩時間でも(b)運動開始前の状態に回復するまで筋肉のエネルギー消費は高く，その呼吸量の増加分を考慮する必要があるからである。

運動している時には，排出する CO_2 の量は増えるが，呼気中の CO_2 濃度はあまり上昇しない。呼気中の CO_2 は肺を循環する血液中の ウ と平衡にあるので，ウ の濃度が上がり過ぎると血液の ケ が下がって全身の組織にとって有害

第2章 代謝　37

となる。そこで筋肉の循環血液量を増やすとともに呼吸量を増やすことにより、筋肉のエネルギー消費を賄っている。逆に、運動していない時に無理矢理に呼吸を速く繰り返すと、気分が悪くなることがある。これは呼気からの CO_2 の放出が必要以上に増えて、血液の ケ が上がって カ の活動に支障を来すからである。

解答にあたり、必要に応じて以下の数値を用いよ。

・炭素（C），水素（H），酸素（O）の原子量は各々12，1，16とする。
・1モル（O_2 であれば 32 g，CO_2 であれば 44 g）の気体の体積は 22.4 L とする。
・吸気中の O_2 と CO_2 の濃度は各々21%と0.03%とする。

問1　空欄アにあてはまるタンパク質の名称を答えよ。

問2　空欄イにあてはまる鉄を含む成分の名称を答えよ。

問3　空欄ウにあてはまるイオンを化学式で答えよ。

問4　下線部(a)の過程で働く消化酵素について、それらが分泌される場所の名称を3つ答えよ。

★★問5　空欄エとオのそれぞれの値を計算して、四捨五入して整数で答えよ。

問6　空欄カとキにあてはまる最も適切な臓器の名称をそれぞれ答えよ。

★問7　空欄クの値を計算して、四捨五入して整数で答えよ。

★問8　下線部(b)に関して、この回復過程に筋肉細胞内で起こっている反応として、適切でないものを次から2つ選べ。

①　グルコースをピルビン酸に分解して ATP を合成する。

②　ADP とクレアチンリン酸から ATP を合成する。

③　アセチル CoA を酸化して ATP を合成する。

④　ピルビン酸を乳酸に還元する。

⑤　グルコースからグリコーゲンを合成する。

問9　空欄ケにあてはまる最も適切な用語を答えよ。

| 大阪府大 |

標問 19 呼吸とその反応調節

扱うテーマ　呼吸／アロステリック酵素／酸化的リン酸化／化学浸透／アンカップラー

　細胞内でグルコースを分解してエネルギーを得る過程は，大きく分けて3つの段階からなる。最初の段階は，グルコースから炭素3個を含む化合物に至る反応経路で解糖系と呼ばれる。この段階には様々な酵素が関与しているが，(a)フルクトース6-リン酸がフルクトース1,6-二リン酸に変化する反応は，ホスホフルクトキナーゼという酵素によって促進されている。この酵素はアロステリック酵素であり，解糖系全体の反応速度調節に重要な役割を果たしている。また，解糖系は酸素を必要としない反応であり，ある種の組織や細胞では，この段階のみでエネルギーを得ている。急激な運動時の骨格筋は，この一例である。また，微生物の中には無酸素環境で解糖系とほぼ同じ代謝系を用いるものがあるが，この働きは　ア　と呼ばれる。

　酸素が利用できる場合には，グルコース分解の第2段階が進行する。すなわち，炭素3個を含む化合物に由来するアセチル基がアセチルCoAという物質を介して，　イ　回路へと入っていく。この回路は，ミトコンドリアのマトリックスに存在している。この回路を1周する間にアセチル基が分解され，炭素原子は　ウ　として放出される。また，数カ所の脱水素反応により，還元型補酵素が生成する。生じた還元型補酵素は，第3段階である電子伝達系で利用される。

　(b)電子伝達系はミトコンドリアの内膜に存在しており，還元型補酵素に由来する電子は反応系内を次々に受け渡されていき，最終的に　エ　に受容され水ができる。この過程で，内膜を介して水素イオンの濃度勾配が形成される。その結果，水素イオンは濃度勾配に従って高濃度側から低濃度側に移動しようとし，この移動力を利用してATP合成酵素がATPを合成する。

問1　文中の空欄に適切な語を入れよ。

★★ 問2　図1は，下線部(a)のホスホフルクトキナーゼについて，その反応速度に及ぼすフルクトース6-リン酸濃度の影響を示している。曲線Aは低濃度のATP存在下で，曲線Bは高濃度のATP存在下で測定した結果である。

図1　ホスホフルクトキナーゼ活性へのフルクトース6-リン酸濃度の影響

(1)　曲線Aと曲線Bの比較から，高濃度のATPは酵素活性を阻害していることがわかる。その理由として，どのようなことが考えられるか。アロステリック効果に基づく説明として適切なものを次から1つ選べ。

①　酵素中の活性部位にATPが結合して，酵素活性を阻害するため。
②　ATPがフルクトース6-リン酸と結合して，フルクトース6-リン酸の濃度を下げるため。
③　酵素中の活性部位とは別の部位にATPが結合して，酵素活性を阻害するため。

④ ATPは逆方向の反応であるフルクトース1,6-二リン酸からフルクトース6-リン酸への変化を促進するため。
(2) ATPは解糖系の最終産物の1つといえるが，このATPによってホスホフルクトキナーゼ活性が抑制されることは解糖系全体の速度調節に重要である。こうした調節機構を何というか。その名称を記せ。
(3) ホスホフルクトキナーゼの酵素活性が曲線Bのように変化するという特徴は，酵素活性の調節の上でどのような役割を果たすか。「基質」，「スイッチ」という用語を用いて60字程度で記せ。ただし，ホスホフルクトキナーゼという酵素名は示さなくてよく，フルクトース6-リン酸を基質と示すものとする。

★問3 下線部(b)の電子伝達系の働きを調べるために，分離・精製したラット肝臓のミトコンドリアを用いて実験を行った。図2は外気から密閉された容器にミトコンドリアと十分量のリン酸を含む反応液を入れ，反応液中の溶存酸素を測定した結果である。図の矢印の位置では，反応液にそれぞれの物質が加えられた。

図2 ラット肝臓ミトコンドリアの酸素消費

(1) コハク酸やADPは，ミトコンドリアのどの位置で反応したと考えられるか。次から適切なものを1つ選べ。
① 外膜の細胞質に接する表面　② 内膜の外膜側に位置する表面
③ 内膜のマトリックス側に位置する表面
④ 内膜から離れた位置のマトリックス

(2) 図2で加えられたADPは，反応液中のミトコンドリアでATP合成に使われる。図から酸素1分子の消費によって生成するATPの分子数を計算せよ。ただし，図中のnmol（＝10^{-9}mol）は，物質量の単位であり，分子数に比例する。また図中に示すように，ADPは150nmolと300nmolが別々に加えられたものとする。

(3) DNP(2,4-ジニトロフェノール)は，ミトコンドリア内膜の水素イオン透過性を増大させる。図2でDNPを加えてからのミトコンドリアではどのようなことが起こっているか。次の中から適切なものを1つ選べ。
① 電子伝達系が停止している。
② ATPのミトコンドリア外への輸送が停止している。
③ 電子伝達系が活発に働いている。　④ ATP合成が活発に行われている。
⑤ ATPの分解が進行してADPが生成している。

(4) KCN(シアン化カリウム)を加えると図2に示されているような結果となった。KCNはどのような作用を及ぼしたか。「電子伝達系」，「酸素消費」の2語を用いて30字程度で記せ。

| 岐阜大 |

| 標問 | **20** | 精子の鞭毛運動と ATP 生成 | 解答・解説 p.55 |

扱うテーマ／ 呼吸での ATP 生産／ATP の再生／脂肪の異化　　　　　　　　　　　　　生物基礎／生物

　精子の鞭毛は，その先端部にいたるまで，サイン波様の屈曲を周期的に作り出すことで，推進力を生み出している。鞭毛にこのような屈曲運動を引き起こしているのは，鞭毛全体にわたって分布しているダイニンと呼ばれるタンパク質である。ダイニンはATP を分解して得られるエネルギーを運動に変える働きをしているので，ダイニンが鞭毛全体で働き，鞭毛の運動を維持するためには，鞭毛全体にわたって十分な量のATP が供給される必要がある。しかし鞭毛は細長く，しかもミトコンドリアは鞭毛の基部(精子の頭部近辺)のみに局在している。したがって，ミトコンドリアにおける代謝(クエン酸回路と電子伝達系)により生産されるATPが主に用いられる場合には，ATP を鞭毛の先端まで十分量供給するしくみが必要となる。一方，鞭毛内の細胞質基質に存在する解糖系で生産される ATP が主に用いられる場合には，解糖系の基質が，精子の細胞外から鞭毛全体に十分に供給されるしくみが必要となる。マウスとウニを用いて，代謝と鞭毛運動の関係を調べる実験を行った。なお，精子において，ATP は鞭毛の運動に使われるエネルギーを得るための反応である，

$$ATP \longrightarrow ADP（アデノシン二リン酸）+ リン酸$$

で消費される。また，上の反応で生じた ADP から，

$$2\,ADP \longrightarrow ATP + AMP（アデノシン一リン酸）$$

の反応で，ADP の一部が ATP に再生され，さらに消費される。

(注：上記の反応式は一部簡略化してある。)

実験 1　マウスの精子の代謝と鞭毛運動の関係を調べる目的で，精子の培養液に，次ページの図 1 の①〜⑥の実験条件で，代謝の基質と代謝の阻害剤(薬剤 X，薬剤 Y)を加える実験を行った。解糖系の基質としてはグルコースを，ミトコンドリアにおける代謝の基質としてはピルビン酸を用いた。グルコースは解糖系でピルビン酸になり，それがミトコンドリアに運ばれて，さらに代謝される。また，薬剤 X はミトコンドリアにおける代謝の阻害剤で，解糖系は阻害しない。薬剤 Y は解糖系の阻害剤で，ミトコンドリアにおける代謝は阻害しない。なお，これらの基質や阻害剤は，精子の培養液に加えると，速やかに精子細胞内に取り込まれることがわかっている。

　　基質と阻害剤を精子の培養液に加えた直後は，図 1 に示される①〜⑥のすべての実験条件において，精子は高い運動活性と ATP 濃度を示したが，30 分後に精子細胞内の AMP，ADP，ATP の濃度を測定したところ，図 1 に示すような結果が得られた。図 1 の最下段には，その時点で観察された精子の運動活性を，高いか低いかで示している。なお，ピルビン酸を基質として用い，ミトコンドリアにおける代謝を調べる実験条件については，精子細胞内に存在するグルコースの影響を除くために，薬剤 Y を加えてある。

第 2 章　代謝　　41

図1 マウス精子の培養液に，代謝基質と阻害剤を加えて30分後の精子細胞内に含まれるAMP, ADP, ATPの相対濃度と精子の運動活性

実験2 次に，ウニの精子を用いた実験を行った。ウニの精子を海水中にけん濁すると，激しい遊泳運動を示した。その運動は15分過ぎても維持されていた。15分後の海水中の溶存酸素量を測定したところ，著しく減少していた。この，15分間海水中で運動させた精子をすりつぶして調べた結果，(a)細胞中の成分Zの量が減少していた。また，精子や海水中に含まれる，尿酸や尿素のような窒素を含む老廃物の量は増加していなかった。次に，精子をけん濁した海水中に薬剤Xを加えたところ，急激に精子の運動活性が低下するのが観察された。しかし，薬剤Yを加えた場合には，運動活性の阻害はほとんどみられなかった。

★問1　実験1について。図1に示すように，30分後にマウスの精子の運動活性が低い実験条件では，いずれもAMP濃度が最も高かった。その理由を推測して70字程度で述べよ。

★問2　実験1について。図1に示された，マウスの精子を用いた実験の結果からの推測として，誤った記述はどれか。次からすべて選べ。
① 精子の運動にはグルコースが基質として使われているので，実際の受精環境にはグルコースが存在している可能性がある。
② 精子の運動活性が低い条件ではATPを生産する必要がないので，ATP濃度は30分後でも低い。
③ 精子の運動活性が高い場合でも精子の運動に使われるATPの量は非常に少ないので，ATP濃度は30分後でも維持されている。
④ ミトコンドリアの代謝が働かなくても，解糖系のみで充分，精子の運動活性が維持される。
⑤ ピルビン酸が与えられても，解糖系が働いていないと，精子の運動活性は低い

ので，精子の運動には解糖系が大きく寄与している。

★ 問3　下線部(a)について。細胞中の成分Zは何か。最も適切なものを次から選べ。
　　①　グリコーゲン　　　②　フルクトース　　　③　タンパク質
　　④　アミノ酸　　　　　⑤　脂肪

★ 問4　ウニの精子が，細胞中の成分Zを代謝して遊泳運動のためのエネルギーを得ている理由を，受精の環境が哺乳類と異なることを考慮して，70字程度で述べよ。

　　問5　ウニの精子では，ミトコンドリアで作られたATPを鞭毛の先端部まで供給するために，ある高エネルギーリン酸化合物を介して，ADPからATPを直接的に合成するしくみをもっている。この高エネルギーリン酸化合物は骨格筋にも存在し，運動の維持のために働いている。この高エネルギーリン酸化合物の名称を答えよ。

|東大|

第2章　代　謝　　43

第3章 遺伝情報とその発現

標問 21 点突然変異

扱う テーマ 翻訳／遺伝子突然変異

解答・解説 p.58

生物基礎 生物

　ニジマスのある遺伝子の塩基配列を調べ，その遺伝子から転写される mRNA の配列を決定したところ，多くの正常個体から下のような配列が得られた。しかし，一部の個体では①〜⑧に示したような変異を起こした mRNA も認められた。下の配列は左端の AUG から右方向に翻訳されるものとして，以下の問いに答えよ。なお，必要に応じて下のコドン表を用いること。

```
1          10         20         30         40         50
AUG CUC CUA UAC GUC AUU CUU AUU GAC AAA UUU CAA GUC AUA UGA CUU GAA AUG A
```

①　左から 6 番目の C が U に変異していた。

②　左から28番目の A が U に変異していた。

③　左から33番目の U が A に変異していた。

④　左から28番目の A が G に変異していた。

⑤　左から13番目の G が欠失していた。

⑥　左から13，14番目の G と U が欠失していた。

⑦　左から15，16番目の C と A の間に A が挿入され，CAA と変異していた。

⑧　左から33，34番目の U と C の間に C が挿入され，UCC と変異していた。

コドン表　（mRNA の3塩基の組み合わせとそれらがコードするアミノ酸）

第1字＼第2字	U（ウラシル）	C（シトシン）	A（アデニン）	G（グアニン）	第3字
U（ウラシル）	フェニルアラニン フェニルアラニン（Phe） ロイシン ロイシン（Leu）	セリン セリン セリン セリン（Ser）	チロシン チロシン（Tyr） （停　止） （停　止）	システイン システイン（Cys） （停　止） トリプトファン（Trp）	U C A G
C（シトシン）	ロイシン ロイシン ロイシン ロイシン（Leu）	プロリン プロリン プロリン プロリン（Pro）	ヒスチジン ヒスチジン（His） グルタミン グルタミン（Gln）	アルギニン アルギニン アルギニン アルギニン（Arg）	U C A G
A（アデニン）	イソロイシン イソロイシン イソロイシン（Ile） メチオニン（Met）	トレオニン トレオニン トレオニン トレオニン（Thr）	アスパラギン アスパラギン（Asn） リシン リシン（Lys）	セリン セリン（Ser） アルギニン アルギニン（Arg）	U C A G
G（グアニン）	バリン バリン バリン バリン（Val）	アラニン アラニン アラニン アラニン（Ala）	アスパラギン酸 アスパラギン酸（Asp） グルタミン酸 グルタミン酸（Glu）	グリシン グリシン グリシン グリシン（Gly）	U C A G

★問1　上の mRNA から翻訳されるポリペプチドを構成するアミノ酸数が，減少する変異を①〜⑧からすべて選べ。

★問2　上の mRNA から翻訳されるポリペプチドを構成するアミノ酸数が，増加する変異を①〜⑧からすべて選べ。

★問3　前ページのmRNAから翻訳されるポリペプチドを構成するアミノ酸の配列が,全く変化しない変異を①〜⑧からすべて選べ。

★問4　①, ④, ⑧の変異は翻訳により合成されたタンパク質の機能に全く変化をもたらさなかったが, ②, ③, ⑤, ⑥, ⑦の変異mRNAから翻訳されたタンパク質は全く機能しなかった。このことから, (1)このタンパク質が機能する上で必須ではないアミノ酸配列は左から数えて　A　番目の　B　以降である, (2)左から数えて　C　番目のアミノ酸は必ずしも　D　である必要がないが, (3)　E　番目のアミノ酸は　F　である必要性が高い, と考えられる。

　　　文中の　A　〜　F　に, 正常個体でのアミノ酸の位置, あるいはアミノ酸名を入れよ。

| 東京海洋大 |

第3章　遺伝情報とその発現　　45

標問 **22** **転写**と**翻訳**（スプライシング）

解答・解説 p.61

扱うテーマ｜転写／スプライシング／翻訳／遺伝子突然変異

生物基礎｜生物

DNA の遺伝情報に基づくタンパク質合成の過程では，RNA が重要な働きをしている。RNA は ア の一種で，一本鎖であり，DNA と同じように イ が鎖状につながった高分子の化合物である。RNA の糖は ウ であり，塩基にはチミンがなくて， エ がある。RNA は，その働きによって， オ ， カ ， キ の3種類に分けられる。

タンパク質合成は，次のような過程によって行われる。まず，DNA の2本鎖の一部がほどけて， ク の働きによって，DNA の塩基配列を写し取るようにして RNA が合成される。真核生物の DNA では，タンパク質の情報となるエキソンと，情報にならないイントロンがあり，①スプライシングによって RNA からイントロンが除かれ，エキソンをつなぎ合わせることによって オ ができる。 オ が核膜孔から細胞質へ出て， ケ と結合すると，結合部分の オ のコドンに対応するアミノ酸を結合した カ がやってきて， コ の部分で オ と結合する。 カ によって運ばれたアミノ酸は伸長しつつあるペプチド鎖の末尾のアミノ酸とペプチド結合して， カ は オ から離れる。この過程を遺伝情報の翻訳という。

問1　文中の空欄に適語を入れよ。

問2　下線部①のスプライシングは原核生物では起こらない。その理由を30字以内で説明せよ。

★問3　図1は真核生物の DNA の塩基配列を模式的に示したものであり，開始暗号で始まり，終止暗号で終わっている。全長の DNA 鎖を鋳型として転写が行わ

1 ATGGCTTATT TGCGCCTAAA GGTGGAAATC GGATCGGTTT 40
　　　　　(a)
　　　　　　　　　　　　　d　e
　　　　　　　　　　　　　↓　↓
41 AGCTAGTTCA GGTAGCTAGC TCGCAGGTTT TAGGACACAC 80
　　　　　　(b)

　　　　　f　　　g h
　　　　　↓　　　↓ ↓
81 ACAGGCTAAG GTATTGGGTC ATTCGCAGGA TTCGATTTAA 120
　　　　　　(c)

（注：図中の塩基配列は実際の生物で同定されたものではない。番号は開始暗号 ATG の A を1とした場合の番号であり，数えやすいように10塩基ごとにスペースを設けてある。）

図1

1番目の塩基	2　　番　目　の　塩　基				3番目の塩基
	U	C	A	G	
U	UUU フェニルアラニン(F) / UUC	UCU セリン(S) / UCC	UAU チロシン(Y) / UAC	UGU システイン(C) / UGC	U / C
	UUA ロイシン(L) / UUG	UCA / UCG	UAA (終止) / UAG	UGA (終止) / UGG トリプトファン(W)	A / G
C	CUU ロイシン(L) / CUC	CCU プロリン(P) / CCC	CAU ヒスチジン(H) / CAC	CGU アルギニン(R) / CGC	U / C
	CUA / CUG	CCA / CCG	CAA グルタミン(Q) / CAG	CGA / CGG	A / G
A	AUU イソロイシン(I) / AUC	ACU トレオニン(T) / ACC	AAU アスパラギン(N) / AAC	AGU セリン(S) / AGC	U / C
	AUA / AUG メチオニン(M)(開始)	ACA / ACG	AAA リシン(K) / AAG	AGA アルギニン(R) / AGG	A / G
G	GUU バリン(V) / GUC	GCU アラニン(A) / GCC	GAU アスパラギン酸(D) / GAC	GGU グリシン(G) / GGC	U / C
	GUA / GUG	GCA / GCG	GAA グルタミン酸(E) / GAG	GGA / GGG	A / G

表1

46

れ，スプライシングを経た後，翻訳によって合成されたタンパク質のアミノ酸配列は，MAYLRLKVASSQVLGHTQAKDSI であった。なお，アミノ酸は表1中のカッコ内に示したアルファベットを用いている。この塩基配列中には，イントロンが2カ所存在しており，一方は図1に示した下線部(a)であった。もう一方は，下線部(b)か(c)のどちらであるかを記せ。

★問4　図1中の DNA に遺伝子突然変異が起こり，1カ所の塩基TがAに置換されたところ，最終的に合成されたタンパク質のアミノ酸配列は，MAYLRLKVASSQV であった。図1中に変異を起こした可能性のある5カ所の塩基Tを矢印 d〜h で示している。最も適切な塩基Tの位置を記し，その理由を80字以内で説明せよ。

| 神戸大 |

第3章　遺伝情報とその発現

標 問	**23**	**選択的スプライシング**	解答・解説 p.63

複う テーマ　選択的スプライシング／遺伝子突然変異　　　　　　　　　　　　　　　生物基礎｜生物

　ヒトの染色体 DNA は，約200塩基対を単位として，そのうち約146塩基対が(a)ヒストンと呼ばれるタンパク質に巻きついている。この単位構造の繰り返しがさらに高度に折りたたまれたものが染色体である。DNA の複製の際には，複製を行う主要な酵素である　ア　が接近できるように圧縮された構造を一時的にゆるめ，さらにDNA の二重らせん構造をほどき一本鎖にする必要がある。

　DNA から RNA が合成される過程を転写といい，それを行う主要な酵素が　イ　である。転写の開始を助けるタンパク質である基本転写因子は DNA 上の　ウ　と呼ばれる部位に結合する。真核生物では，DNA から最初に作られた RNAの一部がスプライシングによって切断・再結合される。ヒトの大部分の遺伝子は，複数のエキソンとイントロンからなっていて，中には，特定のエキソンをある細胞では残し，別の細胞では除くことによって，個体全体でみると 1 つの遺伝子から複数種類の伝令 RNA が合成される場合がある。これを選択的スプライシングと呼ぶ。伝令RNA は　エ　から　オ　へと輸送され，　カ　と呼ばれる粒状の構造体で，伝令 RNA の塩基配列情報をもとにタンパク質が作られる。結局，(b)選択的スプライシングにより，1 つの遺伝子から複数種類のタンパク質を作ることができる。ヒトの場合，少なくとも50％以上の遺伝子で選択的スプライシングが起こるとされている。

問 1　文中の空欄に適切な語句を入れよ。

問 2　下線部(a)について，DNA が巻きついている部分のヒストンの表面電荷は正か負か記せ。

問 3　DNA に結合するヒトのタンパク質には，特定の塩基配列にのみ結合するものがある。次の①～④の中から，特定の塩基配列にのみ結合するものを選べ。

① ヒストン

② 複製を行う主要な酵素

③ 転写開始を助ける基本転写因子

④ 二重らせん構造をほどき一本鎖 DNA にする働きをもつ酵素

★問 4　前述の文章および右の表 1 を参考にして，次の文章①～⑤のうち正しいものをすべて選べ。

表1

ゲノムの塩基配列が解読された生物	ゲノムあたりの総塩基対の概数（×10⁶）*	遺伝子の概数*
シアノバクテリアA*ᵃ	3.6	3,300
大腸菌B*ᵇ	4.6	4,300
酵母C*ᶜ	12	6,300
線虫D*ᵈ	100	20,000
シロイヌナズナ	120	27,000
キイロショウジョウバエ	120	14,000
イネ	390	29,000
ヒト	3,000	24,000

(*KEGG および NCBI のデータベースをもとに作成．
*ᵃSynechocystis sp. PCC 6803株，　*ᵇK 12株，　*ᶜSaccharomyces cerevisiae，　*ᵈCaenorhabditis elegans)

48

① 表中の生物では，ゲノムあたりの総塩基対数は真核生物の方が原核生物より多い。

② ヒトのタンパク質の平均の大きさは，酵母Cのタンパク質の平均の大きさの約65倍である。

③ ヒトのタンパク質は，約24,000種類ある。

④ 表の上から下に向かって，タンパク質をコードしない DNA の量が多くなる傾向がある。

⑤ シアノバクテリアAのもつ遺伝子はすべてヒトにも存在する。

★★ 問5　下線部(b)の現象に関連して次のような場合を考察する。

　　ある動物の遺伝子 G は 6 つのエキソンとそれらの間の 5 つのイントロンから成るものとしよう。6 つのエキソンの長さは転写開始点側からそれぞれ，222，153，141，135，219，350塩基であった。健康な動物の遺伝子 G から作られるタンパク質の大きさは，通常の組織では320アミノ酸であったが，特定の組織Xで作られる場合だけ365アミノ酸であった。最初と最後のエキソンはどの組織でも共通に使用されており，開始コドンは最初のエキソンの途中に，終止コドンは最後のエキソンの途中にあるので，組織Xとそれ以外の組織での遺伝子 G のエキソンの選ばれ方が違うことが推測された。この動物のある遺伝病の系統を調べてみると，遺伝子 G に 1 塩基置換の突然変異が起こっていることが分かった。この遺伝病の最も強い症状は組織Xに見られるため，この遺伝病の個体の組織Xで遺伝子 G から作られるタンパク質の大きさを調べたところ，正常な365アミノ酸のタンパク質の他に，その約半分の大きさの異常タンパク質が検出された。組織X以外の組織では正常な320アミノ酸のもののみが検出されたので，この遺伝病における組織Xの障害の原因は，この小さな異常タンパク質の発現にある可能性が考えられた。

(1)　組織Xとそれ以外の組織での遺伝子 G のエキソンの選ばれ方の違いについて推定し，記述せよ。

(2)　この遺伝病における突然変異が存在する場所は転写開始点側から数えて何番目のエキソンか記せ。

(3)　この遺伝病における突然変異の結果，なぜ約半分の大きさの異常タンパク質が産生されたと考えられるか記述せよ。ただし，この突然変異はスプライシングのされ方に影響を与えることはなかった。

| 京大 |

第 3 章　遺伝情報とその発現　　49

標問 24 PCR法

扱うテーマ：DNAの半保存的複製／PCR法／遺伝子突然変異

ポリメラーゼ連鎖反応(PCR)法の原理について考えてみよう。

DNAは，半保存的複製によって増幅される。DNAの合成を担うDNA複製酵素（ポリメラーゼ）は，鋳型の配列に相補的なヌクレオチドを既存のDNA鎖に次々と付加していく重合反応の触媒活性しかもたないため，DNAの複製開始にはプライマーと呼ばれる1本鎖の短いヌクレオチド鎖が必要とされる。プライマーは鋳型となるDNA鎖の特異的な部位と相補的な塩基配列をもち，鋳型と水素結合することで，DNA複製の起点となるが（図1），PCR法ではこのプライマーの配列特異性を利用して目的とするDNA領域の増幅を行う。

図1．1,000塩基対の2本鎖DNA 1分子を鋳型としてPCR反応を2サイクル行った例を模式的に示す。プライマーAおよびBは，図に示された2カ所の位置でのみ鋳型DNAと水素結合するものとする。

DNAの増幅は次のような過程で行われる（図1）。第1ステップでは，例えば94℃で熱変性させることにより，2本鎖DNAを半保存的複製の鋳型として利用可能な1本鎖とする。第2ステップでは，50〜60℃に冷却することにより，各プライマーと鋳型となる1本鎖DNAとの相補性に基づいた結合（アニーリング）を可能とする。第

3ステップでは，特殊なDNAポリメラーゼの反応至適温度である72℃に保つことにより，プライマーを起点として新しいDNA鎖が伸長し合成される。この第1～3ステップを1サイクルとして30～40回反復して行うことにより，変性，アニーリング，伸長のサイクルが次々と繰り返され，DNAが大量に増幅される。

★ 問1 ある任意の16塩基のプライマーと同一の配列がヒトゲノム中に何個存在するか，期待値(小数点以下1桁)を求めよ。ただし，ヒトゲノムは，30億塩基対(60億塩基)とする。また，A(アデニン)，C(シトシン)，G(グアニン)，T(チミン)の各塩基はゲノム中に同じ確率で存在するとし，$4^5 ≒ 10^3$の近似値を用いて計算してよい。

★★ 問2 図1のように，PCR反応を10サイクル行った後に，どのような長さのDNA分子が何分子存在することになるか答えよ。ただし，PCR反応は理想的な条件で完全に行われるとし，DNA分子は1本鎖DNAを単位として解答するものとする。例えば，1サイクル後の状態は，1,000塩基のDNAが2分子，900塩基のDNAが1分子，700塩基のDNAが1分子と表記する。

★★ 問3 PCRの原理に照らし，次の実験からテスト株では遺伝子Aにどのような変異が生じていると推測されるか答えよ。

実験 ある遺伝子Aの野生株DNA配列に基づいて図2に示すような3種のプライマーX，Y，Zを作製した。野生株およびテスト株のゲノムDNAを鋳型としてX，YおよびX，Zの組み合わせのプライマーを用いPCRを行った。X，

図2

Yのプライマーセットを用いた際には，野生株とテスト株で完全に同じ長さのDNA断片が増幅して検出された。しかし，X，Zのセットを用いた際には，野生株では増幅断片が検出されたが，テスト株では検出されなかった。

★ 問4 問3で生じた遺伝子変異の結果，テスト株では野生株と比べてどのような翻訳産物(タンパク質)が生じている可能性があるか。3つ答えよ。

|神戸大|

標問 **25** 原核生物の遺伝子発現とその調節(1)　解答・解説 p.70

扱うテーマ　オペロン説／ラクトースオペロン／リプレッサーによる負の調節　　生物基礎　生物

　生物の遺伝情報は DNA に記されている。通常，遺伝子の情報は RNA に転写され，タンパク質に翻訳される。転写では，　ア　と呼ばれる酵素と　イ　と呼ばれる DNA 領域が重要な役割を果たす。　イ　は転写開始に必要な DNA 領域のことで，(A)原核生物の　ア　は　イ　の中の特定の DNA 塩基配列を認識し，その領域に結合したのち，DNA 上を移動しながら転写を行う。

　生物は置かれた環境に応じて，遺伝子の発現を調節する。例えば，原核生物の大腸菌は，通常グルコース(ブドウ糖)を生命活動に利用するが，ラクトース(乳糖)などの他の糖類も利用できる。大腸菌は，グルコースは無いがラクトースが存在する環境に置かれると，速やかにラクトースを分解する酵素(以後ラクターゼと表記)の発現を開始する。ラクターゼ遺伝子は，隣接する他の 2 つの酵素の遺伝子とともに転写される。遺伝子の発現を調節する遺伝子を(B)調節遺伝子と呼び，そのタンパク質(調節タンパク質)は特定の DNA 塩基配列を認識し，その領域に結合して転写の調節に関わる。ここで述べたような遺伝子発現の調節系において，調節タンパク質が結合する DNA 領域を　ウ　と呼び，1 つの　ウ　によって制御される遺伝子群のことは　エ　と呼ぶ。このように，DNA の塩基配列にはタンパク質のアミノ酸配列の情報だけではなく，遺伝子発現の調節に関わる情報も記されている。

　大腸菌に突然変異誘発剤を作用させ，4 種類の突然変異体(突然変異体 1〜4)を見つけた。それぞれの突然変異体を，エネルギー源としてグルコースあるいはラクトースのみを含む培地で培養し，ラクターゼ遺伝子に由来する mRNA とラクターゼの酵素活性を調べた。下表に，それら大腸菌の野生型と突然変異体の特性を示す。なお，それぞれの突然変異体は，ラクターゼ遺伝子の中あるいは近くに 1 カ所の突然変異をもつ。

表　大腸菌の野生型と突然変異体の特性

大腸菌の種類	グルコース(エネルギー源)		ラクトース(エネルギー源)		調節タンパク質***
	ラクターゼ mRNA*	ラクターゼ活性**	ラクターゼ mRNA*	ラクターゼ活性**	
野生型	−	−	+	+	+
突然変異体 1	−	−	+	−	+
突然変異体 2	−	−	−	−	+
突然変異体 3	+	+	+	+	−
突然変異体 4	+	+	+	+	+

*　　ラクターゼ遺伝子に由来する mRNA が検出されたことを(＋)で，検出されなかったことを(−)で示す。

**　　ラクターゼの酵素活性が検出されたことを(＋)で，検出されなかったことを(−)で示す。

***　　正常な(野生型と同じ)機能をもつ調節タンパク質が発現することを(＋)で，発現しないことを(−)で示す。

問1 下線部(A)について，原核生物と真核生物に関する以下の問いに答えよ。
  (1) 原核生物にはみられない，真核生物の細胞内構造の特徴を50字以内で述べよ。
  (2) 遺伝子の転写と翻訳の過程には，原核生物と真核生物の間で違いがみられる。その違いを100字以内で述べよ。

問2 下線部(B)のラクターゼの調節遺伝子は，ラクターゼ遺伝子のすぐ隣に位置する。ラクターゼの調節タンパク質の発現に関して最も適切なものを，次から1つ選べ。
  ① グルコース存在下では発現していないが，ラクトース存在下で発現する。
  ② ラクトース存在下では発現していないが，グルコース存在下で発現する。
  ③ エネルギー源がグルコースかラクトースかに関係なく，発現している。
  ④ エネルギー源がグルコースかラクトースかに関係なく，発現していない。

★問3 突然変異体1と突然変異体2に関して，以下の問いに答えよ。
  (1) 文中の空欄 ア と イ に適切な語句を入れよ。
  (2) 突然変異体のラクターゼのアミノ酸配列を指定するDNA塩基配列を調べたところ，突然変異体1の塩基配列には突然変異が見つかったが，突然変異体2の塩基配列は正常（野生型と同じ）であった。突然変異体2が，ラクトースのみの存在下にもかかわらずラクターゼの活性を示さないのはなぜか。 ア と イ の働きに着目して，突然変異体2で生じた突然変異とともにそのしくみを推測し，90字以内で述べよ。なお，突然変異体2は，正常なラクターゼの調節タンパク質を発現しているとする。

★問4 突然変異体3と突然変異体4に関して，以下の問いに答えよ。
  (1) 文中の空欄 ウ と エ に適切な語句を入れよ。
  (2) 突然変異体3は，ラクターゼの調節タンパク質が機能を失った突然変異体であった。野生型と突然変異体3を比較し，ラクターゼの調節タンパク質の正常な機能に関し推測されることを35字以内で述べよ。
  (3) 突然変異体4は正常なラクターゼの調節タンパク質を発現しているが，突然変異体3と同様に，ラクトース非存在下でラクターゼを発現する。突然変異体4で生じた突然変異とともにそのしくみを推測し，90字以内で述べよ。

| 横浜市大 |

標問 26 原核生物の遺伝子発現とその調節(2)

扱うテーマ　オペロン説／アクティベーターによる正の調節／ゲル電気泳動法

解答・解説 p.73
生物

　遺伝子とは，親から子へと受け継がれ形質を決定する要素である。しかし，(ア)すべての遺伝子が常に発現している訳ではなく，外界の環境に反応して調節される。

　DNAからタンパク質が合成される遺伝子発現の第一段階は，転写と呼ばれる過程である。プロモーターと呼ばれる特定の領域に結合したRNAポリメラーゼが，DNA塩基配列の一方の鎖を鋳型として(イ)RNAに写し取る。この転写の開始を調節することが遺伝子発現の大きな要因となり，これまでに多くのDNA結合性の転写調節タンパク質が分かっている。転写調節タンパク質も遺伝子により作られ，そのような遺伝子を調節遺伝子という。

　ここでは，そのしくみの一例を調べてみよう。遺伝子は小文字，タンパク質は大文字で表す。細菌において，細胞内に物質Aが存在した場合のみ発現する遺伝子xがある。

図1

遺伝子xの発現には，別の遺伝子yから常に発現している転写調節タンパク質Yが関与する（図1）。タンパク質Yが物質Aと結合すること，および遺伝子xプロモーター上流の領域zが遺伝子xの発現に必要であることもわかっている。そこで，タンパク質Yと領域zとの結合について，ゲル電気泳動法を利用して解析した。

　ゲル電気泳動法とは，DNA断片を分離する方法の1つである。(ウ)DNAは負に荷電しているため，緩衝液中のゲルに電場をかけると陽極に向かってゲル内を移動する。この移動距離はDNA断片の長さに依存して，小さな断片の方が速く移動する。しかし，同じ大きさのDNA断片であってもタンパク質が結合した複合体は遅く移動する。

　物質Aの存在下，非存在下において，領域zを含む短いDNA断片と，タンパク質Yとを混合してゲル電気泳動をし，DNAを検出した結果を図2に示す。

図2

問1　下線部(ア)の遺伝子発現について記述した以下の文章から，正しいものをすべて選べ。
① 動物の発生過程で，異なる性質の細胞へと分化するときに調節遺伝子によって特定の遺伝子が発現する。
② 3塩基からなるコドンは理論上64種類あるので，すべてのアミノ酸は3種類以上のコドンによって指定される。

③ 真核生物において，核内で転写された RNA の大部分は細胞質でスプライシングをうける。

④ 植物の成長は環境要因で変化するが，これは植物ホルモンの働きによるもので遺伝子の発現調節は起こらない。

⑤ 真核生物において，大部分のリボソームはゴルジ体に結合しており，合成されたタンパク質は分泌される。

⑥ 原核生物では，RNA ポリメラーゼが転写している RNA 上で，リボソームによる翻訳が開始される。

問2 下線部(イ)の RNA について，DNA と違う特徴を3つ答えよ。

問3 下線部(ウ)について，DNA の化学構造上の何が原因であるか，答えよ。

★問4 図2の結果からわかる物質A，タンパク質Y，及び領域 z との関係を50字以内で述べよ。

★問5 遺伝子 y の突然変異体 y-1 を単離したところ，物質Aの存在に関わらず遺伝子 x が発現しなくなった。変異体 y-1 は，遺伝子 y 上で DNA 塩基置換が1カ所起こり，アミノ酸配列が変化していた。変異体 y-1 から発現する変異タンパク質 Y-1 と領域 z を含む DNA 断片を混合してゲル電気泳動を行ったところ，物質A存在下においても DNA 断片の移動の遅延は観察されなかった。変異タンパク質 Y-1 が失った機能として可能性があるものを2つ答えよ。

★問6 遺伝子 y の突然変異体 y-2 では，物質Aの存在に関わらず遺伝子 x が発現した。変異体 y-2 から発現する変異タンパク質 Y-2 と領域 z を含む DNA 断片を混合してゲル電気泳動を行った場合に予想されるDNAの位置を右の図に示せ。ただし，物質Aの分子量は無視できるほど小さく，また変異タンパク質 Y-2 の分子量はタンパク質Yと同じであるものとする。

★問7 以上の実験結果から推察される以下の記述について，正しいものを3つ選べ。

① 物質Aはタンパク質Yの基質として働く。

② 物質Aと結合したタンパク質Yは立体構造が変化する。

③ タンパク質Yは物質Aと結合して核に移動する。

④ タンパク質Yは物質Aと結合して転写のリプレッサーとして働く。

⑤ タンパク質Yは塩基配列に特異的な DNA 結合活性をもつ。

⑥ タンパク質Yが領域 z に結合すると，RNA ポリメラーゼによる転写が促進される。

⑦ タンパク質Yが領域 z に結合しない時，RNA ポリメラーゼは領域 z に結合する。

| 名古屋市大 |

標問 27 遺伝子組換え(ブルーホワイトセレクション)

扱うテーマ　遺伝子組換え／ラクトースオペロン／ブルーホワイトセレクション　　生物基礎 生物

　原核生物，真核生物のどちらにおいても，　ア　がプロモーターと呼ばれる塩基配列に結合すると遺伝情報の転写が開始される。原核生物では　ア　がプロモーターに直接結合すると転写が開始されるが，真核生物では，　ア　，プロモーター，　イ　が複合体を形成することではじめて転写が開始される。また原核生物では，特定の環境条件で発現が誘導される遺伝子の転写開始領域にオペレーターと呼ばれる塩基配列が存在し，このオペレーターに調節タンパク質が結合すると，転写は促進的または抑制的に調節される。転写を抑制する調節タンパク質のことを　ウ　と呼ぶ。また原核生物において翻訳される遺伝子群と，プロモーター，オペレーターを，まとめて　エ　と呼ぶ。

　哺乳動物ではホルモンの一部が，標的器官の細胞内で　オ　と結合し，調節タンパク質として働く。例えば甲状腺ホルモンの一種である　カ　は，全身の細胞内に取り込まれた後に　オ　と結合し，この複合体が調節タンパク質として遺伝子の転写を制御することが知られている。

問1　文中の空欄に適語を入れよ。

★★ **問2**　図1は2種のプラスミドの模式図である。いずれのプラスミドも，Amp^r 遺伝子と $LacZ\alpha$ 遺伝子を配列中にもつ。Amp^r 遺伝子はアンピシリン(抗生物質の1種)を分解する酵素の遺伝子で，プラスミドが大腸菌に取り込まれる

図1

と常に転写されて発現する。一方で $LacZ\alpha$ 遺伝子はラクターゼの遺伝子であり，その転写はプロモーターとオペレーターにより調節されている。$LacZ\alpha$ 遺伝子をもたないためラクトースを分解できない大腸菌に，図1に示したプラスミドAまたはBのいずれかを取り込ませて以下の実験を行った。実験1～6の結果を読んで(1)～(5)の問いに答えよ。

　実験1　プラスミドを取り込ませていない大腸菌を，アンピシリンを含んだ培地で培養したところ，コロニーは全く形成されなかった。

　実験2　プラスミドA(図1左)を取り込ませた大腸菌を，アンピシリンを含んだ培地で培養したところ，プラスミドを取り込んだ大腸菌により白色のコロニーが形成された。

　実験3　プラスミドAを取り込ませた大腸菌を，アンピシリンと試薬C(調節タンパク質と結合することで，$LacZ\alpha$ 遺伝子のオペレーターと調節タンパク質との結合を阻害する作用がある)を含んだ培地で培養したところ，プラスミドを取り

込んだ大腸菌により　キ　色のコロニーが形成された。

実験4　プラスミドAを取り込ませた大腸菌を，アンピシリンと試薬D（無色の化合物であるが，ラクターゼにより分解されると青色の物質を生じる）を加えた培地で培養したところ，プラスミドを取り込んだ大腸菌により白色のコロニーが形成された。

実験5　プラスミドAを取り込ませた大腸菌を，アンピシリンと試薬C，試薬Dを加えた培地で培養したところ，プラスミドを取り込んだ大腸菌により青色のコロニーが形成された。

実験6　大腸菌のDNAをある制限酵素で切断して短いDNA断片を得た。プラスミドAに含まれる$LacZ\alpha$遺伝子の途中配列を同じ制限酵素で切断し，この切断端に前述のDNA断片を①ある酵素を用いて結合させてプラスミドB（図1右）を得た。このプラスミドBを取り込ませた大腸菌を，アンピシリンと試薬C，試薬Dを加えた培地で培養したところ，プラスミドを取り込んだ大腸菌により白色のコロニーが形成された。

(1)　実験1ではコロニーが形成されなかったのに，実験2ではコロニーが形成された理由を140字以内で記せ。

(2)　実験3において　キ　に入る最も適切な色を記せ。

(3)　実験5において青色のコロニーが形成された理由を110字以内で記せ。

(4)　下線部①にあてはまる最も適切な酵素の名称を記せ。

(5)　実験6において青色ではなく，白色のコロニーが形成された理由を110字以内で記せ。

| 東京農工大 |

標問 28 遺伝子組換え（プロモーターと遺伝子の向き）

扱うテーマ　遺伝子組換え／葉緑体 DNA と RNA 編集

　ダイズなどの遺伝子組換え植物の一般的な作出法は次の通りである。まず目的遺伝子を含む DNA とプラスミドなどのベクターを(A)適切な制限酵素で切断し，両者の切断末端どうしを DNA リガーゼで連結する。次に，連結反応液で大腸菌を形質転換し，(B)適切な構造をもつプラスミドを選択する。このプラスミドを導入したアグロバクテリウムを介して目的遺伝子は植物に導入される。こうして作出された遺伝子組換え植物は，さまざまな試験と審査を経てはじめて商業栽培や流通が可能になる。

　一方，遺伝子組換え植物の花粉が飛散して周辺の植物と交雑すると，核 DNA 上の組換え遺伝子が伝播した交雑種が出現し，生態系に組換え遺伝子が拡散する可能性がある。そこで，(C)葉緑体 DNA の遺伝子組換え技術の開発も進められている。これは一般的に，(D)葉緑体 DNA 上の遺伝子は花粉を介した受精によって同種あるいは近縁種の植物へ伝播することがないからである。

★問1　下線部(A)について，特定の6塩基対からなる DNA 配列を↓で切断する制限酵素 A と B（図1）で，遺伝子 Z を含む

図1

A と B は制限酵素 A と B の切断部位を示す

図2

1000塩基対の DNA 断片（図2）を切り出し，制限酵素 A と B の切断部位がプロモーターを挟んで500塩基対の距離に存在する全長4000塩基対のプラスミド（図3）と連結する。このとき，制限酵素 A と B で切り出した遺伝子 Z を含む DNA 断片は，プラスミドを制限酵素 A または B のどちらで切断したものとも連結できる。その理由を30字以内で説明せよ。

図3

★★問2　下線部(B)について，図3のプラスミド上で遺伝子 Z を発現させるには，制限酵素 A と B で切り出した遺伝子 Z を，制限酵素 B で切断したプラスミドに連結し，遺伝子 Z の向きが転写開始に必要なプロモーターの向きと同じになっていればよい。しかし実際にはこの連結反応で，

①　遺伝子 Z が挿入されず，自己連結して元に戻ったプラスミド
②　遺伝子 Z の転写方向が，プロモーターの向きと逆向きに入ったプラスミド
③　遺伝子 Z の転写方向が，プロモーターの向きと同じ向きに入ったプラスミド

ができ，連結反応液で大腸菌を形質転換し，それを培養するといずれか一種類を保持したコロニーがプレート上にランダムに出現する。そのため複数のコロニーを別々に培養して，精製したプラスミドから③を選び出す必要がある。それには，制

限酵素で切断したプラスミド断片の長さを調べることができるアガロースゲル電気泳動法(図4)が有効である。

　①, ②, ③の各プラスミドを制限酵素AとBの両方で完全に切断すると, それぞれ何本のDNA断片が検出されるか答えよ。

★★ 問3　問2の①, ②, ③の各プラスミドを, 制限酵素AとBの両方で完全に切断した際に生じるDNA断片の長さ(塩基対)をすべて記せ。

図4

★★ 問4　下線部(C)の葉緑体DNAは, 高等植物で約120の遺伝子をもつ環状二本鎖DNAであり, 独特な遺伝子発現機構を進化させている。例えば, 葉緑体遺伝子には転写後に「スプライシング」や「RNA編集」を受けるものがある。このうち葉緑体での「RNA編集」とは, 葉緑体DNAから転写されたmRNAの特定のC塩基をU塩基に置きかえる機構で, 約20の遺伝子で見つかっている。つまりこれらの遺伝子ではDNA配列上はCであるが, mRNAではUになっている部分があり, DNA配列とわずかに異なる配列のmRNAが翻訳に使われる。

　その結果, (1) 翻訳開始, (2) ペプチド鎖の長さ, (3) アミノ酸配列について, DNA情報とは異なるどのようなことが起こりうるかを, 各40字以内で答えよ。

　ただし, 葉緑体遺伝子に用いられているコドンは一般的なものであり, 翻訳はmRNA上の開始コドン(AUG)から始まり, 終止コドン(UAA, UAG, UGA)で終了する。

問5　下線部(D)の理由を「花粉」を主語に20字以内で記せ。

|神戸大|

標問 29 真核生物の遺伝子発現とその調節

扱うテーマ：真核生物の転写調節／DNAのメチル化／エピジェネティック変化

解答・解説 p.82
生物基礎／生物

A. ウニの16細胞期の大割球に由来する細胞の一部は消化管の形成に関与する。消化管を形成する細胞では，消化管に特異的な遺伝子の発現が起こっていると考えられる。こうした選択的遺伝子発現の調節機構を明らかにするために，消化管でのみ発現する End という遺伝子に着目した。End 遺伝子の上流（図1の左方向）には，mRNA を合成する酵素である RNA ポリメラーゼが結合するプロモーター領域と，5つの部分から成る転写調節配列 A～E が存在している。これら5つの転写調節配列の機能分担を調べるために，それぞれの配列をプロモーター領域と細菌由来の酵素遺伝子 CAT に連結した組換え DNA を作製した（図2）。個々の組換え DNA は，別々の受精卵の核に注入され，その後に発現する CAT 遺伝子の mRNA を胚の部域ごとに検出した（表1）。また，一部の組換え DNA については，発生の時間経過に伴う胚全体の CAT の酵素活性を測定した（図3）。本実験に使用された CAT 遺伝子はウニ卵に存在しないため，検出された CAT 遺伝子の mRNA および酵素活性は，

図1 ウニ DNA 中の End 遺伝子と転写調節配列の配置

図2 実験に用いた7種類の CAT 組換え DNA（組換え DNA ⑦～㋖）

表1 胚の部域ごとに検出した CAT 遺伝子 mRNA の発現

発現領域	組換え DNA ⑦	組換え DNA ⑦	組換え DNA ⑦	組換え DNA ㋓	組換え DNA ㋔	組換え DNA ㋕	組換え DNA ㋖
内胚葉	＋＋＋	＋＋＋	＋＋＋	－	－	－	－
中胚葉	－	＋	＋	－	－	＋＋	－
外胚葉	－	＋	＋	－	＋＋	－	－

注）実験は複数胚について行い，mRNA の発現頻度を記した。
　＋＋＋：高頻度発現　＋＋：中頻度発現　＋：低頻度発現　－：未検出

図3 受精後の CAT 活性の変化

受精卵の核に注入された組換え DNA 由来のものである。

★ 問1　DNA に結合して転写の調節を行う「調節タンパク質」が知られている。表1の実験結果について，「調節タンパク質」を考慮して説明した次の文の中から不適切なものを3つ選べ。

① 組換え DNA 中のプロモーター領域のみでは，CAT 遺伝子の転写がほとんど起こらない。

② 組換え DNA 中の転写調節配列AやBの領域は，主に内胚葉でのみ調節タンパク質遺伝子の転写を活性化し，その結果，CAT 遺伝子の転写を促進した。

③ 組換え DNA 中の転写調節配列AやBの領域は，主に内胚葉にのみ存在する調節タンパク質に応答して CAT 遺伝子の転写を促進した。

④ 組換え DNA 中の転写調節配列Dの領域は，外胚葉でのみ調節タンパク質遺伝子の転写を活性化し，その結果，CAT 遺伝子の転写を促進した。

⑤ 組換え DNA 中の転写調節配列Dの領域は，外胚葉にのみ存在する調節タンパク質に応答して CAT 遺伝子の転写を促進した。

⑥ 正常胚において，本来の DNA 中に存在する転写調節配列AやBの領域は，調節タンパク質に応答して内胚葉における End の転写を促進すると推定される。

⑦ 正常胚において，本来の DNA 中に存在する転写調節配列Dの領域は，調節タンパク質に応答して外胚葉における End の転写を促進すると推定される。

★★ 問2　図3の測定結果について，図中に矢印で示した原腸胚後期に着目して，転写調節配列AとBの役割について60字以内で記せ。

B.　DNA の配列が全く同じであっても遺伝子の発現に違いが見られることが少なくない。近年，この要因のひとつに DNA のメチル化という現象が関わっていると考えられている。DNA は4種類の塩基から構成されているが，このうちシトシン（C）のピリミジン環の5位にある炭素原子にメチル基が付加されてメチル化シトシン（^{m}C）となっていることが見られ，主にこれを DNA のメチル化と呼んでいる。Cのメチル化は多くの場合，DNA 配列の中でも CG ジヌクレオチド配列部位（C-ホスホジエステル結合-G）のCで生じる。例えば，ATTGCCGCTCAGTCGTT という配列があった場合，下線のあるCは ^{m}C となりうるが，それ以外のCはメチル化されない。プロモーター部位に CG ジヌクレオチド配列が存在する場合には，転写調節タンパク質のプロモーター部位への結合がCのメチル化により抑制されることから，DNA のメチル化が遺伝子の発現制御に関与していると考えられている。DNA のメチル化の状態は一般的には細胞ごとに異なるが，株化した細胞（細胞株）ではすべて同一であると考えられる。

　　DNA のメチル化を検出する方法として，重亜硫酸ナトリウムを用いる方法が知られている。重亜硫酸ナトリウムで DNA を化学処理すると，DNA 上のCはウラシル（U）に変換されるが，^{m}C はこの処理では変換されず ^{m}C のままである。重亜硫酸ナトリウム処理後の DNA を PCR 法で増幅した場合に，増幅対象となった部位に存在するUはチミン（T）として増幅されることから，どのCが ^{m}C であったか

第3章　遺伝情報とその発現　　61

を判別することや，もとのDNAに存在するCG配列部位のCそれぞれについて何％が^mCであったかがわかる。

遺伝子Xはリンパ球で発現し，糖尿病の発症に関係することが知られ

```
AAATTTGGAC ATGGTCCGCA AATCTCGGGT TTATTACGCC TGCTGGGCTG
CACGCCATGC ACGCATCGAA GCTGGGCCG GCCTTGGCAA ACGAGGGATG
   (S1)       (S2)  (S3)        (S4)             (S5)
```
図4

ている遺伝子で，そのプロモーター部位の塩基配列の一部を図4に示す（分かりやすいように10塩基ごとに空白をあけている）。

遺伝子Xのプロモーターと糖尿病との関連を明らかにするために一卵性双生児について以下の解析を行った。①<u>一卵性双生児のペア2人のうち，1人が糖尿病を発症しているがもう1人は健康であるペア10組(20名)を解析対象とし</u>，それらの血中リンパ球からDNAを精製した。次にこれらのDNAを用いて，遺伝子Xのプロモーター部位に存在する(S1)〜(S5)の5か所のCG配列部位(CGと網かけで記載している)のそれぞれについて^mCの存在率(メチル化率)を解析した。これらの実験の結果を図5に示す。また，同じ20名の血中リンパ球において，遺伝子Xから転写されたmRNAの発現量を測定したところ，糖尿病発症群は，健康群よりも非常に高い発現量を示していた。

図5

★★ 問3　表2に転写調節タンパク質A〜Hが結合する塩基配列をまとめた。表2の転写調節タンパク質のうち，この実験の結果から，遺伝子Xの発現を促進すると考えられる転写調節タンパク質と，遺伝子Xの発現を抑制すると考えられる転写調節タンパク質を，それぞれ1つずつ答えよ。

★★ 問4　下線部①のように一卵性双生児を解析対象とした理由を，90字以内で説明せよ。

表2

転写調節タンパク質	結合配列
A	CAAACGAGGG
B	AGGTAGCAA
C	CATGCACGCAT
D	TGCACGCCATG
E	TGGCTGGCT
F	ATCGAAGCT
G	GCCCGGCCTT
H	ATTTGGACA

|岐阜大・阪大|

標問 **30** RNA ウイルスと逆転写

扱うテーマ：セントラルドグマ／レトロウイルス／逆転写／cDNA

解答・解説 p.85

生物基礎／生物

　遺伝子工学発展の契機となった大きな発見が1970年前後に次々と報告されている。当時，(a)細胞がもっている遺伝情報の発現の流れは DNA → RNA → タンパク質という一方向に限られるとされていた。ところが米国のH・M・テミンは，(b)遺伝物質として RNA をウイルス粒子中にもつある種の腫瘍ウイルスの増殖が転写阻害薬によって抑制されることを見出した。彼はこの結果から，この RNA 腫瘍ウイルスの増殖過程に DNA が介在すること，すなわち RNA から DNA という遺伝情報の流れが存在することを予想した。その後テミンは1970年に共同研究者の水谷哲と共に，(c)RNA 腫瘍ウイルス粒子内に　ア　が存在することを報告した。この発見によって，RNA 腫瘍ウイルスは自分の遺伝情報を DNA に置き換え，その DNA を細胞の DNA に組み込むことによって感染を成立させることが明らかになった。また，遺伝情報の流れの一方向性に例外が存在することも確認された。

　　ア　や(d)特定の塩基配列を認識して切断する酵素の発見，また1973年にS・コーエンとH・ボイヤーによって発表された初めての組換え DNA 作製実験の成功は，その後の遺伝子解析や遺伝子工学技術を応用した有用タンパク質の産生に大きく寄与している。例えば，ヒトのインスリンを大腸菌を利用して産生する場合，ヒトのインスリン遺伝子をそのまま大腸菌に入れても大腸菌は活性のあるインスリンを産生できない。その理由の1つは，遺伝子そのものの構造とタンパク質の産生を指令する伝令RNA の構造が異なるからである。すなわち，ヒトの遺伝子は通常　イ　と　ウ　からなり，転写された伝令 RNA 前駆体の　ウ　に相当する部分は　エ　と呼ばれる過程によって除かれ，　イ　のみがつなぎ合わされて成熟した伝令 RNA となる。大腸菌の遺伝子にはこの様なシステムは存在しない。したがって，この成熟した伝令 RNA を　ア　によって DNA に置き換えてから大腸菌に導入しないと大腸菌はヒトタンパク質を産生できない。

　また，(e)ヒト細胞のように核が存在する細胞では，インスリンのように細胞外に分泌されるタンパク質はリボソームによって合成されると同時に　オ　に取り込まれ，さらに　カ　を通って細胞外に分泌される。ところが(f)大腸菌のように核が存在しない細胞は　オ　や　カ　をもたないため，インスリンのような分泌タンパク質を活性を保ったまま産生させるには多くの困難が存在する。

　核をもつ細胞では，　オ　や　カ　のように膜で囲まれた細胞小器官が発達しており，また核自体も核膜によって形態を維持している。このような細胞内の膜構造の存在は，1940年代にG・E・パラーデによって技術的改良がなされ生物学に導入された電子顕微鏡によって初めて確認され，その後，各細胞小器官の分離精製や機能解析が進められた。すなわち研究者達は，各細胞小器官を細胞分画法などによって精製した後，界面活性剤によって膜を破壊し，細胞小器官内部や膜に埋め込まれたタンパク質を回収し機能解析を行った。その結果，各細胞小器官はその内部や膜に特有なタ

第3章　遺伝情報とその発現　　63

ンパク質をもっており，それらのタンパク質の働きによって各細胞小器官固有の機能を果たしていることが明らかになった。例えばインスリンの場合，分子内部に3ヵ所(g)硫黄を含むアミノ酸どうしが結合する構造をもっており，これは オ にのみ存在する特殊な酵素タンパク質の働きによってその正しい構造形成が保証されている。したがって，このような分泌系膜構造をもたない大腸菌を利用して活性をもったインスリンを直接産生する事は通常不可能である。

問1　文中の空欄に適語を入れよ。

問2　下線部(a)のような考え方は何と呼ばれているか。

問3　下線部(b)のように，ある生物のすべての遺伝情報を含む塩基配列のひとそろいを何と呼ぶか。

★問4　図1は下線部(c)の事実を示すテミンの実験データである。テミンらは，精製したウイルス粒子サンプルに適切な緩衝液と反応に必要な材料を加え，時間を追ってDNAの合成量を測定した。Aの線は完全な反応液，Bの線は完全な反応液から界面活性剤を除いた場合の結果を示す。

図1

(1)　DNAの合成量をRNAと区別して測定するために標識すべき適切なヌクレオチドに含まれる塩基の名前を記せ。

(2)　反応液から界面活性剤を除くと反応が進まなくなるが，これはウイルス粒子がどのような特徴をもっているためと考えられるか。20字〜40字で述べよ。

問5　下線部(d)の酵素を一般に何と呼ぶか。

問6　下線部(e)，(f)のような細胞からできている生物を，それぞれ何と呼ぶか。

問7　下線部(g)のような構造を何と呼ぶか。

★★問8　後天性免疫不全症候群(エイズ)の原因となるヒト免疫不全ウイルス(HIV)もRNA腫瘍ウイルスと同様に，自らの遺伝情報をDNAに置き換え，ヒトの細胞DNAに組み込むことによって感染を成立させる。ウイルスDNAが細胞DNAに組み込まれるメカニズムは両者とも同じとされているが，RNA腫瘍ウイルスは増殖中の細胞でしか感染が成立しない(例外もあるが，本問では考慮しない)のに対して，HIVの感染は増殖していない細胞でも成立する。この両者の違いはそれぞれのウイルスのどのような特徴を示唆するか。次の語群の4つの用語すべてを用いて，80〜120字で簡潔に記せ。

〔語群〕　核膜　分裂　核膜孔　消失

|東北大|

第4章 生殖と発生

標問 31 動物の生殖

解答・解説 p.88

扱うテーマ　無性生殖と有性生殖／減数分裂と配偶子形成／性の分化と *SRY*／ウニの多精拒否　　　　生物

　　生物は，自己と同じ種類の個体をつくることで，子孫を増やし生命の連続性を維持している。このような働きを生殖と呼ぶ。生殖には，大きく分けて無性生殖と有性生殖の2つの様式があるが，有性生殖を行う生物には雌雄の性が存在し，雌と雄はそれぞれ特別に(a)分化した配偶子を作る。

　　(b)ヒトやマウスの場合，精子・卵のもとになる始原生殖細胞は，卵巣の中では卵原細胞，精巣の中では精原細胞に分化する。卵原細胞は，一次卵母細胞となり減数分裂の第一分裂の途中で一旦停止し，その後，一次卵母細胞は減数分裂を再開して第二分裂中期まで進み，排卵されて精子と接触し(c)受精する。

★ 問1　動物の(1)無性生殖と(2)有性生殖について，子孫を残し繁栄させるために有利な点，不利な点をそれぞれ40字程度で説明せよ。

問2　ヒトの場合，1つの一次卵母細胞からいくつの卵がつくられるか。また，第二極体が放出される時期を答えよ。

問3　下線部(a)の分化とはどのような現象か。40字以内で説明せよ。

問4　ヒトの体細胞には，22対44本の常染色体と2本の性染色体，計46本の染色体が存在する。次にあげる細胞の染色体数および核相を答えよ。ただし，体細胞の核相を $2n$ とする。

(1)　始原生殖細胞　　　(2)　二次卵母細胞　　　(3)　第二極体

(4)　精原細胞　　　　　(5)　精子

問5　減数分裂の過程で，相同染色体の対合が開始する時期を次から1つ選べ。

①　減数分裂第一分裂前期　　　②　減数分裂第一分裂中期

③　減数分裂第二分裂中期　　　④　減数分裂第二分裂後期

★★ 問6　下線部(b)について，ヒトやマウスの場合，性は性染色体により決められている。

　　マウスの発生における雌雄の違いは，受精後12日目前後の生殖腺の体細胞に現れる。雄ではY染色体上の遺伝子Zの働きにより，生殖腺が精巣へ分化する。一方，Y染色体のない雌の生殖腺は卵巣に分化する。受精後12日目には生殖細胞の発生にも雌雄差が現れ，雌の生殖細胞は減数分裂を起こすが，雄の生殖細胞は体細胞分裂の G_1 期で停止する。

　　生殖細胞の発生の雌雄差に与える生殖腺の影響を調べるために，次ページの図に示す実験1〜6を行った。実験1と実験2では，雌または雄の受精後11日目の生殖腺から取り出した生殖細胞を単独で培養した。実験3と実験4では，雌または雄の受精後11日目の生殖腺から取り出した生殖細胞を異性の生殖腺に移植した。実験5と実験6では，雌または雄の受精後12日目の生殖腺から取り出した生殖細胞を異性の生殖腺に移植した。2日後に観察した結果，生殖細胞は図に示すように G_1 期で停止するか，減数分裂した。

第4章　生殖と発生　　65

(1) 受精後13日目の雌の生殖細胞を受精後12日目の雄の生殖腺に移植すると，その生殖細胞はどのようになるか。予想される結果と，その結果が得られる理由を100字程度で記述せよ。

(2) 遺伝子Zの働きを受精後12日目の胚（XY個体）の生殖細胞のみでなくした。この生殖細胞を，受精後12日目の雌の生殖腺に移植した。この実験において予想される結果と，その結果が得られる理由を100字程度で記述せよ。

★問7 下線部(c)について，ウニなどの水中で体外受精を行う生物の場合，大量の卵・精子が放出されるため，1個の卵に対して多数の精子が接触する可能性があるが，ウニの卵には最初に進入した精子以外の精子の進入を防ぐ機構（多精拒否）が備わっている。その機構を60字以内で説明せよ。

|関西学院大・京大|

| 標 問 | **32** | **受精と減数分裂の再開** | 解答・解説 p.91 |

扱う テーマ ▶ 受精による減数分裂再開のしくみ／対照実験の組み方   生物

　排卵されたマウスの卵を，体外に取り出して観察したところ，減数分裂の中期で細胞分裂を停止しており，(a)直径が卵の5分の1程度の細胞が付着していた。その卵を受精させると，減数分裂を再開し，直径が卵の5分の1程度である小さな細胞を1個放出した。さらにしばらく培養すると，卵割した。この現象が，どのようなイオンによって制御されているかを調べるために以下の**実験A～C**を行った。なお，カルシウムイオン吸収剤と亜鉛イオン吸収剤は，それぞれのイオンと1：1で強固に結合することが知られている。

実験A　カルシウムイオン吸収剤を未受精卵に注入すると，受精によって精子が卵内に入っても，細胞分裂せず，そのままの状態でとどまった。なお受精させない場合でも，細胞分裂せず，そのままの状態でとどまった。

実験B　亜鉛イオン吸収剤を未受精卵に注入すると，受精させていないのに，細胞分裂して，直径が卵の5分の1程度の細胞を放出した。

実験C　カルシウムイオン吸収剤を注入しなかった時と，注入した時の受精時における細胞質基質のカルシウムイオン濃度を測定した。注入しなかった卵ではカルシウムイオン濃度は上昇したが，注入した卵では低い濃度に維持されていた。

問1　下線部(a)の細胞の名称を答えよ。

★ **問2**　亜鉛イオン吸収剤の注入実験（**実験B**）では，亜鉛イオンを吸収することで細胞分裂が誘導されたのであり，亜鉛イオン吸収剤の他の予期しない効果によって細胞分裂が誘導されたのではない，と考えた。このことを確かめるためには，どのような実験を行い，どのような結果が得られればよいか。以下の文中の空欄に入る適当な語句を，下の語群から選べ。ただし，同じ語句を複数回使用してもよい。

　　　　　ア 吸収剤と イ を1：1で混ぜたものを， ウ に注入すると，
　　　エ 。

　　〔語群〕　カルシウムイオン，亜鉛イオン，受精卵，未受精卵，精子，
　　　　　　　細胞分裂しない，細胞分裂する，吸収する，吸収しない

★ **問3**　亜鉛イオン吸収剤によって，卵内の亜鉛イオンが吸収された後に，どのようにして細胞分裂が起こるのか，明らかにしようと考えた。そこでまず以下のような仮説1を立ててみた。

　　仮説1　「亜鉛イオンが吸収されると，その刺激で卵内のカルシウムイオン濃度が上昇する結果，細胞分裂する」

　(1)　仮説1の真偽を判定するための実験は，どのようにすればよいか。対照実験も含めて，下の語群の中から適当な語句を用いて述べよ。ただし，この実験では，細胞質基質内のイオン濃度の測定を行わないこととする。解答には，**実験A～C**までの内容の一部または全部を用いてもよい。

　　〔語群〕　カルシウムイオン，亜鉛イオン，カルシウムイオン吸収剤，

第4章　生殖と発生　　67

亜鉛イオン吸収剤，受精卵，未受精卵，精子，細胞分裂しない，細胞分裂する，
吸収する，吸収しない

(2) さらに，どのような実験結果が得られれば，**仮説1**が正しいと考えられるか述
べよ。解答には，**実験A～C**までの内容の一部または全部を用いてもよい。

問4　問3の実験を行ったところ，**仮説1**は支持されなかった。実際に，細胞質基質
のカルシウムイオン濃度を測定したところ，亜鉛イオン吸収剤ではカルシウムイオ
ン濃度は変化しないことが確かめられた。それでは，なぜ亜鉛イオン吸収剤で細胞
分裂するのだろうか。そこで以下のような**仮説2**を立ててみた。

仮説2　「卵内細胞質基質に存在する未知のタンパク質Xは，亜鉛イオンと結合す
れば卵の細胞分裂を阻害できるが，亜鉛イオンと結合しなければ，細胞分裂を阻
害できない。一方，亜鉛イオン吸収剤を注入していない卵では，受精によって卵
内カルシウムイオン濃度は上昇し，カルシウムイオンの上昇はタンパク質Xを分
解する酵素を活性化する。」

もしも**仮説2**が正しい場合には，突然変異によりタンパク質Xの遺伝子が欠損し
たマウスが生まれてきて，成長し，排卵できたとすると，どのようなことが起こる
だろうか。考えられることを述べよ。

| お茶の水女大 |

標問 33 被子植物の受粉

扱う　花粉管伸長のしくみ／自家不和合のしくみ
テーマ

　植物の花粉がめしべの柱頭に付着すると，めしべから花粉へ水分が供給され，花粉が発芽・伸長して花粉管となる。花粉の発芽・伸長は，花粉を適当な培養液の中に置くことにより，顕微鏡下で観察することができる。花粉管には，図1に示すように，先端部を除いて細胞壁があり，それによって花粉管の細長い形が維持されている。花粉管の中では，(1)細胞壁や細胞膜の成分を含む小胞が，タンパク質の繊維に沿って花粉管の先端部まで運ばれ，細胞膜に接触して融合する。このようにして，花粉管の先端部に細胞壁や細胞膜の成分が供給され，花粉管は先端方向へ伸長する。(2)花粉の内部に

図1　花粉管の縦断面の模式図

は，さまざまな伝令RNA(mRNA)やタンパク質が蓄えられており，それらは花粉管の伸長に利用される。さらに，伸長し始めた花粉管では転写が始まり，花粉管がさらに伸長するために必要なmRNAとタンパク質が新たに供給される。花粉管が胚のうに達すると，胚のう内で重複受精が起こり，種子が形成される。
　(3)多くの植物種では，自己の花粉が柱頭に付着しても花粉の発芽・伸長が起こらず，他の個体からの花粉が付着した時にのみ，花粉が発芽・伸長して受精が起こることが知られている。

★問1　下線部(1)に関連して，花粉を培養液の中に置いて発芽・伸長を開始させた後，培養液に小胞の細胞膜への融合を阻害する試薬を加えた。そして一定時間培養した後に，花粉管の形と長さを観察した。その結果を表す模式図として最も適当と考えられるものを図2のA～Fの中から選べ。また，そのように考えた理由を80字程度で述べよ。

図2　小胞の細胞膜への融合を阻害した実験の結果の模式図
①阻害剤を加える前の花粉管　②阻害剤を加えずに培養した花粉管

★問2　下線部(2)に関連して，転写を阻害する試薬を加えた培養液，翻訳を阻害する試薬を加えた培養液，阻害剤を加えない培養液を用意した。これらの培養液の中に花粉を置いて一定時間培養した後に，花粉管の長さを比較した。その結果を表す模式図として最も適当と考えられるものを次ページの図3のG～Lの中から選べ。また，そのように考えた理由を150字程度で述べよ。

図3 転写, 翻訳の阻害実験の結果の模式図

★問3 下線部(3)について, このような現象は自家不和合と呼ばれている。これは, 花粉表面に存在しているタンパク質が自己の柱頭表面の細胞に作用して, 柱頭から花粉へ水分が供給されなくなることによって起こる。自家不和合の性質をもつ植物Zの3個体(個体Ⅰ, 個体Ⅱ, 個体Ⅲ)を用いて次の**実験1**を行った。

実験1 個体Ⅰの花粉から, その表面に存在するタンパク質を取り出し, 個体Ⅰ, 個体Ⅱ, 個体Ⅲの柱頭にまんべんなく塗布した。その後, それらの柱頭に個体Ⅱの花粉を付着させ, 花粉の発芽・伸長を調べた。

個体Ⅰ, 個体Ⅱ, 個体Ⅲのそれぞれについて, どのような結果が得られたと考えられるかを, そのように考えた理由とともにそれぞれ80字程度で述べよ。

|都立大|

標問 34 被子植物の受精

扱うテーマ：被子植物の重複受精／花粉の発芽／花粉管の胚のうへの誘導

花粉がめしべの ア につくと，花粉は胚珠の中の胚のうに向かって花粉管を伸ばす。胚のうは，図1のような構造になっており，卵細胞の両側には イ が1個ずつ，中央細胞の反対側には3個の ウ がある。花粉管の先端が胚のうに到達すると，2個の エ が放たれ，卵細胞と中央細胞に対してそれぞれ1個ずつが受精する。これを オ という。花粉の発芽および花粉管の胚のうへの誘導がどのようなしくみで起こるのかを調べるために，実験1～3を行った。ここでは，胚珠から卵細胞が外に飛び出しているため花粉管伸長のしくみを観察しやすい，トレニアという植物を用いた。

図1

実験1　おしべから花粉を取り出し，めしべからは ア を取り除き，胚のうを取り出した。次に，花粉と胚のうを寒天培地で同時に培養したところ，めしべに受粉した花粉に比べて，花粉管を伸ばすまでに時間がかかった。ただし，めしべから取り出すという処理は，胚のうの機能に対しては無影響であることがわかっている。

実験2　花粉から花粉管が胚のうに誘導される条件で，図に示された胚のうの細胞をレーザー光の照射によって破壊する実験を行った。その結果， イ を2つとも破壊した場合にのみ花粉管が胚のうに誘導されなくなり， イ を1つだけ破壊した場合や イ 以外の細胞を破壊した場合は，花粉管は胚のうに誘導された。

実験3　トレニアおよびトレニア以外の植物Xから取り出した花粉と胚のうを一緒に培養した。その結果，トレニアの花粉から伸びる花粉管はトレニアの胚のうに誘導されたが，植物Xの胚のうには誘導されなかった。逆に，植物Xの花粉から伸びる花粉管は植物Xの胚のうに誘導されたが，トレニアの胚のうには誘導されなかった。

問1　文中の空欄にあてはまる語句を記せ。

★問2　実験1について，次の(1)～(3)に答えよ。
(1) この実験は何のしくみについて調べるためのものか記せ。
(2) 得られた結果から，可能性が高いと推定されるしくみを，30字程度で記せ。
(3) 得られた結果から，可能性は低いがあり得ないわけではないと推定されるしくみを，30字程度で記せ。

★問3　問2の(2)のしくみを支持し，(3)のしくみを否定するには，さらにどのような実験を行って，どのような結果が得られればよいかを，100字程度で記せ。

★問4　実験2の結果から推定されることを，30字程度で記せ。

★問5　実験3の結果が得られたしくみについて推定されることを，50字程度で記せ。

★問6　問5のしくみが，被子植物個体の繁殖の上でどのような意義をもつと考えられるかを，以下の語句をすべて用いて40字程度で記せ。
〔語句〕　子孫の数，胚のう，交配，花粉，次世代以降

早大（先進理工）

標問 35 母性因子と形態形成(1)

扱うテーマ：母性因子／位置情報／ショウジョウバエの前後軸の決定

初期発生において，未受精卵の中に存在する母親由来のmRNAが，受精後にタンパク質に翻訳されて胚の発生を制御することが知られている。このようなタンパク質は，母性因子と呼ばれている。母性因子の中には，キイロショウジョウバエ胚の前後軸パターン(頭部，胸部，腹部)形成に関与するものもある。

母性因子PのmRNAは，卵形成時に卵の前方に偏在しているため，胚の中で合成されたタンパク質Pも片寄った分布を示す。

図1(a)に，正常な初期胚におけるタンパク質Pの分布，およびその分布に従って決定される胚の前後軸パターンを示す。(ア)Pをコードする遺伝子Pを欠失した母親から生まれた胚は，図1(b)のような前後軸パターンとなり，正常に発生できずに死んでしまう。(イ)タンパク質Pを人為的に正常よりも多くしたところ，その胚は図1(c)のような前後軸パターンを示した。

図1　キイロショウジョウバエ初期胚の前後軸に対するタンパク質Pの分布（上図）と，そのときの胚の前後軸パターン（下図）。
(a) 正常な胚，(b) タンパク質Pをもたない胚，(c) タンパク質Pを正常より多くもつ胚。

母性因子QのmRNAは，図2(a)のグラフのように，卵形成時に卵の後方に偏在している。Qをコードする遺伝子Qを欠失した母親から生まれた胚は，腹部構造をもたない。

一方，(ウ)母性因子RのmRNAは，卵形成時に卵全体に均一に存

図2　正常な卵または胚の前後軸に対する，(a) QおよびRのmRNA分布，(b) タンパク質Qおよびタンパク質Rの分布。

在しているが，合成されたタンパク質Rは，図2(b)のグラフのように，その分布に片寄りが見られた。Rをコードする遺伝子Rを欠失した母親から生まれた胚は，正常な前後軸パターンをもつ。しかしながら，(エ)タンパク質Rを胚の後方で人為的に増やしたところ，胚は腹部形成できなくなった。

(オ)遺伝子Qを欠失した母親から生まれた胚が腹部形成できないにもかかわらず，遺

伝子 *Q* と遺伝子 *R* を両方とも欠失した母親から生まれてきた胚の腹部形成は正常であり，胚の前後軸パターンに異常は見られなかった。

問1　下線部㈦について。図1(b)に示した胚の前後軸パターンから考えられる，タンパク質Pの前後軸パターン形成における役割は何か，次からすべて選べ。

① 頭部形成を抑制する。

② 胸部形成を促進する。

③ 腹部形成を促進する。

④ 頭部形成と胸部形成に役割をもたない。

★★問2　下線部(イ)について。タンパク質Pはどのようにして胚の前後軸パターン形成に関与すると考えられるか。図1(c)の結果に基づいて，70字程度で述べよ。

★問3　下線部(ウ)について。Rの mRNA の分布とタンパク質Rの分布が異なる理由を説明した次の①〜④について，間違っているものをすべて選べ。

① タンパク質Rはタンパク質Qを分解する。

② タンパク質QはRの mRNA の翻訳を阻害する。

③ タンパク質QはRの mRNA の転写を抑制する。

④ タンパク質QはRの mRNA の転写を促進する。

★問4　下線部(エ)について。この実験から推測されるタンパク質Rの機能を，35字程度で述べよ。

★★問5　下線部(オ)について。この結果から，前後軸パターン形成においてQとRはそれぞれどのような役割を果たしていると推測されるか，110字程度で説明せよ。QおよびRについて，遺伝子，mRNA，タンパク質を明確に区別して記せ。

| 東大 |

第4章　生殖と発生　　73

標問 36 母性因子と形態形成(2)

扱うテーマ／母性因子／表層回転／灰色三日月環／形成体／カエルの背腹軸の決定

受精卵の細胞質には，将来の形態形成に重要な影響を及ぼす因子(母性因子)が，しばしば偏りをもって存在する。①イモリの胚を一部縛ったり除去したりする実験は，このような母性因子の分布を知る手がかりとなる。胚発生では，胚の方向性(体軸)の決定が，からだのおおまかな形づくりに重要である。その１つである背腹軸も，ある母性因子が胚内で偏って存在することによって決められている。

図１に示すように，アフリカツメガエルの胚では，受精のあと，１細胞期の間に，もともと植物極付近にあった②背側化因子が，胚の表層の回転によって，精子進入点から離れる方向に移動する。この因子がある影響を及ぼすことによって，母性因子であるAタンパク質が，胚内で偏って機能する。その後，ある遺伝

図１　アフリカツメガエルの胚における，背側の決定のしくみ

子が特異的に発現することによって，神経などへの分化を周辺組織に誘導する　ア　を形成する。なお，　ア　は，原腸胚の原口背唇部に相当する。

イモリやアフリカツメガエルの胚では，原口背唇部を胚の腹側に移植すると，通常の発生では見られない二次胚ができる。このような二次胚は，胚の背側を決めるタンパク質をコードする伝令RNAを胚に直接注入することでも形成される。ここで，Aタンパクをコードする伝令RNA（A RNA）を用い，Aタンパク質の機能を調べる目的で次の実験を行った。

実験　アフリカツメガエルの受精直後の胚は，動物半球で表層の色が濃い。しかし，４細胞期胚を動物極側からよく見ると，４つの割球の動物極側の色はすべて同じではなく，やや色の濃い割球と薄い割球が，２つずつ

図２　アフリカツメガエルの胚への伝令RNAの注入実験

あることがわかる。これは，胚の背腹の向きを反映しており(図２，色の濃い方が腹側)，背腹方向をこの色の偏りによって判別することができる。この時期に，背側の決定に関わるタンパク質をコードする伝令RNAを注入すれば，背腹の決定に影響を与えることができる。③図２の中央に示すように，A RNAをアフリカツメガエルの４細胞期胚の腹側割球に，ガラス注射針を用いて注入し，初期幼生になるまで発生させたところ，二次胚が形成された。

次に，別の母性因子であるBタンパク質をコードする伝令RNA（B RNA）を用意した。B RNAを腹側割球に注入しても，目立った変化は起こらなかったが，図2の右に示すように，背側割球に注入すると，背側の構造が小さくなった初期幼生が得られた。このことから，Bタンパク質には背側の決定を阻害する効果があることがわかった。なお，別の実験結果から，Bタンパク質はAタンパク質の働きに対して影響を与えるが，AタンパクB質はBタンパク質の働きに影響を与えないことがわかっている。

問1　空欄アに適切な語を入れよ。

★問2　下線部①について。2細胞期のイモリ胚を細い髪の毛でくくり，割球を分離すると，2つの割球からそれぞれ完全な個体が発生する場合だけでなく，片方の割球だけが完全な個体に発生し，もう片方の割球は正常に発生しない場合も生じる。これらの結果の違いはなぜ引き起こされるか。灰色三日月環という語を用いて70字程度で述べよ。

★★問3　下線部③について。この結果から，Aタンパク質は背側の決定にどのような働きをもつと考えられるか。理由とともに70字程度で述べよ。

★問4　実験について。一定量のA RNAにB RNAを加えた混合液を，胚の腹側割球に注入した。加えるB RNAの量を少しずつ増やした時に得られる結果として，最も適切なグラフはどれか。下図の①～⑥から1つ選べ。

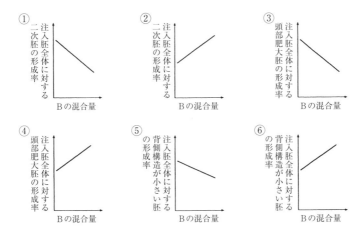

★★問5　AタンパクB質とBタンパク質は，ともに胚の背側，腹側の両方に分布する。このとき，下線部②の背側化因子は，Aタンパク質の働きに，結果としてどのような影響を与えると考えられるか。Bタンパク質と関連づけながら，70字程度で述べよ。

|東大|

標問 37 両生類の中胚葉誘導

解答・解説 p.105

扱うテーマ 形成体と誘導／両生類の中胚葉誘導／ニューコープの実験

生物

　脊椎動物の発生過程では，1つの受精卵が卵割を繰り返して三胚葉(外胚葉・中胚葉・内胚葉)に分化したのち，さまざまな組織・器官の細胞になる。図1は，アフリカツメガエルの胞胚期の断面図と中胚葉の誘導様式を調べた実験の概略を示したものである。動物極側細胞塊(アニマルキャップ)での筋肉細胞の誘導に関して，次の実験1〜実験4を行った。

実験1　胞胚から破線部分で切り取ったアニマルキャップ(部分A)を単独で培養した。その結果，アニマルキャップは外胚葉性組織に分化し，筋肉細胞は出現しなかった。

図1　実験の概略

実験2　2つの切り取ったアニマルキャップ(部分A)を接触させ，培養(共培養)した。その結果，アニマルキャップは外胚葉性組織に分化し，筋肉細胞は出現しなかった。

実験3　アニマルキャップ(部分A)と破線部分で切り取った植物極側細胞塊(部分B)を共培養した。その結果，筋肉細胞は植物極側細胞塊との接触面近くのアニマルキャップに出現した。

実験4　アニマルキャップ(部分A)と植物極側細胞塊(部分B)を共培養する際，直径 $0.1\mu m$ ($\mu m = 10^{-6}m$) の穴が多数開いているフィルター(厚さ $10\mu m$)を両細胞塊の間に入れた。フィルターによって両細胞塊が直接接触しないようにしても，筋肉細胞はアニマルキャップに出現した。なお，フィルターは筋肉細胞を誘導しない。

★★ **問1**　実験1〜実験4の結果より，どのようにしてアニマルキャップに筋肉細胞が誘導されたと考えられるか，理由を含めて200字程度で述べよ。

★ **問2**　実験3において，さらに，接触面積を変化させず，植物極側細胞塊の厚さを変えることで，その細胞数を減少させて培養実験を行った。その結果，植物極側細胞塊の細胞数の減少に対応してアニマルキャップに出現する筋肉細胞数が減少することがわかった。筋肉細胞数が減少した理由を80字程度で述べよ。

★ **問3**　胞胚および原腸胚から切り取ったそれぞれのアニマルキャップと，胞胚の植物極側細胞塊を組み合わせて共培養実験を行った。その結果，原腸胚のアニマルキャップに出現した筋肉細胞数は，胞胚のものを用いた場合に比べて少ないことがわかった。胞胚と原腸胚のアニマルキャップの間にどのような違いが生じていると考えられるか，110字程度で述べよ。

| 広島大 |

76

標問 38 色素細胞の分化

扱うテーマ：キメラマウス／神経堤と神経堤細胞／色素細胞の分化

マウスを用いて実験1を行ったところ，体色が縞模様の個体が出現した。この現象に興味をもったため，組織の移植実験によりそのしくみを調べようとしたが，子宮内で発生するマウス胚では実験が困難だった。そこで，代わりにニワトリ胚を用いて実験2の移植実験を行い，その結果から仮説を立てた。

実験1 毛色が黒の系統のマウスと白の系統のマウスを用い，図1のようにそれぞれから発生途中の割球を取り出して混合し，胚盤胞（子宮に着床可能な発生段階）まで発生を進めた。複数の胚盤胞を養母の子宮に移植し，産まれてきた子マウスの毛色を調べたところ，黒と白の横縞模様の個体が多かった。なお，図1中の割球には両者を区別するため便宜上色がつけてあるが，実際の割球は両方とも無色である。

図1 実験1の手順

実験2 羽毛の色が茶のニワトリと白のニワトリを用い，神経管が背側で閉じる発生段階の胚をそれぞれ準備した。白色胚を宿主とし，図2の斜線部で示した神経管領域を前後軸に沿って一部取り除き，そこに茶色胚の相当する組織を移植した。産まれてきたニワトリの羽毛の色を調べると，茶色の領域は移植部位から左右に帯状に広がっていた。

図2 ニワトリ胚正中線付近の横断面模式図

仮説 茶色ニワトリでは神経管領域の細胞から誘導物質が分泌され，誘導物質は側方へと拡散し，未分化な色素細胞に作用し分化を促した。白色ニワトリが白色である原因は，色素細胞自身の色素合成能力に欠陥があったためでなく，神経管領域の細胞が誘導物質を合成・分泌できなかったためである。

問1 (1) 図2の神経管の真下にある器官アの名称を答えよ。
(2) この器官は両生類胚ではどのように形成されるか，40字程度で説明せよ。
(3) この器官は両生類胚の発生過程でどのような役割があるか，15字程度で説明せよ。

問2 仮説のように，神経管には誘導作用があることが知られている。分化した神経管の誘導作用により表皮から形成される構造物の名称を1つ答えよ。

★**問3** 仮説のように2つの組織の間に拡散性の誘導物質が関与するかどうかを調べるために，細胞が通過できない孔を持つろ紙を，2つの組織の間に挿入する実験がよく行われる。マウス胚やニワトリ胚の細胞が通過できない孔の最大直径は次の①〜⑥の値のどれが最も適切か，1つ選べ。

① $1000\,\mu m = 1\,mm$　　② $100\,\mu m$　　③ $10\,\mu m$

④ $1\,\mu m$　　⑤ $0.1\,\mu m$　　⑥ $0.01\,\mu m$

★★ 問4　鳥類のウズラ胚の細胞とニワトリ胚の細胞を比較観察したところ，どの細胞も核の染色像が両者で異なっており，ウズラの細胞かニワトリの細胞かを区別できることが判明した。そこで，白色ニワトリ胚を宿主，ウズラ胚の組織を移植片として用い，実験2と同様な実験を行った。その結果，実験2と同様なパターンで色素をもった領域が広がり，その色素細胞はすべてウズラ由来であることが判明した。

(1)　この実験結果は仮説と矛盾するか。「矛盾する」，「矛盾しない」で答えよ。

(2)　「矛盾する」とした場合にはこの実験結果と矛盾しない新たな仮説を，「矛盾しない」とした場合にはその理由を，どちらも150字以内で述べよ。なお，ニワトリとウズラの間で色素細胞の発生のしくみには差がないことが判明している。

★ 問5　実験1で得られた横縞模様のオスマウスと横縞模様のメスマウスを交配し，産まれてきた複数の子マウスの体色を調べたところ，すべての個体が白色であった。黒色が優性形質であるとき，その原因として考えられることを50字以内で述べよ。

| 千葉大 |

標問 39 花器官の形成と ABC モデル

扱うテーマ：ホメオティック遺伝子／ホメオティック突然変異／ABC モデル

多細胞生物のからだの形づくりにおいて，本来特定の部位に形成されるはずの器官がつくられず，そこに別の器官が生じる突然変異を ア 突然変異という。

がくや花弁などの植物の花器官は イ が進化して特殊化したものと考えられている。これらの花器官の形成では ア 遺伝子が調節遺伝子として働いている。シロイヌナズナの場合，花器官ができる領域は4つに区画化される。図1の同心円で示すように，外側から，領域1：がく，領域2：花弁，領域3：おしべ，領域4：めしべ，の順に花器官が形成される。この配置は，3種類の調節遺伝子（A, B, C）の働きによって制御されている。調節遺伝子A, B, Cは花器官形成において，それぞれ働く領域が決まっており，その組合せによってどの花器官が形成されるかが決まる。

図1 花器官が形成される4つの領域

これまでに，花器官の形成に異常を示すシロイヌナズナの突然変異体が多数得られている。調節遺伝子A, B, Cのそれぞれの機能を失った突然変異体では，表1のように，いくつかの花器官の形成に異常を示す。また，調節遺伝子A, B, Cのすべての機能を失った突然変異体では，すべての花器官が イ に ア 変異する。

表1 花器官形成に異常を示す突然変異体の表現型

変異体の種類	領域			
	1（がく）	2（花弁）	3（おしべ）	4（めしべ）
野生型	○	○	○	○
A突然変異体	×	×	○	○
B突然変異体	○	×	×	○
C突然変異体	○	○	×	×

（注）表中の○は正常な花器官，×は本来つくられるべきものとは異なる花器官が形成されることを示す。

問1　遺伝情報はDNAからmRNAに写され，次に，そのmRNAの情報に基づきアミノ酸が連結したタンパク質が合成される。これら2つの過程をそれぞれ何というか。また，遺伝情報がDNAからmRNA，さらにはタンパク質へと一方向に流れる原則のことを何というか。それぞれ答えよ。

★問2　グアニンがアデニンへと変化する遺伝子突然変異を人為的に誘発して，トリプトファンのコドン（UGG）に変異が生じた場合，野生型と異なる表現型を示す突然変異体となることが多い。その理由を100字程度で述べよ。

★問3　タンパク質のアミノ酸配列はDNAの塩基配列に対応しているが，その塩基配列に変化が生じても，アミノ酸配列に影響を及ぼさず，表現型にも影響を与えない場合がある。一方，タンパク質のアミノ酸配列からDNAの塩基配列を推定することは，DNAの塩基配列からタンパク質のアミノ酸配列を推定することより難しい。これら2つの事柄は同じ理由による。その理由を，遺伝暗号の特徴を考慮して60字

程度で述べよ。

問4　文中の空欄に適切な語を入れよ。

★★問5　A突然変異体では，領域1から領域4にかけて，めしべ，おしべ，おしべ，めしべの順に花器官が形成された。このことから推測される調節遺伝子A，B，Cの相互の関係について，適切なものを次からすべて選べ。

① 調節遺伝子Aは調節遺伝子Bの機能を阻害しており，調節遺伝子Aの機能欠損により，調節遺伝子Bがすべての領域で機能するようになる。

② 調節遺伝子Aは調節遺伝子Cの機能を阻害しており，調節遺伝子Aの機能欠損により，調節遺伝子Cがすべての領域で機能するようになる。

③ 調節遺伝子Aは調節遺伝子BとCの機能を阻害しており，調節遺伝子Aの機能欠損により，調節遺伝子BとCがすべての領域で機能するようになる。

④ 調節遺伝子Aの機能は，調節遺伝子BとCの機能と関係しない。

⑤ 調節遺伝子Aの機能は，調節遺伝子Bの機能に必要である。

★問6　ラカンドニアという植物の領域3と領域4では，シロイヌナズナと比べて花器官の形成位置が逆転しており，それぞれ，めしべ，おしべが形成される。これは，調節遺伝子A，B，Cの機能する領域がシロイヌナズナとは異なるためであると考えられている。ラカンドニアの領域1と領域2では，がくが形成されると仮定すると，ラカンドニアではどの調節遺伝子がどの領域で機能すると考えられるか。調節遺伝子A，B，Cについてそれぞれ答えよ。

★問7　シロイヌナズナで，領域1から領域4のすべての領域で調節遺伝子Bを強制的に発現させると，各領域にはどの花器官が形成されるか。それぞれの領域について答えよ。また，調節遺伝子Bを強制的に発現させた後，調節遺伝子Aと調節遺伝子Cの機能を変化させるとすべての領域でおしべが形成されたとする。調節遺伝子Aと調節遺伝子Cの機能をどのように変化させたかを40字程度で述べよ。

｜東大｜

| 標問 | **40** | 細胞の分化と多能性 | 解答・解説 p.113 |

採う テーマ　発生の進行と遺伝子発現／多能性／全能性／ES 細胞／iPS 細胞　　　　　　　　　生物

　動物の発生は，精子が卵と接触し，精子の核が卵の核と融合する受精から始まる。受精した卵を受精卵と呼ぶ。①受精卵は，分裂を繰り返し多細胞の胚をつくり，最終的には多様な細胞から構成される個体をつくりあげる。この能力を全能性と呼ぶ。また，細胞が形質の異なる別の細胞に変化することを分化と呼ぶが，細胞の分化は　ア　の働きによって決められる。　ア　の情報をもとに　イ　と呼ばれる酵素の働きにより伝令 RNA（mRNA）が合成される。この過程を　ウ　と呼ぶ。その後 mRNA からタンパク質が合成される。異なる形質をもつ細胞は，異なる組み合わせのタンパク質を発現しており，そのタンパク質の機能の違いが細胞の形質の違いを生み出している。自然に発生した個体において，特定の細胞に分化した細胞は全能性を失っているが，②人工的な操作を行うことで，分化の終了した細胞の核も受精卵の核と同じように発生分化をやり直すことができる。例えば，動物細胞の核を卵に移植することで，遺伝的に同一の個体であるクローン動物を作製することができる。1997年には，ドリーと名づけられた体細胞クローンのヒツジがイギリスのウィルムットらによって作製され，世界的にも話題となった。両生類などで胞胚と呼ばれる発生段階の胚を，ほ乳類では胚盤胞と呼ぶ。胚盤胞の内側に位置する細胞集団を　エ　と呼び，体を構成するすべての細胞へ分化する能力（多能性）をもつ。　エ　を取り出し培養することで，多能性を保ちながら増殖する胚性幹細胞（ES 細胞）を樹立することができる。③ES 細胞は，再生医療への応用が期待されているが，拒絶反応が大きな問題となっている。近年，ES 細胞の拒絶反応をなくすためにさまざまな研究が行われ，現在では④日本の山中らが人工多能性幹細胞（iPS 細胞）の樹立に成功し，再生医療への応用が期待されている。

問1　文中の空欄に入る最も適切な語句を記せ。

★問2　下線部①について，ホヤなどでは，受精後の遺伝子発現は卵割後期に始まるにもかかわらず，細胞の運命は卵割期の早い時期に決定している。その理由を40字以内で説明せよ。

★問3　下線部②の最初の例として，イギリスのガードンによる以下の実験がある。
　　　実験　アフリカツメガエルの幼生の腸上皮細胞核を取り出し，紫外線を照射した未
　　　　　受精卵に移植した。その結果，正常な成体を得ることに成功した。その際，腸上
　　　　　皮細胞は核小体を1個もつ系統，未受精卵は核小体を2個もつ系統を用いた。
　　(1)　未受精卵に紫外線照射した理由を30字程度で説明せよ。
　　(2)　核小体の数が異なる系統を用いた理由を30字程度で説明せよ。
　　(3)　発生と核の関係について，この実験から分かることを40字程度で説明せよ。

★問4　下線部③について，拒絶反応を起こす可能性がある理由を40字程度で説明せよ。

★★問5　下線部④について，iPS 細胞以外にも拒絶反応の起きない多能性幹細胞を樹立することができる。本文を参考にしてその方法を100字程度で述べよ。｜関西学院大｜

第4章　生殖と発生　　81

第5章 遺 伝

| 標問 | **41** | **自家受精** | 解答・解説 p.115 |

扱うテーマ | 自家受精／独立／三遺伝子雑種 | 生物

　純系の植物を自家受精して得られる子孫は，親と同じ形質をもつ。ここでは，異なる2つの純系の植物を交雑し，得られる植物を繰り返し自家受精させることによって新しい純系をつくりだす方法を考えてみよう。

　二倍体の植物において，由来が異なる2種類の純系を交雑して得たF_1世代の個体は，相同染色体の多くの座において遺伝子がヘテロ接合となる。ここで，対立遺伝子Aをもつ純系と対立遺伝子aをもつ純系の交雑を考えると，F_1世代ではすべての個体がAaのヘテロ接合体になっている。また，F_2世代の集団における各遺伝子型の個体数の割合は，AA：Aa：aa＝1：2：1になる。したがって，F_2世代におけるホモ接合体AAとaaの出現率は合わせて50％になる。次に，F_2世代のすべての個体を自家受精して十分量の種子を得る。すべての個体から得られた種子を同じ割合で混合したF_3世代のホモ接合体の出現率は　ア　％になり，この操作を繰り返したのちのF_{10}世代では　イ　％になる。このように対象とする遺伝子座が1つの場合，第g世代（F_g世代；ただし$g \geq 2$）でのホモ接合体の出現率Q（％）は，$Q =$　ウ　×100という式で表すことができる。次に，これらの集団における3つの遺伝子座のホモ接合の出現率について考える。これら3つの遺伝子座ではメンデルの独立の法則が成り立っており，F_1世代ではそれぞれの座の遺伝子がいずれもヘテロ接合であるとする。このとき，これら3つの遺伝子座のすべてがホモ接合である個体の出現率は，F_3世代で　エ　％になり，F_6世代でようやく90％を超える。このように，自家受精の繰り返しによって新しい純系を得るには長い期間が必要である。

★★問1　文中の　ア　，　イ　に入れるべき数値を計算せよ。必要な場合には，四捨五入して小数点以下1桁で記せ。

★★問2　　ウ　に入れるべき数式を記せ。

★問3　　エ　に入れるべき数値を計算せよ。ただし，答えは四捨五入して小数点以下1桁で記せ。

★問4　自家受精の繰り返しによって純系を得るには長い期間が必要である。しかし，減数分裂後の未熟な花粉を培養し，得られる植物体の染色体数を倍加すれば，二倍体の純系を短期間で得ることができる。そこで，ある二倍体の植物において，3つの座の遺伝子型がそれぞれAA，BB，CCの個体と，aa，bb，ccの個体とを交雑し，F_1個体を得た。AとB（またはaとb）は連鎖しており，組換え価は10％である。このF_1個体の未熟な花粉を培養した場合，"aBC"という遺伝子の組合せをもつ植物体が得られる確率を計算し，分数で記せ。

| 京大 |

82

標問 **42** 胚乳形質と独立の三遺伝子雑種　　解答・解説 p.119

扱うテーマ／胚乳形質／独立／三遺伝子雑種　　　　　　　　　　　　　　　　生物

　草丈の低い黄色種子のトウモロコシを母親に，草丈の高い白色種子のトウモロコシを父親として交配し，F_1種子を得た。①このF_1種子をまいて育てた雑種植物(F_1)を自家受粉させたところ，F_2種子は，黄色種子が234粒と白色種子が82粒であった。これらのF_2種子をまいて育てたF_2集団では，交配に用いた両親と同じ草丈を示す個体の他に，黄色種子の親よりも草丈の低い個体や，白色種子の親よりも草丈の高い個体が出現した。そこで，同じ条件で栽培した両親植物，F_1植物，F_2集団の草丈を計測したところ，F_1の植物の草丈は白色種子の親よりも高かった。F_2集団においては，②黄色種子の親よりも草丈の低い個体が5個体，③黄色種子の親と同じ草丈の個体が48個体，白色種子の親と同じ草丈の個体が133個体，④F_1植物と同じ草丈の個体が130個体あった。それぞれのグループの草丈の平均値を求めると，それぞれ90cm，120cm，150cm，180cmであった。この現象は，草丈を支配する完全優性を示す3個の遺伝子が，それぞれ異なる染色体上にあって，各々の優性対立遺伝子が30cmずつ草丈を高くする作用をもつことによる。いま，草丈を決める遺伝子の優性対立遺伝子をそれぞれD，E，F，劣性対立遺伝子をそれぞれd，e，fとすると，草丈の低い黄色種子の親の遺伝子型はddeeFF，草丈の高い白色種子の親の遺伝子型はDDEEffと表すことができる。

問1　(1)下線部①の遺伝現象から予測されるF_1種子の色を書け。また，種子の色を決める遺伝子について，(2)F_1種子の胚の遺伝子型，(3)胚乳の遺伝子型を記せ。ただし，実験に用いたトウモロコシの親はいずれも純系であるものとし，黄色種子の親の遺伝子型をAA，白色種子の親の遺伝子型をaaとする。

問2　草丈の低い黄色種子の親(ddeeFF)と草丈の高い白色種子の親(DDEEff)とを交配して得られたF_1の配偶子の遺伝子型は何種類あるか，数字で答えよ。

問3　下線部②のF_2個体の草丈に関する遺伝子型を書け。

★問4　下線部③のF_2個体を自家受粉させてF_3植物を育成すると，その草丈がすべてもとのF_2個体と同じになるものがあった。そのような場合のF_2個体の遺伝子型のうち，最初の交配に用いた草丈の低い植物の遺伝子型(ddeeFF)とは異なるものが2つある。その遺伝子型を書け。

★問5　下線部④のF_2個体を自家受粉させてF_3植物を育成すると，その草丈がすべてF_1植物と同じになるものがあった。その割合は，下線部④のF_2個体の何％か答えよ。答えは四捨五入して小数点以下第1位まで求めよ。

|九大|

第5章　遺　伝　　83

| 標問 **43** 母性効果遺伝 | 解答・解説 p.122 |

扱うテーマ 独立／二遺伝子雑種／不完全優性／母性効果遺伝／自由交配　　　　生物

　　ショウジョウバエは，一度に多数の卵を産む。遺伝子Xは，卵を形成するときに発現し，胚発生に必要である。また，その機能がなくなった対立遺伝子xがある。Xの機能を失った雌は正常数の卵を産むが，その卵は受精していても胚発生の途中で死んでしまい孵化しない。Xはxに対して完全に優性である。

　　一方，眼の色に関与する遺伝子Rとその突然変異の対立遺伝子rがある。遺伝子型rrの個体の眼の色は白色に，RRの遺伝子型では赤色になる。また，Rrの遺伝子型の個体の眼の色は桃色となる。この遺伝子(R，r)と先にあげた遺伝子(X，x)は，それぞれ別の常染色体上にある。また，ショウジョウバエの性比は1：1である。

　　①眼が桃色でXxの遺伝子型をもつ雌と眼が白くXxの遺伝子型をもつ雄とを交配した。その結果，生まれてきた②F₁の雌1個体に別の③F₁の雄1個体を交配する実験を何組も行った。すると $\frac{1}{4}$ の組合せにおいてすべての受精卵(F₂にあたる卵)が孵化せずに胚発生の途中で死んでしまった。そこで，受精卵が孵化しなかった組合せの雌個体に孵化した組合せの雄個体を交配させてみたが，その受精卵はすべて孵化しなかった。しかし，受精卵が孵化しなかった組合せの雄個体と孵化した組合せの雌個体とを交配させるとその受精卵はすべて孵化した。つまり，④F₁の雌の $\frac{1}{4}$ はどのような雄と交配しても，その受精卵は孵化せず途中で死んでしまった。

問1　雌の卵巣で卵母細胞が減数分裂して卵を形成するとき，1つの卵母細胞からいくつの卵が形成されるか。また，下線部①の雌が形成する卵がRとXの遺伝子をともにもつ確率を分数で答えよ。

問2　下線部②のF₁の雌個体の眼の色は，赤色，白色，桃色がどのような比率になっているか答えよ。ただし，割合を表す数値はできるだけ小さい整数にすること。

問3　下線部③のF₁の雄個体がもつ眼の色と生殖に関係する遺伝子の遺伝子型は6通りある。それらの遺伝子型すべてと，それぞれの遺伝子型の雄個体がF₁の雄個体全体の中に占める比率を分数で答えよ。

★問4　下線部④のF₁の雌の $\frac{1}{4}$ がもつ可能性のある，眼の色と生殖に関係する遺伝子の遺伝子型は2通りしかない。その2つの遺伝子型と，それぞれの遺伝子型の雌個体がF₁の雌個体全体の中に占める比率を分数で答えよ。

★★問5　下線部②と下線部③との交配によって多数のF₂の成熟個体が得られた。そのF₂の成熟個体の中に，どのような雄の精子と受精しても孵化せず胚発生途中で死んでしまう卵を産む赤色の眼をした雌個体が出現する。そのような個体は，F₂の成熟個体の中でどれだけの割合を占めるか分数で答えよ。

| 九大 |

84

| 標 問 | **44** | **連鎖と組換え(1)** | 解答・解説 p.125 |

扱う テーマ　独立／補足遺伝子／連鎖と組換え／三遺伝子雑種／一遺伝子一酵素説　　　　　　　　　生物

　エチレンは，果実の成熟，落葉・落果，老化の促進などさまざまな作用をもつ植物ホルモンである。エチレン生成は花の老化を促進させる要因の1つとされ，多くの植物の花では花弁のしおれや落花が始まる前にエチレン生成量が急激に増加する。

　ある植物において，落花までの期間が長い3種の純系，「純系1」，「純系2」および「純系3」がある。これらの純系の花はエチレンを生成しない。花のエチレン生合成に関係する遺伝子を明らかにするため，これら3種の純系とエチレンを生成する「純系4」を用いて以下の交配実験を行い，得られた個体の花におけるエチレン生成量を測定した。

実験1　「純系1」，「純系2」および「純系3」とエチレンを生成する「純系4」を交配してできた雑種第一代(F_1)の花はいずれもエチレンを生成した。いずれの交配組合せのF_1も，自家受粉して得られた雑種第二代(F_2)には，エチレンを生成する花としない花が3：1に分離した。

実験2　「純系1」，「純系2」および「純系3」を相互に交配してできたF_1の花はいずれもエチレンを生成した。

　実験1と実験2の結果から，花のエチレン生合成には3個の優性遺伝子(A，BとCとする)が関係していると推測された。「純系1」，「純系2」および「純系3」はこれら遺伝子に対する劣性の対立遺伝子a，bとcをそれぞれホモにもち，各純系の遺伝子型は「純系1」(aaBBCC)，「純系2」(AAbbCC)および「純系3」(AABBcc)となった。

実験3　実験2の各F_1を自家受粉して得られたF_2群における花のエチレン生成量を測定した。「純系1」と「純系3」のF_2，および「純系2」と「純系3」のF_2では，エチレンを生成する花としない花が9：7に分離した。一方，①「純系1」と「純系2」のF_2におけるエチレンを生成する花としない花の分離比は1：1に近かった。

　実験3のF_2群の表現型の分離比から，A，BとC遺伝子は相互に　　ア　　遺伝子として働くと考えられた。交配組合せによる表現型の分離比の違いは，AとB遺伝子がC遺伝子に対して　　イ　　に遺伝するのに対し，AとB遺伝子が連鎖しているため生じたと考えられた。

　次に，A，BとC遺伝子がコードしているタンパク質のエチレン生合成経路における働きを調べるため，実験4と実験5を行った。

実験4　花のエチレン生合成経路には，中間代謝産物となる2種類の物質(XとY)が関係している。物質XとYの水溶液を調製し，各水溶液に茎を適当な長さに切った「純系1」，「純系2」および「純系3」の花をそれぞれ挿し，エチレン生成量を測定した。その結果，「純系1」と「純系2」を物質Yの水溶液に挿した処理区でのみ，エチレンが生成された。

実験5　「純系1」，「純系2」および「純系3」におけるA，BとC遺伝子のmRNA

第5章　遺　伝　　85

の合成を調べた。A遺伝子のmRNAは「純系2」と「純系3」で合成されていたが，「純系1」では合成されていなかった。B遺伝子のmRNAは「純系3」でのみ合成されていた。C遺伝子のmRNAは「純系1」と「純系2」で合成されていたが，「純系3」では合成されていなかった。

問1　文中の空欄に適する語句を入れよ。

問2　実験3の下線部①について，以下の問いに答えよ。

　　AとB遺伝子が完全に連鎖している場合，「純系1」と「純系2」のF_1を自家受粉して得られたF_2には，エチレンを生成する花としない花が1:1に分離する。しかし，分離比が1:1からずれていたことから，AとB遺伝子間で組換えが生じている可能性がある。ここで，AとB遺伝子間の組換え価を12.5%とした場合のF_2の表現型の分離比（エチレンを生成する花：エチレンを生成しない花）を答えよ。

★問3　問2の12.5%の組換え価で生じるエチレンを生成しないF_2個体群（F_2非生成個体群）すべてに「純系2」を交配したとする。このとき，次世代でエチレンを生成する花が出現するF_2個体は，F_2非生成個体群の何%にあたるか，有効数字2桁で答えよ。

★★問4　実験4と実験5の結果から，A，BとC遺伝子がコードしているタンパク質は，エチレン生合成経路においてそれぞれどのような働きをしていると考えられるか。次から最も適切と考えられるものをそれぞれ1つずつ選べ。

①　物質Xからエチレンを合成する酵素タンパク質

②　物質Yからエチレンを合成する酵素タンパク質

③　物質Xから物質Yを合成する酵素タンパク質

④　物質Yから物質Xを合成する酵素タンパク質

⑤　A遺伝子の転写を促進する調節タンパク質

⑥　B遺伝子の転写を促進する調節タンパク質

⑦　C遺伝子の転写を促進する調節タンパク質

| 神戸大 |

| 標問 | **45** | 連鎖と組換え(2) | 解答・解説 p.128 |

扱うテーマ 共優性／独立／連鎖と組換え／電気泳動／一塩基多型(SNP)　　　　　　生物

　異なった対立遺伝子をそれぞれホモ接合でもつ両親(遺伝子型 A_1A_1 と A_2A_2)間の子のヘテロ接合体(遺伝子型 A_1A_2)が，両親のどちらかと同じ形質を示す遺伝様式を優性，中間の形質を示す遺伝様式を不完全優性，そして両親の両方の形質を示す遺伝様式を共優性という。タンパク質のアミノ酸配列や DNA の塩基配列の違いを検出する様々な分子生物学的手法が開発されている。電気泳動で検出される分子の移動度の差異や PCR による DNA 断片増幅の有無のように特定の手法で検出されるタンパク質や DNA 配列の特徴を形質として捉えれば，それらの形質もまた優性や共優性の遺伝様式を示す。(a)DNA の塩基配列の違いを最も正確に検出するのが塩基配列解読法である。この方法で検出される一塩基多型(SNP)もメンデルの法則に従って遺伝するので，DNA 配列中の SNP 部位を遺伝子座(座位)とみなすことができる。

　メンデルは，エンドウの種子の形態("丸"か"しわ")を観察した。それから100年以上のちに，この形質がデンプン分枝酵素Ⅰ(SBEI)遺伝子座によって支配されていて，"丸"純系(遺伝子型 RR)では機能的な酵素がつくられて丸い種子となるのに対し，"しわ"純系(遺伝子型 rr)では SBEI 遺伝子機能が転移因子(トランスポゾン)の挿入によって破壊されていることがわかった。R と r の対立遺伝子はトランスポゾン配列を挟むプライマーを用いた PCR 産物の電気泳動により識別することができる。

問1　下線部(a)に関連して，ある栽培植物の1000品種について 2 つの SNP 座位(SNP座位 1 と SNP 座位 2)の遺伝子型を調査して対立遺伝子頻度を求めた。SNP 座位 1 ではアデニン(A)が60%でシトシン(C)が40%であり，SNP 座位 2 ではアデニン(A)とグ

表1

		SNP 座位 2 の対立遺伝子	
		A	G
SNP 座位 1 の対立遺伝子	A	45%	15%
	C	5%	35%

アニン(G)がそれぞれ50%であった。2 つの SNP 座位の対立遺伝子の組み合わせの頻度(表 1)は，それぞれの対立遺伝子頻度の積で求められる期待頻度からずれていた。この現象が起きる要因を70字程度で説明せよ。

問2　"丸"純系(遺伝子型 RR)のエンドウを毎世代自家受粉して栽培していたら，"しわ"の表現型を示す新規突然変異体が生じた。この新規"しわ"突然変異体を"丸"純系と交配したところ，F_1 はすべて"丸"となった。新規突然変異が SBEI 遺伝子座に起こった変異なのかを確認するために，新規突然変異体と"しわ"純系(遺伝子型 rr)間の F_1 を自家受粉して得られた F_2 の表現型を調査した。以下の(1), (2)の場合に期待される表現型の分離比("丸"："しわ")を記せ。ただし，SBEI 遺伝子座内での組換えは起きないとする。

(1)　新規突然変異が SBEI 遺伝子座に起きた場合
(2)　新規突然変異が SBEI 遺伝子座と連鎖しない遺伝子座に起きた場合

問3　SBEI 遺伝子座に連鎖する共優性の SNP 座位について調査したところ，RR の

第 5 章　遺　伝　　87

純系(親1)ではアデニン(A)のホモ接合，rr の純系(親2)ではグアニン(G)のホモ接合であった。この両者の F_1 を rr 純系で戻し交雑をして得た子孫(BC_1 世代)で SBEI 遺伝子座と SNP 座位は図1に示したように分離していた。SBEI 遺伝子座と SNP 座位との間の組換え価(%)を求め，有効数字2桁で記せ。

SNP 座位の塩基に関する記号と遺伝子型の対応表

記号	A	A/G	G
遺伝子型	Aのホモ接合	AとGのヘテロ接合	Gのホモ接合

図1

標問 **46** 雄性不稔（細胞質遺伝）

解答・解説 p.131

扱うテーマ　細胞質遺伝／雄性不稔／自家受精

生物

　被子植物の薬の中で分化した花粉母細胞は，　ア　分裂によって，4個の細胞の　イ　になる。　イ　は胞子に相当し，まわりの　ウ　に相当する組織から栄養をもらって成熟花粉に発達する。花粉は雄性　エ　であり，花粉内で雄性　オ　に相当する精細胞がつくられる。

　花粉が発達の途中で退化する突然変異（卵細胞は健全）が，タマネギでみつかった。雄性不稔（花粉不稔）と呼ばれるこの変異を引き起こす遺伝子（Sと名付ける）は細胞質に含まれており，卵細胞のみを通じて子孫に伝えられる。一方，Sの働きを抑える遺伝子が核の染色体上にあり，この核遺伝子をもつタマネギは，細胞質にSがあっても受精能力を備えた稔性花粉をつくる。

　稔性花粉を全くつくれない完全不稔型タマネギに，稔性花粉を交配して得たF_1植物の薬を調べたところ，花粉はすべて稔性を示した（これを完全稔性型と呼ぶ）。このF_1を自家受精させると，F_2では①完全稔性型個体と完全不稔型個体が3：1の割合で分離した。また，F_1植物の花粉を完全不稔型タマネギに交配して得た次代では，完全稔性型個体と完全不稔型個体が1：1の割合で生じた。

　細胞質遺伝子と核遺伝子との相互作用によって引き起こされる雄性不稔は，イネでもみつかっている。しかし，イネとタマネギでは雄性不稔の遺伝のしくみに相違もみられる。イネにおける雄性不稔の遺伝のしくみを知る目的で，完全不稔型イネに稔性花粉を交配し，F_1植物を得た。さらにF_1の自家受精によるF_2や，F_1植物の花粉を完全不稔型イネに交配して得た次代も育てて，表現型と分離を調べた。その結果は下表の通りである。

世代・交配組合せ	表現型と分離比
②F_1	稔性花粉と不稔性花粉を50%ずつ生産する植物（半不稔型植物と呼ぶ）のみ
F_2	③完全稔性型植物：半不稔型植物が1：1の割合で分離
完全不稔型×F_1	半不稔型植物のみ

問1　文中の空欄に適当な語を入れよ。

★問2　下線部①の植物を無作為に12個体選び，すべて自家受精させて，合計1200粒の種子を得た。これらの種子から育つ植物の中で完全不稔型を示す個体の数（期待数）を記せ。

★★問3　下線部②の植物の花粉を下線部③の植物に交配した。次代に生ずる完全稔性型植物の割合は何%か。小数点以下を四捨五入して記せ。

★★問4　下線部③の植物の花粉を下線部②の植物に交配した。次代に生ずる完全稔性型植物の割合は何%か。小数点以下を四捨五入して記せ。

★★問5　タマネギの雄性不稔とイネの雄性不稔は，遺伝のしくみがどのように異なっているか。　ウ　と　エ　に入れた語を使って，簡潔に説明せよ。　｜北大｜

第5章　遺　伝　　89

標問 47 性と遺伝

解答・解説 p.135

採うテーマ ヒトゲノム／性決定の様式／伴性遺伝／ライオニゼーション／SRY   生物

　ゲノムとは，ひとつの生物種がもつすべての　1　（または RNA）塩基配列の 1 セットを意味する。ヒトの細胞では，そのほとんどが　2　内の染色体に存在するが，　ア　内にも　1　が存在し，37個の遺伝子が見つかっている。1990年に欧米各国や日本などが協力したヒトゲノム計画が開始され，2002年にはほぼ解明された。その解析結果によると，ヒトゲノムには約20000の遺伝子が存在すると推定されている。この約20000の遺伝子は，46本の染色体に分かれて存在している。ヒトの46本の染色体には22対の　3　と，男性ではX，Yと呼ばれる性染色体が1本ずつ，女性では2本のX染色体が含まれる。このような，雄が　4　，雌が　5　の染色体対からなる性決定様式は　6　型と呼ばれ，哺乳類一般に共通の様式である。一方，鳥類は哺乳類とは逆に，雄が　5　，雌が　4　の染色体対からなる　7　型と呼ばれる性決定様式をもつのが一般的である。は虫類以下の脊椎動物では，多様な性染色体構成が報告されている。

　性染色体の遺伝子による遺伝は　8　遺伝と呼ばれている。ゲノム解析の結果，ヒトのX染色体の遺伝子数は1098，Y染色体の遺伝子数は78と予想されている。このY染色体の遺伝子数は他の染色体に比べて極めて少ないが，ヒトの男性化を決定する遺伝子（SRY）がY染色体に存在する。また，X染色体には，　イ　や　ウ　に関連する遺伝子があることが古くから知られている。

　ヒトをはじめとして哺乳類の雌に2つあるX染色体は，発生初期に必ずどちらか一方が不活性化される。この不活性化されたX染色体にあるほとんどの遺伝子は発現しない。また一度不活性化されると，その細胞に由来する子孫細胞はすべて同じX染色体が不活性化される。そのため，成体のある部位では母親由来，ある部位では父親由来のX染色体が不活性化された細胞集団が存在する。この現象は，マウスのX染色体に含まれる毛色を決定する遺伝子の研究によって明らかにされた。マウスの毛色は灰色が野生型であるが，まれにしま模様の劣性形質が現れる。灰色の雌としま模様の雄を交配させると，F_1 の雌はすべてまだら（灰色としま模様）になり，雄はすべて灰色となる。この F_1 の雌と雄から生じる F_2 の雌は灰色とまだらが1：1で現れるが，雄は灰色としま模様が1：1で現れる。逆に，しま模様の雌と灰色の雄を交配させると，　エ　となる。この F_1 の雌と雄を交配させると，　オ　で現れる。

　ネコの毛色を決定する遺伝子のうち，茶色（優性形質）か黒色（劣性形質）かを決める遺伝子もX染色体にある。この遺伝子がヘテロの雌は，茶と黒の二毛ネコになり，他の染色体にある白斑点を発現する遺伝子が優性ホモかヘテロの組合せを同時にもつと，三毛ネコとなる。

問1　文中の空欄1～8に当てはまる最も適当な語を答えよ（ただし，空欄2，3，8は漢字，空欄6，7はアルファベットで答えよ）。

問2　文中の空欄アに当てはまる最も適当な語を次から1つ選べ。

90

① 葉緑体　　② 中心体　　③ ゴルジ体　　④ リボソーム

⑤ ミトコンドリア

問3　文中の空欄イ，ウに当てはまる最も適当な語句の組合せを次から1つ選べ。

①　ABO式血液型・赤緑色覚異常　　②　ABO式血液型・血友病

③　ABO式血液型・色素性乾皮症　　④　赤緑色覚異常・血友病

⑤　赤緑色覚異常・色素性乾皮症　　⑥　血友病・色素性乾皮症

★問4　文中の空欄エに当てはまる最も適当なものを次から1つ選べ。

①　F_1の雌はすべてまだらになり，雄はすべて灰色

②　F_1の雌はすべてまだらになり，雄はすべてしま模様

③　F_1の雌と雄はともにすべて灰色

④　F_1の雌と雄はともにすべてまだら模様

★問5　文中の空欄オに当てはまる最も適当なものを次から1つ選べ。

①　F_2の雌は灰色とまだらが1：1で現れるが，雄は灰色としま模様が1：1

②　F_2の雌と雄はともに灰色としま模様が1：1

③　F_2の雌はしま模様とまだらが1：1で現れるが，雄は灰色としま模様が1：1

④　F_2の雌はすべてまだらになり，雄は灰色としま模様が1：1

★問6　きわめてまれに三毛ネコの雄が生まれることが知られている。三毛ネコの雄の性染色体について，最も適当なものを次から1つ選べ。

①　性染色体を3本，XYYの組合せでもつ。

②　性染色体を3本，XXYの組合せでもつ。

③　2本のX染色体をもつが，一方のX染色体に*SRY*が存在している。

④　2本のX染色体をもつ細胞と，X染色体とY染色体をもつ2種類の細胞が混在している。

★問7　本文中の下線部に関して，下の問いに答えよ。

英国の動物園で飼われていた世界最大のトカゲ，コモドドラゴンの雌が，長く雄から隔離されていたにもかかわらず卵を産んだ。このように雄から精子をもらうことなく産卵することを「単為生殖」と呼ぶ。単為生殖は脊椎動物では珍しく，ヘビなどの限られた生物種のみで報告されている。無事にふ化したコモドドラゴンは，すべて雄であった。この単為生殖で生まれたコモドドラゴンのもつ性染色体の組合せを答えよ。なお，コモドドラゴンの体細胞の染色体数は雌雄で同じであることがわかっている。

| 東邦大(理) |

標問 48 家系分析

扱うテーマ：家系分析／伴性遺伝／集団遺伝

5000人に1人現れる程度の，頻度の低いある遺伝的形質が知られている。この形質が現れている個人がみつかった。これをきっかけに，その個人につながる家系を調査したところ，右図の結果が得られた。ただし，点線の部分は今後生まれる子を示す。

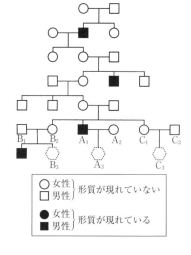

問1 この形質をもたらす遺伝子は，次の分類のうちどれに該当すると考えられるか，1つ選べ。ただし，遺伝子型以外の要因，例えば環境条件などは，形質の発現に関与しないものとする。

① 常染色体上にある優性遺伝子
② 常染色体上にある劣性遺伝子
③ 性染色体上にある優性遺伝子
④ 性染色体上にある劣性遺伝子

★問2 A_1 と A_2 の間に血縁関係はない。子 A_3 にこの形質が現れる確率は，次のうちのどれであるか。1つ選べ。

① 0ではないがきわめて小さい
② 約 $\frac{1}{8}$ ③ 約 $\frac{1}{4}$ ④ 約 $\frac{1}{2}$ ⑤ 約 $\frac{3}{4}$ ⑥ 1に近い

問3 B_1 と B_2 の間に血縁関係はない。子 B_3 が男性である場合，この形質が現れる確率を求めよ。答えは問2の選択肢①～⑥から1つ選べ。

問4 C_1 と C_2 の間に血縁関係はない。子 C_3 にこの形質が現れる確率を求めよ。答えは問2の選択肢①～⑥から1つ選べ。

|名大|

標問	**49**	**集団遺伝(1)**	解答・解説 p.141

扱う
テーマ　集団遺伝／自由交配／ハーディ・ワインベルグの法則／自然選択　　　生物

A.　1908年にイギリスの数学者ハーディとドイツの医師ワインベルグとが独立に発見
したハーディ・ワインベルグの法則は今日なおヒトの集団遺伝学の重要な原理であ
る。この法則が適用される集団には自然選択が働かないこと，集団のサイズが十分
に大きいこと，　ア　，　イ　，　ウ　などの前提条件が要求される。その適
用条件が満たされる限り，集団の中で各遺伝子座の対立遺伝子の遺伝子頻度は世代
間で変化しないことがハーディ・ワインベルグの法則で示されている。

問1　　上の文中の空欄に当てはまる最も適当なものを次の①～⑨より選べ。ただし解
答の順序は問わない。
　① 非選択婚が行われること
　② 突然変異は起こらないとすること
　③ 夫婦間の子供の数は一定であること
　④ 集団内の年齢別階層の人数はすべて同数とすること
　⑤ 一夫多妻ではないこと
　⑥ 男女が同数であること
　⑦ 集団構成員は同一職業であること
　⑧ 集団は単一人種で構成されること
　⑨ 集団への人の移住がないものとすること

問2　　常染色体上のある遺伝子座の1組の対立遺伝子，Aとaについて，ハーディ・
ワインベルグの法則が成立することを示せ。ただしAの遺伝子頻度をp，aの遺伝
子頻度をq，$p+q=1$とする。

★★問3　　上記のAaの遺伝子型の頻度が0.455であった場合，aの遺伝子頻度qの値を
ハーディ・ワインベルグの法則から求めよ。

B.　自然選択が働くとその環境での生存に適した特定の遺伝子の頻度が高くなる場合
がある。アフリカのマラリア流行地でのヘモグロビンS（HbS）遺伝子がその例であ
る。HbSは鎌状赤血球症という致死性の常染色体劣性遺伝病の原因であるが，正
常ヘモグロビン（HbA）のホモ接合個体（HbA/HbA）と比較してそのヘテロ接合個体
（HbA/HbS）はマラリアに対する抵抗性が高い。HbA/HbSの遺伝子型の人がマラ
リアの流行する環境に対して一定の高い適応度を示し続けていると，十分に長い時
間の後にHbSは高い遺伝子頻度で平衡に達する。

　　いまマラリアが流行しているある集団を仮定してみる。そこではHbA/HbSの
遺伝子型の子供の全員が生殖可能年齢まで育つ一方，HbA/HbAの子供は一定の
割合でマラリアのために死亡するという自然選択が働く。しかし，生殖可能年齢に
達した後はマラリアで死亡する者はいない。またHbS/HbSの遺伝子型の子供は全
員生まれた直後に鎌状赤血球症のために死亡する。その結果，この集団の生殖可能
年齢層ではHbA/HbAの人の頻度が0.8，HbA/HbSの人の頻度が0.2で平衡に達

第5章　遺　伝　　93

している。ただし，マラリアによる自然選択があることと鎌状赤血球症によって死亡することを除いて，他のハーディ・ワインベルグの法則の適用条件をこの集団は満たしている。

　この平衡状態の下では，集団の生殖可能年齢層での HbA の遺伝子頻度は　エ　，HbS の遺伝子頻度は　オ　となり，その結果生まれてくる子供の HbA/HbA，HbA/HbS，HbS/HbS の各遺伝子型の比は　カ　：　キ　：1 である。しかし HbS/HbS の子供はすぐに死亡するので集団には HbA/HbA と HbA/HbS の子供だけが残ることになり，子供たちの中での HbS の遺伝子頻度は親の遺伝子プールでの値よりもいったんは　ク　くなる。しかしこの子供たちはマラリアによる選択を受け，生殖可能年齢に達した時点で HbA と HbS の遺伝子頻度は再び　エ　と　オ　になってくる。このことから HbA/HbA の遺伝子型は生まれた子供たちのうち $\dfrac{1}{\boxed{\text{ケ}}}$ が生殖可能年齢に達するまでにマラリアのために死亡することがわかる。

★★ 問4　上の文中の空欄　エ　～　ケ　にあてはまる適切な語句または数字を記せ。

| 名古屋市大 |

| 標問 | **50** | **集団遺伝(2)** | 解答・解説 p.145 |

扱うテーマ　集団遺伝／自由交配／ハーディ・ワインベルグの法則／自然選択　　　　　　　　　　　　　　　生物

I. 鑑賞魚として人気のあるグッピーは体色や雄の体側部に現れる模様，ヒレの形等により様々な品種が作出されている。このような品種の中には黒色素(メラニン)をもたないアルビノの品種がある。メラニンを有する野生型はアルビノに対して優性で，この形質を支配する遺伝子は常染色体上に存在する。

　①人為的に維持されているある野生型の集団において希にアルビノが観察されることがある。ある時，この集団からグッピーを採集したところ，表現型はすべて野生型であった。しかし，採集した個体を用いて交配実験を行ったところ，400ペアに1ペアの割合で子魚の中にアルビノが観察された。このような交配実験を異なる世代においても何度か行ったが，アルビノが出現するペアの割合は変化しなかった。このことからアルビノの遺伝子はこの集団中に一定の頻度で維持されているものと考えられる。

　野生型の遺伝子をA，アルビノの遺伝子をa，それぞれの遺伝子頻度をpとq，$p+q=1$とすると，ある世代での遺伝子型と遺伝子頻度，遺伝子型頻度との関係は表1のようになる。

表1

	遺伝子型			全体
	AA	Aa	aa	
遺伝子型頻度	p^2	$2pq$	q^2	1.000

★ **問1**　下線部①の集団におけるアルビノ遺伝子(a)の頻度を，採集した個体の表現型と交配実験の結果から算出せよ。遺伝子頻度は小数点以下第三位まで算出し，計算に際してはその過程も示せ。

II.　野生型の体色が濃い灰色であるのに対して，アルビノの体色は淡黄色である。そのため，アルビノは自然状態では非常

表2

	遺伝子型			全体
	AA	Aa	aa	
遺伝子型頻度	p^2	$2pq$	0	p^2+2pq

に目立ち，外敵に捕食されやすく，次世代を残せる確率が低い。アルビノが捕食され，次世代を残せないと仮定すると，遺伝子型と遺伝子頻度，遺伝子型頻度の関係は表2のようになる。この場合，次世代のaの頻度(q')をqの式で表すと，

$$q'=\left(\frac{1}{2}\times 2pq+0\right)/(\boxed{\text{ ア }})=\boxed{\text{ イ }}\text{ となる。}$$

　同様に2世代後，3世代後のaの頻度(q''，q''')をqの式で表すと，$q''=\boxed{\text{ ウ }}$，

$q'''=\boxed{\text{ エ }}$

となることから，t世代後のaの頻度(q_t)をqの式で表すと，$q_t=\boxed{\text{ オ }}$となる。

★★ **問2**　文中の空欄に適当な数式を入れよ。

★ **問3**　アルビノが次世代を全く残せないと仮定した場合，aの遺伝子頻度が問1で求めた値の半分に減少するのは何世代後か求めよ。計算に際しては計算の過程も示せ。

★ **問4**　劣性遺伝子のホモ接合体が次世代を全く残せない場合，この劣性遺伝子の頻度は集団中でどのような減少の過程をたどるか30字程度で説明せよ。

| 東北大 |

第5章　遺　伝　　　95

標問 51 DNAマーカーを用いた遺伝子の位置決定

扱うテーマ：連鎖と組換え／自由交配／DNAマーカー／遺伝子の位置決定

　哺乳類であるラットでは，常染色体上のすべての遺伝子座において，同一の対立遺伝子をもっている近交系(純系)ラットをつくりだすことができる。近交系ラットを利用することで，さまざまな形質の原因となる遺伝子の解析ができる。

　ある近交系ラット(S)では，肝臓への銅の異常な蓄積が雌雄の区別なくみられる。また，Sの毛色は黒色であった。このような銅の異常蓄積を引き起こす病気の遺伝子(注)を解析するため，Sの雄を，銅異常蓄積がみられない別の白色の近交系ラット(W)の雌と交配した。すると，得られた雑種第一代(F_1)の個体のすべてで銅異常蓄積は認められず，毛色は黒色であった。この結果より，Sでみられる銅異常蓄積は　ア　形質であることがわかった。また，毛色を決める遺伝子(注)について，Sは黒色にする　イ　遺伝子をもっていることが判明した。さらに，そのF_1どうしを交配すると，①得られた雑種第二代(F_2)には，銅異常蓄積で黒色のもの，銅異常蓄積で白色のもの，正常で黒色のものおよび正常で白色のものという4つのタイプが　1　：　2　：　3　：　4　の比率で表れた。この結果から，銅異常蓄積を引き起こす遺伝子と毛色を決定する遺伝子は　ウ　しており，その2つの遺伝子の間の②組換え価は20%であることがわかった。

　表1は，そのF_2で得られたデータの一部(ラット1～6)であり，縦1列が1匹の個体に対応している。前述の実験で用いた2つの近交系ラット(SとW)の間で染色体上のDNA塩基配列が異なる部分がある。

表1

ラット番号	1	2	3	4	5	6
性別	雄	雌	雌	雄	雌	雄
銅蓄積	異常	正常	異常	異常	正常	正常
毛色	黒	黒	白	黒	黒	白

そのようなDNA塩基配列をマーカー(目印)として利用することで，常染色体上の特定部位における一対のDNA塩基配列が，どちらの近交系ラットから伝えられたものかを決定することができる。図1の左に示すように，ラット第9染色体上にはマーカーA～Fがあり，A－B－C－D－E－Fの順に並んでいることが判明している。このようなマーカーの伝達をラット1～6で調べたところ，図1に示すような結果が得られた(ラット1～6は表1のものに対応している)。図1のラット1～6の染色体では，黒で示す染色体部位がSに由来し，白で示す染色体部

図1

位がWに由来していることを示している。このような結果から，銅異常蓄積を引き起こす遺伝子と毛色を決定する遺伝子のラット第9染色体上での位置を決めることができる。

（注）　銅異常蓄積を引き起こす遺伝子と毛色を決定する遺伝子は，それぞれが単一であり，ともにラット第9染色体上にあることがわかっている。

問1　文中の　ア　～　ウ　に適切な語句を入れよ。

問2　文中の　1　～　4　に適切な数値を入れよ。

★問3　下線部①のF_2どうしを無作為にいろいろな組合せで交配した場合に，得られた子の中で銅異常蓄積を示すものと示さないものの比率はどうなるか推定せよ。

★問4　下線部①のF_2において，銅異常蓄積が認められないものどうしを無作為に交配した場合に，得られた子の中で銅異常蓄積を示すものと示さないものの比率はどうなるか推定せよ。

★★問5　表1および図1に基づくと，銅異常蓄積を引き起こす遺伝子と毛色を決定する遺伝子の染色体上の位置は，それぞれマーカーA～Fのどれに最も近いと予想されるか答えよ。また，銅異常蓄積を引き起こす遺伝子を例にし，そのように予想した理由を150字程度で述べよ。

問6　下線部②について，組換え価はF_1を検定交雑することでも調べられる。このような交雑に用いるラットの表現型を答えよ。

| 新潟大 |

第5章　遺　伝　　97

第6章 体内環境の維持

標問 52 心臓・循環

扱うテーマ 循環系／血管系／血液循環／自律神経系

解答・解説 p.151

生物基礎

　心臓と動脈，［ア］，静脈は，①外界とは隔離された血管系を構成している。この血管系を通って，血液が常に体内を循環している。ヒトの心臓は，左右の心房と左右の心室の4つの部屋からなり，それぞれの心房と心室の間，および各心室の出口に弁がある。血液は，心臓の［イ］から大動脈に送り出され，からだの各部に到達し，［ア］を流れた後，大静脈に集められて心臓の［ウ］に帰ってくる。この経路を［エ］という。［ウ］に帰ってきた血液は，［オ］から肺動脈に送り出され，肺の［ア］，肺静脈を経て，［カ］に戻る。この経路を［キ］という。［エ］では，動脈内を［ク］の多い血液が流れ，［キ］では，静脈内を［ク］の多い血液が流れる。

　このような血液の循環は，心臓の収縮によって維持されている。規則的な心臓の収縮は，周期的に興奮する［ケ］の指令によって行われる。［ケ］に生じた興奮は，まず心房に伝わり，心房筋を興奮させ，心房の収縮が起こる。次に，心房に伝わった興奮が，房室結節を興奮させる。②房室結節ではゆっくりと興奮が伝わる。続いて，房室結節の興奮が，特殊な心筋繊維を伝わって，心室の筋全体に伝えられ，心室の収縮が起こる。

　心臓の活動は，自律神経により常に調節されている。自律神経による調節は，心拍数の増減や心筋が収縮する力の強弱などに及ぶ。身体活動には，［コ］を分泌する［サ］が働き，心拍数を［シ］，心筋が収縮する力を［ス］，血液の循環量を増やす。逆に［セ］を分泌する［ソ］が働くと，心臓の活動を抑制する。

　周期的な心室の活動は，次のような4つの段階（ステージ）に分けられる。まず心室の収縮が始まると，心室の内圧が上昇する。心房と心室の間の弁が閉じるが，心室の出口の弁もまだ閉じたままで，心室内の容積は変化しない（この時期をステージ1とする）。心室の筋がさらに収縮すると，心室の内圧が高まり，心室の出口の弁が開き，心室内から血液が動脈に送り出される（この時期をステージ2とする）。続いて心室の筋の弛緩が始まり，心室の内圧が低下していく（この時期をステージ3とする）。さらに心室の内圧が低下して心房の内圧よりも低くなると，心房と心室の間の弁が開き，心房に貯まっていた血液が心室内へ流れ込んでくる（この時期をステージ4とする）。以上のように心室が周期的に収縮し弛緩するときの，左心室の内圧と左心室の容積との関係を，右図に示した。

問1　文中の空欄に適語を入れよ。

問2　ヒトの血管系のように，下線部①の特徴を示す血管系を何と呼ぶか。

★問3　下線部②のように房室結節でゆっくりと興奮が伝わることにより，心臓が適切
　　　に機能する上で不可欠なある事象を引き起こしている。それはどのような事象か。
　　　25字以内で答えよ。

問4　図のB→Cで起こっている現象は，文章中のステージ1〜4のどれか。

問5　ステージ2に相当するのは，図中のA→B，B→C，C→D，D→Aのどれか。

問6　図に基づいて，1回の心臓の収縮によって左心室から送り出される血液の量を
　　　求めよ。

｜近畿大(医)｜

標問 53 酸素解離曲線

扱うテーマ：酸素解離曲線／二酸化炭素の運搬

問1　酸素と二酸化炭素は肺胞気（肺胞中の大気）と毛細血管中の血液の間で拡散によって交換される。動脈の血漿に取り込まれた酸素は，赤血球内にあるヘモグロビンと結合し，酸素ヘモグロビンとして運搬され，全身の組織で解離する。これらの反応は肺胞と組織での酸素分圧と二酸化炭素分圧の違いによって起こる。肺胞気と肺胞の動脈では，酸素分圧はほとんど同じで100 mmHgと高く，二酸化炭素分圧は40 mmHgと比較的低い。組織の毛細血管では酸素分圧は通常40 mmHgに保たれており，二酸化炭素分圧は50 mmHg以上と高くなっている。

図 1

図1の酸素結合曲線は正常なヒトのヘモグロビンに関して，二酸化炭素分圧が異なる場合の酸素分圧と酸素ヘモグロビンの割合（酸素飽和度）との関係を表している。

(1) 組織の二酸化炭素分圧が70 mmHgとすると，肺胞中で結合した酸素の何％が組織に供給されることになるか。ただし，赤血球が肺胞から組織に届くまでの間で起こりうる酸素の損失などは考慮しないものとする。

(2) ヘモグロビンは1 mLの血液中に150 mg含まれており，1 gのヘモグロビンは最大で1.3 mLの酸素を結合するものとする。(1)の条件下で1 Lの血液が組織へ供給する酸素の量は何mLか。

★★問2　ヘモグロビンの酸素との結合能力と呼吸の調節について考えてみよう。
ヘモグロビンの酸素飽和度が50％になるときの酸素分圧をP_{50}（半飽和圧）という。この値を用いるとヘモグロビンと酸素との親和性（結合能力）を理解しやすい。P_{50}の値が小さいほど酸素との親和性が高く，P_{50}の値が大きいほど親和性が低い。二酸化炭素分圧が高くなったり，温度が高くなったり，また，pH（水素イオン濃度）が低くなったりするとP_{50}の値は大きくなり，ヘモグロビンの酸素との親和性は低くなって組織での酸素の放出が起こりやすくなる。

ヘモグロビンの酸素との親和性は，血液中に存在するビスホスホグリセリン酸（BPG）というヘモグロビンに結合する物質によっても調節されている。血液中のBPGの濃度が高くなるとBPGを結合したヘモグロビンが増加する。BPGを結合したヘモグロビンのP_{50}の値はBPGを結合していないヘモグロビンの値よりも大きくなり，酸素との親和性が低くなるので組織での酸素の放出が起こりやすくなる。

一方，ある種のワニは30分以上にもなる長時間の潜水をすることができる。この

ワニのヘモグロビンのアミノ酸配列と構造を調べた結果，ヘモグロビンに酸素が結合する部位(特定の場所)を構成するアミノ酸が通常のヒトのヘモグロビンのアミノ酸とは異なっていて，このワニのヘモグロビンのP_{50}の値が通常のヒトのヘモグロビンよりも大きいことがわかった。最近，この部位のアミノ酸がワニ型に変異しているヘモグロビンをもつ人がいることもわかった。

ヘモグロビンの親和性と呼吸に関する以下の記述の中から，正しい内容のものを2つ選べ。

① 胎児のヘモグロビンは成人のヘモグロビンとよく似ているが異なるポリペプチド鎖で構成されており，胎児ヘモグロビンのP_{50}の値は成人のヘモグロビンのP_{50}の値よりも大きい。このしくみのおかげで胎児は母親の血液から酸素を得ることができる。

② 筋肉に酸素を蓄える働きをもつミオグロビンは，ヘモグロビンに類似した酸素を結合するタンパク質であり，そのP_{50}の値がヘモグロビンよりも小さいので筋肉に酸素を蓄えることができる。

③ 陸上競技の短距離走(例えば400 m 走)を終えたばかりの走者の筋肉では，乳酸の蓄積などによってP_{50}の値が小さくなり，酸素を筋肉に速やかに供給できる状態になっている。

④ 低地に住んでいる人が急に高地に登ると最初は息苦しくなるが，3日ほどすると慣れて息苦しさを感じなくなる。この慣れは，血液中の BPG 濃度が低くなったことで酸素が組織に供給されやすくなったことによる。

⑤ 前記のワニのヘモグロビンでは，酸素の結合に関与する部位のアミノ酸が結合した酸素を放出しにくい形のものになっているので，大量の酸素を組織に運搬でき，長時間の潜水が可能になっている。

⑥ 人は低酸素状態におかれると，組織への酸素供給量を保つために呼吸数が増加する。高地に慣れた人が低地に戻った直後に低酸素状態におかれると，血液中の BPG 濃度が高いままに保たれているので，呼吸数が増すまでの時間は，低地に住んでいたときよりも長くなる。

⑦ 前記のようなワニ型の変異ヘモグロビンをもっている人では，普通の人よりもヘモグロビンのP_{50}の値が大きいので，低酸素状態におかれた時に，呼吸数が増加するまでの時間が普通の人よりも短い。

★問3 効率よく酸素を運搬するヘモグロビンの分子が，赤血球中にはどれだけ存在するかを求めてみよう。

(1) ヒトの男性の1 mm^3の血液中には，およそ5×10^6個の赤血球がある。1 mL の血液中のヘモグロビン量はおよそ150 mg であるとして，赤血球1個あたりのおよそのヘモグロビン量〔g〕を求めよ。ただし，$1 \text{ mm}^3 = 1 \mu\text{L} = 10^{-6}\text{L}$である。

(2) ヒトの男性の赤血球1個にはヘモグロビン分子がおよそ何分子含まれているかを求めよ。ただし，(1)で求められた赤血球1個あたりのヘモグロビン量を用い，ヘモグロビンの分子量を60,000とし，アボガドロ数を6×10^{23}として計算せよ。

第6章 体内環境の維持　　101

なお，ある分子をアボガドロ数だけ集めたときの質量をグラム単位で表した数値が，その分子の分子量に相当する。また，アボガドロ数を単位として物質量を表す場合の単位の名称をモル［mol］という。つまり，ある分子 1 mol には，その分子が 6×10^{23} 個含まれ，その質量をグラム単位で表すと分子量に相当する。さらにモル濃度とは，溶質の物質量［モル］を溶液の体積で割った値をいい，1 mol/L とは溶液 1 L に溶質が 1 mol 含まれていることを表す。

問4　ヒトの組織の呼吸の結果できた二酸化炭素の一部は，血液によって肺に運ばれ，肺胞気の中に捨てられる。ヒトの血液による二酸化炭素の運搬に関して説明した以下の記述の中から，正しいものを 1 つ選べ。

①　ほとんどの二酸化炭素は，酸素を解離したヘモグロビンに結合した状態で運搬される。

②　ほとんどの二酸化炭素は，二酸化炭素を運搬する特別の血色素に結合した状態で運搬される。

③　ほとんどの二酸化炭素は，赤血球の細胞膜に結合した状態で運搬される。

④　ほとんどの二酸化炭素は，遊離の二酸化炭素として血漿に溶けた状態で運搬される。

⑤　ほとんどの二酸化炭素は，肝臓の働きによって炭酸になり，ヘモグロビンに結合した状態で運搬される。

⑥　ほとんどの二酸化炭素は，肝臓の働きによって炭酸になり，血漿に溶けた状態で運搬される。

⑦　ほとんどの二酸化炭素は，赤血球の働きによって炭酸になり，ヘモグロビンに結合した状態で運搬される。

⑧　ほとんどの二酸化炭素は，赤血球の働きによって炭酸になり，血漿に溶けた状態で運搬される。

｜東京理大（基礎工学）｜

標問 54 肝臓の構造と機能

扱うテーマ：肝臓の構造と機能／内分泌系／細胞接着

　肝臓は右上腹部の大部分を占める身体の中で最も大きな臓器である。肝臓には物質の合成や分解に関わる酵素が他の器官よりも豊富に含まれており，500以上に及ぶさまざまな化学反応が営まれている。心臓から送り出される血液の約$\frac{1}{3}$量が2種類の異なる血管，［ア］と［イ］を経て肝臓に運ばれてくる。小腸で吸収されたグルコースは，［ア］を経て肝臓に入り，その一部は［ウ］の形で肝臓に貯蔵される。貯蔵された［ウ］は必要に応じてグルコースに分解され，血中に放出されて血糖値を一定に保つことに役立っている。この［ウ］の分解反応は，［エ］から分泌される［オ］や膵臓のランゲルハンス島のA細胞から分泌される［カ］の作用によって調節されている。一方，肝臓の活発な代謝反応を支えるための酸素や栄養分は，［イ］から供給されている。これら2種類の血管によって送られてきた血液は，肝細胞板の間を通る毛細血管を通って肝小葉の中心静脈に流入する。中心静脈に流れ込んだ血液はさらに［キ］を通り大静脈を経て右心房に戻る。

　肝臓では，アルコール，薬物，毒物などの有害物質が分解され無害な物質へと代謝されている。この反応を解毒作用という。また，この解毒作用によって代謝され無害となった物質の一部は①肝細胞から胆汁として毛細胆管に分泌され胆管を経て［ク］に運ばれ，ここで一時的に蓄えられる。空腹時には胆汁はほとんど放出されないが，食事をとると［ク］の収縮によって，［ケ］に放出される。胆汁には［コ］を消化しやすくする働きがある。

問1　文中の空欄に当てはまる適切な語句を入れよ。

問2　ヒト成人の肝臓の機能として誤っているものを次から1つ選べ。
　① アルブミンの合成　② フィブリノーゲンの合成　③ 尿素の生成
　④ 赤血球の産生　⑤ 赤血球の破壊　⑥ 血液の貯蔵　⑦ 体温調節

★問3　慢性的なアルコール摂取や肝炎ウイルスなどによって生じる肝硬変という病気では，血液が肝臓を迂回して大静脈に直接流れ込む。この病気の患者が，タンパク質を多く含む食事を摂取すると，意識障害，けいれん，昏睡などの症状を呈することがある。その理由を50字以内で説明せよ。

★問4　右図には下線部①に記した胆汁を分泌する肝細胞と，肝細胞間の毛細胆管の

模式図が描かれている。血管などの管腔内には，内腔を裏打ちする上皮細胞（血管の場合は血管内皮細胞）が存在する。しかし，肝組織の毛細胆管には内腔を裏打ちする細胞は存在せず，図に示すような隣接する2つの肝細胞の形質膜によって管腔が形成されている。以下の(1)，(2)に答えよ。

(1) 毛細胆管の管腔内面には小腸の吸収上皮でも見られるひだ状の構造がある。この構造の名称を答えよ。

(2) 隣接した2つの肝細胞の間にある毛細胆管に分泌された胆汁が，組織間に漏出せずに胆管まで運ばれる理由を，肝細胞が上皮細胞としての特性を有していることを考慮して，40字程度で説明せよ。

| 東海大(医) |

標問 55 循環系・腎臓

扱うテーマ／尿生成／内分泌系／血管系／体液／脊椎動物の心臓の構造／排出系／尿素合成

解答・解説 p.158
生物基礎

　動物体内の環境は体内に存在する体液によって安定した状態に維持されている。体液は栄養分や酸素の運搬，老廃物の運び出し，さらには免疫にも重要な役割を担っている。高等動物の循環系は，液を送り出すポンプである心臓と，液を送り届ける管とからなりたっている。循環系は動物によってそのしくみが異なっており，脊椎動物などでみられる ア 血管系と節足動物などの イ 血管系に分けられる。脊椎動物では，心臓のしくみも複雑になり効率的に血液を循環できる。

　各組織で生じた老廃物は腎臓で血液からこし取られて，尿として排泄される。ヒトの場合，主要な老廃物の1つとして尿素がある。尿素はアミノ酸が呼吸基質として使われたあとなどで生じる①アンモニアが肝臓で害の少ない形に変えられたものである。腎臓は約100万個のネフロン（腎単位）（図1）と呼ばれる基本的な構造物が集まってできている。ネフロンは，腎小体と腎細管とからなる。腎細管をさらに詳しく分けると，近位細尿管，ヘンレのループ，遠位細尿管からなっている。次ページの表1は腎小体でこし出された原尿の量や低分子成分の濃度が腎うにいたるまでのネフロンの各部分において，どのように変化したかを測定した

図1　（原尿の流れる経路と流れる方向を示す）

結果をまとめたものである。タンパク質などの高分子物質を除く血液中の血しょう成分のほとんどすべてがボーマンのうにこし出されるので，表1の「A」に示した原尿の各成分の濃度は血しょう中の各成分の濃度と等しい。しかし，腎うにいたるまでのネフロンの各部分における低分子成分のそれぞれの濃度は複雑に変化していた。腎小体でこし出された原尿は，腎細管の各部分（「近位細尿管」→「ヘンレのループ」→「遠位細尿管」）および集合管を通って腎うにいたるまでに必要な成分の再吸収や，場合によっては低分子物質の細尿管内への移入などが起こり，最終的に尿となって体外に捨てられる。細尿管では場所によって，再吸収される物質，逆に管内に入ってくる物質が異なっている。②例えば，ヘンレのループの下降する部分（図1の「B」から「C」にいたる部分）では水分の再吸収が起こり，ナトリウムイオン（Na^+）は再吸収されな

第6章　体内環境の維持

い。したがってこの部分では，原尿 Na^+ が濃縮されて，一時的に濃度が高くなる(表 1 の「C」)。また，別の実験で，ボーマンのうにこし出されたあと，再吸収されない物質であるイヌリンを静脈注射したあと，その尿における濃縮率を計算したところ，(a)であった。

腎臓はまた，血液の浸透圧調節で重要な役割を担っている。激しい発汗などで水分が失われ，血液の浸透圧が高まると，ウ から エ の分泌が増加して オ の再吸収が増すことによって尿として失われる部分を減らす。逆に多量の水を摂取したりして血液の浸透圧が下がると，エ の分泌が減って オ の再吸収が減少する。また，副腎皮質から分泌されるホルモン カ が働いて キ の再吸収が促進される。

	A：糸球体でのろ過直後の原尿	B：ヘンレのループ下降部の開始点	C：ヘンレのループ上昇部の開始点	D：遠位細尿管開始点	E：集合管開始点付近	F：腎う(尿)
水分量	100	36	21	19	10	1.25
グルコース	1	0	0	0	0	0
Na^+	1	1	1.7	0.25	0.5	1
尿素	1	1.3	9	10	19	60

表 1 （水分量：最初を100とした場合の相対的な量，水分以外の成分：最初の濃度を 1 とした場合の相対的な濃度）。表中の A～F は図 1 の各部位を示す。

問 1 文中の ア ～ キ にあてはまる最も適切な語句を記せ。

問 2 脊椎動物の体液は 3 種類に分けられる。その 1 つが血液であるが，その他の体液の名称と存在する場所を答えよ。

問 3 魚類，両生類，は虫類，鳥類，哺乳類の心臓の心房と心室の数を答えよ。

★問 4 腎臓と同様の役割を果たす昆虫体内の器官およびゾウリムシの細胞小器官の名称をそれぞれ答えよ。

★問 5 下線部①の反応は回路状になっている。この回路の名称および尿素の合成に関する全体の反応式を書け。また，この回路状の反応が一回転するたびに消費されるATPは何分子か答えよ。

問 6 表 1 の実験結果のうち，水分量と Na^+ 濃度について 1 つのグラフにまとめよ。相対的な水分量の変化を実線で，相対的な Na^+ 濃度の変化を点線で示せ。縦軸は相対的な水分量または Na^+ 濃度，横軸はネフロンの各部分（A～F）とする。

★★問 7 表 1 に示したように，グルコースや Na^+ はネフロンの各部位（A～F）ごとにその濃度が変化する場合としない場合がある。その理由を，下線部②を参考にして説明せよ。

問 8 文中の(a)にあてはまる数値を，表 1 の結果をもとにして求めよ。

★問 9 尿における尿素の濃縮率を計算せよ。また，イヌリンの濃縮率と比較しながら，なぜ尿素の濃縮率がイヌリンと異なるのか，その理由を表 1 の結果をもとにして述べよ。

│関西学院大│

標問 56 尿生成

扱うテーマ：腎臓の構造／尿生成／内分泌系／体液浸透圧の調節

哺乳類の腎臓は，有害な代謝産物や過剰な物質を尿の成分として体外に排出し，生体の内部環境を維持する働きをもつ。腎臓には，尿を生成するための基本構造である腎単位（ネフロン）があり，これは，ア血しょう成分をろ過して原尿をつくる部分とイ原尿から生体に必要な成分を再吸収する部分からなる。血しょう中のグルコースは，タンパク質以外の血しょう成分とともに，ウ下線部アの部分の毛細血管から外に漏れ出て，エ袋状の構造に入り，原尿の一部となる。血しょう中のグルコース濃度（血糖値）が正常範囲を超えなければ，原尿中のグルコースは下線部イの部分ですべて再吸収され，最終的に尿中に排出されることはない。しかし，何らかの原因で血糖値が再吸収できる量の上限値（閾値）を超えると，超えた分は尿中に排出されるようになる。血糖値と，原尿および尿へ1分間に移動するグルコース量との関係を図1に示す。通常，食事をとった直後に血糖値はいったん上昇するが，オしばらくすると下がり始め，血糖値が閾値を超えることはない。また，長時間，食物を摂取しないと血糖値は低下し，下がりすぎると神経活動に支障をきたす。それを回避するために，カ脳の一部が血糖値の低下を感知して，内分泌系や自律神経系に働きかけ，フィードバック制御を行って血糖値を回復させている。また，腎臓では，キ体液の浸透圧調節も行われている。

図1 「血糖値」と「原尿および尿へのグルコースの移動量」の関係

問1　下線部ア〜エの名称を答えよ。

★問2　ある健康な人（Aさん）に対して，腎臓の機能を調べるために一連の検査を行った。次の問い(1)〜(3)に答えよ。

(1) 多糖類の一種であるイヌリンは，下線部アですべてろ過され，下線部イで全く再吸収されない性質をもつ。Aさんの静脈内にイヌリンを持続的に注入して，動脈血中のイヌリン濃度が一定値を維持するようになったとき，血しょう中のイヌリン濃度は 0.002mg/mL であり，尿中の濃度は 0.3mg/mL であった。これらの値をもとに，100mL の尿は原尿何リットルから生成されるか，求めよ。

(2) 低分子の代謝産物Xは，下線部アですべてろ過され，下線部イでその一部が再吸収されて血液中に戻る。Aさんの血しょうと尿中のXの濃度を調べたところ，それぞれ 0.07mg/mL と 6mg/mL であった。原尿中のXのうち，何パーセント（%）が再吸収されたか，小数点以下を四捨五入して求めよ。

(3) Aさんの1日の尿量は 1.3リットル，血糖値の平均値は 1.2mg/mL であり，血糖値は1日中，閾値を超えることはなかった。Aさんの原尿から再吸収された

グルコース量は，1日当たり何グラムか，求めよ。

★問3　図1に基づいて，血糖値の閾値を求めよ。また，腎臓が1分間当たりに再吸収するグルコース量の最大値を求めよ。

問4　下線部オの現象を引き起こすホルモンの名称および，それを産生する臓器の名称を答えよ。また，このホルモンが血糖値を下げるしくみについて，80字以内で説明せよ。

問5　下線部カは脳のどの部位か，次から1つ選べ。

　①　大脳　　　②　小脳　　　③　視床　　　④　視床下部　　　⑤　延髄

問6　低血糖時に起こる反応を，次から2つ選べ。

　①　副交感神経の働きが強くなる。

　②　副腎髄質からアドレナリンの放出が促進される。

　③　鉱質コルチコイドの放出が促進される。

　④　タンパク質から糖への合成が促進される。

　⑤　ランゲルハンス島B細胞からグルカゴンが放出される。

問7　下線部キに関して，塩分の多い食物をとると，飲水行動が刺激されるとともに，腎臓によって体液の浸透圧が上がり過ぎないように調節される。この腎臓での浸透圧調節のしくみについて，70字以内で説明せよ。

| 富山大 |

標問 57 カルシウム代謝

扱うテーマ：内分泌による恒常性維持

解答・解説 p.163
生物基礎

A. 血液中のカルシウム濃度の調節には，骨，腎臓，小腸の3つの器官が関与しており，血液中のカルシウム濃度は9～10mg/100mLの一定範囲内に保たれている。その中で骨はカルシウムの貯蔵庫として働き，血液中のカルシウムを取り込んで蓄えるとともに蓄えられたカルシウムを血液中に放出している。ホルモンはこれらの器官に作用して，図1の矢印に示すカルシウムの移動を制御することにより血液中のカルシウム濃度を一定に保っている。例えば，血液中のカルシウム濃度が低下すると①パラトルモンが分泌され，骨から血液中にカルシウムを放出させたり，腎細尿管でのカルシウムの再吸収を促進させることで，血液中のカルシウム濃度を上昇させる。

図1

問1 下線部①のパラトルモンを分泌する内分泌腺の名称を答えよ。

問2 ホルモンの分泌調節機構について述べた以下の文中の空欄に適語を入れよ。

　　血液中のチロキシン濃度の低下を感知した間脳の一部である ア は放出ホルモンを分泌する。放出ホルモンは イ に作用し， ウ の分泌を促進することにより，甲状腺からのチロキシンの分泌を促進する。血液中のチロキシン濃度が上昇すると，放出ホルモンや ウ の分泌が低下する結果，チロキシンの分泌が抑制される。このように，最終的につくられた物質や効果が前の段階に戻って作用する調節機構を エ という。

B. 血液中のカルシウム濃度を調節するホルモンとして，パラトルモン以外にホルモンAが存在する。ホルモンAは甲状腺から分泌されるが，チロキシンとは異なる。ホルモンAの作用について調べるために，以下の実験1～実験5を行った。

実験1 正常なイヌの血管にさまざまな濃度のカルシウム溶液を注入した後，血液中のカルシウム濃度と甲状腺から分泌される単位時間あたりのホルモンAの分泌量を調べたところ，図2の結果を得た。

図2

実験2 正常なイヌの血管に，一定量のカルシウム溶液を注入した後，経時的に血液中のカルシウム濃度を測定したところ，図3(イ)の結果を得た。次に，甲状腺を摘出したイヌの血管に同量のカルシウム溶液を注入し，経時的に血液中のカルシウム濃

第6章 体内環境の維持　109

度を測定したところ，図3(ロ)の結果を得た。

実験3　甲状腺を摘出したイヌの血管に，実験2と同量のカルシウム溶液を実験2と同じ方法で

図3　(イ)　　　　　図3　(ロ)

注入した。その後，ホルモンAを投与したところ，高い値を示していた血液中のカルシウム濃度は正常値に戻った。

実験4　放射性物質で標識したホルモンAを，正常なイヌの血管に注入して全身を循環させた。放射性物質がもつ放射活性を目印として，標識した物質の生体内でのゆくえを追跡することが可能となる。さまざまな器官の放射活性を測定した結果，骨に放射活性が検出された。骨には骨を破壊する細胞(破骨細胞)と骨を造る細胞(骨芽細胞)が存在するため，さらに詳しく調べたところ，②<u>放射活性は破骨細胞の細胞膜に検出された</u>。また，その他の臓器や細胞に放射活性は検出されなかった。

実験5　イヌから取り出した骨(細胞を含まない)を培養液中に置き，(イ)では細胞が存在しない，(ロ)では破骨細胞が存在する，(ハ)では骨芽細胞が存在する，という培養条件を設定した(図4(イ)～(ハ)上段模式図)。それぞれの培養条件で，ホルモンAを含まない培養液(－)とホルモンAを含む培養液(＋)で3日間培養した後に，培養液中のカルシウム濃度を測定したところ，図4(イ)～(ハ)の下段に示す棒グラフの結果を得た。

★　問3　下線部②のように，放射活性が破骨細胞の細胞膜にのみ検出された理由を60字以内で説明せよ。

★★　問4　血液中のカルシウム濃度は，ホルモンAによってどのように調節されていると考えられるか。実験1～実験5の結果に基づいて，160字以内で述べよ。　|阪大|

標問 58 血糖量調節

扱うテーマ：血糖量調節／消化管ホルモン／外分泌と内分泌／糖尿病

A. ホルモンは神経とともに臓器のさまざまな働きを調節する。ホルモン産生器官の1つに消化器官がある。消化器官からはいろいろなホルモンが分泌され、それらのホルモンは消化吸収機能や血糖（グルコース）などの調節を行っている。ホルモンと消化器官の関わりを調べる目的で次の実験1～3を行った。

実験1 図1は麻酔をかけて開腹した犬の内臓の一部を示す。胃と十二指腸との境界部分を糸でしばり十二指腸内にチューブaを挿入した。次に十二指腸に開口するすい管にチューブbを挿入した。チューブaに胃液とほぼ同じpHの塩酸を注入したところ、①チューブbから液体が落ちてきた。

実験2 実験1の終了後、チューブaにグルコースを注入し、②すい臓で産生され血糖調節に関与するホルモンDの血中濃度を測定し、図2の結果を得た。

図1　実験操作の模式図

図2　グルコース注入後のホルモンDの血中濃度の経時的変化

実験3 実験2の終了後、この犬の血管内にホルモンDを注射し、その1時間後の生体の反応を調べた。

問1 下線部①の液体について、次の(1)～(3)に答えよ。
(1) この液体の名称を記せ。
(2) この液体の分泌を促すホルモンの名称、このホルモンを産生する器官の名称を記せ。
(3) 正常な個体において、この液体はどのような役割をもっているか、25字以内で記せ。

問2 下線部②のホルモンDの名称、ホルモンDを産生する組織の名称と細胞の名称を、それぞれ記せ。

問3 次の文は、実験3においてホルモンDの注射後に観察された反応に関連して述べたものである。文中の空欄に適語を入れよ。
　　ホルモンDの投与により上昇した血中の ア の濃度が間脳の イ で感知

されると，　ウ　神経を介してすい臓の　エ　細胞が刺激される。その結果，　エ　細胞から　オ　が分泌される。また　ア　は直接，　エ　細胞を刺激することもできる。　オ　は，肝臓における　ア　から　カ　の合成を促進する作用をもつ。

B. 物質Eは消化器官から産生されるホルモンで，血糖調節に主要な役割を果たす。物質Eが適切に働かなくなると，高血糖状態が持続し，糖尿病を引き起こす。血糖の調節には，グルコースを細胞内に取り込むグルコース輸送体の関与が知られている。その中でも，グルコース輸送体xとグルコース輸送体yが重要と考えられている。これらのグルコース輸送体の血糖調節における役割を調べる目的で，物質Eの標的となる細胞（細胞X）と物質Eを産生する細胞（細胞Y）を用いて，次の実験4と5を行った。

図3　細胞Xと細胞X*におけるグルコース取り込み量とグルコース輸送体xの細胞内分布
(a)は細胞X，(b)は細胞X*を用いた実験の結果を示す。また，細胞内の黒丸（●）はグルコース輸送体xを表す。

図4　異なるグルコース濃度における，細胞Yと細胞Y*のグルコースの取り込み量(a)と物質Eの産生量(b)

実験4　細胞Xをグルコースを含む培養液で培養し，物質Eを添加する前と添加した後で，グルコースの取り込み量とグルコース輸送体xの細胞内分布を調べ，図3(a)の結果を得た。また，細胞Xのもつグルコース輸送体xの遺伝子を破壊した細胞X*を作製し，同様の実験を行い，図3(b)の結果を得た。

実験5　細胞Yのもつグルコース輸送体yの遺伝子を破壊した細胞Y*を作製した。培養液中のグルコース濃度を変えて細胞Yと細胞Y*を培養し，グルコースの取り込み量と物質Eの産生量を調べ，それぞれ図4(a)と(b)の結果を得た。

★★ **問4**　実験4の結果から，物質Eはどのようにして細胞Xによるグルコースの取り込みを調節していると推察されるか。75字以内で記せ。

★★ 問5 実験5の結果から，物質Eの産生はどのように調節されていると推察されるか。75字以内で記せ。

★ 問6 グルコース輸送体xの異常が原因となっている糖尿病の患者Xと，グルコース輸送体yの異常が原因となっている糖尿病の患者Yがいるとする。患者Xと患者Yの食後の血糖値と物質Eの血中濃度の検査結果として最も適切と考えられるグラフを，図5の(ア)〜(カ)からそれぞれ1つずつ選べ。

図5 食後の血糖値と物質Eの血中濃度の変化

|山形大|

標問 59 糖尿病

扱うテーマ：血糖量調節／糖尿病

ヒトの血糖濃度は0.1%前後でほぼ安定している。食事などにより糖質を摂取すると，血糖濃度が一時的に上昇するが，2〜3時間後にはほぼ正常値に戻る。血糖濃度の減少は，間脳の視床下部のニューロンで感知され，この情報は，[ア]神経を介して副腎髄質およびランゲルハンス島A細胞に伝えられ，副腎髄質からは[イ]が，ランゲルハンス島A細胞からは[ウ]が分泌される。[イ]や[ウ]は肝臓のグリコーゲンの分解を促進して，血中にグルコースを放出させる。さらに，視床下部は，脳下垂体前葉を刺激し，[エ]の分泌を促す。この結果，副腎皮質から[オ]が分泌され，タンパク質からのグルコース合成が促進される。これらの反応により血糖濃度が増加する。一方，血糖濃度の増加は，視床下部のニューロンで感知され，この情報は，[カ]神経を通じてすい臓のランゲルハンス島B細胞に伝えられる。また，ランゲルハンス島B細胞自身も直接血糖濃度の増加を感知する。これらの刺激によって，ランゲルハンス島B細胞からインスリンが分泌される。インスリンは，細胞によるグルコースの取り込みと消費を促進し，グルコースからグリコーゲンの合成を促進する。その結果，血糖濃度は減少する。

問1　文中の空欄に最も適切な語を記せ。
問2　図1のA〜Cのグラフは，健常者と1型糖尿病患者および2型糖尿病患者の3人の食事による血糖濃度(実線)と血液中のインスリン濃度(破線)の変化を調べたものである。

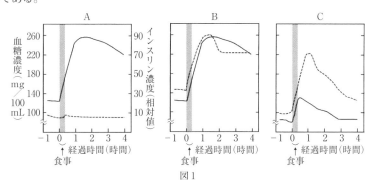

図1

(1) 健常者のグラフはA〜Cのうちのいずれか。
(2) インスリン受容体に対する自己抗体が原因で糖尿病になった患者のグラフはA〜Cのうちのいずれか。また，この自己抗体の作用を70字以内で説明せよ。
(3) 残りのグラフの患者は1型糖尿病患者と2型糖尿病患者のうちのいずれか。また，そのようなグラフになった理由を50字以内で説明せよ。

｜富山大｜

標問 60 体温調節

扱うテーマ：体温調節／内分泌系／自律神経系

恒温動物であるヒトには，体温を一定に保つしくみが備わっている。体は，常に熱を産生しているが，産生したのと同じだけの熱を体外へ排出している。熱は，体表や呼吸器から水分が蒸発するときの気化熱のほか，体表からの放射(輻射)や外気などへの伝導や，尿や便に含まれる熱として体外へ排出される。これらのうち，平常の生活を営んでいる時に最も割合が大きいのは気化熱である。外気温が特に高くなければ，分泌された汗は速やかに蒸発するので体表が汗で濡れることはなく，こういう発汗を不感蒸泄という。

外気温が暑くも寒くもない範囲内であって運動を行っていない時であれば，産熱は大きく変動することはなく，産熱につりあうように主に排熱が調節される。外気温が高めの時は体表近くの血管を流れる血流量が増加し，逆に外気温が低めの時は体表近くの血流量が減少する。

外気温が低めの時は，外気に冷やされて体表温は下がり，放射(輻射)が減少するとともに外気との温度差が小さくなって伝導による排熱も減少する。四肢や首では冷えた血液が流れる静脈を，これと隣接して対向して流れる動脈が温めるため，脳や心臓など生命維持に重要な臓器がある体の深部の温度はあまり下がることはない。このように，実際にほぼ一定に保たれているのは体の深部の温度であり(これを核心温という)，体表や四肢など，末梢の温度は条件によってさまざまに変化する(図1)。

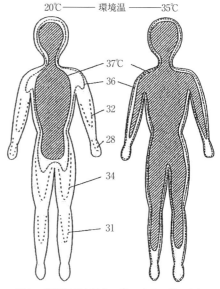

図1 環境温が20℃と35℃のときの体の内部の温度分布

さらに外気温が下がると，排熱の調節に加えて体内で積極的な熱産生が行われる。例えば，筋肉による産熱はふるえや意図的な運動によって行われる。外気温が0℃を下回る時は体表の組織が凍って凍傷になることがある。また，産熱の増大によっても核心温の低下を防げない場合は，意識を失い，死に至ることになる。

一方，外気温が高いと，体表近くの血管を流れる血流量が増加するとともに，発汗が増加して汗が体表を濡らすようになる。こういう時は，体表からの排熱を妨げる着衣を減らしたり，水分の気化を促すように風に当たるなどの排熱を促す行動をとる。冷やした飲み物を飲むことで直接体を冷やそうと試みたりもする。同様のことは，外

気温はそれほど高くなくても運動を行っている時にも起きる。外気温が限界を超えて高い時や，激しい運動を続けた時は排熱が間に合わなくなる。運動中であればその運動を緩和もしくは中止することで産熱を減らすことができるが，運動中ではなくただ外気温が限界を超えて高い時には，もはや体の調節機能では体温を保つことができなくなり，核心温が上昇し，ひどい揚合は死に至る。

汗腺で汗がつくられる時，汗腺中に濾し出された液体から塩分が再吸収されることから，汗に含まれる塩分濃度は体液の塩分濃度よりも極めて低いのがふつうである。しかし，激しく発汗すると，汗腺における①ナトリウムの再吸収が間に合わなくなって，汗の塩分濃度が高くなる。激しい運動の後，汗に含まれていた塩分が結晶して体表が粉をふいたように白くなることがあるのはこのためである。

図2　寒冷時における体の反応。ただし，運動神経に関するものは描かれていない。

問1　図2の中の　ア　～　オ　を補うのに適切な用語を答えよ。
問2　文中の下線部①について，腎臓に作用して腎臓における下線部①と同じ働きを促進するホルモンの名称と，そのホルモンを分泌する内分泌器官の名称を答えよ。
★問3　次の(1)～(3)のそれぞれは，次ページの図3の中に示した範囲Aと範囲Bのどちらで主に起きるか。AまたはBの記号で答えよ。AとBのいずれでも同様に起きる場合はABと答えよ。いずれでも起きない場合は「なし」と答えよ。
(1)　図中の熱中立帯よりもアドレナリンの血中濃度が高い。
(2)　図中の熱中立帯よりもATPの消費量が多い。
(3)　図中の熱中立帯よりも尿の生成量が多い。
★問4　図3内の上の図は，核心温の変化を相対値で表した未完成のグラフである。す

でに描かれている線Cは核心温の変化を熱中立帯についてのみ示している。これに線を描き足してグラフを完成させよ。

★★ 問5 風邪をひいて熱があるとき，布団にくるまって体表からの排熱を妨げる一方で，氷のうや水枕で頭部を冷やす。それによって冷やされた血液はそのまま脳内を流れることはなく，首の静脈を通って心臓へ戻る。しかし，この処置は，脳へ向かう血液の温度を下げる効果があるとされる。どのようにして脳へ向かう血液の温度が下がるか50字以内で述べよ。

★ 問6 次の文中の空欄を補うのに適切なものを，それぞれ下の選択肢から1つずつ選べ。

図3 環境温による体のエネルギー消費（下の図）と核心温（上の図）の変化。グラフの横軸はともに環境温，下の図の縦軸はエネルギー消費，上の図の縦軸は核心温で，いずれも相対値。

ヒトの体温調節の目標値（セットポイント）は約37℃であり，核心温がここから外れていればこれに近づけるようなさまざまな反応が起きる。この目標値は変化することがあり，例えば，風邪を発症して体温調節の目標値が37℃から38℃へ変わったとする。その時点での核心温が37℃だとすると，これは目標値38℃よりも低く，カ と同様の反応が起きるため，外気温が キ 。

カ の選択肢
① 運動時で産熱が増大しているとき
② 寒冷下で体が冷やされているとき
③ 高温下で体が温められているとき

キ の選択肢
① 低くなくても寒いと感じ，ふるえが起きる
② 高くなくても暑いと感じ，汗をかく
③ 低いにもかかわらず，汗をかく

|東京女子医大|

標問 61 レプチン

解答・解説 p.170

扱うテーマ　レプチン／血糖量調節／摂食行動の制御

生物基礎

　食べることは私たちの行為の中で最も重要なものの1つである。ヒトなど哺乳類の摂食行動の制御には，大脳や間脳をはじめとする脳の様々な領域が関わり，またすい臓や脂肪組織から分泌されるホルモンなども関わる。私たちの食事の量は，神経系や内分泌系による制御によってエネルギーの消費に釣り合う水準に精密に調節され，その結果，体へのエネルギーの蓄えすなわち体脂肪量は一定の水準に保たれる。ところが，現代においてはその制御のしくみは乱れやすく，食べ過ぎによる肥満やそれに伴う疾患は社会問題となっている。ヒトの摂食行動を制御する要因について考えてみよう。

　食物の匂いや味は私たちの摂食行動を促す大きな要因の1つである。匂いは嗅上皮の嗅細胞により，味は味蕾の味細胞により受容され，その情報は最終的に　ア　に伝えられ，感覚として成立する。食べ物が口に入ると口腔内に唾液が分泌されるが，好きな食べ物が食卓の上にあるのを見ただけでも唾液が出ることがある。この反応を　イ　と呼ぶ。　ア　は摂食行動の意思決定を行う領域でもある。おいしい食べ物やその刺激に満ちた現代の環境では，私たちは必要以上に食べ過ぎてしまうことになりがちである。

　摂食行動を制御するのは空腹感や満腹感であるが，それら内部感覚を生み出すのは間脳の　ウ　である。この領域には摂食中枢と呼ばれる領域と満腹中枢と呼ばれる領域があり，2つの領域の拮抗的な働きにより摂食行動が制御される。例えば，餌を食べているラットの摂食中枢のニューロンを電気刺激すると，ラットはいつまでも餌を食べ続け，逆に満腹中枢のニューロンを電気刺激すると，ラットは直ちに餌を食べるのをやめる。

　ウ　の神経活動は，血糖濃度(血中グルコース濃度)や脂肪代謝の体内情報などによって制御される。例えば，　ウ　には血糖濃度の変化に感受性があるニューロンがあり，その活動変化により，血糖濃度の上昇は満腹感を，血糖濃度の低下は空腹感をもたらす。

　ウ　のニューロンが食事による血糖濃度の上昇を感知すると，その情報は　エ　を通してすい臓のランゲルハンス島のB細胞に伝えられ，　オ　が分泌される。このホルモンは，肝臓でグルコースから　カ　への合成を促進し，また脂肪細胞における脂質の合成を促進し，血糖濃度を下げる。空腹時の血糖濃度の低下も同様に　ウ　のニューロンにより検知され，その情報は　キ　を通してすい臓のランゲルハンス島のA細胞に伝えられ，　ク　が分泌される。このホルモンは，肝臓における　カ　の分解を促進し，血糖濃度を元の水準に戻す。このように体内のある変化の結果がその変化を打ち消すように働くことを　ケ　と呼び，それによって体内環境を一定に保つしくみを　コ　と呼ぶ。

　血糖濃度の　サ　は動物にとって致命的であるため，それを防ぐしくみが二重三

118

重に働いている。他方，血糖濃度の　シ　は直ちには生死に関わる結果をもたらさないので，それを防ぐしくみはあまり強力ではない。

脂肪が蓄積した脂肪細胞から分泌されるレプチンと呼ばれるホルモンは，　ウ　に作用して摂食量の抑制を引き起こす。

問1　空欄　ア　〜　コ　に適切な語句を入れよ。
問2　空欄　サ　と　シ　に上昇または低下のいずれかの語を入れよ。
問3　ホルモンは血中に放出されて全身を巡るが，標的細胞だけに作用する。その理由を30字以内で答えよ。

★★問4　レプチンとその受容体に関する実験を図1に示した。一般に併体結合実験といわれるもので，2つの個体の主な血管をつなぎあわせて，両者の血液を循環させるものである。この場合，両者の間に神経による連絡はない。遺伝性の肥満マウス（肥満という意味のobeseから，obマウスと呼ばれる）と正常マウスの併体結合を作成すると，obマウスの摂食量と体重がともに減少する。しかし，正常マウスには変化が認められない。一方，別の系統の遺伝性肥満マウス（糖尿病diabetes mellitusになりやすいので，dbマウスと呼ばれる）と正常マウスの併体結合では，dbマウスの摂食量に大きな変化はなく体重は増え続けるが，正常マウスの方は摂食量と体重がともに減少し，ついには餓死してしまう。

(1) obマウス，dbマウスは，合成するレプチンまたはその受容体に異常をもつ。それぞれのマウスの異常について80字以内で説明せよ。

(2) obマウスとdbマウスを併体結合させると，それぞれのマウスの摂食量と体重はどうなると考えられるか。60字以内で述べよ。

★★問5　食べ過ぎて脂肪細胞の量が増加すると，分泌されるレプチンの量が

図1　obおよびdbマウスと正常マウスとの併体結合実験．↑は増加，→は変化なし，↓は減少を示す

図2　体格指数（肥満の程度を示す）と血しょうレプチン濃度の関係

増加して血中レプチン濃度が上がり，これが脳の視床下部に作用して摂食量を抑制する。その結果，脂肪組織の量が減少する。逆に，摂食量が少なすぎて脂肪組織の量が減少すると，血中のレプチン濃度が低下して摂食量が増加する。肥満のヒトでは，血中のレプチン濃度が低下しているのではないかと予想されていたが，実際には，肥満度と血中レプチン濃度との間に正の相関関係があることがわかった（前ページの図2）。

ヒトの肥満にレプチンが関与しているとすると，そこにどのような異常があると考えられるか。60字以内で述べよ。

問6　本文章を踏まえ，摂食行動の制御において大脳と間脳がそれぞれどのような役割を果たすか，最も適切と思われるものを次から1つ選べ。
①　間脳は摂食行動の制御に決定的な役割を果たす。大脳が摂食行動の制御に果たす役割はそれに比べて小さい。
②　間脳は体内情報を統合し摂食行動を制御する。大脳は間脳の働きを調節することを通して，摂食行動の最終的な意思決定を行う。
③　大脳は摂食行動の開始や終了の最終的な意思決定をする。間脳は体内情報に基づき空腹感や満腹感をもたらし，大脳での意思決定を支える。
④　大脳と間脳はそれぞれ摂食行動の制御に関わるが，脊髄も摂食行動の制御に大きな役割を果たす。

問7　現代社会において食べ過ぎや肥満の防止が難しいことを説明する進化的な理由として，最も適切と思われるものを次から1つ選べ。
①　ヒトの進化に伴い，摂食を調節するしくみが次第に退化してきたためと考えられる。
②　ヒトの進化に伴い，摂食を調節するしくみが高度に発達しすぎたためと考えられる。
③　ヒトの進化に伴い，肥満個体の方が，標準的な体重の個体よりも生存上有利になってきたためと考えられる。
④　ヒトは規則的に食事を取れない環境で進化してきたため，摂食を促すしくみに比べて摂食を止めるしくみが発達してこなかったためと考えられる。

｜北大・福井大(医)｜

標問 **62** **細胞性免疫**

扱う
テーマ 細胞性免疫／拒絶反応／遺伝／免疫寛容

解答・解説
p.172

生物基礎

A. 通常，他人の臓器を移植すると，移植された宿主のT細胞を主体とした免疫反応により，移植片は拒絶される(宿主対移植片反応)。一方，放射線の照射や免疫抑制剤の投与などにより宿主の免疫が抑制された状態では，移植片に含まれるT細胞によって，宿主組織が攻撃される(移植片対宿主反応)。これは，自己と他者の組織を区別するための『標識』がほとんどすべての細胞表面に発現していて，それをT細胞が識別して，自己以外の『標識』を発現する細胞を攻撃するためである。骨髄細胞の一部から分化したT細胞は，胸腺という臓器に移動し，そこで自己に特有の標識をもつ細胞を自己の細胞と認識し，攻撃することなく許容する。一方，自己のものとは異なる『標識』を発現する細胞に対しては，他者と認識し，攻撃して排除するようになる。骨髄移植の場合，移植片由来の未分化なT細胞は宿主胸腺で分化・成熟するため，移植片を起源とするT細胞は宿主細胞を自己と認識するようになる。この『標識』のことをMHC (主要組織適合遺伝子複合体)分子という。MHCはメンデルの法則にしたがって遺伝し，MHC分子の形質は共優性遺伝を示す。すなわち，子供の細胞は，母親由来のMHC分子と父親由来のMHC分子の両方をその細胞膜表面に発現していることになる。重要なことに，T細胞はMHC分子を発現しない細胞に対しては，自己とも非自己とも区別がつかないため，攻撃しない。

　マウスを用いてMHCと移植に関する以下に述べるような実験を行った。なお，実際にはMHCは複数の遺伝子座からなる遺伝子であるが，ここではMHCは単一の遺伝子座から成り，A，B……など多数の対立遺伝子が存在するものとする。なお，実験に使用したマウスは，MHC遺伝子座以外の遺伝的背景は同一であるとする。

★問1 MHC-A分子のみを発現している雄マウスと，MHC-A分子とMHC-B分子の両方を発現している雌マウスを交配し，9匹の仔マウスを得た。その中の仔マウスXから採取した皮膚組織を母親の皮膚に移植したところ生着したが，逆に母親の皮膚組織をその仔マウスXの皮膚に移植したところ拒絶され，生着しなかった。この仔マウスXが発現するMHC分子の型は何か。次から1つ選べ。

① MHC-A分子のみを発現　　　　　　② MHC-B分子のみを発現

③ MHC-A分子とMHC-B分子の両方を発現　　④ 両方とも発現しない

★問2 問1で母親の皮膚組織が仔マウスXによって拒絶され，生着しなかった理由を40字程度で述べよ。

★問3 MHC-A分子のみを発現しているマウスの全身に放射線を照射し，血液細胞を完全に死滅させた。このマウスに，成熟した免疫細胞を除去したMHC-B分子のみを発現するマウスの骨髄細胞を静脈内に移植した。移植された骨髄細胞は，全身を循環する血流にのって骨髄にたどり着く。移植片が宿主の骨髄に生着後，マウス組織から5種類の細胞((1)神経細胞，(2)マクロファージ，(3)骨細胞，(4)筋細胞，(5)T細胞)を採取し，宿主と移植片のどちらのMHC分子を発現しているのかを解析

第6章 体内環境の維持 **121**

した。それぞれの細胞がおもに発現するMHC分子はどれか，問1の①〜④から1つずつ選べ。

★ 問4 MHC-A分子のみを発現する雄マウス(第1世代)とMHC-B分子のみを発現する雌マウス(第1世代)を交配した結果，雄3匹と雌4匹の仔マウスを得た(第2世代)。その仔マウスの中から無作為に雄雌1ペアを選び，交配した結果，雄5匹と雌3匹の仔マウスを得た(第3世代)。第3世代のうち，以下の事象に相当するものの全体に対する割合を百分率で答えよ。

(1) 第2世代の母親からの皮膚移植片を拒絶しない。
(2) 第2世代の父親と母親両方に対し皮膚移植できる。
(3) 第1世代の父親に皮膚移植できる。

★★ 問5 全身に放射線を照射したMHC-A分子とMHC-B分子の両方を発現するマウスを用意した。このマウスに，MHC-A分子のみを発現する骨髄細胞とMHC-B分子のみを発現する骨髄細胞を1:1の割合で混合し，静脈を通して移植した。通常，移植された骨髄細胞は末梢血管中を流れて宿主の骨髄にたどり着く。移植した細胞の宿主骨髄内での生着を確認後，増殖している骨髄細胞を選択的に細胞死に誘導する薬剤を投与したところ，図1のようになった。一方，遺伝子Xをコードする領域が欠損したマウスの骨髄細胞(MHC-A分子のみを発現する)と野生型マウスの骨髄細胞(MHC-B分子のみを発現する)を1:1の割合で混合し，同様の処置を行ったところ，図2のようになった。

マウスの処置にともなう総骨髄細胞数(棒グラフ，縦軸右端)と移植後の骨髄中での移植片の占める割合(折れ線グラフ，縦軸左端)の推移。横軸は時間。

さらに，放射線を照射する前の骨髄細胞を回収し，細胞のもつDNAの量を横軸に，細胞数を縦軸にプロットしたところ，図3のようになった。骨髄細胞における遺伝子Xの役割として予想され

図3
野生型マウスと遺伝子X欠損マウスの骨髄細胞の細胞数(縦軸)とDNA量(横軸)。

るものを次の①〜⑧に挙げた。正しいものを4つ選べ。

① 細胞の増殖を抑制している。

② 細胞の増殖を促進している。

③ 細胞死を抑制している。

④ 細胞死を促進している。

⑤ 放射線照射で減少した骨髄細胞数を正常値に回復させるために必須である。

⑥ 放射線照射で減少した骨髄細胞数を正常値に回復させるためには必須ではない。

⑦ 末梢血管から移植した細胞が宿主の骨髄に到達するために必須である。

⑧ 末梢血管から移植した細胞が宿主の骨髄に到達するためには必須ではない。

B. A系統およびB系統の異なる系統のマウスを実験動物として用いて実験した結果，Ⅰ，ⅡおよびⅢの実験結果が得られた。この実験結果をふまえてさらに実験を行った。

Ⅰ．A系統のマウスの皮膚片をB系統のマウスに移植すると皮膚片は約10日で脱落した。

Ⅱ．Ⅰの実験終了後，再びA系統マウスの皮膚片を移植すると，約5日で脱落した。

Ⅲ．A系統のマウスの皮膚片をA系統のマウスに移植すると皮膚片は生着した。

問6　B系統のマウスに生後すぐにA系統のマウスのリンパ節の細胞を注射し，成長させた後，A系統のマウスの皮膚片を移植すると皮膚片は生着した。このマウスにさらに別の何も処理をしていないB系統マウスのリンパ節の細胞を注射すると移植した皮膚片はどうなるか，簡潔に答えよ。

問7　生後すぐに胸腺を除去し，その後成長したB系統のマウスにA系統の皮膚片を移植すると皮膚片はどうなるか，簡潔に答えよ。

★問8　問7でなぜそのようになるか35字以内で説明せよ。

| 東海大(医)・三重大 |

第6章　体内環境の維持　　123

標問 63 体液性免疫

扱うテーマ: 体液性免疫／バイオテクノロジー／血液／抗体の構造

からだは，細菌・ウイルスなどの病原体や病原体がつくる毒素などの体内への侵入によって病気が起こることを防ぐしくみをもっている。このしくみは，免疫と呼ばれ，白血球の1種である(a)リンパ球が中心的な役割を果たしている。リンパ球には，(b)T細胞とB細胞の2種類が含まれている。T細胞は，ウイルスなどに感染した細胞を直接に攻撃して排除する。このしくみは ア 性免疫と呼ばれる。一方，B細胞は抗体を生成する。抗体に対して細菌やウイルス，毒素などの異物は イ と呼ばれる。抗体は イ と特異的に結合し，無毒化して排除する。抗体と イ との反応を ウ 反応と呼び，抗体が関与する免疫を エ 性免疫という。抗体は， オ というタンパク質分子であり，2本の長いポリペプチド鎖（H鎖）と2本の短いポリペプチド鎖（L鎖）とからできている。(c) オ 分子の中で イ が結合する部分は，抗体の種類によってアミノ酸の配列が異なり， カ と呼ばれる。 カ 以外のアミノ酸配列は，どの抗体でも一定であり， キ と呼ばれる。

B細胞は，1個の細胞が1種類の抗体しかつくらず，短期間しか増殖できない。もし，あるウイルスに特異的な抗体をつくるB細胞を大量に増やすことができれば，そのウイルスによる病気の治療に有用となる。このことを実現したのが細胞融合法である。B細胞に由来するミエローマ細胞は，無限に増殖できるが，抗体をつくらない。このミエローマ細胞をB細胞と混ぜ合わせ，ポリエチレングリコールを用いて融合させると，抗体をつくる能力と無限に増殖できる能力を合わせもつ融合細胞（ハイブリドーマ）ができる（図1）。この細胞融合法では，ポリエチレングリコール処理によって，すべて

図1 細胞融合によるハイブリドーマの作製

図2 通常培養液およびHAT培養液における正常細胞での塩基の合成経路

のミエローマ細胞とB細胞が融合するわけではなく，融合によりできたハイブリドーマと，融合しなかったミエローマ細胞およびB細胞とが混在することになる。そこで，(d)ハイブリドーマのみ選択的に増殖できるようにするため，以下の2つの工夫がなされている。通常の細胞は，DNA合成に必要な塩基を合成するために2つの経路（経路Dおよびs）をもっている（図2）。通常の培養液中では，細胞は経路Dを使って塩基を合成する。この経路は物質Aにより阻害される。一方，細胞は，物質Hおよび物質Tが培養液に入っている時のみ，それらを基質として使い経路Sによって塩基を合成できる。1つ目の工夫は，細胞を培養するために，物質H，AおよびTが添加され

た培養液(HAT 培養液)を用いることである。2つ目の工夫は，経路Sにおける塩基の合成に不可欠な酵素が，突然変異により働かなくなっているミエローマ細胞を用いることである。

問1　文中の空欄に最も適切な語を入れよ。

問2　下線部(a)のリンパ球は，ヒトの場合，どの器官で幹細胞から生成されるか。その器官を次から1つ選べ。

①　胸腺　　②　脾臓　　③　リンパ節　　④　小腸　　⑤　骨髄

問3　下線部(b)のT細胞は，どの器官で分化・成熟するか。その器官を問2の①～⑤から1つ選べ。

★問4　下線部(c)に関して，次の問いに答えよ。

抗体のH鎖遺伝子の　カ　をつくる部分は，V，D，Jと呼ばれる3つの領域からなっており，それぞれ100個，23個，6個の遺伝子断片よりなる。B細胞が未熟な細胞から成熟細胞に分化すると，3つの領域からそれぞれ1個ずつの遺伝子断片が任意に選ばれ，それらが組み合わされて結合し，H鎖遺伝子の　カ　をつくる部分ができる。そのようにして生じるH鎖遺伝子は，最大で何種類あると考えられるか，計算式と答えを書け。

★★問5　下線部(d)の工夫について，次の問い(1)と(2)に答えよ。

(1)　融合に用いられるミエローマ細胞と融合で得られるハイブリドーマについて，それぞれを HAT 培養液で培養したとき，無限に増殖できるものには○を，増殖できないものには×をつけよ。

(2)　(1)のように答えた理由を，それぞれの細胞について，120字以内で説明せよ。

近年，抗体を利用したがん治療などが進められている。マウスを用いた例について考えてみよう。あるヒトがん細胞にみられるタンパク質pに対する抗p抗体を産生するマウスのハイブリドーマをつくる。これらのハイブリドーマの集団*は，タンパク質pの様々な部分に結合する抗体を産生する。そこで，これらを1細胞ごとに分けて培養を続け，得られた抗p抗体の反応性を試験するとともに，望む抗体を産生するハイブリドーマを選択する。このようにして作製された抗体をモノクローナル抗体という。しかしながら，(e)こうして得られたマウス抗体をそのままヒトに投与するのは適当ではない。(f)そこで，遺伝子組換え技術を併用してヒトに利用できる抗体が作製され，がん治療に利用されている。

＊1個のB細胞は1種の抗体しか産生しない。

★問6　下線部(e)にあるように，マウス抗体をヒトに投与するのは適当でない。その理由を70字以内で記せ。

★★問7　下線部(f)にあるように，得られたマウス抗体をコードする遺伝子の塩基配列情報を基に，遺伝子組換え技術を用いてタンパク質pに対する反応性をもち，かつ，ヒトに利用できる抗体をつくることができる。その理由を免疫グロブリンの構造に着目して150字以内で記せ。

|富山大・京大|

第6章　体内環境の維持　　125

標 問	**64**	**血液型**	解答・解説 p.176

扱う
テーマ ABO 式血液型／Rh 式血液型／遺伝　　　　　　　　　　　　　　　　　　　生物

　太郎君，次郎君，健太君，彰君たちは，以下の輸血に関する話を聞いた。

　「ヒトには血液型（赤血球型）というものがあり，ABO 式や MN 式，Rh 式などが有名です。ABO 式を例にとると，A 型の赤血球の表面には凝集原 A が，B 型には凝集原 B が，AB 型には両者が存在し，O 型の赤血球表面には凝集原は存在しません。一方，血しょう中には凝集素と呼ばれる抗体が存在し，A 型のヒトは凝集素 β を，B 型のヒトは α を，O 型のヒトは α，β の両者をもっていますが，AB 型のヒトには凝集素はありません。凝集素 α は凝集原 A に結合し，赤血球の塊を作ります。つまり，A 型の血液を B 型のヒトに輸血すると血管内で赤血球の塊ができ，毛細血管につまってしまいます。すると急性腎不全などを起こし，大変なことになることもあります。」

太郎君「ぼくは 2 年前に盲腸の手術を受けた時に，軽い腹膜炎があって輸血を受けたんだ。その時に A 型の血液を輸血してもらったから，ぼくは A 型だよ。」

次郎君「ぼくもお母さんが A 型でお父さんが AB 型だから，A 型だと思うよ。」

健太君「ぼくは分からないんだ。」

彰 君「ぼくも分からないんだ。」

健太君「そうだ，ぼくらの赤血球と
　　　　血しょうを使って血液型が
　　　　分からないかな。」

太郎君「やってみようよ。」

　そんな会話の後，彼らは採血してもらい赤血球と血しょうを得た。太郎君，次郎君，健太君，彰君それぞれの赤血球と血しょうを混ぜたところ表に示す結果を得た。

表　太郎君たちの実験結果

		赤血球			
		太郎	次郎	健太	彰
血しょう	太郎	−	+	+	+
	次郎	+	−	+	+
	健太	−	−	−	−
	彰	+	+	+	−

赤血球が凝固（＋），凝固せず（−）

★問 1　太郎君の血液型が A 型のとき，上の実験結果の表から次郎君，健太君，彰君の血液型を答えよ。また，次郎君の母親の血液型は A 型，父親は AB 型としたとき，次郎君と母親の血液型の遺伝子型を答えよ。

★問 2　理論的には誰から誰へ輸血可能か答えよ。本人から本人への輸血は含めない。

★問 3　父親が B 型で母親が A 型である場合，子供の ABO 式血液型について，どのような割合で生まれてくることが期待されるか。期待される各血液型の比率を例にならって記せ。ただし，各遺伝子型の出現頻度は等しく，また遺伝子 A, B, O は独立して存在するものと仮定する。　（例）　A：B：AB：O ＝1：0：2：1

★問 4　B 型 Rh$^+$ の父親と A 型 Rh$^-$ の母親から，次の血液型の子供が生まれる確率をそれぞれ分数で示せ。ただし，ABO 式を決定する遺伝子と Rh 式を決定する遺伝子は異なる染色体上に存在する。また，各遺伝子型の出現頻度は等しいと仮定する。

(1) O 型 Rh$^-$ 型の子供が生まれる確率

(2) A 型 Rh$^+$ 型の子供が生まれる確率

横浜市大・岐阜大

126

第7章 動物の反応と調節

標問 65 ニューロンの興奮

扱うテーマ：ニューロン／伝導と伝達のしくみ／膜電位変化と膜タンパク質

解答・解説 p.178

生物

物質の濃度が細胞内外で異なる場合には，細胞膜を介して物質が濃度の高い側から低い側に濃度勾配にしたがって輸送される。これを ア 受動輸送 という。イオンのように荷電している物質の場合には，濃度以外に細胞内外の イ 電気的勾配 によっても受動輸送は影響を受ける。

一方，細胞内外で特定のイオン濃度が異なっているが，これは細胞膜にはエネルギーを用いることで，濃度勾配や電気的勾配に逆らって特定の物質を輸送するしくみがあるからである。このような輸送を能動輸送という。細胞内外のナトリウムイオン（Na^+）とカリウムイオン（K^+）の濃度差は，細胞膜にあるナトリウムポンプの働きによっている。ナトリウムポンプは，ATPを加水分解することで生じるエネルギーを用いて，Na^+ と K^+ を濃度勾配や電気的勾配に逆らって輸送する。

神経細胞の細胞膜は，電気的な信号を発生し，それを高速に伝えるしくみをもっている。その信号は，細胞が静止状態と興奮状態との2つの状態をとることによって発生する。細胞膜内外には電位差があり，これを膜電位という。静止状態での膜電位を静止電位という。また， ウ 神経細胞が刺激を受容したり，他の神経細胞からの信号を受け取ると活動電位が発生する。活動電位は，軸索に沿って連続的に発生しながら伝導していく。

★ 問1 文中の下線部アとイに関して，次の各問いに答えよ。

(1) 図1に示すような電源装置の付いた容器があり，容器は中央で細胞膜によって仕切られている。電源を切った状態で，電荷をもたないある物質Xの濃度の異なる水溶液（A液・B液）を仕切られた容器にそれぞれ入れた。いま，A液の濃度はB液の濃度（M mol/L）の2

倍とする。最初，物質Xはこの細胞膜を通過できないが，この細胞膜に物質Xを選択的に通す穴ができると，濃度勾配によって，全体としては，物質XはA液からB液へ移動する。そして，最終的にはA液とB液の間の濃度が一致した状態で維持される。このときの物質XのB液への移動量を P とする。

次に，図1の容器を新たに用意し，物質Xの濃度の異なる水溶液（A液・B液）を入れた。このときのA液の濃度はB液の濃度（M mol/L）の4倍とする。物質Xを選択的に通す穴があるとして，最終的にA液とB液の間の濃度が一致した状態では，B液への物質Xの移動量は P の何倍になるか答えよ。

(2) 図1で示す新たな容器に K^+（カリウムイオン）溶液を入れたとする。細胞膜には K^+ を通す穴が開いている。図1では，電源が切られた静止状態で，A液とB

液でのK$^+$濃度は同じである。次に図2に示すように，電源を入れて電流を流し，A液に対してB液に＋60ミリボルト(mV)の電気的勾配をつくった場合，A液とB液の間でのK$^+$の移動はどのようになると予想されるか，最も適当なものを次から1つ選べ。

① K$^+$はA液からB液へ移動する。

② K$^+$はB液からA液へ移動する。

③ K$^+$はA液へもB液へも移動しない。

(3) (2)で示した細胞膜にあるイオンを通す穴は，イオンチャネルと呼ばれ，K$^+$やNa$^+$などある決まった種類のイオンだけを受動輸送する性質をもっている。図1で示す容器に塩化カリウム(KCl)溶液を入れたとする。A液の方がB液より濃度が10倍高い。この細胞膜にはK$^+$は通すが，塩化物イオン(Cl$^-$)は通さないイオンチャネルがある。この場合には最終的にA液とB液のK$^+$濃度は一致しない。その理由を20字以内で述べよ。

問2 文中の下線部ウに関して，次の各問いに答えよ。

(1) 活動電位が軸索を伝わっていく理由について，最も適当なものを次から1つ選べ。

① 電流が細胞質の溶液内を，軸索に沿って流れていくため。

② ある部位で起こった活動電位が，隣接する部位でイオンの透過性を上昇させるため。

③ 細胞骨格と呼ばれる繊維状の細胞内タンパク質が電流を伝えていくため。

④ Na$^+$やK$^+$が細胞膜の外と内の正と負の電荷の相互作用によって引きつけられるから。

(2) 通常，活動電位はいったん興奮が終了した所には伝わらず一方向に伝わる。なぜこのように軸索を一方向に伝わるのか，最も適当なものを次から1つ選べ。

① ランビエ絞輪が活動電位を一方向に伝わらせるから。

② 活動電位の発生の後，短い不応期があるから。

③ 興奮部位に比べて，軸索末端が低い膜電位をもっているから。

④ イオンが軸索に沿って一方向にしか流れないから。

★★問3 文中の下線部ウに関して，次の文を読んで各問いに答えよ。

1940年代に，イギリスのホジキンとハックスレーは神経細胞の活動電位がどのようなイオンの流れによって起こっているかを，ヤリイカの巨大軸索を用いた実験により調べた。この軸索の静止電位は－65mVである。軸索の膜電位を－130mVに下げたところ，電流は流れなかったが，$_{\text{エ}}$＋65mVにすると次ページの図3に示すような急速に増大する細胞内(軸索内)への電流とその後ゆっくりと増大する細胞外(軸索外)への電流が観察された。その後，彼らはさまざまな実験からこれらの電流がNa$^+$とK$^+$によることをつきとめた。

一般に，毒にはいろいろな種類があるが，多くの毒は神経に作用する。このような毒の中にはイオンチャネルに作用するものがある。フグ毒の毒素であるテトロド

トキシンはナトリウムチャネルの開口をブロックし，テトラエチルアンモニウムはカリウムチャネルの開口をブロックする。ₒそれぞれの物質を加えることにより，図4と図5で示すような電流となった。

図3　図4　図5

(1) 下線部エの実験結果から，神経細胞では，静止時に開口しているイオンチャネルとは異なる性質をもつイオンチャネルが，活動電位の発生に働いていることがわかった。その性質について20字以内で述べよ。

(2) 下線部オの実験結果からどのようなことがわかったのか，最も適当なものを次から1つ選べ。
① 急速な細胞内への電流が，ナトリウムチャネルの開口によるNa^+の細胞内への流入によって起こり，また，ゆっくりと増大する細胞外への電流がカリウムチャネルの開口によるK^+の細胞外への流出によって起こることがわかった。
② 急速な細胞内への電流が，ナトリウムチャネルの開口によるNa^+の細胞外への流出によって起こり，また，ゆっくりと増大する細胞外への電流がカリウムチャネルの開口によるK^+の細胞内への流入によって起こることがわかった。
③ 急速な細胞内への電流が，カリウムチャネルの開口によるK^+の細胞内への流入によって起こり，また，ゆっくりと増大する細胞外への電流がナトリウムチャネルの開口によるNa^+の細胞外への流出によって起こることがわかった。
④ 急速な細胞内への電流が，カリウムチャネルの開口によるK^+の細胞外への流出によって起こり，また，ゆっくりと増大する細胞外への電流がナトリウムチャネルの開口によるNa^+の細胞内への流入によって起こることがわかった。

(3) 図3のように，いったん生じた細胞内への電流が，その後なくなるのには2つの理由が考えられる。それぞれの理由を20字以内で述べよ。

★(4) ある毒素が，神経細胞からK^+を細胞外へ漏れ出させる作用をもつとする。この毒素を神経細胞に加えた場合，神経の活動電位または興奮伝導にどのような影響があるか，最も適当なものを次から1つ選べ。
① 活動電位が生じやすくなる。
② 軸索末端から神経伝達物質が放出される。
③ 興奮伝導が速くなる。
④ 興奮を起こす刺激となる。
⑤ 興奮伝導を抑制する。

|立命館大|

標問 66 閾値と伝導速度

神経細胞は他の神経細胞や効果器に情報を伝えるために，情報を細胞膜の電気的興奮に変換する。電気的興奮は神経細胞の軸索に沿って，軸索の長さが1メートル以上に及ぶ場合でも減衰しないで伝わる。有髄神経繊維は無髄神経繊維には見られない ア や イ の構造によって，効率的な ウ 伝導が生じる。この興奮の伝導は軸索の外側に電極を置くことにより電位の変化として記録することができる。臨床の現場ではこの原理を利用して末梢神経の障害の検査が行われている。以下の実験では動物の神経を用いて興奮の伝導を測定した。

実験1 イカから採取した1本の無髄神経軸索の外側に記録電極を置いて2点間の電位差を記録した(図1)。A点にごく短時間の刺激を1回与えたところ，BとEの2点間の電位差

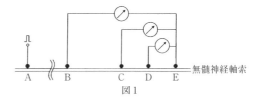

図1

は図2のように変化した。B—C間，C—D間，D—E間はそれぞれ5.0cm, 2.5cm, 2.5cmであり，時間は刺激した時点を0としている。

実験2 A点にある間隔をおいてごく短時間の刺激を2回与えたところ，①BとEの2点間の電位差は図3のように変化した。

実験3 実験1の標本のE点の周囲のみを麻酔してA点にごく短時間の刺激を1回与えたところ，BとEの2点間の電位差は図4のように変化した。

図2

図3

図4

実験4 次にカエルの座骨神経を取り出して図5のように電極を配置した。A—B間，B—C間，C—D間，D—E間の距離はそれぞれ2.0cm, 2.0cm, 4.0cm, 8.0cmである。また，F点の周囲だけ麻酔をかけている。A点にごく短

図5

時間の刺激を1回与えて，②BとFの2点間，CとFの2点間，DとFの2点間，EとFの2点間の電位差を記録したところ，図6のように波形に2つの山が生じた。

図6

また，③刺激の強度を弱くしたらEとFの2点間の電位差は図7のように変化した。

図7

問1　文中の空欄にあてはまる適切な用語を入れよ。
問2　実験1について，この神経軸索の伝導速度を求めよ。
問3　実験1におけるA—B間の距離を求めよ。
★問4　実験1においてCとEの2点間およびDとEの2点間の電位差を計測した場合，波形はどうなるか，下のそれぞれのグラフに書き入れよ。なおグラフには参考として，B—E間の電位変化が点線で示してある。

C—E間の電位差　　　　D—E間の電位差

★問5　下線部①について，2回の刺激の間隔を答えよ。
問6　実験3において，図2の波形が図4の波形に変化した理由を説明せよ。
★問7　下線部②について，波形に2つの山が生じた理由を説明せよ。
★★問8　下線部③について，刺激の強弱で波形が異なった理由を説明せよ。

| 早大（先進理工）|

標問 67 筋収縮

扱うテーマ：筋繊維の構造／筋収縮のしくみ／神経伝達物質

動物の体を支え動かすために，腱を介して骨格につながっている筋肉のことを，骨格筋という。骨格筋は，自分の意志で動かすことができることから，　ア　の一種である。骨格筋を光学顕微鏡で観察すると，規則的に並んだ多数の横縞が見られる。横縞のある筋肉は他にも　イ　などがあげられ，これらは　ウ　と総称される。筋肉を構成する筋細胞は多数の　エ　の束からなり，多核である。また，筋細胞の中には　オ　が多数存在し，①筋収縮のエネルギーを供給するATPの生産を行う。さらに筋細胞には，筋小胞体とT管という2つの特徴的な膜構造が存在する。前者は細胞内にあって筋収縮の制御に不可欠な　カ　の貯蔵庫として働く。後者は細胞膜が陥入したものであり，興奮を筋細胞の内部に伝える。図1において□で示した部分は骨格筋の収縮の最小単位であり，これをサルコメアと呼ぶ。サルコメアの境界は　キ　で仕切られている。サルコメア内には明るく見える部分(明帯)と暗く見える部分(暗帯)とがある。1791年，イタリアのガルバーニはカエルの筋肉を解剖中，取り出した筋肉片にたまたま金属製のメスが触れただけで収縮することを発見した。筋肉の収縮が電気的な刺激によることを初めて示したのである。以後の研究により，生体の筋収縮は，②運動神経細胞の末端から筋細胞へ興奮が伝わるために生じることが明らかになった。すなわち，③神経からのシグナルにより，筋細胞の膜内外の電位差が短時間のうちに大きく変化するのである。

図1　筋肉の構造

問1　文中および図1の中の空欄に適語を入れよ。

問2　下線部①に関連して，筋収縮においてATPのエネルギーを必要とする最も主要なタンパク質の名称を答えよ。またATPがこのタンパク質のどのような働きに必要であるかを50字以内で述べよ。

問3　下線部②について，この現象を何と呼ぶか答えよ。また，このときに興奮が一方向にしか伝わらないのはなぜか，50字以内で説明せよ。

問4　下線部③について，運動神経末端から放出され，筋肉の収縮を促す化学物質の名称を答えよ。また，この物質は自律神経系においてもさまざまな作用を示す。心臓と腸におけるこの物質の働きを答えよ。

問5　次ページの表1は，筋細胞で重要な働きをするイオンについて，その筋細胞内外での濃度を比較したものである。表中の空欄ク，ケ，コにあてはまる最も適切なイオンの名称をそれぞれ答えよ。

★問6　神経のシグナルを受けてから筋肉が収縮するまでの過程を説明した以下の文章を完成させよ。ただし，│ サ │，│ シ │，│ ソ │，│ ツ │，│ テ │には下の**解答群1**の中から，それ以外の空欄には

表1　筋収縮で重要な働きをするイオンの濃度(mM*)

イオンの名称	筋細胞内での濃度	筋細胞外での濃度
ク	10	110
ケ	120	2.5
コ	< 0.1	1.8
マグネシウムイオン	1	1

＊注　mM は濃度を表す単位

解答群2の中から最も適切な語句をそれぞれ1つずつ選べ。なお，同じ語句を複数回使用しても良い。

ステップ1：神経伝達物質からの刺激を受けて筋細胞が興奮すると，T管膜上の│ サ │チャネルが開き，│ シ │イオンが│ ス │。このため，膜電位は│ セ │（活動電位の発生）。

ステップ2：T管膜上には，活動電位の発生によって開き，陽イオンを通過させるチャネルが存在する。このため，細胞内外の濃度差の大きい│ ソ │イオンがこのチャネルを通って│ タ │。その結果，膜電位は│ チ │。

ステップ3：上の一過的な電位変化を受けて筋小胞体膜上の│ ツ │チャネルが開き，│ テ │イオンが│ ト │。このイオンがアクチンフィラメントの構造を変化させ，筋肉が収縮する。

〔解答群1〕

① アンモニウム　② 塩素　③ カリウム　④ カルシウム
⑤ 硝酸　⑥ 水素　⑦ セシウム　⑧ 鉄
⑨ ナトリウム　⑩ マグネシウム

〔解答群2〕

⑪ 細胞内に流入する　⑫ 細胞外に流出する
⑬ 筋小胞体内に流入する　⑭ ミトコンドリア内に流入する
⑮ ミトコンドリア外に流出する　⑯ 合成される　⑰ 分解される
⑱ 上昇する　⑲ 下降する　⑳ 停止する　㉑ 細胞膜に結合する
㉒ 筋小胞体膜に結合する　㉓ T管膜に結合する
㉔ 筋小胞体外に流出する

│ 中央大 │

第7章　動物の反応と調節　133

標問 68 張 力

扱うテーマ／サルコメアの構造／滑り説

カエルの大腿部から切り出した筋肉をいろいろな長さで固定して電気刺激し，筋肉が出す力（張力）を測定した（図1）。固定した筋の長さがもとの長さとほぼ同じである時（図1のBの範囲）に最も大きな張力を得ることができたが，それより短くても（図1のAの範囲），長くても（図1のCの範囲），発生張力は低下することがわかった。筋肉をさらに伸ばしていくと，張力は直線的に低下

図1　固定する筋肉の長さと発生張力との関係

し，もとの長さの160％まで伸ばした時には張力が完全にゼロになった。

問1　範囲Bにおいて最大張力が得られるのはなぜか，このときのサルコメアの状態をふまえて50字以内で説明せよ。

★問2　この筋肉に比べて，サルコメア長とその内部のアクチンフィラメントの長さは等しいが，暗帯の幅が半分しかないものを用いて同様の実験を行った場合，固定した筋の長さと張力との関係はどのようになると考えられるか。以下のグラフ群①～⑧の中から最も適切なものを選び，さらにそれを選んだ理由を記せ。

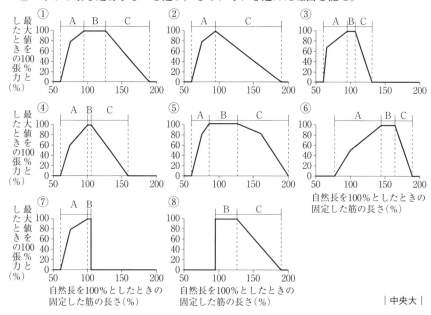

|中央大|

| 標 問 | **69** | **中枢神経** | 解答・解説 p.189 |

扱う テーマ 神経系の種類／脊椎動物の脳　　　　　　　　　　　　　　　　　　　　　　　生物

　高度な情報処理が行えるヒトの脳は，どのような進化の道筋を歩んできたのだろう
か？　ヒトの脳には約250億個の神経細胞があるといわれている。イタリアの医学者
ゴルジは，独自の染色法により神経細胞全体を染色した結果，神経細胞の軸索は互い
に融合し巨大な網を形成しているという説を唱えた。一方，スペインの医学者である
カハールは，軸索どうしは連結しておらず，神経細胞は1つ1つ独立したものである
と主張した。後の研究から，カハールの主張が正しいことがわかった。つまり，神経
細胞どうしは融合しているわけではなく，①狭い隙間を隔てて接続していたのである。
また，神経細胞は著しく非対称な形をしており，細胞体からは　ア　と長い軸索を
伸ばしている。実際に，ヒトの最も長い神経細胞の中には，長さが　イ　に達する
ものもある。

　原始的な多細胞動物であり，胚葉をもたない海綿動物には神経系が存在しない。一
方，二胚葉性の刺胞動物では，最も単純な神経系がみられる。例えば，刺胞動物であ
るヒドラは　ウ　系をもち，外部からの刺激によって筋を収縮させることができる。
三胚葉をもつ扁形動物プラナリアはさらに神経細胞が集合し，頭部に脳をもつことに
より複雑な筋活動の制御が可能である。また，プラナリアには神経細胞どうしを互い
につなぐ　エ　も存在する。このように，より高度な情報処理を行うために，神経
細胞どうしのつながりを複雑化することが，多細胞生物の進化の上で重要であったと
考えられる。さらに，一部の無脊椎動物では，非常に太い軸索をもつ神経細胞がみら
れる。また，脊椎動物では軸索のまわりが髄鞘で囲まれており，活動電流を隣接する
ランビエ絞輪まで　オ　させることができる。このような特徴は，神経細胞の軸索
内を興奮が伝わる速度を速くして，より高速な情報処理を行うための進化であると考
えられる。

　種々の②脊椎動物の脳を比較してみると，基本的な構成は共通しており，それぞれ
の構成要素はさまざまな体の働きを分担していることがわかる。そして，これらの構
成要素を各動物に適した割合へと段階的に変化させつつ脳が進化してきたことがわか
る。

問1　文中の空欄にあてはまる語句を次の語群より1つずつ選べ。

　〔語群〕　1 mm，　1 cm，　10cm，　1 m，　10 m，　50 m，　100 m，　介在神経，　末梢神経，
　　　　　跳躍伝導，反射，大きく，小さく，反射神経，網状神経，樹状突起，伝達，
　　　　　シュワン細胞，集中神経，散在神経，ニューロン，水管，グリア細胞

問2　下線部①について，以下の問いに答えよ。

　(1)　この神経細胞どうしを結ぶ接続部位の名称を答えよ。また，この接続部位では
　　　化学物質の働きにより，次の神経細胞へ情報が伝達されているが，このような物
　　　質を何というか答えよ。

　(2)　隣接する次の神経細胞への情報は，一方向にしか伝達しない。その理由を簡潔

第7章　動物の反応と調節　　135

に説明せよ。

表1

1と2が接続	2と5が接続	2と7が接続	3と8が接続
4と5が接続	4と6が接続	7と8が接続	

★問3　神経細胞1番～8番は、互いに右表1のような接続があることがわかっているが、興奮の伝わる方向は明らかになっていない。

1番～8番全体の神経接続関係と興奮の伝達する方向を明らかにするために、以下の実験を行った。

実験　1番の神経細胞の細胞体を人工的に興奮させると、残りの神経細胞にそれぞれ下図1のような異なるタイミングでの神経発火パターンが観察された。また、4番の神経細胞の細胞体を人工的に興奮させると、下図2のような神経発火パターンが観察された。ただし、興奮の神経細胞1つあたりを伝わる時間は一定であり、必ず次の神経細胞へ伝達されるものとする。

(1) それぞれの神経細胞間の接続と興奮の伝わる方向を、右の解答例（図3）を参考に矢印で答えよ。

(2) 上の実験において、1番の神経細胞の細胞体を人工的に刺激してから8番の神経細胞が発火するまでにかかる時間を計測したところ、18/1000秒であった。この結果から神経細胞1つあたりの興奮が伝わる時間を求めよ。

問4　下線部②について、以下の問いに答えよ。

次ページの図4の(あ)～(か)はそれぞれ異なる脊椎動物の脳を模式的に示した図である。

(1) 図中a、b、d、e、gに相当する各部位の名称を次の語群の①～⑩から1つずつ選べ。また、その部位の特徴を最も良く表した文章を次の選択肢⑦～⑦から1つずつ選べ。

〔語群〕　① 小脳　② 大脳　③ 中脳　④ 間脳　⑤ 海馬
　　　　⑥ 延髄　⑦ 脊髄　⑧ 脳下垂体　⑨ 交感神経　⑩ 副交感神経

136

〔選択肢〕　㋐　物を持ったときの筋力調節を担う
　　　　　㋑　メラトニンを分泌する
　　　　　㋒　ホルモンを分泌する
　　　　　㋓　膝をたたくと脚が前に動く現象に関わる
　　　　　㋔　二酸化炭素の濃度に応じて呼吸の頻度を調節する
　　　　　㋕　哺乳類において顕著に発達している
　　　　　㋖　眼球や瞳孔の動きを調節する
　　　　　㋗　体温と血糖値を調節する

図4

(2)　右表2は脊椎動物A〜Fのもつ特徴を示している。表中の左列に示した特徴がある場合は○，特徴がない場合は×を示してある。図4中の(あ)および(か)の脳を有する動物は，それぞれA〜Fのうちいずれに該当すると考えられるか。

表2

	A	B	C	D	E	F
脊椎	○	○	○	○	○	○
顎骨	×	○	○	○	○	○
四肢	×	×	○	○	○	○
羊膜	×	×	×	○	○	○
胎生	×	×	×	×	×	○
羽毛	×	×	×	○	×	×

問5　以下の文章のうち間違っているものを2つ選べ。
①　環形動物は体節ごとに神経節をもつ
②　空を飛ぶ鳥類は運動に重要な小脳が発達している
③　神経は中胚葉由来の組織である
④　自律神経系は末梢神経に含まれる
⑤　副交感神経は胃腸活動を促進する
⑥　反射には感覚神経，介在神経，運動神経が必要である

|　慶應大（看護）　|

標問 70 眼(1)

扱うテーマ：眼の構造／視神経の構造／明暗調節

ヒトなどの多くの脊椎動物の眼はカメラに似た構造をしている。眼球の一番外側の膜を強膜という。眼球正面には強膜が透明になった部分があり，　ア　という。光は　ア　を透過し，瞳孔と呼ばれる　イ　の穴から眼球内部に進入し，　ウ　とガラス体を透過して　エ　の上に像を結ぶ。

瞳孔は，眼球内部に入る光の量を調節する働きがあり，外界の明るさによって無意識に直径が変わる。これを瞳孔反射と呼ぶ。図1は瞳孔反射に関わる神経系を簡略化して示した模式図で，頭の上から見たところを示している。黒丸はニューロンの細胞体を，黒三角は軸索終末部を示す。右眼と左眼の　エ　で独立に抽出された光の量の情報は，それぞれ視神経細胞の軸索に沿って脳に伝えられる。視神経細胞はそれぞれ同じ側にある介在ニューロンAに興奮を伝達する。介在ニューロンAは2本に枝分かれし，同じ側にある動眼神経細胞Bと反対側にある動眼神経細胞Bに興奮を伝達する。動眼神経細胞Bの軸索は，同じ側の動眼神経束に沿って伸びており，そ

図1　右眼　　　左眼

図2

の興奮は イ の筋肉を収縮させることで最終的に瞳孔を小さくする。

問1　文中の空欄にあてはまる語句を記せ。

★問2　瞳孔反射は視神経束や動眼神経束の損傷を検査する際に利用される。そこで，健常者および患者①〜③の片眼あるいは両眼に光を当てて瞳孔反射を調べたところ，前ページの図2のような結果を得た。

　これらの結果から，患者①〜③は視神経束と動眼神経束のいずれか，あるいは両方に大きな損傷を受けていると考えられる。それぞれどの神経束に損傷があると考えられるか，下表に，正常な神経束には○印を，損傷した神経束には×印を記入せよ。ただし，損傷した神経束は必ずしも1つとは限らない。また，介在ニューロンAは正常であるものとする。

		右眼		左眼	
		視神経束	動眼神経束	視神経束	動眼神経束
患者	①				
	②				
	③				

問3　瞳孔の大きさは光だけでなく自律神経系によっても調節されている。どのような調節か，40字以内で記せ。

問4　私たちは，月の出ていない夜でも，星空の下で暗い野道を歩くことができるし，逆に真夏の太陽がさんさんと降りそそぐ砂浜でも，白い貝殻を見分けることができる。このように私たちが日常生活で経験する光の強さは幅広く，瞳孔反射だけでは対応できない。私たちの眼は，どのようなしくみで，このように幅広い強さの光に対応できるのだろうか。以下の語句をすべて用いて，120字以内で記せ。

〔語句〕　錐体細胞，桿体細胞，感度，暗順応

|筑波大|

第7章　動物の反応と調節　　139

標問 71 眼(2)

扱うテーマ　眼の構造／錐体細胞の種類と色覚

A. ヒトの眼に関する以下の文章を読んで問いに答えよ。

　光受容体である眼に入った光は①強膜の一部である角膜から入り，前眼房，瞳孔を通り，｜ア｜で屈折したあとガラス体を通って網膜に達して像を結ぶ。網膜には錐体細胞と桿体細胞という2種類の｜イ｜細胞があり，ここで受け取った情報が視神経へと伝達される。錐体細胞には3種類の細胞がある。また，桿体細胞には｜ウ｜と呼ばれる光受容タンパク質がある。網膜にはいくつかの特殊な部位がある。網膜全体の視神経が集まって網膜を貫く部位は｜エ｜と呼ばれ，この部位には｜イ｜細胞が全くないために光を感知できない。また，網膜の中心部にあり錐体細胞が集中している部位は｜オ｜と呼ばれる。

問1 文中の空欄に適当な語句を入れよ。

問2 下線部①に関して，角膜が強膜の他の部位と異なる点を10字以内で述べよ。

問3 桿体細胞の図を描き，脈絡膜側を矢印で示せ。

★**問4** ｜オ｜が障害されると，物はどのように見えるか，20字以内で述べよ。

B. 脊椎動物の色覚は，網膜の中にどのタイプの錐体細胞をもつかによって決まる。②ヒト錐体細胞には赤，緑，青の3種類がある。この3種類の錐体細胞がどのような割合で反応するかにより色を決定している。一方，鳥類などは4種類の錐体細胞をもつものが多く，これらの生物は長波長域から短波長域である近紫外線までを認識できるものと考えられている。しかし，ヒト以外のほとんどの哺乳類は錐体細胞を2種類しかもたない。現在，③哺乳類の祖先は4種類すべての錐体細胞をもっていたが，その後，4種類のうち2種類の錐体細胞を失ったものと考えられている。

問5 下線部②に関して，光の波長とこれら3種類の錐体細胞の光の吸収率の関係を右図に示す。A〜Cがどの色の錐体細胞に相当するか色の名前を書け。

★★**問6** 下線部③の要因として哺乳類の進化に関してどのような事が考えられるか，20字以内で述べよ。

★★**問7** 通常，色覚障害がないヒトが見る信号機の色は赤，黄色，緑である。

(1) イヌなどほとんどの哺乳類は青錐体細胞と赤から緑の波長に対応した錐体細胞の2種類しかもたない。目が不自由な人が連れている盲導犬には信号機の色がどのように見えているか，その特徴を20字以内で述べよ。

(2) 鳥類のように赤，緑，青の3種類の錐体細胞以外に紫外線領域を認識できる4つの錐体細胞をもつ動物では，信号機の色がどのように見えているか，その特徴を20字以内で述べよ。

｜昭和大(医)｜

標問 72 耳

扱うテーマ：耳の構造／全か無かの法則／音の受容と聴覚

　音刺激は空気の振動として，耳で受容される。ヒトの耳は外耳，中耳，内耳に分かれ，音は外耳と中耳との境にある鼓膜に伝わる。この後，ア中耳の耳小骨を経て内耳に伝わり，リンパ液の振動を介してうずまき管内の受容細胞である聴細胞が興奮する。聴細胞の興奮によってイ電気信号に変換された情報が聴神経を通って大脳の聴覚中枢に伝えられ，音として認識される。ウヒトが聞き分けられる音の周波数は一定の範囲でほぼ決まっており，エ聴覚の経路のどこが障害されても音の聞こえが悪くなる現象，すなわち難聴が起こりうる。オまた高齢になると生理的な難聴が起こる。
　音が発生する位置については，目を閉じていてもある程度，感知できる。水平方向の音源の位置についてはカ左右の耳に音が伝わるわずかな時間差や音の強さの差を利用していることが知られている。

問1　下線部アに関して，リンパ液の振動に関与する経路として正しいのはどれか。次から1つ選べ。

① アブミ骨―卵円窓―前庭階―鼓室階　　② アブミ骨―正円窓―前庭階―鼓室階
③ アブミ骨―卵円窓―鼓室階―前庭階　　④ アブミ骨―正円窓―鼓室階―前庭階
⑤ キヌタ骨―卵円窓―前庭階―鼓室階　　⑥ キヌタ骨―正円窓―前庭階―鼓室階
⑦ キヌタ骨―卵円窓―鼓室階―前庭階　　⑧ キヌタ骨―正円窓―鼓室階―前庭階

問2　下線部イに関して，1本の聴神経繊維で記録される反応を右図1で示す。これより強い音を聞いたときの反応として正しいものを，図2の①～⑥から1つ選べ。

図1

図2

問3　下線部ウに関して，ヒトが聞くことのできるおおよその周波数は，低音域から

高音域へと a Hz～ b Hz である。空欄にあてはまる数値を次から1つずつ選べ。
① 2　　　② 20　　　③ 200
④ 2,000　⑤ 20,000　⑥ 200,000

★問4　下線部エに関して，聴力検査のグラフを図3に示す。耳にレシーバーを当てて聞く気導音（実線）と，耳の後ろの骨に当てた装置から骨を伝わって内耳で感じる骨導音（点線）とを，周波数の低いものから高いものまで音量を変えて検査した結果をプロットしたグラフである。音の大きさはdB（デシベル）で表現され，グラフの縦軸に音が聞こえたときのdB値をプロットしてある。0～30dBまではほぼ正常とみなされ，それより大きな音でないと聞こえない場合が聴力の低下（難聴）とみなされる。内耳だけが原因の難聴と考えられるものを図4の①～⑤から選べ。

図3

図4

★★問5　下線部オに関して，老人性難聴の際には，聴覚検査のグラフは一般に図5のようになる。このときに聴覚を伝える経路に起きている変化として考えられるものはどれか，次の①～⑦から1つ選べ。
① 鼓膜の弾性が低下した。
② 耳小骨の動きが悪くなった。
③ うずまき管基部の聴細胞の数が減った。
④ うずまき管先端部の聴細胞の機能が低下した。

図5

⑤ うずまき管のリンパ液の粘性が増した。
⑥ 聴神経繊維の数が減った。
⑦ 大脳聴覚中枢の細胞の感受性が鈍くなった。

問6 下線部カに関して，音源が図6のように正面から右方向30度の位置にあった場合，両耳間を20cm，音速を330m/秒とすると，左右の耳に音が伝わる時間差は何ミリ秒か。小数点以下第1位(小数点以下第2位を四捨五入)まで求めよ。ただし，音源は十分遠い場所にあり，音は平行な波として両耳に届くものとする。

| 東邦大(医) |

図6

| 標問 | **73** | **動物の行動** | 解答・解説 p.198 |

扱う
テーマ　本能行動／フェロモン　　　　　　　　　　　　　　　　　　　　　　　生物

A.　カイコガの雄は，羽化するとすぐに近くの雌に近づき，交尾する。そこで，雌の
カイコガを机の端に置き，20 cm ほど離れたところに雄を放して，雌雄のカイコガ
の行動を観察した。雌は，机に置かれるとすぐに尾部の先端から側胞腺と呼ばれる
分泌腺を突出させた。すると，雄ははねを激しく羽ばたかせながら接近し，やがて
雌のところにたどりついた。

　　雄がどのような刺激を感じて交尾相手を探し出しているのか知るために，次の実
験 1 ～ 6 を行った。なお，実験には雌雄ともに成虫になったばかりの未交尾のカイ
コガを用いた。机に置かれた雌のカイコガは，すべてすぐに側胞腺を突出させた。
また，外科的手術そのものの影響はなかった。

実験 1　机の端に雌を置き，側胞腺を突出させる前に透明なガラス容器をかぶせて密
閉した。その後，雄を放したところ，雄は何の反応も示さなかった。

実験 2　机の端に雌を置き，両眼を黒エナメルで塗りつぶした雄を放したところ，雄
ははねを羽ばたかせながら歩行し，雌のところにたどりついた。

実験 3　机の端に雌をしばらく置いておき，その雌を取り除いた直後に雄を放したと
ころ，雄はすぐにはねを激しく羽ばたかせながら動き回った。

実験 4　ビーカーの中に雄を入れておき，雌の尾部にこすりつけたろ紙をピンセット
でつまんで近づけると，雄ははねを激しく羽ばたかせた。次に，別のビーカーの中
に両方の触角を根元から切った雄を入れ，雌の尾部にこすりつけたろ紙をピンセッ
トでつまんで近づけたが，触角のない雄は何の反応も示さなかった。

★**問 1**　実験 1 ～ 4 の結果から，雄のカイコガは，(1)視覚によって雌に接近しているの
ではないこと，(2)雌が発するにおいを手がかりに雌に接近していること，そして，
(3)触角で雌が発するにおい刺激を受容していること，がわかる。(1)～(3)の根拠を，
実験 1 ～ 4 の結果に基づいて，それぞれ50字以内で記せ。

問 2　雌の尾部先端の側胞腺からは揮発性の高い性フェロモンが分泌され，雄はその
情報をもとに，雌に近づいている。多くの動物は性フェロモン以外にも，他の役割
をもつさまざまな種類のフェロモンを利用している。性フェロモン以外のフェロモ
ンの種類を 1 つあげ，その名称を，そのフェロモンを用いている動物名とともに記
せ。

問 3　雌のカイコガが発する性フェロモンには雄のカイコガだけが反応し，雌のカイ
コガや他の動物は反応しない。感覚受容の観点から，その理由を50字以内で記せ。

実験 5　雌を机の端に置き，両方のはねを根元から切断した雄を放したところ，雄は
なかなか雌のところへたどりつけなかった。そこで，雌のいる側から雄の方に向け
てうちわで風を送ったところ，雄は短い時間で雌にたどりついた。しかし，雄のい
る側から雌の方に向けて風を送っても，雄はなかなか雌のところへたどりつけな
かった。

144

実験6　正常な雄の頭部前方に，火のついた線香を近づけたところ，はねの羽ばたきにより，線香の煙は雄の触角の方へ吸い寄せられるように流れていくことが観察された。

問4　実験5と6の結果から，雄のはねの羽ばたきが果たしている役割について，最も適切と思われるものを，次から1つ選べ。
① 前方から後方へ向かう風の流れを作り，歩行速度を高めている。
② 後方から前方へ向かう風の流れを作り，歩行速度を高めている。
③ 前方から後方へ向かう風の流れを作り，触角で性フェロモンを検出しやすくしている。
④ 後方から前方へ向かう風の流れを作り，触角で性フェロモンを検出しやすくしている。

B.　カイコガをはじめ，ガのなかまの雄は，雌が発する性フェロモンを利用して，数km離れた雌の存在を知ることができる。しかし，空気中に存在するにおい物質は，におい源から連続的に広がるのではなく，かたまり（フィラメントと呼ぶ）となって不均一に分布し，風が吹く自然環境下では刻々とその分布状態が変化している。におい源に近

図1　雌へ接近するときの雄カイコガの歩行パターン

いほど，においのフィラメントの分布密度は高く，におい源から離れるほど，においのフィラメントの分布密度は低くなる。雄のカイコガが雌に向かっていく動きを詳しく解析したところ，図1のように，その歩行パターンは，ⅰ）においの刺激方向に直進する反射的行動（直進行動），ⅱ）ジグザグターンから回転に移る，プログラムされた定型的行動（ジグザグターン－回転行動），の2つのパターンからなっていることがわかった。

★★問5　におい源から遠いときには，雄は直進行動とジグザグターン－回転行動という2つのパターンを交互に繰り返す。雌に近づくにしたがって，回転はあまり見られなくなり，直進行動とジグザグターンを繰り返すようになり，最終段階ではほぼ直線的に雌に接近する。触角によるにおい刺激の受容の有無と2つの歩行パターンの切り替えの間にどのような関連性があるのか，次の語句をすべて用いて75字以内で記せ。

〔語句〕　におい刺激，直進行動，ジグザグターン－回転行動

問6　この雄カイコガの雌への接近のしかたのように，走性や反射，定型的な行動が組み合わさって起こる生得的な行動のことを何と呼ぶか。

|山形大|

第8章 植物の反応と調節

標問 74 オーキシンの働き

解答・解説 p.200

扱うテーマ：植物ホルモンによる成長調節／重力屈性とオーキシン／オーキシンの器官最適濃度

生物

　植物はさまざまな環境要因の影響を受けながら成長するが，植物の成長調節や環境からの刺激に対する応答には種々の植物ホルモンが関わることが知られている。植物に特徴的な伸長成長や，重力や光刺激に対する応答には植物ホルモンのオーキシンが関わっている。以下の実験から，植物の成長や環境応答におけるオーキシンの働きを考えてみよう。

　8日間生育させたエンドウから図1のように茎の一部を切り出し，水，あるいはオーキシン(2,4-D)を1mg/L含む水に浮かべて25℃で保温した。また，茎から表皮組織のみをはがしたものを作製し，同様の処理を行った。一定時間後に茎の長さを測定し，その変化をグラフで表した(図2)。

図1

図2　(TanimotoとMatsuda(1971)を一部改変)

問1　下線部に関連して，植物の成長過程で働く植物ホルモンは，促進的に働いたり，抑制的あるいは逆に働くことで，さまざまな生理現象を調節する。以下の諸現象に対して，それぞれのホルモンが促進的に働く場合は＋を，抑制的あるいは逆に働く場合は－を記せ。
　(1) 気孔の開口に対するアブシシン酸の作用。
　(2) イネやムギなど胚乳をもつ種子の発芽に対するアブシシン酸とジベレリンの作用。
　(3) 離層の形成に対するエチレンとオーキシンの作用。
　(4) 伸長成長に対するエチレンとジベレリンの作用。

問2　この実験では人工的に合成されたオーキシン(2,4-D)を使っている。植物で合成されオーキシンとして働いている物質の名称を略さずに答えよ。

★問3　図2の実験について述べた次の文章のうち，正しくないものをすべて選べ。
　① この実験でみられる茎の伸びは，茎の細胞の伸びを足し合わせたものである。

② オーキシンの作用は2時間以降ではっきりと見られ，その程度はそれ以降のいずれの時点でも未処理の茎の方が表皮組織をはがした茎よりも大きい。
③ 表皮組織をはがした茎が処理後1時間で伸びているのは，表皮組織をはがしたことでしみこみやすくなったオーキシンにより茎の伸びが促進されたからである。
④ オーキシンは内部組織と表皮組織のどちらの細胞の伸びも促進する。
⑤ オーキシンは正常な表皮組織を通過して浸透したときにしか成長を促進しない。
⑥ 水の代わりに12%スクロース溶液を使って実験を行うと，茎はスクロースを栄養にして伸びやすくなり，オーキシンの有無による伸びの差が大きくなる。

★問4 この実験でオーキシンはエンドウの茎に対して成長を促進する作用があることを確認した。さらにこの実験では表皮をはがした茎を使うことで何を明らかにしようとしているのか，35字以内で答えよ。また，その目的をより明確にするには，さらにどのような実験を行えばよいか。30字以内で答えよ。

問5 オーキシンによる茎の伸びは細胞が吸水することで起こるが，吸水された水が主に貯えられる細胞内の構造体の名称を答えよ。

★★問6 切り出したエンドウの茎に，図3の破線のように縦に深く切り込みを入れ，水，あるいはオーキシンの入った水に浮かべてそれらの屈曲を観察した。水に浮かべて20時間後に観察すると，切れ目を入れた茎は図3のように外側に向かって屈曲した。図2の結果から，オーキシンの入った水に浮かべた茎はどのような曲がり方をすると予測されるか。最も適切と考えられるものを □ の中のa～cから選び記号で答えよ。

図3

a) より強く外側に曲がる　　b) 曲がらない　　c) 内側に曲がる

問7 暗所で発芽させたキュウリの芽ばえを90度倒して水平に置き成長を観察したところ，茎は上向きに，根は下向きに曲がった。このような反応は何と呼ばれているか。また，茎や根が曲がるしくみを，「オーキシン」，「濃度」，「感受性」という用語を使い80字以内で説明せよ。

★問8 問7の処理を行うときに，あらかじめ根の根冠を取り除いておくと根は曲がらずに水平方向に伸びる。その理由として考えられることを60字以内で説明せよ。

|名大|

標問 75 オーキシンの移動

扱うテーマ／極性移動／オーキシン輸送タンパク質／重力屈性とオーキシン

植物が外界の刺激に成長を伴って反応する運動を成長運動と呼ぶ。刺激の方向に対して反応の方向が決まっている成長運動を屈性と呼ぶ。屈性には，光刺激に対する屈性（光屈性または，屈光性）や重力刺激に対する屈性（重力屈性または，屈地性）などがある。光屈性の研究から，植物の成長にはオーキシンという植物ホルモンが関係すること，また，それが植物体内で方向性をもって輸送されることが明らかになった。オーキシンのこのような輸送は極性輸送と呼ばれている。

オーキシンは茎頂とその周辺部で合成された後，根端へ向けて輸送される。この極性輸送を茎では求基的輸送，根では求頂的輸送と呼ぶ（図1）。この他に，根では求基的輸送（根端から茎に近い側への輸送）があることも知られている（図1）。

図1 オーキシンの極性輸送

問1 屈性とは異なって，刺激に対して，その方向とは無関係に反応する成長運動がある。その運動を何と呼ぶか。

問2 図2（図中の破線はオーキシンを与えない場合の成長を示す）は，根または茎に与えたオーキシンの濃度とそれらの成長に及ぼす効果との関係を示している。曲線A，Bは根，茎のいずれについて示したものか，曲線A，曲線Bについてそれぞれ記せ。

図2 与えたオーキシンの濃度と植物の成長

実験1 根の成長と根でのオーキシンの極性輸送との関係を次のようにして調べた。

図3のように，ソラマメの芽生えの根に，根端から1mmごとに墨で印を付け，根端から2mmの位置にオーキシンをラノリン（脂質の1種）に含ませて塗布して与えた。また別の根に根端から5mmの位置で同様にオーキシンを与えた。これらの根を培養し，それぞれの根の成長を，オーキシンを含まないラノリンを塗布した根の場合と比較して，図4に示す結果を得た。

図3 ソラマメの根のオーキシン処理

図4 オーキシンを与えた位置とソラマメの根の成長

★ 問3　実験1で与えたオーキシンの濃度は図2のア〜エのいずれと考えられるか。最も適切なものを1つ選べ。

★ 問4　実験1の結果から，与えたオーキシンは主に求頂的輸送と求基的輸送のどちらで輸送されていると考えられるか記せ。また，選んだ理由を100字以内で記せ。

実験2　根でのオーキシンの求頂的輸送と求基的輸送が根のどの部域で起こっているかを次のようにして調べた。

図5のように，ソラマメの根端3mmから6mmまでの部分を切り出して，維管束系を含む中心部（以下，中心部）を取り除き針金を通してふさいだ切片と，未処理の切片とを用意した。

放射性炭素 ^{14}C で標識

図5　ソラマメの根の切片におけるオーキシンの極性輸送

したオーキシンを含んだ寒天片の上に，用意した根の切片をその基部側または根端側が下になるように置き，さらにその上にオーキシンを含まない寒天片を置いて培養した。根の切片の上側に置いた寒天片の放射能を，培養開始から1時間ごとに測定して，図5に示す結果を得た。

★★ 問5　実験2の結果から，オーキシンの輸送が起こっている部域について考えられることがらを，次から1つ選べ。

① 求頂的輸送は主に中心部で起こっているが，求基的輸送は主に中心部よりも外側の部域で起こっている。

② 求頂的輸送は主に中心部よりも外側の部域で起こっているが，求基的輸送は主に中心部で起こっている。

③ 求頂的輸送と求基的輸送は，いずれも，主に中心部で起こっている。

④ 求頂的輸送と求基的輸送は，いずれも，主に中心部よりも外側の部域で起こっている。

★ 問6　実験2から，オーキシンの極性輸送への重力の関わりを考える手がかりが得られる。実験2の結果でみられた極性輸送は，(1)「重力の作用で起こっている」と考えられるか，記せ。また，(2)そう考えた理由を125字以内で記せ。

実験3　根端には，根の頂端分裂組織を覆っている根冠と呼ばれる部分がある。根の重力屈性において，根冠が重力刺激の感受と伝達に関わっていることを明らかにするために，ある植物の根を用いて次の実験を行った。

図6のように，水平に置き6時間培養して重力屈性を示した根から根冠を切除した（図6A）。その根冠を，垂直に置き培養したあ

図6　根の重力屈性と根冠の影響
◊はAの根の下側を示す。

第8章　植物の反応と調節　　149

とで根冠を切除した別の根(図6B)に接いだ(図6C)。その根を垂直のまま，さらに4時間培養して，図6Dの結果を得た。

★★ 問7　実験3の図6Dの屈曲は，根冠で感受された重力刺激の伝達によって生じたと考えられている。最近の研究では，根冠内で，重力刺激によってオーキシンの分布に偏りが生じることが明らかになっている。これらのことをふまえて，**実験1～3**の結果をもとに，水平に置かれた根が重力屈性を示すしくみを，次の語句をすべて用いて175字以内で説明せよ。

〔語句〕　オーキシン，根冠，成長部域，相対的成長量，輸送

| 山形大 |

標問 76 発芽の促進

狙うテーマ ▶ 発芽とジベレリン／光発芽種子

解答・解説 p.205

生物

　植物の種子は，基本的には(a)いくつかの環境要因が整った時に発芽する。しかし植物によっては，これらの環境要因がそろっても発芽しない状態になっている場合がある。この状態を ア といい，植物ホルモンである イ が発芽を阻害することにより起こる。

　植物によっては，(b)発芽は光によって調節される。光によって発芽が促進される光発芽種子では，波長 660 nm 付近の赤色光が発芽促進効果を有する。しかし，赤色光を照射した直後に波長 730 nm 付近の遠赤色光を照射すると，赤色光の効果は打ち消されて発芽しなくなる。このような光に対する反応性は， ウ というタンパク質の働きで説明される。このタンパク質は，赤色光を受容して分子構造が変化すると，細胞内の エ に移動し遺伝子発現を調節すると考えられている。

　野外で植物が生い茂っている場合，一般的に，(c)地面近くでは赤色光に比べて遠赤色光の割合が高くなる。このことから，(d)光発芽種子の光応答性は，野外環境下での生き残り戦略の 1 つであると考えられる。

問1　文中の空欄に適切な語を入れよ。

問2　下線部(a)について，植物の発芽に必要な環境要因を光以外で 3 つ答えよ。

問3　下線部(b)について，光が発芽を促進する光発芽種子と，逆に光で発芽が抑制される暗発芽種子がある。以下の 4 種類の植物の中から，光発芽種子をすべて選べ。
　　　カボチャ，レタス，キュウリ，タバコ

★**問4**　下線部(c)について，植物の生い茂っている場所で，地面近くでは赤色光に比べて遠赤色光の割合が高くなる理由を40字程度で説明せよ。

★**問5**　下線部(d)について，光発芽種子の光応答性が，植物の野外での生育にどのように有利に働くのかを80字程度で説明せよ。

★★**問6**　イネの種子の発芽には，種子中で植物ホルモン X が合成されることが必要である。イネを実験材料として用いて，この植物ホルモンの発芽時の働きを明らかにするために，以下の実験 1 と実験 2 を行った。下記の文章をもとに(1)〜(4)に答えよ。

　【実験1】　イネの種子を半分に切断し，胚のついた断片とついていない断片とに分けてから，デンプンを含む溶液中に一定時間浸した。この溶液にヨウ素液を加え，色の変化を観察した結果，胚のついた断片を浸した溶液では色の変化がなかったが，胚のついていない断片を浸した溶液は，青紫色に変化した。

　【実験2】　イネの種子を半分に切断し，胚のついていない断片に植物ホルモン X を加えて，デンプンを含む溶液に一定時間浸してから，溶液にヨウ素液を加えると，色の変化はなかった。

　(1)　植物ホルモン X の名称を答えよ。また，それは種子のどこで合成されるか答えよ。

　(2)　植物ホルモン X の作用によって，合成される酵素 Y の名称を答えよ。

第 8 章　植物の反応と調節　　151

⑶ ⑵の酵素Yが，イネの種子のどこで合成されるのかを調べるための**実験3**を考え，その内容と予想される結果，導き出される結論を説明せよ。**実験3**には，**実験1**，**実験2**と同様に，デンプンを含む溶液とヨウ素液を用いることとする。

⑷ ⑵の酵素Yは，イネの発芽に必要である。種子のどこに作用し，どのような反応を触媒して発芽に関与するかを25字程度で説明せよ。

| 埼玉大 |

標問 **77** アブシシン酸の働き

扱うテーマ 光発芽種子／フォトトロピン／気孔の開閉

解答・解説 p.207

生物

　葉の表皮には，気孔と呼ばれる小さな穴が多数存在する。気孔は，葉の内部と外界とを結ぶ気体の通り道として，大きな役割を担っている。環境が変化すると，それに応じて気孔の開きぐあいが変わり，気体の出入りが調節される。

　気孔の開閉に関わる環境要因の中でも，特に重要なものに光がある。一般に気孔は，暗い環境で閉じ，明るい環境で開く。光照射で速やかに誘導される気孔開口は，特定の①色素タンパク質による光受容を介する。この色素タンパク質は，②光に依存した種子の発芽に関与する色素タンパク質とは種類が異なり，それを反映して，光応答の特徴も，気孔開口と発芽とで大きく異なる。

　水分もまた，気孔の開閉を左右する。水分の変化を気孔開閉に結びつける仲介役を果たすのは，アブシシン酸である。水分が不足すると，それが刺激となって植物体内のアブシシン酸濃度が高まり，このアブシシン酸の作用によって気孔が閉じる。

　気孔は構造的には1対の孔辺細胞に挟まれた隙間であり，気孔の開閉は孔辺細胞が変形することによる。③この変形に先立つ孔辺細胞の生理的変化については，ツユクサなどを材料に用いてさまざまな実験が行われ，概略が明らかにされている。近年では，シロイヌナズナの突然変異体を利用した解析も進んでいる。

実験1　ツユクサの葉から表皮を剥ぎ取り，これを細胞壁分解酵素で処理して，孔辺細胞のプロトプラストを得た。このプロトプラストを，その体積に比べてはるかに量の多い，やや高張の培養液に浮かべ，直径が変化しなくなるまで，暗所でしばらく静置した。その後，プロトプラストに光を照射したところ，膨らんで直径が増大した。

実験2　アブシシン酸に応答した気孔閉口が起きない突然変異体（アブシシン酸不応変異体）を探し出す目的で，突然変異を誘発したシロイヌナズナを多数育て，アブシシン酸を投与した。アブシシン酸投与後に，サーモグラフィー（物体の表面温度を測定・画像化する装置）により葉の温度を調べ，その結果に基づいて，アブシシン酸不応変異体の候補株を選抜した。

★ **問1**　下線部①について。青色の光を受容し，気孔の開閉以外にも光屈性などに働いているこの色素タンパク質の名称を答えよ。

　問2　下線部②について。レタスなどの光発芽種子の発芽にみられる光応答の特徴を，光の波長（色）との関係から40字以内で説明せよ。

★ **問3**　下線部③について。次の文章は，実験1の結果からの考察を述べたものである。　ア　～　ウ　に適切な語句を入れよ。

　考察：光照射により孔辺細胞のプロトプラストが膨らんだのは，水が流入したことを示している。一般に植物細胞への水の流入が起きるのは，　ア　と細胞外の　イ　の和より細胞内の　イ　が　ウ　なったときである。この実験の場合，細胞外の　イ　は一定とみなせ，細胞壁がないプロトプラストでは

第8章　植物の反応と調節　　153

ア　が無視できるので，水の流入の原因は細胞内の　　イ　　が　　ウ　　なる
　ことであると考えられる。

★問4　実験2について。アブシシン酸不応変異体を見つけるには，野生型と比べて葉
　の温度がどうなっている個体を選び出したらよいか，答えよ。また，その理由を60
　字以内で述べよ。

★問5　実験2で単離されたアブシシン酸不応変異体が，気孔閉口だけでなく，すべて
　のアブシシン酸応答を示さないとしたら，どのような表現型が考えられるか。気孔
　閉口の異常とは直接の関係がない表現型を1つ答えよ。

| 東大 |

標問 78 カルス

扱うテーマ 組織培養／相互作用／遺伝子組換え

解答・解説 p.209

生物

植物ホルモンは，細胞の増殖，分化などにさまざまな作用を示すことが知られている。タバコの葉の切片を，さまざまな濃度のオーキシンとサイトカイニ

表　オーキシンとサイトカイニンのタバコの葉の切片への影響
（オーキシンとしてインドール酢酸，サイトカイニンとしてカイネチンをそれぞれ使用した。濃度の単位は mg/L。）

オーキシン濃度	0	0	0.02	2.00	2.00	2.00
サイトカイニン濃度	0	0.02	2.00	0	0.02	0.20
結　果	増殖も分化もなし	茎葉が分化	茎葉が分化	根が分化	根が分化	カルスとして増殖

ンを含む培地で4週間培養すると，上表のような結果が得られた。

植物以外の生物が植物ホルモンを合成することがある。例えば，あるカビ（真菌類）は茎の伸長を促進する植物ホルモンを合成する。次に示す例は細菌が植物ホルモン合成酵素遺伝子をもつ例である。

土壌細菌の一種Aが植物に感染すると，カルスに似た不定形の細胞塊，すなわち腫瘍が形成されることがある。この腫瘍の一部を切り取り細菌を除去し，別の健全な植物に移植すると，移植された腫瘍細胞はその場所で増殖する。土壌細菌Aには染色体DNAとは別に，Tiプラスミドをもつものがある。Tiプラスミドをもたない土壌細菌Aには腫瘍形成能はない。

腫瘍形成能のある土壌細菌Aがタバコに感染すると，Tiプラスミド上の遺伝子 S，R，N などが，細菌Aからタバコ細胞に移行してタバコの染色体DNAに組み込まれる。組み込まれた遺伝子が発現すると，無秩序な細胞分裂が起こり腫瘍が形成される。この腫瘍細胞中には正常な植物細胞には存在しないオピンと呼ばれるアミノ酸の誘導体が蓄積する。

S を失った土壌細菌Aをタバコに感染させると，感染部位から茎葉が分化した。一方，R を失った土壌細菌Aをタバコに感染させると，感染部位から根が分化した。N を失った土壌細菌Aをタバコに感染させた場合は，腫瘍が形成された。S と R は，植物ホルモンの合成酵素の遺伝子であり，N はオピンの合成酵素の遺伝子である。植物細胞はオピンを炭素源および窒素源として利用することはないが，土壌細菌Aはオピンを炭素源および窒素源として利用することができる。このような植物と土壌細菌Aの関係を，細菌による"遺伝的植民地化"と呼ぶこともある。

★問1　表の観察結果に関して，次の中から間違っている記述をすべて選べ。

①　サイトカイニンの濃度によっては，葉の細胞の形質を失った細胞が増殖することがある。

②　サイトカイニンが培地に存在すると，根は分化しない。

③　根の分化の誘導には，サイトカイニンは必要ない。

④　根の分化の誘導には，オーキシンが必要である。

⑤　サイトカイニンよりもオーキシンの濃度が高いと根が分化しない。

第8章　植物の反応と調節　155

⑥　オーキシンもサイトカイニンも培地に含まれていない場合，葉の細胞は増殖しない。

問2　下線部について，この植物ホルモン名を答えよ。

★★問3　Tiプラスミド上に腫瘍形成に関係した遺伝子が存在することは，ある実験により示された。それはどのような実験で，どのような結果が得られると考えられるか。以下の用語を使って80字以内で説明せよ。

〔用語〕　土壌細菌A，Tiプラスミド，腫瘍形成能，形質転換

★問4　土壌細菌Aの感染により形成されたタバコの腫瘍について，正しい記述をすべて選べ。

①　腫瘍細胞を正常な細胞と共に培養すると，腫瘍細胞は正常な細胞に変化する。

②　腫瘍細胞の増殖維持には土壌細菌Aは必要ない。

③　腫瘍を切り取り，土壌細菌Aを除き，植物ホルモンを含まない培地で培養すると茎葉が分化し，その後，発根して正常な個体となる。

④　オピンは正常なタバコ細胞の腫瘍化に必要であるが，腫瘍細胞の増殖維持には必要ない。

⑤　野生型の土壌細菌Aの感染により形成された腫瘍細胞の核では，土壌細菌A由来のN遺伝子が転写されている。

⑥　正常なタバコ細胞と土壌細菌Aの感染により形成されたタバコの腫瘍細胞の間では，染色体DNAに違いはない。

問5　遺伝子Rが合成に関与すると考えられる植物ホルモン名を記せ。

★問6　2つの遺伝子SとRを共に失った土壌細菌Aがある。これをタバコに感染させると，感染部位はどのようになると考えられるか。次の中から正しい記述を1つ選べ。

①　オピンを合成する腫瘍が形成される。

②　オピンを合成しない腫瘍が形成される。

③　腫瘍が形成された後，奇形の根と茎葉が分化する。

④　大きな形態変化はない。

⑤　茎葉が分化する。

⑥　根が分化する。

問7　土壌細菌Aと植物の関係は，根粒菌とマメ科植物の関係と，どのような点で異なっていると考えられるか。80字以内で説明せよ。

問8　生物における界を越えた遺伝子の組換えは珍しい現象である。界を越えたとは上の文章では具体的に何を意味するか。「XからY」のように五界説に基づき，界の名で答えよ。

|広島大|

標問 79 フロリゲン

狙うテーマ：花芽形成／遺伝子発現調節

1920年代のガーナーとアラードらの実験から，花成と日長の密接な関係が明らかにされた。続く1930年代の研究で(ア)適当な日長条件下において葉で合成され，師管を通って運ばれ花成を促進する花成因子の存在が提唱された。そして早くも1937年にはチャイラヒャンによって花成因子は"フロリゲン"と命名されたが，その実体は実に70年間にわたり謎のままであった。ようやく1990年代以降になりモデル植物のシロイヌナズナを用いた分子遺伝学によりフロリゲンの研究は急速に進展した。

シロイヌナズナは長日植物であり，人為的に長日条件におけば花成は早まる。ところが長日条件においても花成が早まらない *ft* 突然変異体（*FLOWERING LOCUS T*）が報告された。*ft* 突然変異体では *FT* 遺伝子が突然変異により正常に機能しなくなっていた。そこで正常な *FT* 遺伝子をクローニングして，シロイヌナズナの植物体内で人為的にFTタンパク質を過剰合成させると，日長に関わらず花成が促進された。野生株では，短日条件から(イ)長日条件に移すと葉で *FT* mRNAとFTタンパク質が検出されるようになる。しかし，花芽を形成する茎頂ではFTタンパク質は検出されたが *FT* mRNAは全く検出されなかった。

では日長に応じた *FT* 遺伝子の活性化はどのようにして起こるのだろうか。植物には概日リズムが存在する。葉に存在するCONSTANS（CO）タンパク質の濃度は概日リズムと日長の両方の影響を受け変動する（図1）。COタンパク質は概日リズムに沿って午後の決まった時刻に合成され始める。しかし，COタンパク質は暗期では速やかに分解される性質をもっている。このため早く暗くなってしまう短日条件では1日を通して葉に蓄積されることはない。一方，長日条件下では暗期になる前に一時的にCOタンパク質が分解されずに葉内に蓄積される時間帯がある。実はCOタンパク質は *FT* 遺伝子の転写調節配列に直接結合し *FT* 遺伝子を活性化する調節タンパク質であった。つまり(ウ)COタンパク質の濃度の変動こそが，長日条件に応答して *FT* 遺伝子を調節するというしくみであった。(エ)葉で作られたFTタンパク質は，茎の師管を通って8時間後には茎頂に達し，茎頂だけに存在する別の調節タンパク質と共同して，花成の遺伝子スイッチを入れることが明らかにされている。

図1　実験室内での長日条件および短日条件において，シロイヌナズナの葉に含まれるCOタンパク質の濃度変化

その後，*FT*遺伝子と類似の遺伝子が他の植物種でも次々発見された。植物はその生活環境に適応し，日長の長短に限らずさまざまな条件に応答して花成するシステムを進化させている。しかし，これまでの研究で*FT*遺伝子こそが種を超えて共通する花成促進の主役であり，長年研究者が追い求めてきたフロリゲンの実体であることが広く認められるようになった。

（注：タンパク質名は大文字，遺伝子名・RNA名は大文字イタリック，変異遺伝子名は小文字イタリックで表記する。）

★問1　下線部(ア)のフロリゲンの性質を調べるために，オナモミ（短日植物）を使用した花成の実験1〜4を行った。各実験においては，図2のように，2つの鉢植えに植わった2個体のオナモミA，Bを途中で接ぎ木したものを使用した。いま，どちらのオナモミも長日条件下で花芽をもたない状態で実験を開始するが，仮に短日条件になれば図2のように花成できるものとする。実験1〜4について予想される結果を下の①〜④から1つずつ選べ。

図2　実験に用いたオナモミの模式図（短日植物）

実験1：接ぎ木したA，BのうちBの領域Xに覆いを被せて短日処理した。
実験2：接ぎ木したA，Bのうち，Bの葉をすべて取り去り，Bの領域Xに覆いを被せて短日処理した。
実験3：接ぎ木したA，Bのうち，Bの領域Xの葉を1枚だけ残して取り去り，Bの領域Xに覆いを被せて短日処理した。
実験4：接ぎ木したA，Bのうち，Bの位置Yで茎の形成層より外側を環状除皮して，Bの領域Xに覆いを被せて短日処理した。
①　A，Bのどちらにも花芽がついた。
②　A，Bのどちらにも花芽がつかなかった。
③　Aのみに花芽がついた。
④　Bのみに花芽がついた。

★問2　長日条件下での*FT*遺伝子の発現について記述した下線部(イ)の内容を，葉・茎・転写・翻訳・輸送の5語を使用して改めて説明せよ。（60字以内）

★問3　下線部(ウ)について，図1のCOタンパク質の濃度変化を参考にして，長日条件下，および短日条件下で予想される葉内の*FTmRNA*の濃度変化を図1のグラフに書き入れよ。ただし白色部は明期，灰色部は暗期を表す。

★★問4　下線部(エ)について，葉で合成されたFTタンパク質が実際に茎頂に運ばれることを実験的に示したい。実験を考案せよ。（100字以内）

|防衛医大|

標問 80 花芽形成

扱うテーマ：花芽形成／フロリゲン／日周性／遺伝子発現調節

　被子植物の花芽形成(花成)は，本来葉になる部分(原基)を生み出す　ア　組織が，花芽の原基を形成することである。つまり，花成とは　ア　組織が光合成により増殖する栄養成長モードから，生殖モードに変換するプロセスのことである。この変換には，栄養成長に必要な遺伝子群の不活性化と，生殖器官形成のための遺伝子群の活性化が必要であろう。多くの植物の花芽形成には季節性があり，その季節性には，温度感受性のものや日長感受性のものが知られている。後者の日長感受性の応答は　イ　と呼ばれている。

　花成と　イ　の関連について詳しく調べるため，あるダイズの品種を用いて下記の実験1～3を行った。なお，植物体は人工気象室内で十分に成長したものを用い，日長処理は光合成を行うために十分な明るさの蛍光灯を用いた。気温は一定に保った。

実験1　明期16時間，暗期8時間の明暗サイクル下(長日条件)で栽培したところ，開花する兆しが見られなかったが，明期8時間，暗期16時間の明暗サイクル下(短日条件)では開花した。

実験2　短日条件の暗期開始9時間目に短い15分の光パルスを投与する光中断実験を行ったところ，花芽形成が抑制された。

実験3　暗期中で光中断を行う時間帯を少しずつ変えたところ，図1に示す結果を得た。また，明期8時間，暗期64時間の明暗サイクルを数回かけて，花芽形成率を調べた。この際，64時間の暗期中のさまざまな時間帯で光中断実験を行ったところ，図2の結果が得られた。なお，図中の短い白バーは光中断をした時間を示す。

図1

図2

さらに遺伝学的な解析を行うために，同じく短日植物のイネを用いて，**実験 4 と 5** を行った。イネでは短日条件下での開花率が大きく低下し，開花の日長感受性を示さなくなる変異株がいくつか知られている。これらの原因遺伝子のうち，A 遺伝子と B 遺伝子の mRNA の発現パターンを，野生株と変異株を用いて解析した。

実験 4　10時間明期，14時間暗期の明暗サイクル下（短日条件下）での A 遺伝子と B 遺伝子の葉の mRNA の発現量は，野生株では図 3 の実線部のように変化した。この明暗サイクル中，暗期開始後 6 時間目（＝明期開始の 8 時間前）に光パルスを投与すると，その後の開花率が大幅に減少することが分かっている。この光中断処理後，明暗サイクルを続けた場合，A，B 遺伝子の葉の mRNA 量は図 3 の点線部のように変化した。なお，図中の横軸の黒バーは暗期を，0—10 時間目の白バーは明期を，矢印で示した短い白バーは光中断をした時間を指す。

図 3

実験 5　A 遺伝子を欠く変異株では，短日条件下における B 遺伝子 mRNA の発現パターンは野生株とほぼ同じであった。一方，B 遺伝子を欠く変異株では A 遺伝子 mRNA の発現は明期でも暗期でも全く認められなかった。

問 1　文中の空欄にあてはまる最も適当な用語を答えよ。

★★ **問 2**　**実験 2** の解釈として，「短日条件の明期の短さではなく，暗期の長さ（限界暗期）が短日植物の開花（花成）のオン・オフを決める」という仮説がある。しかし，**実験 3** で得られた結果から，この仮説には修正が必要である。結果を踏まえながら，短日植物の花芽形成に関する仮説を書け。

★★ **問 3**　**実験 4 および実験 5** から，もし A 遺伝子もしくは B 遺伝子のいずれかがコードするタンパク質が花成ホルモンであるとすれば，どちらがその候補としてふさわしいか。その理由とともに答えよ。

★★ **問 4**　問 3 で想定した可能性を具体的に検証するためには，何をどのように示せばよいか。「これが明らかになれば花成ホルモンである可能性が高い」と思われる項目を 2 つあげよ。さらに，それらを検証するために必要な実験について述べよ。ただし，イネで検証することが困難な実験については，エンドウその他の植物の場合に置き換えて答えてもよい。

★★ **問 5**　A 遺伝子と B 遺伝子の転写制御に関して，推測されることを 2 つ述べよ。

｜早大（先進理工）｜

標問 81 発芽調節

扱うテーマ：光発芽種子／光受容体／春化処理（バーナリゼーション）

A. 植物の種子の発芽には，光，温度，水，酸素濃度などの環境条件に加えて，種子自身の休眠も関係している。東北地方のある畑では，作物X種が栽培されており，その畑の作物X種の群落の周囲には，雑草Y種が多く生えている。作物X種，雑草Y種ともに日当たりのよいところでよく生育・開花し，秋には種子が熟して地上に落下する。地上に落下する直前に採取した作物X種と雑草Y種の種子を使って，実験1と2を行った。

実験1 湿らせたろ紙の上に，作物X種と雑草Y種の種子をまいて，次の処理a～fのいずれかを行った。すべての処理は25℃に保って行った。

図1　作物X種と雑草Y種の種子の発芽率

1週間後の種子の発芽率は図1のとおりであった。

処理a．暗黒下に1週間置いた。
処理b．赤色光下に30分間置いたのち，暗黒下に1週間置いた。
処理c．遠赤色光下に30分間置いたのち，暗黒下に1週間置いた。
処理d．赤色光下に30分間，続いて遠赤色光下に30分間置いたのち，暗黒下に1週間置いた。
処理e．遠赤色光下に30分間，続いて赤色光下に30分間置いたのち，暗黒下に1週間置いた。
処理f．赤色光下に30分間，続いて遠赤色光下に30分間，さらに続いて赤色光下に30分間置いたのち，暗黒下に1週間置いた。

問1 光が種子の発芽に及ぼす効果について，実験1の結果から判断して適切な記述を，次からすべて選べ。

① 赤色光は種子の発芽を促進する。
② 赤色光は種子の発芽を促進しない。
③ 赤色光は種子の発芽を促進するかどうかわからない。
④ 遠赤色光は種子の発芽を促進する。
⑤ 遠赤色光は種子の発芽を促進しない。
⑥ 遠赤色光は種子の発芽を促進するかどうかわからない。
⑦ 赤色光は遠赤色光の効果を打ち消す。
⑧ 赤色光は遠赤色光の効果を打ち消さない。
⑨ 赤色光は遠赤色光の効果を打ち消すかどうかわからない。

第8章　植物の反応と調節　161

⑩　遠赤色光は赤色光の効果を打ち消す。

⑪　遠赤色光は赤色光の効果を打ち消さない。

⑫　遠赤色光は赤色光の効果を打ち消すかどうかわからない。

実験2　湿らせたろ紙の上に，作物X種と雑草Y種の種子をまいて，5℃の低温，暗黒下に10日間置いた(低温処理)。続いて25℃，赤色光下に30分間置いたのち，25℃，暗黒下に1週間置いたところ，いずれの種も90%の種子が発芽した。

★問2　実験1と実験2の結果だけから判断すると，低温処理は雑草Y種の種子の発芽に対してどのような効果をもつと考えられるか。次の語句をすべて用いて75字以内で記せ。

〔語句〕　赤色光，低温処理，発芽率

B.　植物ホルモンのひとつであるジベレリンが種子の発芽にどのように関係しているかを調べるために，地上に落下する直前に採取した作物X種と雑草Y種の種子を用い，実験3～5を行った。

実験3　ジベレリンを添加した水で湿らせたろ紙の上に，作物X種と雑草Y種の種子をまいて，25℃，暗黒下に1週間置いたところ，いずれの種も90%の種子が発芽した。

実験4　ジベレリン合成阻害剤を添加した水で湿らせたろ紙の上に，作物X種と雑草Y種の種子をまいて，25℃，赤色光下に30分間置いたのち，25℃，暗黒下に1週間置いたが，いずれの種も種子の発芽はみられなかった。

実験5　ジベレリン合成阻害剤を添加した水で湿らせたろ紙の上に，作物X種と雑草Y種の種子をまいて，5℃の低温，暗黒下に10日間置いた。続いて25℃，赤色光下に30分間置いたのち，25℃，暗黒下に1週間置いたが，いずれの種も種子の発芽はみられなかった。

問3　実験1～5の結果から，ジベレリンは作物X種と雑草Y種の種子の発芽に対してどのような作用をもつと考えられるか。適切なものを次から1つ選べ。

①　ジベレリンは，作物X種と雑草Y種の種子の発芽を促進する。

②　ジベレリンは，作物X種と雑草Y種の種子の発芽を抑制する。

③　ジベレリンは，作物X種と雑草Y種の種子の発芽を促進も抑制もしない。

④　実験結果だけでは，作物X種と雑草Y種の種子の発芽に対するジベレリンの働きはわからない。

★★問4　実験1～5の結果だけから判断すると，赤色光と低温処理は，作物X種と雑草Y種の種子におけるジベレリン合成に対して，どのような効果をもつと考えられるか，100字以内で記せ。

問5　(1)ジベレリンと，もうひとつの植物ホルモンである(2)アブシシン酸の，種子発芽以外での作用として適切なものを，つぎの①～⑥から1つずつ選べ。

①　果実の成熟を促進する。　　②　孔辺細胞の膨圧を下げる。

③　離層の形成を抑制する。　　④　不定芽の形成を促進する。

⑤　側芽の成長を抑制する。　　⑥　茎の伸長成長を促進する。

C. 作物X種の畑の土壌中に雑草Y種の種子は含まれているが、作物X種の群落内でそれらが発芽することはない。そこで、作物X種の群落外と群落内（図2(あ)）における各波長の光の強さを調べたところ、図2(い)の通りであった。

図2　作物X種の群落外と群落内(あ)における各波長の光の強さ(い)

問6　作物X種の群落内外の光環境について適切に述べたものを、次の①～⑥からすべて選べ。
① 群落内には、光合成に必要な青色光と赤色光の大部分が到達する。
② 群落内には、光合成に必要な青色光と赤色光はわずかしか到達しない。
③ 群落外では、赤色光より遠赤色光のほうが強い。
④ 群落外では、遠赤色光より赤色光のほうが強い。
⑤ 群落内では、赤色光より遠赤色光のほうが強い。
⑥ 群落内では、遠赤色光より赤色光のほうが強い。

★問7　下線部において、雑草Y種の種子が作物X種の群落内で発芽しない理由を、50字以内で記せ。

★問8　下線部において、作物X種の群落内では、土壌中に雑草Y種の種子があっても発芽しないことは、雑草Y種の生き残りにとってどのような利点があると考えられるか、75字以内で記せ。

｜山形大｜

標問	**82**	**水分調節**	解答・解説 p.217

扱う テーマ 気孔の開閉／植物の体制　　　　　　　　　　　　　　　　　　　　　　生物

　根では，表皮細胞の一部が変形・突出して　ア　を形成しており，ここから水と　イ　が吸収される。吸収された水は　ウ　に入り，その細胞内を通過したり，細胞壁の部分を通り抜けたりして移動した後，必ず　エ　の細胞内を通過して内部にある(a)道管や仮道管に入る。さらに，水は植物体内を移動して葉などの器官に達し，一部は生命活動に使われ，大部分は(b)気孔から蒸散されていく。

　気孔は1対の孔辺細胞からなり，蒸散の他にガス交換にも関わっている。気孔の開閉は外部の環境要因や植物の内部要

表1

	気孔の幅 (μm)	孔辺細胞の体積 (相対値)	カリウム濃度 (相対値)
気孔が開いているとき	12	5.0	0.4
気孔が閉じているとき	2	2.5	0.04

因によって調節されている。表1は，ある植物の葉の気孔について，気孔の幅，孔辺細胞の体積，および孔辺細胞に含まれるカリウムの濃度を測定した結果である。

★問1　上の文中の空欄に適語を入れよ。

　問2　文中の下線部(a)について述べた次の文から，誤っているものを2つ選べ。

　①　道管・仮道管は木部に存在する。

　②　道管・仮道管は維管束系に属する。

　③　道管・仮道管は細胞壁の厚い死細胞からなる。

　④　道管・仮道管の中の水はふつう，両方向に移動する。

　⑤　道管は細胞の上下の仕切りの細胞壁がない。

　⑥　葉脈の中で道管は葉の裏側に位置する。

　⑦　道管はサフラニン溶液で赤色に染色される。

　問3　文中の下線部(b)について述べた次の文から，誤っているものを2つ選べ。

　①　双子葉植物では，一般に気孔を形作る孔辺細胞は葉の裏側に多い。

　②　孔辺細胞には葉緑体がある。

　③　気孔以外の部分からも蒸散が行われる。

　④　蒸散により，凝集力の小さい水が道管の中を引き上げられていく。

　⑤　植物体内の水の上昇には蒸散の他に根圧も関係する。

　⑥　表皮にはクチクラがあり，水の蒸発を防ぐ。

　⑦　蒸散により，葉温を上げることができる。

★問4　孔辺細胞の細胞膜が完全な半透性であり，水だけが出入りするとすれば，表1の結果から，気孔が閉じている状態から開いた状態になったときの体積変化から孔辺細胞のカリウム濃度（相対値）を求めることができる。気孔が開いているときのカリウム濃度の計算値として最も適当なものを，次から1つ選べ。

　①　0.01　　②　0.02　　③　0.04　　④　0.08　　⑤　0.2　　⑥　0.24

　⑦　0.4　　⑧　0.8

164

★問5 表1の結果から，気孔が開くときのしくみを次のア〜オのように推測した。なお，ア〜エは順不同である。下の(1)，(2)に答えよ。
ア．孔辺細胞には細胞壁があるので，| i |が上昇する。
イ．孔辺細胞の| ii |が上昇する。
ウ．水が孔辺細胞に流入する。
エ．カリウムが孔辺細胞の外側から内側へ取り込まれる。
オ．孔辺細胞は細胞壁の薄い| iii |側に湾曲し，気孔が開く。
(1) 上の文ア，イ，オの空欄 i 〜 iii に入る最も適当な語句の組合せを，次から1つ選べ。ただし，選択肢の中の語句は i ， ii ， iii の順に記述してある。
① 浸透圧，膨圧，内　② 浸透圧，膨圧，外　③ 膨圧，浸透圧，内
④ 膨圧，浸透圧，外　⑤ 吸水力，浸透圧，内　⑥ 吸水力，浸透圧，外
(2) 上の文ア〜エを正しい順序に並び替えよ。

★問6 植物は，一般に，明るいときには気孔を開き，暗いときには気孔を閉じる。これに関連して，孔辺細胞内の(c)青色光受容体が青色光を受容すると気孔が開くことが知られている。
(1) 文中の下線部(c)の青色光受容体の名称を答えよ。
(2) 青色光が刺激となって起こる植物の応答として最も適切なものを，次から1つ選べ。
① 光によるレタス種子の発芽の促進
② 日長に応じたアサガオの花芽形成
③ マカラスムギ幼葉鞘の光屈性
(3) ソラマメ孔辺細胞のプロトプラスト（酵素消化によって細胞壁を除去した細胞）を適切な溶液に入れて赤色光下におき，これに青色光を照射すると，図1に示すような体積変化が観察された。このプロトプラストの体積変化を，問5の内容をもとに50字程度で説明せよ。

図1　ソラマメ孔辺細胞プロトプラストの体積変化
　　図上部の実線と破線はそれぞれ，試料に赤色光と青色光を照射している期間を示す。

図2　シロイヌナズナ芽生えの葉面温度の変化
　　図上部の実線と破線はそれぞれ，試料に赤色光と青色光を照射している期間を示す。

第8章　植物の反応と調節　165

(4)　赤色光下においたシロイヌナズナ野生株の芽生えに弱い青色光を照射すると，葉面温度の低下が観察された（前ページの図2）。一方で，下線部(c)の青色光受容体の機能が欠失したシロイヌナズナ変異株を用いて同様の実験を行うと，このような葉面温度の低下は観察されなかった。シロイヌナズナ野生株で葉面温度が低下した理由と，変異株では低下しなかった理由を，それぞれ40字程度で答えよ。

| 自治医大（看護）・新潟大 |

第9章 生態と環境

標問 83 個体群密度の変化

扱うテーマ：成長曲線

解答・解説 p.219

生物

　生物は増殖する。つまり，個体数を増やすということが生物の基本特性である。しかし，ある集団の個体数が無限に増え続けることはありえない。個体数の増加に伴い，　ア　によって増加率が抑制されるからである。ある個体群において，その個体数の増加率(単位時間あたりの増加数)は，出生率(単位時間あたりの出生個体数)から死亡率(単位時間あたりの死亡個体数)を差し引いた値で表される。一般的に，①個体数の増加に伴って出生率は低下する。一方，死亡率は上昇する。そのような作用によって，個体数はある一定の値に収束することになる。

問1　文中の空欄に適語を入れよ。

問2　(1)　下線部①について，個体数の増加によって死亡率が上昇する理由を簡潔に述べよ。

(2)　下線部①の文中の「ある一定の値」のことを何というか。

(3)　下線部①をグラフで表したのが右図1である。文中の「ある一定の値」は，このグラフ中のどこに相当するか，図中に矢印で示せ。

図1　個体数と出生率(実線)および死亡率(破線)との関係

★★ 問3　一定の大きさのペトリ皿にアズキ20gを入れ，そこへ雌雄1対から数百対までのアズキゾウムシの成虫を数を変えて入れ，産卵させた。それぞれのペトリ皿から羽化してきた子世代の成虫数を調べたところ，右図2のようなグラフが得られ，子世代の成虫数は，親世代の成虫数が約150匹のときに最大となった。次の①～③の記述について，正しいものをすべて選べ。ただし，子世代が羽化したときには親世代はすべて死んでいるものとする。

図2

①　親世代の成虫数約150匹までは，子世代の成虫数に密度の影響は見られない。

②　親世代のメス1匹あたりの増殖率が最大になる密度と，個体群の成長が最大になる密度は一致しない。

③　親世代の成虫数が約150匹を超えると，親世代のメス1匹あたりの産卵数が急激に減少すると考えられる。

★★ 問4　問3のグラフを参考にして，次の文中の　イ　には以下のグラフ①～⑤からあてはまるものを，また　ウ　には以下の数値群の中で，最も近いと思われるものをそれぞれ1つずつ選べ。

第9章　生態と環境　167

アズキ20gを入れたペトリ皿に，アズキゾウムシの雌雄1対を入れて産卵させ，羽化した子世代のすべての個体(雌雄比は1:1)を，新しいアズキ20gを入れた別のペトリ皿に移すという操作を続けたとする。このときペトリ皿の個体数の変化は以下のグラフ　イ　になると考えられる。また，最初のペトリ皿にアズキゾウムシ　ウ　匹を入れた場合は，その後ペトリ皿内の個体数は変化しないと考えられる。

〔　イ　のグラフ〕

〔　ウ　の数値群〕　① 150　② 200　③ 400　④ 600　⑤ 800

| 大阪薬大・早大(人間科学) |

標問 84 個体数の推測・相変異

扱うテーマ：個体数の推測／標識再捕法／区画法／相変異

　生物の①個体群の大きさは，個体群密度により示されることが多い。しかし，全個体数を数えることは現実的に困難であるため，通常は②区画法や　ア　を用いて間接的に推定される。一般に，　ア　は動き回る種に適するが，どの個体も同じように捕獲されるという仮定のもとに適用される。③岐阜県内の池で　ア　による調査を行うため，ある魚類を1250匹捕獲しマークをして放した。数日後に2500匹を捕獲したところ，マークされていた個体は　A　匹であった。その結果，この池の推定個体数は156250匹と算出された。

　個体群密度は，個体の生存や死亡の影響を受けて変動する。びん内で飼育を開始したキイロショウジョウバエの実験では，初めは急速に個体数が増えるが，種内競争が激しくなるため，次第に増加率は低下し最終的には一定の個体数となる。このように一定となった時の個体群密度を　イ　という。

　一方，野外環境においては，周期的に起こる大きな個体数の増減も確認されている。アフリカワタリバッタでは，しばしば大発生による著しい個体群密度の増加が観察され，その際には個体の体色や脂肪蓄積量などに変化が現れる。この例のように，個体群密度に応じ，個体の形態や行動などの複数の形質を同時に変化させることを，特に④相変異という。相変異が生じている場合，個体群密度が大きいときの状態は　ウ　，小さいときの状態は　エ　と呼ばれる。

問1　文中の空欄　ア　〜　エ　に適切な語句を入れよ。

問2　下線部①に示す個体群という語を用い，生物群集の定義を25字以内で記せ。

★問3　下線部②について，区画法とは，調査地をいくつかの区画に分け，そのうちのいくつかの区画において実際に調査を行うことで調査地全体の個体数を推定する方法である。区画法はどのような特徴をもつ動物に適用すべきか，簡潔に述べよ。

問4　5m×5mの調査地に1m×1mの区画を設定し，5カ所で個体数を数えたとき，右図1のようになったとすると，調査地全体の総個体数は何個体と推定されるか。

★問5　下線部③の調査では　ア　を用いたが，それにはいくつかの仮定が必要とされる。この調査例において，本文中に記された「どの個体も同じように捕獲される」という仮定の他に，必要とされる仮定を3つあげよ。

問6　下線部③の　A　に入る適切な数値を記せ。

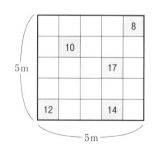

図1　調べた区画と個体数

★★問7　次ページの表1は，アフリカワタリバッタにおいて，個体群密度が大きい状態と小さい状態で認められる特徴の一覧である。表中の(a)〜(f)の項目のうち，それぞれの状態の特徴として適切な組合せが記されているものを3つ選べ。

表1 アフリカワタリバッタの相変異

項　目	個体群密度が大きい状態	個体群密度が小さい状態
(a)　集合性	な　し	強　い
(b)　幼虫の活動	活　発	不活発
(c)　相対的な翅の長さ	長　い	短　い
(d)　後脚の長さ	長　い	短　い
(e)　産卵数	多　い	少ない
(f)　生活様式	移動性が強い	定住性が強い

★問8　下線部④について，トノサマバッタの　エ　の成虫と　ウ　の成虫では卵
　　巣発達の時期に違いが見られる。　エ　個体は成虫になった後すぐに卵巣が発達
　　するが，　ウ　個体は成虫になった後しばらくたってから卵巣が発達する。これ
　　は　ウ　の成虫にとってどのような利点があるか，1つあげよ。

| 岐阜大・大阪市大・大分大 |

標問 85 種内関係，種間関係

扱うテーマ：捕食者-被食者相互作用／種内関係／種間関係／学習

次の**A**～**D**の文を読んで問1～7に答えよ。なお，以下の実験で示すデータ間の差や，データと期待値の差は，偶然生じたものではない。

A. 被食者の中には，毒物を体内に蓄積し，目立つ色や模様をもつものがいる。これは，健康を害する餌を食べた後に，捕食者に生じる行動の変化の原因となることがある。餌の毒性と模様が捕食者の行動に与える影響を調べるために，**実験1**と**2**を行った。なお，実験に用いた餌は，毒性と模様以外は同じだった。

実験1 次の操作①～③を行った。

① 鳥類Eを1羽，鳥かごに入れ，模様がない無毒な餌を3個提示し，食べ終わるまで待った。

② 模様がない無毒な餌5個と，模様を描いた有毒な餌5個を，無作為な順序で鳥類Eに1つずつ提示し，1分以内に食べるか否か観察した。

図1　鳥類Eが食べた餌数の変化

③ 20分の間隔をあけて，操作②を合計4回繰り返した。

鳥は有毒な餌を吐き出したが，死んだ個体はいなかった。32羽を用いて実験を行い，図1の結果を得た。なお，有毒な餌に描いた模様は，鳥類Eが自然環境で目にしないようなものを用いた。

問1 有毒な被食者が無毒な被食者と異なる模様をもつことは，捕食者の行動にどのような影響を与えるか，**実験1**の結果から推察されることを25字以内で記せ。

実験2 鳥類Eが自由に飛び回れる十分広い飼育ケージに，止まり木を設置した。止まり木の下の床に，模様付きの台紙を敷いた。無毒な餌には台紙と同じ模様を，有毒な餌には台紙と異なる模様を描いて，台紙の上に並べた。鳥類Eを12羽ずつ3群に分け，群(1)では有毒な餌を8個，無毒な餌を192個，群(2)では有毒な餌を24個，無毒な餌を176個，群(3)では有毒な餌を64個，無毒な餌を136個並べた。飼育ケージに1羽ずつ鳥を放ち，200個の餌のうち，はじめに食べ

図2　鳥類Eが食べた有毒な餌の数
点線は無作為に食べられた場合に期待される有毒な餌の数を示す
（提示した有毒な餌の数÷200×50）。

られた50個の餌の種類を記録した。どの群もすべての個体の行動を観察し，図2の結果を得た。

★**問2** 目立ちやすい有毒な被食者が生存しにくいのは，どのような場合だと考えられるか，**実験2**の結果から推察されることを50字以内で記せ。

B. 無毒な昆虫F種には，色と模様が異なるタイプαとタイプβがいる。タイプα

は全体的に黒い。タイプβは黒地に赤い斑点があり，色と模様が有毒な昆虫G種とよく似ている。さまざまな野外観察を通じて，タイプαよりタイプβの方がより目立ち，捕食者に発見されやすいことが明らかになっている。G種が多い島ほどタイプαは少なくタイプβが多い。

問3　無毒な生物が，有毒な生物によく似た形態をもつことを何と呼ぶか，記せ。

★★問4　下線部の状態が生じた理由を**A**の実験1と2の結果から推察し，75字以内で記せ。ただし，模様以外の性質は，F種のタイプαとβで変わらないものとする。

C.　一般に，種は交配が可能な生物の集団と定義されているが，異種間でも生殖能力をもつ雑種が生じることがある。地域1に生息する有毒な昆虫2種（X種とY種）も，その例に当てはまる。両種は生態的地位（ニッチ）に差があるが，行動域が一部重なっていて，野外では低頻度だが雑種が生じる。両種の形状はよく似ているが，はねにある大きな模様がX種は赤色と黄色，Y種は白色である点が異なる。いずれの種も模様に雌雄差はない。また，雑種の模様は，X種やY種の模様とは明らかに異なるので，捕食者は雑種を区別できる。

★★問5　雑種は，野外でX種やY種に比べて捕食されやすい。その理由を，**A**の実験1と2の結果から推察し，75字以内で記せ。なお，雑種の毒性や運動能力，耐病性，捕食者から見たときの目立ちやすさは，X種やY種と変わらないものとする。

D.　地域1から3000km離れた地域2には，X種は生息するが，Y種は生息していない。X種の移動能力から考えて，地域1と地域2の個体が直接交配する機会はほとんどない。また，地域2のX種には，黄色の模様がない。Y種の有無が，X種の生殖行動に与える影響を調べるため，実験3〜5を行った。

実験3　X種とY種のオスに，同種や他種のメスの標本を提示して，標本に求愛する時間を測定し，図3の結果を得た。

図3　X種とY種のオスの同種と他種のメス標本への求愛時間

表1　最初に生じた交尾ペアの頻度

		オス	
		地域1のX種	地域1のY種
メス	地域1のX種	168	0
	地域1のY種	0	132

実験4　地域1のX種とY種からそれぞれ未交尾のオスとメスを1匹ずつ選び，計4匹を飼育ケージに放ち，最初に交尾した組合せを記録した。1200匹を用い300回観察し，表1の結果を得た。

実験5　地域2のX種と地域1のY種からそれぞれ未交尾のオスとメスを1匹ずつ選

び，計4匹を飼育ケージに放ち，最初に交尾した組合せを記録した。1200匹を用い300回観察し，表2の結果を得た。

表2　最初に生じた交尾ペアの頻度

		オス	
		地域2のX種	地域1のY種
メス	地域2のX種	145	0
	地域1のY種	30	125

問6　実験3〜5から，次のことが推察される。　あ　に入る適切な用語を記せ。

　　地域2に比べ，地域1の方がX種とY種の間の　あ　隔離が進行している。

問7　実験3〜5で示されたX種の行動の地域差は，Y種の存在に応じて，X種が生殖行動を適応させた結果だと考えられている。その適応を示す地域1のX種の行動を，その意義とともに，75字以内で記せ。

| 山形大 |

第9章　生態と環境　　173

標問 86 遷移

扱うテーマ 植生の遷移／ギャップ更新

植生遷移の考え方では極相は最終段階の安定した植生であり，日本のような雨の多い気候では陰樹の森林になるとされている。しかし，実際の極相林は陰樹だけからなる森林ではなく，多くは陰樹と陽樹の混生する森林になる。これには極相林に存在するギャップと，森林を構成するさまざまな樹種の幼木の性質の違いが関わっている。

極相に達した自然林で，森林を構成する樹種の次世代をになう幼木を探してみると，種によって出現のしかたが異なっている。例えば ア と イ はどちらも高木になり，風によって広範囲に種子を散布する能力のある樹種であるが， ア の幼木は密度の差はあるものの森林内のさまざまな場所に出現するのに対し， イ は通常の林床にはあまり出現せず，大きいギャップの部分に集中的に出現した。また，これら2種を含めた5種について芽生えたばかりの幼木の林床での生存率と大きいギャップでの成長速度との関係を調べてみると，図1に示すような関係が得られた。図1は生存率と成長速度との間にトレードオフ（一方を追求すると他方が犠牲にならざるを得ない）関係があることを示唆する。このような種ごとの幼木の性質の違いとギャップのもたらす森林内の環境の異質性が，極相林での多種の共存を可能にしていると考えられている。

図1 ある森林に生育するA〜Eの5種の幼木の林床での生存率と大きいギャップ内での成長速度との関係

問1 極相林内に存在するギャップとはどのようなものか。ギャップのでき方とギャップ内の環境に関して説明せよ。

問2 日本の落葉広葉樹林（夏緑樹林）における典型的な陽樹と陰樹の例をそれぞれ1種あげよ。

★問3 ア と イ はそれぞれ図1中のB種とE種のどちらかに対応する。 ア に対応する種の記号を答えよ。また，そう考えた根拠を述べよ。

★問4 幼木の性質のトレードオフ関係について図1から読み取れる傾向を簡潔に説明せよ。

★問5 極相林で陰樹と陽樹が混生するしくみを簡潔に説明せよ。

｜福島大｜

標問 87 バイオーム

扱うテーマ：バイオーム／(ラウンケルの)生活形

地球上の植生は相観にもとづいてさまざまなバイオームに分けられている。それぞれのバイオームの分布域は気温や降水量などの気候条件と対応している。一方，地域の気候によって，植生を構成する植物の生育に不適な期間の乗り切り方も異なっている。ラウンケルは休眠芽の位置にもとづいて，植物を表1のように分類した。

表1　ラウンケルの生活形

生活形の名称	休眠芽の位置
地上植物	地上30cm以上
地表植物	地上30cm未満
半地中植物	地表に接している
地中植物	地中にある
一年生植物	*種子として生き残る

＊休眠芽をもたないので，種子をそれに代わるものとした。

図1は，地点A〜Eの年平均気温と年降水量の関係を表している。これらの地点で見られる植生はそれぞれ異なるバイオームに属している。図2は，植生(i)〜(iv)における，植生を構成する植物の全種類数に対するラウンケルの各生活形に属する種類数の割合を示している。なお，植生(i)〜(iv)は，図1の4地点A〜Dで見られる植生のいずれかに該当する。

図1　地点A〜Eの年平均気温と年降水量

図2　植生(i)〜(iv)における，異なるラウンケルの生活形をもつ種類数の割合

問1　図2の植生(i)は常緑樹が優占する森林であり，この植生が属するバイオームは世界のバイオームの中で最も樹木の種類数が多いことで知られている。
 (1) この植生が分布する地点を図1のA〜Dから選び，記号で答えよ。
 (2) この植生が属するバイオームの名称を記せ。

問2　図2の植生(ii)は図1の地点Cに分布しており，半地中植物が植物相の大半を占める。この植生で優占する半地中植物として適切なものを，次から1つ選べ。
 ① 着生植物　② つる植物　③ イネ科草本　④ 硬葉樹　⑤ 落葉広葉樹

問3　図2の植生(iii)が分布する地域の気候の特徴を，25字以内で記せ。

★**問4**　図2の植生(iv)は落葉樹が優占する森林である。一般に，樹木から落ちた葉は枯れ枝とともに土壌の最上部に層を形成し，この層の下には，分解した落葉や枯れ枝

第9章　生態と環境　175

に由来する腐植に富んだ層が見られる。図2の植生(i)と植生(iv)の土壌を比べた場合，どちらの植生の方が，この腐植に富んだ層が厚いか。

(1) 該当する植生の記号を記せ。

(2) (1)のように判断した理由を50字以内で記せ。

問5 図1の地点Eに分布する植生で優占する樹木は常緑樹である。この常緑樹は，図2の植生(i)で優占する常緑樹の樹木と異なる葉の形態をもつ。どのように異なるか，50字以内で記せ。

| 山形大 |

標問 88 垂直分布（動物）

扱うテーマ：動物の垂直分布／種／種分化

　180万〜160万年前頃（注1）に始まり，現在に至る新生代第四紀は，寒冷な時期と温暖な時期が繰り返される，気候変動の大きい時期であった。例えば，最終　ア　はわずか1万数千年ほど前まで続いていた。この気候変動に合わせて，生物は生存に適した気候帯へ，分布域を変化させたと考えられている。その過程で，環境の変化に適応できなかった種や一部の個体群が絶滅したり，分断・隔離された集団が種分化を起こしたり，というようなことがしばしば起こったと推察される。

　本州・四国・九州の山岳地帯の樹林には，ルリクワガタ属という小型のクワガタムシの仲間（図1）が分布し，現在までに10種が記載されている。このうち，図2に水平分布を示した種A，種B，種C，種Dは，長らく1つの種として扱われてきた。最近になって，これらの種は近縁ではあるものの，(ア)交尾器（雌雄が交尾する時に結合する部分で，交尾時以外は腹部に格納されている）の形態が互いに異なり，遺伝子の塩基配列等によっても互いに識別できる4種であることが明らかになった。図2の分布域は，それぞれの種の分布確認地点の最も外側の点をなめらかな線で結んだものである。

図1　ルリクワガタ属の種A（雄）　　図2　種A〜種Dの水平分布域

　種A〜種Dの分布域は基本的に重ならない。2種の分布域の間に平地の空白地帯を挟む場合もあるが，生息に適した樹林が連続しているような地域に境界がある場合には互いに隣り合うように分布している。これらの種は気候変動にともなって隔離されて種分化し，その後分布を拡大して，現在のような分布状態になったと推定される。

　これらの種の分布境界線は，しばしば図3に示したように分水嶺に近い高地に存在している。そのような境界域を詳しく調べると，幅1kmにも満たない混生地帯を挟んで2種が接している場合がある。したがって，種A〜種Dは，互いに

図3　種Aと種Bの分布境界線付近の模式図。種A〜Dの分布境界付近は同様の状態になることが多い。

分布域が接触しても，混ざり合って生息することがない関係だと推定される。

　種A〜種Dでは，1つの容器に異種の雌雄を入れておくと，しばしば交尾をしようとする。しかし，種間交配では交尾が成立する割合は低く，子ができることも稀で，

たとえ雑種個体が生じたとしても，多くの場合，生存能力や生殖能力が低い。このような種間交配のために子孫の数が減少することを「繁殖（生殖）干渉」といい，種A～種Dの例のように，近縁な2種が混ざり合って生息することができない原因のひとつと考えられている。

これ以外にも，近縁な種どうしの生息域が隣接しているものの，混ざり合わない現象としては　イ　が知られ，餌やすみかをめぐる　ウ　を避ける効果があると考えられている。

（注1）　2009年になって，第四紀の始まりは約260万年前だとする新しい説が広く認められるようになった。

問1　文中の空欄に適切な語句を入れよ。

★★ 問2　下線部(ア)について。昆虫の複数の集団を比較すると，外見が非常に似通っていて生態もよく似ているが，交尾器の形態に明瞭な差のある場合がある。このような集団どうしは通常，別種として扱われる。その理由を種の概念と関連づけて簡潔に述べよ。

問3　種A～種Dの垂直分布は，おおむね標高500～1500mの範囲にあり，それは，ほぼ1つのバイオームの分布域に相当している。そのバイオームの樹林帯名を答えよ。また，その樹林帯に生育する代表的樹種として適切なものを次からすべて選べ。

① アラカシ　　② ガジュマル　　③ ミズナラ　　④ シイ
⑤ ブナ　　　　⑥ タブノキ　　　⑦ トドマツ

★ 問4　種Aと種Bは，最初はそれぞれ孤立していたが，その後，分布域を接するようになったと考えられる。現在の分布状態から，これらの種の種分化および分布域の形成過程として最も適切なものを，次から1つ選べ。

① 寒冷期に，高標高地に孤立して種分化し，温暖期に，低標高地へ向かって分布を広げて現在のようになった。

② 寒冷期に，低標高地に孤立して種分化し，温暖期に，高標高地へ向かって分布を広げて現在のようになった。

③ 温暖期に，高標高地に孤立して種分化し，寒冷期に，低標高地へ向かって分布を広げて現在のようになった。

④ 温暖期に，低標高地に孤立して種分化し，寒冷期に，高標高地へ向かって分布を広げて現在のようになった。

| 東大 |

| 標 問 | **89** | **垂直分布（植物）** | 解答・解説 p.231 |

扱う テーマ　植物の垂直分布／暖かさの指数　　　　　　　　　　　　　　　生物基礎　生物

　バイオームの分布は気温や降水量によって強く影響されるが，降水量が比較的多い日本では，主に気温がバイオームの分布を左右している。標高が高くなるにつれ気温は低下するため，標高に沿ったバイオームの垂直分布が見られる。以下は，本州中部のある山の標高900m，1400m，1800m，2500mにおける植生のようすを記述したメモである。

　標高900m：ススキ草原とアカマツ林が広がっていた。ススキ草原には，まばらにアカマツの幼木が見られた。アカマツ林の中には広葉樹の芽ばえは見られたが，アカマツの芽ばえや幼木は見られなかった。植生のようすから，(a)このあたりは，火山の噴火などの自然現象，あるいは人間活動によって，過去に生態系がかく乱を受けたことがあると推測した。

　標高1400m：ミズナラの林が広がっており，カエデ類などのさまざまな落葉広葉樹も観察できたが，ススキやアカマツは見られなかった。

　標高1800m：オオシラビソやコメツガの森が続き，林床にはコミヤマカタバミなどの草本植物，コケ植物が生えていた。途中で通った崖崩れの跡にはダケカンバやミヤマハンノキが見られた。

　標高2500m：ハイマツの低木林が広がっていた。(b)この付近より標高の高い所には高木は生えておらず，クロユリ，コマクサなどのさまざまな高山植物が生えていた。大きな岩の上には地衣類が生育していた。

★問1　上記のメモに出てくる植物に関する次の文①〜⑤から正しいものを2つ選べ。
　①　アカマツは外生菌根を形成して窒素固定を行う。
　②　光合成の光飽和点はコミヤマカタバミの方がススキより低い。
　③　北海道では，オオシラビソやコメツガが平地に自生している。
　④　オオシラビソやダケカンバは亜高山帯の代表的な針葉樹である。
　⑤　地衣類は，菌類と緑藻類やシアノバクテリアが共生したもので，光合成を行う。

問2　下線部(a)について，このように推測した根拠は何か，30字以内で説明せよ。

問3　下線部(b)について，このような境界を何と呼ぶか，その名称を答えよ。

★問4　次の文①〜⑤から，日本の高山帯についてあてはまるものを2つ選べ。
　①　生育期間が短いため一年生植物はほとんど見られない。
　②　CO_2の吸収効率が高いC_4植物の占める割合が大きい。
　③　寒さが厳しいため常緑の植物は生育できない。
　④　中国・四国地方には高山帯は分布しない。
　⑤　暖かさの指数で45〜15の範囲に成立する。

★問5　地球温暖化により，地球の平均気温は上昇傾向にあり，この傾向は今後も続くと予想されている。バイオームの垂直分布が年平均気温によって決まると仮定すると，平均気温が3℃上昇したときに，この山の標高900m，1400m，1800m，

第9章　生態と環境　　179

2500m 地点は最終的にどのようなバイオームになると予想されるか。バイオームの名称をあげよ。また，それぞれのバイオームを代表する樹種を下記の中から2つずつ選べ。同じ番号を繰り返し使用してもよい。なお，標高による気温の低下は 100m につき 0.6℃ とする。

① アカマツ ② スダジイ ③ タブノキ ④ ガジュマル
⑤ シラビソ ⑥ メヒルギ ⑦ ミズナラ ⑧ コメツガ
⑨ ハンノキ ⑩ ブナ

| 広島大 |

標問 90 生態系とエネルギーの移動

扱うテーマ 生態ピラミッド／物質とエネルギーの移動

解答・解説 p.233

生物基礎 生物

A. 生物群集とそれをとりまく非生物的環境は互いに密接に関係しており，両者をひとつのまとまりとして捉えたものを生態系と呼ぶ。生態系を構成する生物群集は，生産者，消費者および分解者の３つのグループに分けることができる。生産者は光合成などにより ア から イ をつくりだし，消費者は生産者がつくった イ を直接または間接に利用する。また，分解者は生産者や消費者の遺体や排出物を，生産者が再び利用できる ア に分解する。これらの捕食・被食の関係は直線的ではなく，複雑な網目状になっており， ウ と呼ばれている。

生態系に流れ込む太陽の エ エネルギーの一部は，生産者によって イ の中に オ エネルギーとして蓄えられる。この オ エネルギーは ウ にしたがって消費者に移り，生命活動に利用される。分解者も，遺体や排出物中の オ エネルギーを利用する。これらの全過程で利用された オ エネルギーは，各栄養段階において代謝に伴う カ エネルギーとなる。

問1 文中の空欄に適切な語句を記せ。

問2 次の式は生態系として固定される炭素量を計算する式である。空欄 キ に当てはまる語句を以下の①～⑦から選べ。ただし，純生産量と呼吸量は炭素の量で表すものとする。

生態系の炭素固定量＝純生産量－ キ の呼吸量

① 生産者　　② 消費者　　③ 分解者　　④ 生態系全体
⑤ 生産者と消費者　　⑥ 消費者と分解者　　⑦ 生産者と分解者

問3 生態系のエネルギーの流れを説明した次の文①～③について，正しいものには○，誤っているものには×を記せ。

① 次の栄養段階へ移行するエネルギー量は50～80％である。

② 総生産量が小さいと，生態ピラミッドの栄養段階の数は減少する。

③ 環境条件さえ整えば，生態ピラミッドの栄養段階の数は無限に増加する。

B. オギは水辺近くに生育するイネ科の大型多年生草本植物である。表1は生育期間中におけるオギの地上部(主に葉と茎)の現存量，地下部(根と根茎)の現存量，枯死量の変化を示したもの

表1

	地上部現存量 g/m²	地下部現存量 g/m²	枯死量 g/m²/月
4月1日	0	1.52	
			0
5月1日	0.06	1.48	
			0.03
6月1日	0.28	1.31	
			0.21
7月1日	0.69	1.12	
			0.26
8月1日	0.98	1.22	
			0.12
9月1日	1.07	1.46	
			0.09
10月1日	1.11	1.62	

第9章 生態と環境　　181

である。表1の結果に関して，以下の問4，5に答えよ。ただし，重量は乾物重で示してある。

★問4　生育期間中に地上部現存量は増加し続けたが，地下部現存量は4月1日から7月1日まで減少し，その後は増加した。多年生草本植物であるオギは秋に地上部を枯らすので，翌年の生産活動を行うためには新たな地上部をつくる必要がある。4月1日～7月1日まで地下部現存量が減少する理由について70字以内で記せ。ただし，この間の地下部枯死量は無視できるものとする。

★問5　7月，8月，9月におけるオギの純生産量を計算し，最大の純生産量を示す月とその数値を単位とともに記せ。ただし，この期間中は被食量は無視できるものとする。

| 筑波大 |

| 標 問 | **91** | **炭素循環** | 解答・解説 p.235 |

扱う テーマ 生態系における物質の循環 　　　　　　　　　　　　　　　　　　　　　生物基礎 生物

　地球の生態系において，植物は生産者として，太陽エネルギーを用いて大気中の二酸化炭素(CO_2)を固定し，有機物の生産を行っている。これから植物自身の呼吸を引いた残りが純一次生産で，これは消費者・分解者を経て，最終的にすべてCO_2になり大気中に戻る。下表は，地球の各生態系における植物の現存量と純生産，および土壌中の有機物の量を調べ，面積あたりの炭素量に換算して示したものである。表をみて，下の問いに答えよ。ただし，現在の大気中にCO_2として含まれる炭素の総量は$750 \times 10^{12}\,kg$である。

生　　態　　系	面積 $10^{12}m^2$	植物現存量 kg/m^2	純一次生産 $kg/(m^2 \cdot 年)$	土壌有機物 kg/m^2
熱帯多雨林	10	18.7	1.02	8.0
亜熱帯季節林(雨緑林)	5	11.3	0.71	9.1
温帯林	8	12.6	0.66	10.3
針葉樹林	10	10.1	0.38	14.2
サバンナ	22	2.9	0.79	11.7
陸地全体(その他を含む)	149	3.8	0.40	11.0
海洋全体	361	0.0043	0.061	
地球全体	510	1.44	0.133	

★★ 問1　植物の総生産の$\dfrac{1}{2}$が呼吸で失われると仮定すると，1年間に大気CO_2の何パーセントが植物の光合成により固定されることになるか。また，大気CO_2は生態系の炭素循環を介して，平均して何年に1回の割合で入れかわるか。計算結果は有効数字2桁まで示せ。

★★ 問2　純一次生産量あたりの植物現存量は，生体内の炭素の平均的な滞留時間を表すと考えることができる。陸地と海洋のそれぞれでいくらになるか。また，その違いの原因を簡潔に述べよ。計算結果は有効数字2桁まで示せ。

★ 問3　サバンナと，亜熱帯季節林とを比較すると，現存量に大きな差があるのに，面積あたりの純生産量はそれほど変わらない。その原因を，それぞれの気候と植物の生活形の違いに着目して簡潔に述べよ。

★ 問4　4種類の森林生態系を比較すると，熱帯多雨林・亜熱帯季節林・温帯林・針葉樹林の順に面積あたりの植物現存量・純一次生産量は減少するが，反対に土壌有機物量は増加している。その原因を簡潔に述べよ。

|　東北大　|

第9章　生態と環境　　183

標問 92 海岸の生態系

扱うテーマ：植物の環境への適応

ある地方の湖岸に生育する主な植物の種類と分布を調べたところ、図1のようになっていた。

図1

問1 一般に、沈水植物は水深の浅いところでは生存できるが、ある限度より深いところでは生存できない。その理由を「補償深度」という語を用いて説明せよ。

問2 一般に、沈水植物が密に生えている場所では、晴れた日には水中の溶存酸素濃度が日中と夜間で大きく変動する。その理由を説明せよ。

★ 問3 沈水植物Aは雌雄が別個体の帰化植物で、雄株だけが日本に移入して各地で増殖している。この植物は日本ではどのように増殖していると考えられるか記せ。

問4 湖岸に生育する植物Xはマメ科に属し、根粒の働きによって、栄養分が比較的乏しい砂地でもよく育つ。根粒の機能について記せ。

同じ地方の海岸には、図1に示した湖岸の植物Yと形態的には区別のつかない植物Yが分布している。分類学の祖といわれるリンネは、形態的に連続する生物群を同種と考え、不連続な形態的相違がある場合は、それらを別種と考えた。リンネに従えば、湖岸のYと海岸のYは同種とみなされる。そこで、両者を比較するために実験1～3を行った。

実験1 湖岸に生育するYと、海岸に生育するYのそれぞれの生育地において、根元に約1％の食塩水をかけて最大光合成速度を測定した。その結果、湖岸に生育するYでは最大光合成速度が著しく低下したが、海岸に生育するYは食塩水の影響をほとんど受けなかった。

実験2 湖岸に生育するYと、海岸に生育するYの根の細胞の浸透圧を調べた。その結果、海岸に生育するYの細胞では、湖岸に生育するYの細胞に比べて浸透圧が高くなっていた。

★★ 問5 実験1において最大光合成速度が著しく低下した理由として、どのようなことが考えられるか。実験2の結果をもとに記述せよ。ただし、解答には「二酸化炭素」という語を必ず含めること。

実験3 湖岸に生育するYと、海岸に生育するYの個体間で、相互に人工交配を行ったところ、種子を形成しなかった。

★★ 問6 実験3によると、湖岸に生育するYと海岸に生育するYは、相互に交配が妨げられている。この湖は淡水湖で、現在は内陸に位置するが、今から数万年前には海との距離が接近していた歴史をもつ。このことをふまえ、地史的時間をへて、2つの集団間で交配が妨げられるようになった理由を説明せよ。

|京大|

標問 93 キーストーン種

扱うテーマ：食物連鎖／食物網／海岸の生態系／キーストーン種

ある海岸の岩場を観察したところ，フジツボ，イガイ，カメノテ，イソギンチャク，紅藻などの岩に固着している生物と，ヒザラガイ，カサガイ，ヒトデなどの岩場を動き回る生物が生息していた。下図はこれらの生物の食物網を表す。数値は，ヒトデが捕食した生物の総個体数に対する各生物の個体数の割合〔％〕を示したものである。

この岩場に実験のための2つの区域を設けた。一方の区域でヒトデを一度完全に除去し，その後も除去し続けた。約2年の間にこの区域では生物群集の構成が下記の ⅰ ～ ⅳ の順に大きく変化した。他方，ヒトデを除去しなかった区域では，変化が見られなかった。

ⅰ フジツボとイガイの個体数が増加しはじめた。カメノテの個体数には変化が見られなかった。

ⅱ 増加したフジツボとイガイに生活空間を奪われ，イソギンチャクと紅藻は減少してほとんど見られなくなった。

ⅲ ヒザラガイとカサガイが激減した。

ⅳ イガイが他の生物と比べて著しく増加した。

さらに観察を続けたところ，実験開始3年後には岩礁表面の95％がイガイに，5％がカメノテに覆われ，カサガイやヒザラガイはこの区画で見られなくなった。その後，岩礁表面はすべてイガイで覆われた。

★問1 この岩場に生息する次の(1)～(4)の動物について，それぞれが属する動物門をa～dから，その動物門の特徴を最もよく表している記述をア～エから1つずつ選べ。
(1) ヒトデ　(2) ヒザラガイ　(3) フジツボ　(4) イソギンチャク
〔動物門〕　a．軟体動物　　b．棘皮動物　　c．刺胞動物　　d．節足動物
〔特徴〕　ア．消化管の出入り口が1つである。
　　イ．発生の過程で原口側に肛門ができる。
　　ウ．外套膜をもち石灰質の殻をもつ。
　　エ．多数の体節があり硬い外骨格をもつ。

問2 ヒトデの捕食率がカサガイとフジツボでは大きく異なる。この原因として，生

活様式の観点からどのようなことが考えられるか。

問3　この生態系において，食物をめぐりカサガイと競争関係にある生物は何か。

問4　この生態系において，食物をめぐる種間競争が最も起こりにくい生物の組合せを，次から1つ選べ。

① ヒトデとイソギンチャク　　② フジツボとイガイ　　③ イガイとカメノテ

問5　ヒトデを除去した区域を実験区と呼ぶ。これに対してヒトデを除去しなかった区域は何と呼ぶか，漢字で記せ。

★問6　実験区に関して次の問(1)と(2)について簡潔に答えよ。

(1)　ヒトデに捕食される5種の生物のうち，①の時期にフジツボとイガイが増えた原因について，どのようなことが考えられるか。

(2)　�iiiの時期に，ヒザラガイとカサガイが激減した原因について，どのようなことが考えられるか。

問7　除去実験の結果から推測して，ヒトデは種多様性の維持につながるどのような役割を果たしていたと考えられるか。妥当と考えられるものをすべて選べ。

① すべての餌動物種を均等に捕食することによって，群集の構成を一定に保つ。

② 捕食によって，餌動物や藻類が新たに定着できる場所を作りだす。

③ 餌動物間の競争で優位なイガイを捕食することにより，他の劣位な種の存在を可能にする。

④ 捕食によって藻類の生育場所を減少させ，新たな餌動物の定着場所を増やす。

| 神奈川大・京大 |

標問 94 環境保全

扱うテーマ：生物濃縮

DDT や BHC などの有機塩素系殺虫剤は，農作物の害虫や衛生害虫の駆除のために世界中で大量に使用された。その結果，有害生物の防除に大きな成果があったものの，①これらの薬剤の本来の標的でない鳥類や哺乳類などの高次消費者の大量死をも引き起こした。これは，生態系での ア の過程を通じて，これらの化学物質がより高濃度で高次消費者の体内に蓄積されたためである。この現象を イ という。このような化学物質の イ の例はヒトでも知られており，有機水銀による ウ 病や， エ によるイタイイタイ病など，日本で大きな社会問題になった。

フロンは不燃性で無毒の理想的なガスとして，冷媒，洗浄剤，噴霧剤などに広く使用されてきた。フロンガスが大気中に大量に放出されると，成層圏の オ が破壊されるため，地上に到達する紫外線の量が増加する。紫外線は生物の細胞中の カ に損傷を与えることがあり，②ヒトでも多くの病気の原因となっている。

問1 文中の空欄に適当な語句を記せ。

問2 DDT などの合成化学物質はなぜ生物の体内に蓄積されやすいのか，考えられる理由を2つ，それぞれ30字程度で述べよ。

問3 下線部①に関し，アメリカのロングアイランド沿岸では，この生態系の上位消費者であるアジサシ(鳥類)の体内から高濃度の DDT が検出された。アジサシと，アジサシが主に捕食するイワシに含まれる DDT の量は，それぞれ100gあたり0.48mgと0.02mgであった。この時，(1)イワシからアジサシへの DDT の濃縮率と，(2)海水からアジサシへの DDT の濃縮率はそれぞれ何倍になるか，答えのみ記せ。ただし，海水中の DDT 濃度を0.00005ppmとする。1ppmは100万分の1を表す。

問4 イギリスでは1943年より農薬散布が始まり，これ以降，ワシやタカの仲間であるハヤブサの数が減少した。減少したのは，ハヤブサの卵のふ化率が低下したからである。そこで博物館に保存されていたハヤブサの卵について卵殻指数の変化を調べたところ図1のような結果を得た。図1より，ふ化率が下がる原因の1つがわかった。

図1にもとづいて，以下の(1)，(2)について推定し，それぞれ30字以内で述べよ。

図1

(1) ハヤブサの卵の殻に何が起きたのか。
(2) (1)はふ化率が下がったこととどのように関係するのか。

問5 下線部②に関し，紫外線照射により起こる可能性のある病気を次から2つ選べ。
① 鎌状赤血球貧血症　② クレチン症　③ 血友病　④ 骨軟化症
⑤ 白内障　⑥ バセドウ病　⑦ 皮膚がん　⑧ 夜盲症

|京都府医大・帯広畜産大|

第10章 生物の進化と系統

標問 95 進化の証拠

解答・解説 p.242

扱うテーマ／命名法／学名／相似と相同

生物

　19世紀半ばにジャイアントパンダの存在が世界に知られるようになって以来，この動物がクマ科に属するか，アライグマ科に属するか，あるいは独立したパンダ科（もしくは，ジャイアントパンダ科）を設けるべきかという論争が長年繰り広げられてきた。その際，ジャイアントパンダの「六番目の指」（偽の親指）が特に注目された。以前アライグマ科に分類されていたレッサーパンダにも類似した指があることから，ジャイアントパンダはクマ科ではなくアライグマ科もしくは独立した科に分類すべき動物と考えられた。

　a1972年になって，ジャイアントパンダ，レッサーパンダ，アライグマ，アメリカクロクマ（クマ科）の血清タンパク質が比較された。その結果，ジャイアントパンダは，レッサーパンダやアライグマよりもアメリカクロクマに近縁であることが示された。さらに近年，これらの動物の遺伝子の塩基配列が比較され，あらためて血清タンパク質の研究結果と同じ結論が得られた。また近年，偽の親指もレッサーパンダのものとジャイアントパンダのものでは構造，機能ともに異なることが明らかとなってきている。

　ナメクジウオとホヤは，脊椎動物と同じように発生の過程で体の支持器官として働く脊索をもつ。このためこれらの生物は脊椎動物に最も近縁の無脊椎動物と考えられ，　ア　と呼ばれている。b魚類は，ホヤよりもナメクジウオと形態全般が類似していることから，　ア　のうちではナメクジウオがより脊椎動物に近い動物であると考えられてきた。

　近年，ホヤ，ヒトなどの生物では　イ　プロジェクトによって遺伝子の全塩基配列が決定されてきている。このようにして蓄積されてきた多くの遺伝子の塩基配列に関する情報を用いて，2006年これらの動物について図1のような類縁関係が示された。

図1

　カナダのロッキー山脈に分布する　ウ　頁岩から，ナメクジウオに似た動物ピカイアの化石が見つかっている。このことから，　ア　は　エ　紀中期には出現していたと考えられる。また，　エ　紀末からオルドビス紀の地層から，原始的な魚類である　オ　類の化石が見つかっている。このことから，脊椎動物が最初に出現したのはこの時期であり，ピカイアはその祖先であると考えられてきた。しかし，1999年になって中国雲南省の澄江で　エ　紀前〜中期の地層から　オ　類の化石が発見されたことから，この考え方についても見直しが迫られている。

問1　文中の空欄にあてはまる最も適切な語句を入れよ。

問2　ジャイアントパンダの学名は (A)*Ailuropoda* (B)*melanoleuca*，レッサーパンダの学名は (A)*Ailurus* (B)*fulgens* である。

(1) リンネによって確立されたこの命名法の名称を答えよ。

(2) この命名法における下線部(A), (B)の部分の名称を答えよ。

★ 問3 (1) 図1のような, 生物群どうしの類縁関係やそれぞれが進化した経路を表す図を何と呼ぶか, 答えよ。

(2) 本文に基づいて, ジャイアントパンダ, レッサーパンダ, アメリカクロクマについて(1)の類縁関係を表す図を書け。

★ 問4 ジャイアントパンダとレッサーパンダの偽の親指について考えられることを, 次の語句を用いて50字以内で説明せよ。

〔語句〕 相同, 相似

問5 下線部aに示されたDNAの塩基配列やタンパク質のアミノ酸配列を利用した手法を用いて, 大腸菌, シアノバクテリア, 昆虫, は虫類, 哺乳類, 被子植物すべての類縁関係を調べるために適したものを, 次から1つ選べ。

① ヘモグロビンα鎖のアミノ酸配列

② 葉緑体DNAの塩基配列

③ リボソームDNAの塩基配列

④ ミトコンドリアDNAの塩基配列

★★ 問6 下線部bにあるように, ナメクジウオと脊椎動物は分節構造と呼ばれる体節に見られる節状の繰り返し構造を共通してもつのに対して, ホヤは明瞭な分節構造をもたない。この分節構造について, ナメクジウオ, ホヤ, 脊椎動物の共通の祖先がどのような形質をもっており, それぞれの現生生物はどのように進化したと考えられるか, 本文に基づいて60字以内で説明せよ。

★ 問7 ハイギョは肉質の鰭, 内鼻腔や肺をもち, 空気呼吸を行う魚類の1グループで, 生きている化石と呼ばれる。現生のハイギョは, 古生代に出現した化石魚ディプテルスを祖先として進化し, アフリカ, オーストラリア, 南米の河川に1属ずつ生息している。現生の近縁種がこのように遠く離れたところに分布する理由について, 次の語群から1つ用語を選び, それを使って説明せよ。

〔語群〕 適応放散, 収斂(収束)進化, 大陸移動

| 千葉大・熊本大・山口大 |

標問	96	熱水噴出孔	解答・解説 p.244

扱うテーマ　化学進化／熱水噴出孔の生物　　　　　　　　　　　　　　　　　　　　　　　　　　　生物

　近世までは，生物は自然に"わいてでる"と考えられていた。この考えは，肉片を放置しておくと蛆虫が発生するというような経験に基づいており，生物の『自然発生説』と呼ばれる。しかし，17世紀中ごろのレディや18世紀中ごろのスパランツァーニらの研究に続いて，　ア　が，19世紀中ごろに，「白鳥の首」の形をしたフラスコを用いた実験を行い，生物の『自然発生説』を否定した。ところが，自然発生説の否定によって，「では，なぜ地球上に生物がいるのか？」という疑問が生じた。

　　イ　は，1953年に，人工的に作り出した原始大気(NH_3, CH_4, H_2, H_2O などを含む)に放電を続ける実験を行い，タンパク質の構成材料であるアミノ酸が生成されることを実証した。このような事実から，(a)原始地球では，長い時間をかけて無機物から低分子の有機物が合成され，蓄積した低分子有機物が寄り集まって高分子有機物が合成される物質変化の過程ができ，それがやがて生命の出現につながったと考えられるようになった。生命の起源には諸説があるが，その1つに海洋底にある熱水噴出孔から誕生したという仮説がある。海底火山にともなって存在する熱水噴出孔と呼ばれる場所では，ミネラルや硫化水素を含む熱水が湧き出しており，硫化水素などをエネルギー源として利用する化学合成細菌を含む生態系が成立している。

　一方，約35億年前のオーストラリアの地層から，最古とされる生物の化石が見つかった。その生物は，形状から原核生物の一種であると考えられている。なお，地球に最初に現れた生物が，原始海洋中に蓄積していた有機物を取り込んで生育する従属栄養生物なのか，(b)細胞内で無機物から有機物を合成する能力をもつ独立栄養生物なのかはまだ結論が得られていない。いずれにしても，このころの地球大気には火山ガスの噴出により多量の二酸化炭素が存在し，酸素はほとんど含まれていなかったと考えられている。従って，初期の生物は呼吸を行うことはできず，　ウ　によって生きるためのエネルギーを得ていた可能性が高い。その後，酸素発生を伴う光合成を行う原核生物が出現し，繁栄した。20〜30億年前の地層から多量に見出される　エ　という層状構造をもつ石灰岩は，光合成を行う当時の生物に由来するものである。

　この酸素発生型光合成を行う生物によって大量に放出された酸素は，始めは，海水に溶けていた　A　イオンとの反応で消費された。しかし，　A　イオンの減少とともに，徐々に酸素は水中や大気中に蓄積するようになった。蓄積した酸素によって　オ　層が形成され，地表に届く　カ　が減少した結果，生物の陸上進出が可能となった。また，呼吸により「エネルギー通貨」である　キ　が効率的に合成できるようになった。このように，地球大気の酸素濃度の増加は，その後の生物の進化に大きな影響を与えたと考えられている。

問1　文中の　ア　〜　キ　に適する人名または語句を記せ。

問2　文中の　A　にあてはまる物質名として最も適当なものを次の①〜⑦から1つ選べ。

190

① 銅	② カルシウム	③ マグネシウム	④ 鉄
⑤ 銀	⑥ アルミニウム	⑦ マンガン	

問3 文中の下線部(a)に関して，この一連の過程を指す語句を記せ。

問4 文中の下線部(b)に関して，現在の生物の中で，当時の独立栄養生物の代謝と最も近い代謝をもつと考えられる生物を，次から1つ選べ。

① マメ科植物の根などに共生する根粒菌

② 深海底の熱水噴出孔などにすむ化学合成細菌

③ アゾトバクターやクロストリジウムなどの土壌細菌

④ クロレラやミカヅキモなどの単細胞緑藻

問5 生命の起源に関して，熱水噴出孔付近において最初の生命が誕生したとする説がある。この説はどのようなものか，熱水噴出孔特有の条件をふまえて説明せよ。

問6 熱水噴出孔付近に生息するハオリムシ（チューブワーム）と呼ばれる生物では，体内に大量の化学合成細菌が含まれている。この現象名と意義を簡潔に記せ。

★問7 熱水噴出孔付近に生息する細菌は，通常の細菌が死滅するような高い温度で生育する。高い温度で生育するために，DNA の塩基組成がどのように変化していると考えられるか。二本鎖 DNA において塩基対が形成する水素結合の数をふまえて答えよ。

│ 立命館大・早大(先進理工) │

第10章　生物の進化と系統　　191

| 標問 | **97** | **進化の要因(1)** | 解答・解説 p.246 |

扱うテーマ〉集団遺伝／環境要因と遺伝子頻度の変化 　　　　　　　　　　　　　　　　　　　　生物

　現在，地球上にはさまざまな生物が生息しているが，これらは約40億年前に出現した原始生命体から，さまざまな過程を経て進化してきたと考えられている。しかしながら，これまでに，調査や実験で進化を実証した例はなかった。ところが，19世紀の後半，それまでは体色が白っぽい個体(明色型)が大多数であったイギリスのマンチェスターのオオシモフリエダシャク(*Biston betularia*)の自然個体群において，体色が黒っぽい個体(暗色型)が急激に増加し，98%にも達した。　ア　と呼ばれるこの出来事は，短期間に起こった進化ではないかと考えられた。

　1950年代には，　ア　が生じたしくみについて『工業化の進行に伴い，工場から排出される煤煙が増加し，オオシモフリエダシャクの生息場所である樹皮に付着していた地衣類が枯死して，黒っぽい樹皮が露出するようになった。その結果，明色型個体が目立つようになって小鳥に捕食されやすくなり，明色型個体が減少した(つまり，暗色型個体が増加した)』と考えられた。

　さらに，その後の研究によって，次の①～④の事実が明らかになった。

① 　オオシモフリエダシャクでは，暗色型と明色型は常染色体上の単一の遺伝子による対立形質であり，暗色型が明色型に対して優性である。

② 　ₐマンチェスターのオオシモフリエダシャクの自然個体群には，元々，数%程度の比率で暗色型個体が混在していた。

③ 　♭工業化していない地域では，オオシモフリエダシャク自然個体群中の暗色型個体の比率は，長年にわたって安定している。しかし，その比率は地域間で大きくばらついており，80%程度の地域もある。

④ 　近年では，大気汚染が改善され，マンチェスターのオオシモフリエダシャク自然個体群においても，明色型個体の比率が増加している。

　その結果，現在では，「マンチェスターで見られたオオシモフリエダシャクの事例は，実際に働いた要因は不明ではあるものの，進化のしくみとなる　イ　の一例であることは間違いない」とされている。また，「この事例は小進化ではあるが，꜀大進化ではない」という考え方が定着している。

問1　文中の空欄に適語を入れよ。

★**問2**　下線部ａに関して，"自然個体群に暗色型個体が低い比率で混在していたこと"は表現型ならびに遺伝子型が多型(集団内に複数の表現型ならびに遺伝子型をもつ個体が混在していること)であることを意味する。遺伝子型多型が生じる原因を簡潔に記せ。

★**問3**　下線部ｂに関して，"暗色型個体の比率を高くする方向に働く要因"として，次の(1)～(4)が考えられる。それぞれの文を完成するために適した語句を，(　　　)内から1つずつ選べ。

192

(1) 平均気温，湿度等の気候条件が，地衣類の生育に(ア．適している　イ．適していない)。

(2) 地衣類の生育に適していない樹木が(ア．多い　イ．少ない)。

(3) オオシモフリエダシャクを好んで捕食する小鳥が(ア．多い　イ．少ない)。

(4) 木がうっそうと茂っていて光がほとんど差し込まない林の面積が(ア．広い　イ．狭い)。

問4　下線部cに関して，「大進化ではない」と言われる理由として正しい文章を，次から2つ選べ。

① 暗色型個体では，からだの多くの組織でメラニン合成が活発であった。

② 暗色型個体の比率が一旦増えたが，その後減少した。

③ 暗色型個体と明色型個体との間に種分化が見られなかった。

④ 暗色型個体と明色型個体との間に地理的隔離が起こった。

⑤ 突然変異の頻度が変化した。

★★問5　ある地域のオオシモフリエダシャクの自然個体群では，長年にわたって，明色型個体と暗色型個体の比率が49%と51%で安定している。この自然個体群において，体色遺伝子の頻度がハーディ・ワインベルグの法則に適合しているか否かを調べる目的で，下に示す実験をすることにした。

〔実験〕

(1) この地域から十分な数のオオシモフリエダシャクの幼虫を採集する。

(2) 幼虫を飼育し，蛹(さなぎ)になり，羽化(うか)するのを待つ。

(3) 羽化直後(交尾前)の成虫を，明色型個体群〔実験区1〕と暗色型個体群〔実験区2〕に分けて飼育する。

(4) 〔実験区1〕と〔実験区2〕について，産卵するのを待ち，さらに卵が孵化(ふか)し，幼虫から成虫になるのを待つ。

(5) 〔実験区1〕と〔実験区2〕について，明色型個体と暗色型個体の比率(%)を調べる。

この実験で“ハーディ・ワインベルグの法則に適合している場合に期待される明色型個体と暗色型個体の比率(%)”を求めよ。なお，この実験では，明色型個体と暗色型個体は同数の卵を産み，卵はすべて孵化し，成虫にまで育つとする。また，数値については整数で答えよ。割り切れない場合は，%表記における小数点第1位を四捨五入すること。

★問6　　イ　　の例としてあてはまるものを，次から1つ選べ。

① 動物飼育室で捕獲されたハエの集団を検査してみると，DDTなどの殺虫剤に耐性をもっている個体が混じっていた。

② ガラパゴス諸島のフィンチ(鳥のヒワの一種)は，島によってそのくちばしの形が違っている。

③ 犬にはシェパード，チワワ，柴犬など数多くの品種があり，国際畜犬連盟では331種を正式な品種として公認している。

｜立命館大・麻布大｜

第10章　生物の進化と系統　　193

標問 98 進化の要因(2)

扱うテーマ：隔離／自然選択／性選択

A. キリンはアフリカのサバンナに分布するキリン科の哺乳類である。キリンの群れのような，互いに交配可能な個体の集まりを ア といい，ある地域に生息するすべての種の ア から成る生物の集まりを イ と呼ぶ。異なる植物を食べたり，好む生息場所が違ったりと，生物には，それぞれが生存する条件がある。これらの生活条件の要求に応じた，その生物の位置づけを ウ という。例えば，キリンはライオンなどに捕食される。このように， イ 内の生物の連続したつながりを エ という。

右図は，キリンの特定の齢から次の齢までの間に死亡した個体の割合を表す。例えば12カ月齢の死亡率20%は，図から，6カ月齢から12カ月齢の間の死亡率をさす。繁殖が可能になる48カ月齢から数年間の死亡率は0%とする。死亡率に雌雄差はなく，雌：雄の性比は1：1とする。雌は繁殖可能齢に達するとすぐ受胎し，12カ月の妊娠期間後，1個体を産む。移出入はないものとする。

ある月に1000個体のキリンが産まれた。これを集団Xとする。このうち繁殖可能齢に達する個体数は，図に基づき， a だと推定できる。72カ月後には集団Xが産んだ12カ月齢の子の個体数は b になる。

問1　文中の ア ～ エ に入る最も適切な語句を記せ。

★問2　文中の a ， b に入る数字を求めよ。ただし，小数点以下は四捨五入せよ。

B. キリンの祖先種に近いオカピはアフリカ中部の熱帯雨林の密林に生息する。どちらも木本の葉を主に食べる草食動物だが，オカピは2mほどしか背の高さがないのに対し，キリンは首が長く4～6mの背の高さがあり，高い木の葉を食べる。サバンナでは草本に混じって木本が疎に生え，草本を食べるシマウマや低木の葉を食べるサイなど他の草食動物も多数生息している。

①キリンが，森林に住むオカピとの共通祖先種から種分化し，長い首を進化させ，他の草食動物と共存できた過程には， オ 隔離， カ 選択，種間 キ が重要な役割を果たしたと考えられる。

★★問3　文中の オ ～ キ に入る最も適切な語句を記せ。さらに，下線部①でそれぞれが果たした役割を各80字以内で説明せよ。

★★問4　キリンは繁殖期になると雄どうしで首をぶつけ合って闘争し，首の長い雄が雌と交尾しやすい。 カ 選択以外に，このような雌をめぐる雄どうしの闘争や，

雌による選り好みによって，ある形質をもつ雄が選択されることを性選択という。例えばキリンでは雄の方が雌より体に対して首が長い。これが，性選択の結果であって，　カ　選択の結果でないと言えるのは，首が長いキリンについて次の①〜④のどれが観察された場合か答えよ。

① 繁殖可能になる前にライオンによって捕獲されやすい。

② 繁殖可能になる前にライオンによって捕獲されにくい。

③ 繁殖不可能になった後にライオンによって捕獲されやすい。

④ 繁殖不可能になった後にライオンによって捕獲されにくい。

| 九大 |

| 標問 | **99** | **鎌状赤血球貧血症** | 解答・解説 p.250 |

扱うテーマ 自然選択／集団遺伝／ハーディ・ワインベルグの法則　　　　　　　　　　　　　　　　　生物

　マラリアは，赤血球にマラリア原虫が侵入することで引き起こされる伝染病である。マラリア原虫は蚊の一種であるハマダラカによって媒介される。

　ヒトのヘモグロビンの遺伝子には正常型の対立遺伝子 A と，塩基配列の一部が置き換わった変異型の対立遺伝子 S がある。対立遺伝子 S から生じるヘモグロビン分子は赤血球の形態異常の原因となる。遺伝子型 SS の人は赤血球が鎌状となる鎌状赤血球貧血症となり，重い貧血を引き起こすため，生存が困難になる。一方，遺伝子型 AS の人は正常型対立遺伝子 A をもつため，貧血の症状も軽い。マラリア原虫は遺伝子型 AS の人の赤血球内部では増殖しにくいため，遺伝子型 AS の人は遺伝子型 AA の人よりもマラリア抵抗性が高いことが知られている。このため，鎌状赤血球貧血症はマラリアが発生する地域で多く見られる。

★問1　マラリアが発生しているある地域で新生児の遺伝子型を調べたところ，各遺伝子型が $AA : AS : SS = 36 : 12 : 1$ の比で観察された。新生児の対立遺伝子 S の遺伝子頻度を有効数字3桁で答えよ。

★問2　問1の地域では，遺伝子型 AA の人は生殖年齢に達するまでにマラリアによって x ％死亡し，遺伝子型 SS のすべての人は生殖年齢に達するまでに鎌状赤血球貧血症により死亡する。それ以外の人はすべて生殖年齢に達するとする。生殖年齢に達した人における対立遺伝子 S の頻度を調べたところ，新生児における頻度と同じであった。x を有効数字3桁で答えよ。

★★問3　本文中で調査が行われた国において，以下のケース(1)〜(4)が生じたと仮定する。その後100世代程度の間に，遺伝子 S の頻度はどのような変化をたどると予想されるか。図1のA〜Eで該当するものをそれぞれ1つずつ選べ。

　　なお，この国の人口は十分に大きく，結婚は，鎌状赤血球貧血症の遺伝子型とは全く無関係に行われており，突然変異率や他国との間の人の出入りは無視できるほど小さい。また，以下のケースで想定した鎌状赤血球貧血症の治療法は，遺伝子 S のマラリア病原虫に対する抵抗性には影響を及ぼさないものとする。

(1)　鎌状赤血球貧血症の治療法が改善され，遺伝子型 SS の人の生殖年齢に達するまでの死亡率は，遺伝子型 AA の人とほぼ等しくなった。

(2)　地球上からマラリアが撲滅された。

図1　遺伝子 Hb^S の頻度の変化

⑶　鎌状赤血球貧血症の完全な治療法が開発され，この病気で死ぬことはなくなった。

⑷　地球上からマラリアが撲滅され，かつ，鎌状赤血球貧血症の完全な治療法が開発されてこの病気で死ぬことはなくなった。

｜大阪市大・千葉大｜

標問 100 遺伝的浮動

扱うテーマ／ハーディ・ワインベルグの法則／遺伝的浮動／びん首効果

解答・解説 p.252

生物

現在では，遺伝様式の理解や遺伝子解析技術が進み，集団内および集団間の遺伝的変異の詳細な解析も可能となり，進化の要因を理解するために遺伝子レベルの研究が行われている。右表には，日本産ノウサギの3つの地域集団における3つの遺伝子の遺伝子頻度の解析結果が示されている。各地域集団で100個体のサンプルが使用され，表中の数値は観察された個体数が記されている。この表から，対立遺伝子の出現頻度に地域間，遺伝子間で異なる傾向があることが分かる。

表 日本産ノウサギの3つの遺伝子における遺伝子頻度の地理的な違い

地域集団	遺伝子A		遺伝子B		遺伝子C	
Ⅰ (東北)	AA	56	BB	97	CC	ア
	Aa	30	Bb	3	Cc	イ
	aa	14	bb	0	cc	16
Ⅱ (佐渡)	AA	98	BB	0	CC	0
	Aa	2	Bb	0	Cc	0
	aa	0	bb	100	cc	100
Ⅲ (九州)	AA	39	BB	0	CC	61
	Aa	48	Bb	2	Cc	25
	aa	13	bb	98	cc	14

問1 次の①〜⑥は，ハーディ・ワインベルグの法則が成り立つための集団の条件を列挙したものである。誤っているものをすべて選べ。
① 集団が大きい   ② 一定の頻度で突然変異が起きている
③ 移入，移出がない ④ 個体間の繁殖力に差がない
⑤ 任意交配しない   ⑥ 自然選択がない

問2 ハーディ・ワインベルグの法則が成り立つ集団では，対立遺伝子A，aの遺伝子頻度をそれぞれp，q（$p+q=1$）とすると，AA，Aa，aaの遺伝子型の出現頻度はどのようになるか。p，qを用いて示せ。

★問3 表の地域集団Ⅰの遺伝子Cにおいてハーディ・ワインベルグの法則が成り立つ場合，空欄 ア ， イ に入る適当な数値を記せ。

★★問4 表から知ることができる以下の2つの傾向(1)，(2)のそれぞれについて，遺伝的浮動あるいは自然選択という用語のどちらか1つを用い，それぞれの傾向が生じた理由について簡潔に記せ（各40字以内）。
(1) 地域集団ⅠとⅢを比較すると，遺伝子Bにおいて他の遺伝子とは異なる傾向がある。なお，遺伝子Bの対立遺伝子Bとbはそれぞれ毛色変異に直接関与することが知られている。
(2) 地域集団Ⅱにおいては，全体的な傾向が他の地域集団の場合と異なっている。

｜東京慈恵会医大・福島大・北大｜

標問 101 分子系統樹

扱うテーマ：分子系統樹／分子時計／同義置換と非同義置換

異なる生物種間で相同なタンパク質のアミノ酸配列を比較することによって，それらの系統関係や，生物が共通の祖先から分かれた年代を推定できる。右表は，ヒト，ウマ，マグロ，酵母の4種におけるシトクロムc(注)のアミノ酸の置換数(異なる数)をまとめたものである。例

ヒト	0			
ウマ	12	0		
マグロ	21	19	0	
酵母	45	46	47	0
	ヒト	ウマ	マグロ	酵母

えば，104個のアミノ酸からなるヒトのシトクロムcと比較すると，ウマのシトクロムcは12カ所で異なっている。生物の進化過程において，共通の祖先は同一のアミノ酸配列からなるタンパク質をもっており，またシトクロムcの進化速度はその過程で一定であったと仮定すれば，共通の祖先から分岐した年代が古いほどアミノ酸の違いが大きいと考えられる。この違いの数を類縁関係の距離とみなすことにより分子系統樹を作ることができ，さらに生物種が分岐した年代を化石などの証拠から推定して，進化の速度を求めることも可能となる。

一方，DNAの配列を比較することによっても同様の情報を得ることができる。DNAの塩基配列の変化には，置換，挿入，欠失などの種類があるが，さらに塩基置換には，アミノ酸の変化を伴わない置換(同義置換)とアミノ酸の変化を伴う置換(非同義置換)の2種類が存在する。ある2種の哺乳類間で，さまざまなタンパク質のDNA配列を比較した結果，すべてのタンパク質の遺伝子において①同義置換の生じる速度は非同義置換の速度より大きいことがわかった。また，ゲノム解析の結果から，一般的に②挿入や欠失はDNAの非転写領域に多く，DNAの翻訳領域では変化の大部分は置換であることが明らかとなった。

(注) シトクロムc：電子伝達系に存在し電子の授受を行うヘムタンパク質

問1 表の結果から右図のような分子系統樹を作成することができる。次の(1)〜(4)に答えよ。

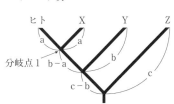

(1) ヒトとのアミノ酸の置換数をもとに，図のX〜Zに生物名を記せ。

(2) 図の系統間の距離a〜cは，それぞれのタンパク質間のアミノ酸の置換数から計算できる。例えば図中のaの長さは，ヒトと種Xの共通の祖先のタンパク質(分岐点1)からの置換数として求められる。表の結果から距離aの値を求めよ。また図中bの長さは，ヒト-種Y間の置換数および種X-種Y間の置換数の平均値から得られる。距離bの値を求め，さらに同様に考えて距離cの値を求めよ。

★★(3) タンパク質の進化速度を，1年間にペプチド鎖の中のある1カ所のアミノ酸に置換が生じる割合と定義する。距離aの値からシトクロムcの進化速度を計算せ

よ。また，計算式も示せ。なお，シトクロムcは104個のアミノ酸からなり，ヒトとウマの共通の祖先は，化石の研究から約8,000万年前に分かれたとする。

★(4) 前記のように求められた進化速度は，ヒトと種Xのように互いに近縁である場合はほぼ正確に求まるが，ヒトと種Zのように置換数が多い時には補正が必要となる。その理由を考察せよ。

★★ 問2　下線部①について，同義置換の速度が非同義置換の速度よりも大きい理由を，中立説の立場から考察せよ。

★ 問3　下線部②について，DNAの翻訳領域では変化の大部分が置換である理由を考察せよ。

| 福島県医大 |

標問 102 ヒトの進化

解答・解説
p.257

扱うテーマ 霊長類とヒトの進化／ヒトの特徴

生物

　地球が誕生したのは46億年前といわれる。生物ははじめ水中だけで生活していたが，やがて(a)生物が陸上にも進出できる地球環境になってきた。植物体の姿を残す最古の陸上植物の化石は，シルル紀の地層から見つかっている　ア　である。やがて，石炭紀には湿地に高さが10mにも達する(b)森林ができた。中生代の地球では，イチョウ類・ソテツ類などの裸子植物の森林が発達し，温暖な気候が続いていた。中生代の後半には被子植物が現れた。(c)被子植物の多くは，昆虫を媒介にして受粉する花を発達させたが，このことは同時に，花蜜を食物とする昆虫を多様化させた。

　6500万年前に新生代が始まり，哺乳類は全世界に広がっていった。新生代は，哺乳類が世界的に広がっていったことから，「哺乳類の時代」とも呼ばれている。現生の哺乳類は，イヌ・ネコ・サル・ヒトなど，雌が乳汁を分泌して子を育てる動物である。哺乳類の中で原始的なものには，卵を産む(d)単孔類と，子が母親の育児嚢の中で乳を飲んで発育・成長する(e)有袋類がある。これら以外の哺乳類を真獣類といい，子は　イ　を通して母親から栄養分などを供給され，母親の体内でかなり発達してから産まれる。真獣類は，現在，世界中で繁栄しており，多様な環境のもとで生活している。約5000万年前に，哺乳類の食虫類の中から進化し，(f)森林の樹上生活を行うようになった動物群の1つに霊長類があった。

　霊長類の中で最も原始的なものはキツネザルなどの　ウ　であり，主に熱帯の森林に分布している。　ウ　の祖先からオマキザルのような広鼻猿類とニホンザルやヒヒのような狭鼻猿類が出現した。さらに，狭鼻猿類の祖先から進化したのが類人猿である。現生の類人猿としては，ヒト以外にオランウータン・ゴリラ・チンパンジーなどがいる。

　初期の人類（猿人）は，およそ500～600万年前に現れたと考えられている。(g)人類と他の類人猿との大きな違いは，人類が直立二足歩行を行うことである。化石としてはいくつかの種類が知られているが，その中の　エ　の化石は，すべてアフリカの南部や東部で見つかっている。この化石の脳の容積は500mL程度でゴリラとほぼ同じ大きさであり，直立二足歩行をしていたと考えられている。

　約150万年前に絶滅した猿人にかわって進化したのは，　オ　である。　オ　では，脳の容積はおよそ1000mLと飛躍的に増えた。この化石は，アフリカ以外にも東南アジア・中国・ヨーロッパなどから見つかっており，石器や火を利用していた証拠も残されている。

問1　文中の空欄に最も適切な語句を入れよ。

問2　下線部(a)について，次の(1)，(2)に答えよ。

(1)　生物の陸上への進出を妨げていた要因は何であったのか，説明せよ。

(2)　生物が陸上へ進出できる環境はどのようにして作られたか，説明せよ。

第10章　生物の進化と系統　　201

問3　下線部(b)の石炭紀の森林に生育していた代表的な植物名を1つ記せ。

問4　下線部(c)に関連して，被子植物の花粉を媒介する昆虫とその植物には，特異的な関係がみられることがある。例えば，ある種のランは花筒が長く伸び，その奥に花の蜜がたまる。このランに適応した，口器の非常に長いスズメガの1種だけがこの花の蜜を吸うことができる。このように種間の相互的な作用によって適応が起こることを何と呼ぶか，記せ。

問5　下線部(d)の単孔類と下線部(e)有袋類の具体的な動物名を，それぞれ1つずつ記せ。

★問6　下線部(f)の森林の樹上生活に適応するようになった霊長類と，食虫類などの他の哺乳類のからだの基本的な違いを2つあげて，樹上生活における利点を記せ。

問7　下線部(g)に関連した次の①～⑥は，人類の直立二足歩行に関する記述である。これらの中から，正しいものを3つ選べ。

① 直立二足歩行によって，行動範囲が限定的となり，穀物などを栽培する農業を営むことで，一定の地域に定住するようになった。

② 直立姿勢にともなって声の通る部分である咽頭が発達し，情報伝達のための複雑な言語が発達した。

③ 直立二足歩行によって，頭部が脊柱の真上に位置することになり，より容積の大きい脳を支えることが可能となった。

④ 直立二足歩行によって，暗闇での活動が可能となり，大きな動物を捕獲することができるようになった。

⑤ 直立二足歩行によって，骨盤が幅広くなり，直立した姿勢で内臓を支えられるようになり，外骨格が発達した。

⑥ 直立二足歩行によって，上肢が自由になり，ものを持ち運んだり，石器などのいろいろな道具を作ることができるようになった。

★★問8　遺跡などから発見された新人の遺体からミトコンドリアDNAを抽出し，そのDNA塩基配列を現生人類と比較することによって，現生人類の起源は，約22万年前～12万年前にアフリカ大陸に生存した女性に由来する「アフリカ単一起源説」が有力である。ミトコンドリアDNA解析が生物種の進化過程解明に有利で，広く研究利用されている理由を1つ簡潔に説明せよ。

| 新潟大・山梨大 |

標問 103 五界説とドメイン

扱うテーマ 五界説／ドメイン

解答・解説 p.259

生物

　約40億年前に単元的に誕生した原核生物は，その進化の過程において，どのような
ルートを歩んで，現在の約1500万種を越えるとされる多様な生物を生みだしたのか。
米国のカール・ウーズは，核酸の配列からこの疑問に答えようとした最初の一人であ
る。

　従来，生物を系統的に分類する方法としては，1960年にコーネル大学の R. H. ホイッ
タカーによって提唱された「五界説」が主流であった。彼によれば，生物は五界（グルー
プ）にまとめられるという。すなわち，細菌類を一群にまとめた「　ア　界」，ゾウ
リムシやアメーバなどの単細胞生物をまとめた「　イ　界」[注1]，　イ　から摂取
によって栄養を獲得するという方向に進化した「　ウ　界」，吸収によって栄養を
とる方法を発達させた「　エ　界」，そして光合成により栄養をとる方法を発達さ
せた「　オ　界」である。こうした従来の説に新しい息吹を吹き込んだのが，タン
パク質や DNA，RNA に残されている分子進化の痕跡を調べる分子系統学である。
分子系統学では，はじめはタンパク質であるチトクローム c のアミノ酸配列を比較し
て，生物間の分岐年代を推定していた。それがやがて，16S リボソーム RNA や 5S
リボソーム RNA の遺伝子など，核酸の塩基配列を比較するようになった。

　こうした分子系統学の最大の成果といわれるのが，1970年の中頃，前述のような，
ウーズが提唱した，生物界を三つの領域（ドメイン）に分類する三ドメイン説である。
本書も基本的にはこの分類法に従っている。ウーズは，原核生物や真核生物がどのよ
うに多様化したかについて，(a)リボソームの小サブユニットを形成する rRNA の遺伝
子，すなわち原核生物では 16S リボソーム遺伝子[注2]，真核生物では 18S リボソーム
遺伝子[注3]の塩基のカタログ（塩基配列）を比較して，原核生物から真核生物にいたる
生物の系統関係を調べた。その結果，古細菌であるメタン細菌と真正細菌では，同じ
原核生物の仲間でありながら，真核生物との差に匹敵するほど異なっていることに気
がついた。そしてさらに多くの生物で詳しく調べ，ほとんどすべての生物は真正細菌，
古細菌，真核生物という，大きくは三つの生物群に分類されることを明らかにした。
真正細菌ドメインには一般的に知られている枯草菌，大腸菌や藍色細菌[注4]が含まれ，
古細菌ドメインには超好熱細菌，好塩細菌，メタン細菌などが含まれる。

黒岩常祥「細胞はどのように生まれたか」1999年

[注1] 現在では　イ　界には単細胞生物以外に比較的体制の単純な生物をまとめて分類しているが，
　　本問では問題文に示された特徴をもつものとして答えよ。

[注2] 16S リボソーム RNA 遺伝子のこと。

[注3] 18S リボソーム RNA 遺伝子のこと。

[注4] シアノバクテリア，ラン細菌，ラン藻類とも呼ぶ。

問1　文中の空欄に適切な語句を記せ。

問2　下線部(a)は細胞の中でどのような役割を果たしているか。20字以内で記せ。

第10章　生物の進化と系統　　203

問3 右図の系統樹に示した⒟は問1の エ 界，⒠は イ 界に相当する。図中の⒜～⒞，⒡は五界のうちいずれに相当するか。適切な語句を記せ（ⒶとⒷの破線は共生説に基づく由来を示す。⒠の破線は複数の系統に由来することを示す）。

問4 図の系統樹に示した⒜～⒡は三ドメインのいずれに相当するか。適切な語句を記せ。

問5 図の⒝，⒞，⒟，⒠の各界の生物はⒶまたはⒷがそれぞれの時期に共生することにより進化してきたと考えられている。図の系統樹を参考に次の問に答えよ。

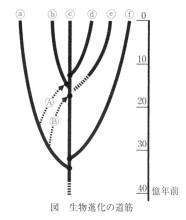

図　生物進化の道筋

(1) 葉緑体とミトコンドリアの起源に相当するのはそれぞれ図中のⒶとⒷのいずれか。記号で答えよ。

(2) Ⓑの方が古い時代に共生して新しい生物群が生じたと考えられ，図に示すような系統樹が描かれた。Ⓑの方が古い根拠について80字以内で記せ。

(3) ⒝，⒞，⒟の各界の生物がもつ細胞小器官の有無について，それぞれ下表の①～⑧に示す組合せの中から最も適切なものを1つずつ選べ。①～⑧は，細胞核，ミトコンドリア，葉緑体の順に，それぞれの有無を表している。

	細胞核	ミトコンドリア	葉緑体		細胞核	ミトコンドリア	葉緑体
①	有	有	有	⑤	無	有	有
②	有	有	無	⑥	無	有	無
③	有	無	有	⑦	無	無	有
④	有	無	無	⑧	無	無	無

|広島大|

標問 104 動物の分類

扱うテーマ 動物の分類／脱皮動物と冠輪動物

主な動物群間の系統は，成体や幼生の体制，発生様式などの比較をもとにして，図1のような関係があると推定されていた。最も単純な体制をもつのは海綿動物で，組織や器官が無く，胚葉ももたないため無胚葉動物といわれる。器官をもち胚葉を形成する動物の中で最も体制が単純なものは，(a)刺胞動物であり二胚葉動物と呼ばれる。(b)扁形動物とそれより体制の複雑な動物は，発生過程で3種類の胚葉を形成し，(c)三胚葉動物と呼ばれる。三胚葉動物のからだは基本的には ア 相称で，扁形動物を除いて体壁と内臓の間に イ と呼ばれるすきまができる。三胚葉動物には，扁形動物，(d)軟体動物，(e)環形動物，節足動物を含む動物群である図中のAと，棘皮動物と脊椎動物を含む図中のBがある。

近年，遺伝情報を比較した分子系統樹も用いられるようになった。分子系統樹による主な動物群間の系統関係は図2である。(f)図1と図2を比べると，それぞれの動物群の相互関係が異なることがわかる。

図1　従来考えられてきた動物の系統樹
〔図中の記号A～Dは，矢印以降（右側）の全ての動物群がもつ共通する性質，またはそれに対応した動物群名を示している。たとえば三胚葉と書かれた矢印は，それ以降の動物が三胚葉動物であることを示している。〕

図2　動物の分子系統樹
〔記号A～Dは，図1と同じものを示す。〕

★ 問1　下線部(a)，(b)，(d)，(e)の各動物群に含まれる動物名を，次からそれぞれ2種類ずつ選べ。

① ホヤ　② ハマグリ　③ プラナリア　④ ゴカイ
⑤ ムカデ　⑥ イソギンチャク　⑦ ミジンコ　⑧ ミミズ
⑨ タコ　⑩ サナダムシ　⑪ ナメクジウオ　⑫ クラゲ

★ 問2　下線部(c)について，次の(1)，(2)に答えよ。
(1)　文中の空欄に適切な語句を入れよ。

(2) 三胚葉動物のカエルにおいて，二胚葉動物にない胚葉から分化する器官あるい
は組織を次から３つ選べ。

① 胃 ② 表皮 ③ 脊髄 ④ 心臓

⑤ 腎臓 ⑥ 脳 ⑦ 甲状腺 ⑧ 骨格筋

★ 問３ 下線部(f)について，次の(1)～(3)に答えよ。

(1) 図中のＡとＢの動物群名を答えよ。またその違いを説明せよ。

(2) 図中のＣは，環形動物と節足動物が共通してもっている体制である。Ｃは何か。
また，図１と図２ではＣの現れ方が異なる。その理由を「環形動物」「節足動物」
「共通する祖先」の３つの語句を使って説明せよ。なお，いずれの語句も何度使
用してもよい。

(3) 図中のＤは，発生過程で軟体動物と環形動物が共通して経る幼生名を示す。幼
生名を答えよ。

| 熊本大 |

標問 105 植物の分類

扱うテーマ：植物の分類／被子植物の生殖と意義

光合成生物は水中で生まれ，そこで進化してきた。現在でも，(a)ユーグレナ藻類やケイ藻類のような単細胞性のものから紅藻類や褐藻類のような多細胞性のものまで，さまざまな藻類が水中で生きている。これらの藻類は，生産者として多様な(b)従属栄養生物の生活を支えている。オルドビス紀からシルル紀には，藻類の一部が陸上へと進出し，体の表面に水分を通しにくい　ア　を発達させるなど乾燥に適応した形質を獲得した。こうして誕生した陸上植物は(c)さまざまな分類群へと進化していった。またこれによって陸上生態系の基礎が築かれ，多様な従属栄養生物が陸上でも生育できるようになった。デボン紀から石炭紀には　イ　が繁栄し，その遺体は現在使用される石炭の原料となった。同じ頃，種子をつくる植物が誕生し，やがてジュラ紀になるとその中から被子植物が生じた。(d)被子植物は動物と大きく関わりながら進化してきたが，このことも現在の陸上生態系における被子植物の繁栄に寄与している。

★ 問1　文中の空欄に適語を記せ。
　問2　陸上植物と同じクロロフィル組成をもつ藻類群名を，下線部(a)の中から1つ選べ。
★ 問3　下線部(b)について，従属栄養生物とはどのような生物か，25字以内で記せ。
★ 問4　下線部(c)に関連して，右図は主に陸上を生活の場としている植物の系統樹を示している。図にもとづき，次の(1)〜(5)に答えよ。
　　(1)　A〜Dの各群の名称を記せ。
　　(2)　A群とB＋C群の相違点を40字以内で述べよ。
　　(3)　A群にはみられないが，B群とC群の配偶体(単相)の時期に共通してみられる特徴は何か，20字以内で答えよ。
　　(4)　次の@〜①の植物はそれぞれ図中のどのグループに属するか，図の1〜9からそれぞれ1つずつ選べ。なお，同じ数字を繰り返し使用してもよい。

　　　　ⓐ　オオカナダモ　　ⓑ　メタセコイア　　ⓒ　イチョウ
　　　　ⓓ　ホウセンカ　　　ⓔ　テッポウユリ　　ⓕ　スギゴケ
　　　　ⓖ　エンドウ　　　　ⓗ　ワラビ　　　　　ⓘ　モクレン
　　　　ⓙ　ゼニゴケ

　　(5)　シャジクモ類は図1のA〜C群の陸上植物と共通する特徴をいくつかもっていることから，陸上植物の祖先形であると考えられる。それらの共通する特徴を60

字以内で記せ。

問5　下線部(d)に関連して，多くの被子植物は，他家受粉（異なる個体の花粉を受粉する）を効率的に行うために昆虫を利用し，また昆虫は被子植物から利益を得ている。一方で，被子植物の中には自家受粉（同じ個体の花粉を受粉する）を行う種も少なくない。これについて次の(1)，(2)に答えよ。

(1)　昆虫による受粉を効率的に行うために，被子植物はどのような特徴をもつ花を進化させたか，20字以内で記せ。

(2)　他家受粉と自家受粉は，被子植物にとってどのような利点があると考えられるか，それぞれ25字以内で記せ。

問6　下線部(d)に関連して，虫媒花をつけない種子植物の一部では，花粉が風によって媒介される風媒花をつける。ヒトの花粉症の原因となるスギなどの植物のほとんどが，虫媒花ではなく風媒花をつける種である理由を30字以内で述べよ。

問7　被子植物とシダ植物における受精様式を比較すると，被子植物の方がより陸上の生活に適していると考えられる。そのように考えられる両者の受精様式の違いを70字以内で述べよ。

| 筑波大・名城大・鹿児島大・宮崎大 |

Standard Exercises in Biology

生　物

[生物基礎・生物]

標準問題精講

六訂版

石原 將弘・朝霞 靖俊・山下 翠 共著

解答・解説編

旺文社

本書の特長と使い方

精講 — 問題に関連する知識を整理し、さらに、その知識を使うための実戦的な手段も説明しました。

答 — 解答は照合しやすいように、冒頭に掲載しました。

POINT — 重要事項・必須事項を示しました。

標問○の解説 — 解法の手順、問題の具体的な解き方をまとめ、出題者のねらいにストレートに近づく糸口を、早く見つける方法を示しました。
解き方は必ずしも解説と同じである必要はありませんが、解説で示した解き方は"応用範囲の広い、間違えることの少ない"ものですので、必ず研究しておいてください。解けなかった場合はもちろん、答えが合っていた場合にも読んでおきましょう。

目　次

本書の特長と使い方 2

標問 No.	問題タイトル	ページ

第1章
細胞と個体

標問 1	生物を構成する物質 6
標問 2	細胞分画法 8
標問 3	細胞間結合 10
標問 4	細胞膜の構造と機能 12
標問 5	グルコースの輸送 14
標問 6	細胞周期 16
標問 7	細胞周期の調節 20
標問 8	モータータンパク質と細胞骨格 22
標問 9	細胞内のタンパク質輸送 24
標問 10	プロトプラスト・顕微鏡の操作 26

第2章
代　謝

標問 11	タンパク質と酵素 28
標問 12	酵素反応とその阻害 30
標問 13	酵素反応の速度論（K_m と V_{max}） 33
標問 14	アロステリック酵素とフィードバック調節 36
標問 15	エネルギー代謝と膜輸送 40
標問 16	光合成の計算と遮断実験 44
標問 17	光合成と酵素 47
標問 18	呼吸の計算 49
標問 19	呼吸とその反応調節 51
標問 20	精子の鞭毛運動と ATP 生成 55

第3章
遺伝情報と
その発現

標問 21	点突然変異 58
標問 22	転写と翻訳（スプライシング） 61
標問 23	選択的スプライシング 63
標問 24	PCR 法 66
標問 25	原核生物の遺伝子発現とその調節(1) 70
標問 26	原核生物の遺伝子発現とその調節(2) 73
標問 27	遺伝子組換え（ブルーホワイトセレクション） 76
標問 28	遺伝子組換え（プロモーターと遺伝子の向き） 79
標問 29	真核生物の遺伝子発現とその調節 82
標問 30	RNA ウイルスと逆転写 85

第4章
生殖と発生

標問 31	動物の生殖 88
標問 32	受精と減数分裂の再開 91
標問 33	被子植物の受粉 94
標問 34	被子植物の受精 97
標問 35	母性因子と形態形成(1) 100
標問 36	母性因子と形態形成(2) 102
標問 37	両生類の中胚葉誘導 105
標問 38	色素細胞の分化 107
標問 39	花器官の形成と ABC モデル 109
標問 40	細胞の分化と多能性 113

目　次　3

	標問 No.	問題タイトル	ページ

第5章
遺　伝

標問 41	自家受精	115
標問 42	胚乳形質と独立の三遺伝子雑種	119
標問 43	母性効果遺伝	122
標問 44	連鎖と組換え(1)	125
標問 45	連鎖と組換え(2)	128
標問 46	雄性不稔(細胞質遺伝)	131
標問 47	性と遺伝	135
標問 48	家系分析	138
標問 49	集団遺伝(1)	141
標問 50	集団遺伝(2)	145
標問 51	DNA マーカーを用いた遺伝子の位置決定	148

第6章
体内環境の
維持

標問 52	心臓・循環	151
標問 53	酸素解離曲線	153
標問 54	肝臓の構造と機能	156
標問 55	循環系・腎臓	158
標問 56	尿生成	161
標問 57	カルシウム代謝	163
標問 58	血糖量調節	165
標問 59	糖尿病	167
標問 60	体温調節	168
標問 61	レプチン	170
標問 62	細胞性免疫	172
標問 63	体液性免疫	174
標問 64	血液型	176

第7章
動物の反応と
調節

標問 65	ニューロンの興奮	178
標問 66	閾値と伝導速度	181
標問 67	筋収縮	184
標問 68	張　力	187
標問 69	中枢神経	189
標問 70	眼(1)	192
標問 71	眼(2)	194
標問 72	耳	196
標問 73	動物の行動	198

第8章
植物の反応と
調節

標問 74	オーキシンの働き	200
標問 75	オーキシンの移動	202
標問 76	発芽の促進	205
標問 77	アブシシン酸の働き	207
標問 78	カルス	209
標問 79	フロリゲン	211
標問 80	花芽形成	213
標問 81	発芽調節	215
標問 82	水分調節	217

標問 No.	問題タイトル	ページ

第9章
生態と環境

標問 83	個体群密度の変化	219
標問 84	個体数の推測・相変異	221
標問 85	種内関係，種間関係	223
標問 86	遷　移	225
標問 87	バイオーム	227
標問 88	垂直分布(動物)	229
標問 89	垂直分布(植物)	231
標問 90	生態系とエネルギーの移動	233
標問 91	炭素循環	235
標問 92	海岸の生態系	237
標問 93	キーストーン種	239
標問 94	環境保全	240

第10章
生物の進化と
系統

標問 95	進化の証拠	242
標問 96	熱水噴出孔	244
標問 97	進化の要因(1)	246
標問 98	進化の要因(2)	248
標問 99	鎌状赤血球貧血症	250
標問 100	遺伝的浮動	252
標問 101	分子系統樹	254
標問 102	ヒトの進化	257
標問 103	五界説とドメイン	259
標問 104	動物の分類	261
標問 105	植物の分類	263

目　次　　5

第1章 細胞と個体

標問 1 生物を構成する物質

答
問1　60　　問2　H, C, O, N　　問3　エネルギーの貯蔵
問4　ウ－骨　エ－Ca　オ－グリコーゲン　カ－脂質
問5　血液凝固，筋収縮
問6　ヒト－え　　トウモロコシ－あ　　大腸菌－い
問7　タンパク質－B　　炭水化物－A　　問8　男性

精講　生体を構成する物質のまとめ

■**生体を構成する元素**
　生物を構成する有機物の多くは，H, C, O, N を含む。
　さらに，タンパク質には硫黄 S，核酸には P が含まれる。

■**生体を構成する分子**
炭水化物：直接エネルギー源として消費されたり（グルコースやスクロース），エネルギーを貯蔵したり（デンプンやグリコーゲン），植物体の構造成分となる（セルロース）など。
脂質：動物での主なエネルギー貯蔵物質。ステロイド（脂質の一種）は性ホルモンや副腎皮質ホルモンなどの成分となる。
タンパク質：アミノ酸がペプチド結合でつながってできる。酵素や輸送体，構造成分として生体内で多様な役割をもつ。
核酸：ヌクレオチドが多数つながってできる。遺伝情報の保存（DNA）や遺伝子発現（RNA）などに働く。

■**細胞の化学組成**

標問 1 の解説

問1　生体の構成物質の中で最も多く含まれるのは水で，ふつう70〜80％ほど含まれ

る。ヒトの場合，胎児で約90%，新生児で約75%，**成人で約60%**，老人で約50%と年齢とともに変化する。

　水は優れた溶媒として，酵素反応の場となったり，さまざまな物質を運搬したりする。また比熱が大きいので，体温の恒常性維持にも大きな役割を果たす。

問2　有機物は炭素(C)の骨格にさまざまな官能基が結合してできる。炭水化物や脂質は水素(H)，炭素，酸素(O)からなるが，タンパク質や核酸には，さらに窒素(N)が加わる。

問3　炭水化物のうち，糖がたくさんつながった**多糖**には，グリコーゲンやデンプンのようにエネルギーを貯蔵したり，セルロースなどのように構造維持に働いたりするものがある。植物は光合成によって糖を合成できるので，動物よりも炭水化物の用途が広い。

問4　ウ，エ．骨はコラーゲンに**リン酸カルシウム**が蓄積した形でつくられている。
　　カ．同じ重量で比較すると，脂質は糖に比べて2倍程度のエネルギーをもつ。そのため，エネルギー源として脂質を貯蔵する方が糖を貯蔵するよりも体重増加が少なく，運動に影響が少ない。

問5　カルシウムは非常に多くの生命現象に関わる。解答に挙げた血液凝固や筋収縮以外に，**神経伝達物質の放出**，**ホルモンの細胞内情報伝達**などにも働くため，血中のカルシウム濃度を一定の範囲内で保つ必要がある。詳しくは**標問57**を参照すること。

問6，7　表は**乾燥重量で示されているので水を含まない**ことに注意する。
　　表から，それぞれの特徴として　あ　ではA，　い　では核酸，　え　ではCが多いことがわかる。

　　問題文に示されているように，植物は細胞壁に炭水化物の**セルロースを多量に含む**ので，炭水化物の割合が著しく高い。よって**Aは炭水化物**で，　あ　はトウモロコシであると判断できる。

　　植物以外の生物ではタンパク質を多く含むので，**Bがタンパク質**である。

　　細菌は細胞構造が単純で，**相対的に核酸量が多い**。よって　い　が大腸菌。

　　う　と　え　については，マウスの肝臓ではグリコーゲンの合成と貯蔵によって**炭水化物の割合が高くなる**。逆に，ヒトの全身では脂肪組織があるので**脂質の割合が高くなり**，骨格がかなりの重量を占めるので**無機塩類の割合も高くなる**。よって，　う　がマウス肝臓で，　え　がヒト(全身)とわかる。

　　Cは動物細胞に多い**脂質**である。

Point　生体の構成分子(物質)

	最多	2番目	3番目
動物細胞 ………	水	タンパク質	脂　質
植物細胞 ………	水	炭水化物	タンパク質
細菌細胞 ………	水	タンパク質	核　酸

問8　女性の方が体内に蓄積する脂肪の量が多く，問題文に脂肪組織の水分含有率は他の組織に比べて低いとあるので，女性の方が水分の占有率が低いと考えられる。

第1章　細胞と個体　　7

| 標問 | 2 | 細胞分画法 |

答
問1　(a) 6　(b) 2　(c) 4
問2　(1) クロロフィル　(2) 葉緑体，チラコイド
(3) 細胞破砕液を作成する際に一部の葉緑体が破壊されて内部のチラコイドが遊離し，葉緑体とチラコイドの密度が異なるために両者が異なる位置に遠心分離された。

標問2の解説

　スクロースなどの溶液を密度の大きい順に重層し，遠心分離することによって密度勾配をつくり，これを利用して細胞小器官や物質などを分離する実験方法を**密度勾配遠心法**と呼ぶ。この方法では，試料に遠心力をかけることによって，構造体や物質が溶液と**等密度**のところまで移動することを利用している。

問1　表2で細胞小器官の密度は与えられているが，スクロース水溶液の密度がわからない。そこで，スクロース水溶液の密度を求める。表1の注釈に注目すると，20%スクロース水溶液について，
　　「溶液100gに20g」のスクロースを含む
　　「溶液1L＝1000cm³には216.2g」のスクロースを含む
とあるので，溶液の重さと体積の関係がわかる。
　つまり，20gのスクロースを含むスクロース水溶液は100gであることから，216.2gのスクロースを含むスクロース水溶液の重さx〔g〕は，
$$100 : 20 = x : 216.2$$
より，
$$x = 216.2 \times 100 \div 20 〔g〕$$
となり，これが20%スクロース水溶液1000cm³の重さなので，密度は，
$$\frac{216.2 \times 100 \div 20 〔g〕}{1000〔cm^3〕} = \frac{216.2〔g〕}{20 \times 10〔cm^3〕} = 1.081〔g/cm^3〕$$
となる。このとき，式変形の過程を見ると，求める密度が，
$$\frac{体積濃度}{質量パーセント \times 10}$$
となっていることを見抜くと計算が手早い。
　同様に各溶液の密度を計算し，与えられた細胞小器官の密度と照合すると，右図のような位置に移動することがわかる。
問2　(1) 植物細胞で緑色を呈する細胞小器官は，クロロフィルを含む葉緑体である。

(2), (3) 問題主文の10～13行目の「この操作によってある割合で細胞小器官も破壊され，その内部の構造体が遊離した」という一文が出題者の与えたヒントであることに気づけば，葉緑体とチラコイドの密度が異なるために異なる位置に分離されたことも容易に理解できるはずである。

精講 細胞分画法

物質の沈降速度(沈殿のしやすさ)が物質の大きさの2乗や密度に比例することを利用して，さまざまな細胞小器官を単離する方法。遠心分画法と密度勾配遠心法とがある。

■遠心分画法

主に大きさの違いを利用する方法。遠心力を段階的に強めていくことで，大きさが大きく異なるものを遠心分離する。

(1) 分画の順(植物細胞の場合)

核・細胞壁 → 葉緑体 → ミトコンドリア → リボソーム・小胞体 → 細胞質基質

(2) 操作条件
① 等張の溶液中で行う ← 浸透現象による細胞小器官の変形・破裂を防ぐ。
② 低温(4℃)下で行う ← 細胞破砕時の発熱によるタンパク質の熱変性を防ぎ，破砕液中の分解酵素による細胞小器官の分解を防ぐ。
③ 緩衝溶液を加える ← pHの変化によるタンパク質の変性を防ぐ。
　　　　　　　　　　　└壊れた液胞などから出てくる有機酸が原因

■密度勾配遠心法

密度の違いを利用する方法。遠心分画法では分離できないような，大きさや密度の違いが小さいものを遠心分離する。なお，メセルソンとスタールの実験(1958年)で行われたのも，この密度勾配遠心法である。

標問	**3**	細胞間結合

答　問1　流動モザイクモデル

問2　(1)　細胞接着分子が細胞どうしを接着できるようにするとともに，トリプシンによって分解されるのを防ぐ。

　　　(2)　Ca^{2+} が存在していないという条件の下で，細胞接着分子を分解する。

問3　異なる種類の細胞の細胞膜には異なる種類の細胞接着分子が存在し，同じ種類の細胞接着分子どうしが結合する。

問4　細胞膜を貫通する中空のタンパク質が隣接する細胞の細胞質を繋いでおり，これを通って小さい蛍光分子だけが隣接する細胞に移動した。

問5　蛍光分子が親水性なので，中央部が疎水性の脂質二重膜を透過することができない。

標問3の解説

　　膜タンパク質である**カドヘリン**は，カルシウム依存的に細胞と細胞を接着させる作用をもつ主要な**細胞接着分子**である。カドヘリンの立体構造の維持には**カルシウムイオン**（Ca^{2+}）が必要なので，Ca^{2+} が存在しない条件下ではカドヘリンどうしの接着力が弱まって細胞が解離する。また，組織ごとに異なるので非常に多くの種類があるが，カドヘリンは同じ種類のものどうししか結合しない。このため，人為的に解離された無脊椎動物の異種の細胞を混合しても，まず同じ種の細胞どうしが，次に同じ組織の細胞どうしが接着するという**細胞選別**が起こる。

問2　まずは実験の情報を整理する。

　実験1　①　Ca^{2+} + EDTA + トリプシン ⟶ バラバラ

　　　　EDTA によって Ca^{2+} が除去された状態でトリプシンが作用すると，細胞は接着できないことがわかる。細胞接着にタンパク質が関わっていることは問題文に述べられているので，トリプシンによって細胞接着分子が分解されて細胞が接着できない，と推測される。

　　　②　さらに Ca^{2+} を過剰に添加 ⟶ バラバラのまま

　　　　細胞接着分子がない状態では，Ca^{2+} だけがあっても接着できない。

　実験2　③　Ca^{2+} + トリプシン ⟶ 接着したまま

　　　　Ca^{2+} が存在するとトリプシンが作用できず，細胞どうしの接着は切れない。

　　　④　さらに，トリプシン失活 + EDTA ⟶ バラバラ

　　　　細胞接着分子が存在しても，Ca^{2+} が除去されると接着できなくなる。

　　　⑤　さらに，Ca^{2+} を過剰に添加 ⟶ 再び接着

　　　　Ca^{2+} が存在すれば再接着する。

　①と③より，トリプシンは Ca^{2+} **非存在下**で細胞接着分子のタンパク質を分解することがわかる。そして，④と⑤より，Ca^{2+} は細胞接着分子に働くことで，細胞どうしの接着を可能にすることがわかる。また，③より Ca^{2+} は細胞接着分子がト

10

リプシンによって分解されるのを防ぐこともわかる。
　これらの実験結果からは，Ca^{2+}が細胞接着分子を特異的に保護するのか，それともタンパク質を分解するというトリプシンの働きを阻害するのかはわからないが，実はCa^{2+}とMg^{2+}（マグネシウムイオン）はトリプシンの阻害剤として働くのである。

問3　実験3　バラバラにした2種類の細胞の混合物 ＋ 過剰のCa^{2+}
　　　　　───→ 同じ種類の細胞どうしの集合体
　　異なる種類の細胞の細胞膜には異なる種類の細胞接着分子が存在し，同じ種類の細胞接着分子どうしが結合することがわかる。

問4　問題主文に「これら細胞間の接着や情報伝達には，細胞間に埋め込まれたタンパク質が関わっている」とあり，実験4に「隣接する細胞へと順々に蛍光が広がっていった」とあることから，隣接する細胞間には互いの細胞質を繋ぐ筒状のタンパク質が存在すると考えられ，筒の内径より小さい蛍光分子は細胞間を自由に移動できると考えられる。そして実際には，これが精講の「細胞間結合」で示すギャップ結合である。

問5　問題主文の文頭にあるように，細胞膜を構成する(リン)脂質分子は親水性の頭部と疎水性の尾部からなる。そして，親水性の頭部を外側に向け，疎水性の尾部を内側どうしに向けた状態の(リン)脂質二重膜を形成する(**標問4の解説の図を参照**)。このため，脂質二重膜の外側は親水性であるが，中央部は疎水性である。出題者がわざわざ「親水性の」と示してくれているので，蛍光分子が脂質二重膜の中央の疎水性部分を通過できないことを示せばよいことに気づいて欲しい。

精講　細胞間結合と細胞選別

■細胞間結合
　細胞間の結合には，次のようなさまざまな結合のしかたがある。
密着結合：膜を貫通する接着タンパク質によって細胞間が密着して結合する。
接着結合：カドヘリンと細胞骨格であるアクチンフィラメントとで結合する。
デスモソーム：カドヘリンと細胞骨格である中間径フィラメントとで結合する。細胞間を強固に結合する。
ギャップ結合：中空のタンパク質（コネクソン）による結合。ここを細胞内の低分子物質やイオンが移動する。

〔上皮組織でみられる細胞間結合〕

■細胞選別
　細胞間接着タンパク質には多くの種類があり，同じ種類のタンパク質をもつ細胞どうしは接着するが，異なるタンパク質をもつ細胞の間では接着が起こらない。このため，同じ種類のタンパク質をもつ細胞どうしが接着して集合し，特定の形態と機能をもつ組織を形成する。

第1章　細胞と個体

| 標問 | **4** | **細胞膜の構造と機能** |

答

問1　②　　問2　アーリン脂質　イー親水　ウー疎水
問3　受容体(レセプター)　　問4　①，④
問5　レーザー光照射によって大きく低下した蛍光強度が急速に回復し始めたのは，周囲に存在していた退色していない蛍光物質と結合したタンパク質が測定領域に流入してきたためであるとしか考えられない。このことから，細胞膜に埋め込まれたタンパク質は，脂質二重膜の中を常に(かなり)自由に動いていることが明らかになる。
問6　実験1(A)　Na^+－②，K^+－②　　(B)　Na^+－①，K^+－③
　　(C)　Na^+－①，K^+－③　　実験2　Na^+－①，K^+－③

精講 細胞膜の選択的透過性

　特定の物質を選択的に透過させる細胞膜の特性を**選択的透過性**という。(リン)脂質二重膜(脂質二重層)がもつ特性と輸送タンパク質の働きに基づき，受動輸送と能動輸送のいずれにもみられる。なお「受動輸送と能動輸送」および「一次能動輸送と二次能動輸送」については**標問15**の精講で詳しく扱うので，必ず参照するように。

■輸送体(トランスポーター)

　担体(キャリヤー)，運搬体ともいう。通常は輸送タンパク質のうちで，チャネル以外の，輸送のたびに基質結合部位の方向を膜の内外に変えるものを意味する。そして狭義には，輸送のために ATP 加水分解を必要とするものを**ポンプ**といい，輸送体とは区別する。高校の教科書ではポンプという用語を必ず用いるので，原則として，本書ではチャネルとポンプ以外の輸送タンパク質を輸送体として扱うことにする。

■膜輸送

	輸送タンパク質	例
受動輸送	①なし　　　(単純拡散)	… CO_2・尿素・グリセリン・ステロイド
	②チャネル(促進拡散)	… アクアポリン(水チャネル)・Na チャネル
	③輸送体　　(促進拡散)	… グルコース輸送体(**標問13B**，**標問58**)
能動輸送	①ポンプ　　(一次能動輸送)	… Na ポンプ
	②共役輸送体*(二次能動輸送)	… グルコース共(役)輸送体**

　　　　　　　　　　　　　　　　　　　　　(**標問5**，**標問15問3・4**)

*　受動輸送③の輸送体と区別しやすいよう，原則として，本書では共役輸送体と明記する。
**　グルコースポンプということもある。

標問 4 の 解説

問1, 2　**リン脂質**は, リン酸などを含む親水性部分と, 炭化水素鎖が長く続く疎水性部分からなり, **脂質二重膜**を形成する。この脂質膜にタンパク質がモザイク状に埋め込まれており, タン

〔生体膜〕

パク質はリン脂質とは直接結合していないため, 脂質二重膜を比較的自由に移動できる。このような生体膜の構造はシンガーとニコルソンによって提唱され, **流動モザイクモデル**と呼ばれる。

　生体膜は厚さ約8～10nm程度であるが, 細胞膜や核膜は細胞骨格で裏打ちされ, 容易に壊れないようになっている。

問4　脂質二重膜中央の疎水性の部分は, O_2・CO_2などの気体, 尿素などの低分子(分子量100程度まで), そしてグリセリンをはじめとするアルコール類などを透過させる。さらに, ステロイドホルモンなどの脂質はかなり大きい分子でも透過させる。しかし, 水やアミノ酸・糖などのように極性をもつ分子や, イオンのように荷電したものは(ほとんど)透過させない。このため, これらの物質は膜貫通型の輸送タンパク質(精講の「膜輸送」を参照)によって膜を透過する。

問5　グラフに示されているのは, ①「レーザー光を照射した時点では照射部で退色して蛍光強度が低下した」が, ②「時間経過に伴って蛍光強度が回復している」ことだけである。①については問題文で述べられている。

　問題文には「退色した蛍光物質は励起光を当てても再度蛍光を発することがない」と示されている。新たに蛍光物質が合成されないならば, レーザー光照射部の周囲にある蛍光物質が移動したとするのが妥当であろう。ただし, 蛍光物質は細胞膜に存在するタンパク質に結合しているのだから, 蛍光物質が勝手に移動するのではなく「蛍光物質が結合したタンパク質が移動した」のである。この実験結果の解釈は, 問題文に述べられている細胞膜の流動モザイクモデルと合致する。

問6　**ナトリウムポンプ**はNa^+/K^+-ATPアーゼとも呼ばれ, 能動輸送に関わる代表的な膜タンパク質である。ATPを加水分解したときのエネルギーを用いて, Na^+を細胞外に, K^+を細胞内に輸送することで, 細胞内外の陽イオンの濃度勾配を形成することに関わる。ATPを分解するのは細胞内, すなわち細胞膜の内側に面している部位である。

　実験1のAでは, リポソーム外にATPを添加しているのでナトリウムポンプは働かない。しかし, BとCではナトリウムポンプが働く。

　実験2ではナトリウムポンプが働くので, リポソーム外のNa^+はリポソームの内側へ, リポソーム内のK^+は外側へ輸送される。

標問 5 グルコースの輸送

答 問1 ア－マルターゼ イ－微柔毛　問2 ⑤　問3 ④
問4 ①　問5 32.5〔g〕

標問5の解説

容器に挟んでいる上皮細胞の上下どちらが腸管内腔側か血管側かが示されていない点に注意する。まずは実験結果から、3つの輸送体の存在場所を検討する。

実験1，**実験2**では上部容器と下部容器の溶液に違いがないので、輸送体の偏りが判断できない。ただし、**実験2**では酸素供給をなくすと呼吸が停止してATP供給がなくなり、Na^+とグルコースの輸送が停止することが示されている。

実験3より、上部容器に添加したウアバインによってⅲが阻害されると、Na^+の能動輸送が停止して実験2と同様の結果になるので、ⅲはAとBの間にあるとわかる。

実験4より、下部容器のNa^+濃度を高くしたときにBのグルコース濃度が高くなるには、ⅰがBとCの間にあればよい。このとき、ⅱが同じBとCの間にあればグルコースはC側に戻ってしまうので、ⅱはAとBの間にあると考えられる。

つまり、この実験では上部容器A側が血管側で、下部容器C側が腸管内腔側である。

問1　ア．デンプンはアミラーゼによってマルトースやグルコースなどに分解される。マルトースの分解にはマルターゼが必要である。

イ．小腸の表面には粘膜ヒダがあり、粘膜の表面には多数の柔毛が発達し、柔毛の表面の上皮細胞には微柔毛が発達している。このように何重にも表面積を大きくすることで、食物の消化・吸収が効率的に行えるようになっている。

問2　グルコースはⅱによってAからBに濃度勾配(濃度差)に従って移動するが、ⅰは輸送方向が逆なのでBからC方向へは移動できない。また下部容器にはグルコースを含まないので、グルコース濃度は、A＝Bとなり、Cよりも高い。

問3　Na^+濃度はBよりもCの方が高いので、Na^+が濃度勾配に従ってCからB方向へⅰにより移動するときに、グルコースも移動する。これによってBでのグルコース濃度が高くなり、ⅱによってBからAにグルコースが移動する。

問4　ATPの消費はⅲで行われ、これによって生じるNa^+の濃度勾配によってⅰによるグルコースの移動が起こる。

問5　モル数と分子数は比例するので、100gのグルコース＝$\frac{100}{180}$モルのグルコースと等量のNa^+が必要とされる。よって、NaClも$\frac{100}{180}$モル必要である。NaClの分

子量は58.5なので，$58.5 (\text{g}) \times \dfrac{100}{180} (\text{モル}) = 32.5 (\text{g})$

　本問のテーマである小腸上皮細胞におけるNa$^+$とグルコースの輸送について，同様な輸送は腎臓の細尿管の上皮細胞でもみられる。グルコース自体を能動輸送することができないので，濃度勾配に逆らうようなグルコース輸送には，このような3つのタンパク質が関わる。ⅰはNa$^+$/グルコース共輸送体(等方輸送を行う共役輸送体)，ⅱはグルコース輸送体，ⅲはナトリウムポンプである。

　なお，Na$^+$/グルコース共輸送体によるグルコースの能動輸送は，Na$^+$の濃度差がエネルギー差として働き，Na$^+$が濃度勾配に従って共(役)輸送体を移動するときにエネルギーが転嫁されて，グルコースの移動が起こる。

　一般に能動輸送といえば，ナトリウムポンプのように直接にはATPを消費するものを思い浮かべるが，Na$^+$/グルコース共輸送体は直接にはATPを消費しない。しかし，Na$^+$/グルコース共輸送体は，ATPを消費してNa$^+$の濃度勾配を作り出すナトリウムポンプの働きがなければ共(役)輸送が起こらないので，間接的にATPのエネルギーを利用している(二次能動輸送と呼ぶ)。標問15の精講も参照すること。

精講　Na$^+$の濃度勾配を利用したグルコースの輸送

① ナトリウムポンプによって，細胞内のNa$^+$濃度が低く保たれる。
② Na$^+$/グルコース共輸送体によって，Na$^+$の濃度勾配を利用して，グルコースを能動輸送する。
③ グルコース輸送体は濃度勾配に従って，細胞外にグルコースを移動させる。

第1章　細胞と個体　15

| 標問 | **6** | 細胞周期 |

> **答**　問1　M期－2時間　G_1期－11時間　S期－3時間　G_2期－4時間
> 　　　問2　①
> 　　　問3　G_1期－(ア)　G_2およびM期－(エ)　S期の前半－(イ)　S期の後半－(ウ)
> 　　　問4　⑤　問5　③

標問6の解説

問1　根端分裂組織で増殖している細胞集団の細胞周期と，そのM期(分裂期)・G_1期(DNA合成準備期)・S期(DNA合成期)・G_2期(分裂準備期)を，右図4のように，環状に示すことにする。この図では，○で示された細胞が隙間なく並んでおり，これらすべての細胞が同じ速さで一斉に右回りに回っている，つまり細胞周期の各過程を進んでいる様子が示されていると理解してほしい。

図4

〈1〉　**実験2　EdUの短時間添加パターン**

問題文には示されてはいないが，このパターンでは，培地にEdUが添加されるのは**時間的に無視できるほどの極短時間**であるとみなしてよい。そして，この**極短時間の間にS期の細胞群がすべてEdUをDNAに取り込んでラベルされる**と考える。従って，生育開始時点では**S期の細胞群のみがラベルされる**(右図5の0hr後)。そして，その後は培地にEdUがないので，**ラベルされた細胞の数が同じまま，つまり赤線部分の長さが同じままの状態で，全細胞が細胞周期を進む**ことになる。なお，図5では，細胞を示す○は省略されており，赤線部分のラベルされた細胞群が右回りに進んでいくので，その進行方向を基準として，先端の細胞を●で示し，後端の細胞を■で示すものとする。また，Mの上の ☐ 内の%は，M期の細胞のうち，EdUが検出される細胞の割合(問題文図1の縦軸値)を示している。

図5

(1)　4hr後：ラベルされた細胞群の先端細胞(●)がG_2期の最後に達した状態。先端細胞の動き(○┄▶)に注目すると，$4=G_2$とわかる。

　　∴　G_2期＝4hr

(2)　6hr後：ラベルされた細胞群の先端細胞(●)がM期の最後に達した状態。先端細胞の動き(○┄▶)に注目すると，$6=G_2+M$とわかり，$G_2=4$を代入すると，M＝2とわかる。

∴ M期＝2 hr

(3) 7 hr 後：ラベルされた細胞群の後端細胞(■)がM期の最初に達した状態。後端細胞の動き(□--→)に注目すると，7＝S＋G_2 とわかり，G_2＝4 を代入すると，S＝3 とわかる。

∴ S 期＝3 hr

(4) 9 hr 後：ラベルされた細胞群の後端細胞(■)がG_1期の最初に達した状態。後端細胞の動き(□--→)に注目すると，9＝S＋G_2＋M とわかり，(1)〜(3)と矛盾しない。

図6

〈2〉 **実験1：EdUの継続添加パターン**

生育開始時点でS期の細胞群のみがラベルされるのは実験2と同じ(下図7の0 hr 後)であるが，実験1ではEdUが培地に添加され続けているので，ラベルされた細胞の数が時間とともに増えながら，つまり赤線部分の長さが時間とともに長くなりながら，全細胞が細胞周期を進むことになる。

(1) 17 hr 後：ラベルされた細胞群の先端細胞(●)がG_1期の最後に達した状態。先端細胞の動き(○--→)に注目すると，17＝G_2＋M＋G_1 とわかり，G_2＝4 および M＝2 を代入すると，G_1＝11 とわかる。

∴ G_1 期＝11 hr

図7

問2 **B**の問題主文にヨウ化プロピジウムという色素の説明として「2本鎖ヌクレオチドに入り込み，隣接する塩基対と塩基対の間に入ると蛍光を発するようになる」とあるので，この色素がDNAに入るとわかり，さらに発光の強さが細胞のDNA含量に対応するとわかる。

第1章 細胞と個体 17

問3　図2の蛍光の強さ，つまりDNA量の相対値が0と1と2で示されていることに注意して，細胞周期に伴う細胞あたりのDNA量の変化のグラフを自分で描いてみるとわかりやすい。図2の(ア)はDNA量(蛍光の強さ)が1な
ので，自分で描いたグラフからG₁期であるとわかる。同様に，図2の(イ)と(ウ)はDNA量が1と2の間なので，それぞれS期の前半と後半であるとわかり，図2の(エ)はDNA量が2なのでG₂期およびM期であるとわかる。

問4　ノコダゾールは紡錘糸の伸長と染色体の分離を阻害するので，細胞周期はM期で停止する。このため，問題主文に示された細胞周期の約16時間を上回る20時間後には，ノコダゾールを加えた時点でG₁期・S期およびG₂期であった細胞はすべてM期まで進んで細胞周期を停止すると考えられる。

問5　図3を見ると，20時間後でもS期の(イ)と(ウ)の細胞数が全く変化していない。これに対して，G₂とM期の(エ)の細胞数が減少してG₁期(ア)の細胞数が増加していることから，G₂とM期の細胞はG₁期にまで進んで細胞周期を停止するとわかる。これらのことから，薬剤XはS期のDNA合成を阻害すると考えられる。

精講　本題のテーマ

本問ではDNAを標識して追跡するために，チミジンの類似物質で，蛍光を発するエチニル・デオキシウリジン(EdU)が用いられているが，放射性同位体である³H（トリチウム）を用いてDNAを追跡する問題も頻繁に出題されるので，オートラジオグラフィーについて説明しておく。

■ オートラジオグラフィー

　³Hを含むチミジン(チミンとデオキシリボースの複合体)を³H-チミジンといい，これを増殖し続けている細胞の培養液に添加すると，³H-チミジンはS期(DNA合成期)の細胞の核に，そしてDNAに取り込まれる。³H-チミジンを添加した後，暗室内で標本とした培養細胞に写真乳剤(X線写真フィルム)を密着させて放置すると，DNAに取り込まれた³Hからの放射線によって乳剤が感光するので，現像すればその部位に黒い銀粒子が現れる。このように，写真乳剤などを使って生体内における放射性物質(トレーサー)の取り込みを観察し，これを基に生体内物質の分布・移動・代謝を調べる方法をオートラジオグラフィーという。

Point　核酸のトレーサー

オートラジオグラフィーは様々な分野で用いられている。例えば，膵臓細胞内での消化酵素の生成から分泌に至る過程が「粗面小胞体 → ゴルジ体 → 分泌小胞（膜小胞） → 細胞膜 → 細胞外」であることも，^{3}H や ^{14}C を含むアミノ酸を取り込ませることで追跡することができる。それに，バクテリオファージの増殖に関する研究においても，ハーシーとチェイスがファージの DNA を ^{32}P で，タンパク質を ^{35}S でラベルしたことも必ず学習するはずである。

■細胞周期の解析

〈1〉 EdU や ^{3}H-チミジンを添加した瞬間 ⟶ S 期の細胞群がラベルされる。

〈2〉 短時間添加 ⟶ ラベルされた細胞数は同じままで細胞周期を進む。

〈3〉 継続添加 ⟶ ラベルされた細胞数が増加しながら細胞周期を進む。

第 1 章　細胞と個体　19

| 標 問 | **7** | **細胞周期の調節** |

答 問1 ①，②，④，⑥ 問2 ⑥，⑧，⑩

標問7の解説

問1 本問は特に問題文の意味が正確に読み取れないと解答できないので，慎重に問題文を読み進める必要がある。

(i) 「S期細胞＋G₁期細胞」の融合

「S期の核ではDNA合成が進行」，「G₁期の核はすぐにS期に進んだ」とあるが，S期はもともとDNA合成期なのでDNA合成が進行している。これに対して，G₁期の核は「すぐに」とあるので，G₁期核は融合をきっかけにS期に進んだ，といえる。つまり，細胞融合によってS期の核自体には特別な作用が起っていないが，G₁期の核には変化が起きたことがわかる。

(ii) 「S期細胞＋G₂期細胞」の融合

まず「S期の核はそのままDNA合成を続け」ということから，S期核には融合による影響はない。次に「G₂期核はS期の核が追いつくまでG₂期にとどまり」とあることから，G₂期核は細胞融合によってM期への進行が抑制されているようである。また，「その後そろってM期に進んだ」とあるので，S期の細胞質にはG₂期核がM期に進行することを抑制する物質を含み，G₂期に入るとこの物質の作用がなくなってM期に進行すると考えられる。

(iii) 「G₂期細胞＋G₁期細胞」の融合

「G₂期細胞の核は…分裂の進行が遅れた」ということから明らかなように，G₁期の細胞質の影響を受けてG₂期にとどまるので，G₁期の細胞質にはG₂期核のM期への進行を抑制する物質を含む。一方，「G₁期の核は予定通り」とあるので，融合の影響を受けていないと判断される。

(iv) 「M期細胞＋間期細胞」の融合

M期細胞についての変化は示されていない。一方，間期細胞は速やかに「染色体が形成され，核膜が崩壊」するのでM期に入る。つまり，M期の細胞質には，どの間期の細胞に対してもM期に進行させる物質を含む。

① (i)より，G₁期核はS期核と融合後すみやかにS期に入ることから，S期活性化因子の影響を受けることができ，DNAを合成する準備ができていることがわかる。一方，S期活性化因子があるとG₁期核はG₁期にとどまれないので，G₁期の細胞質にはS期活性化因子がないと判断できる。妥当である。

② これは(iv)の実験結果そのものに当てはまる。

③ これは(i)に明らかに反する。

④ G₂期核とS期核の関係は(ii)から判断する。「G₂期の核はS期活性化因子に応答しない」という部分は，G₂期核はS期の細胞と融合してもDNA合成をはじめていない（G₂期にとどまるだけ）ので，正しいといえる。「M期を経て新たな

20

G₁期に入れば，DNA合成が可能になる」の部分については，(i)からS期活性化因子があればG₁期核はDNA合成することになるので，妥当である。
⑤ (iv)の結果から，間期の細胞核はどの時期でもM期促進因子の作用を受けるので，誤り。
⑥ S期核とG₂期核の関係は(ii)に示されているが，この実験ではG₂期核はS期活性化因子の影響を受けない，ということしかわからない。ここで(iii)に注目してみると，S期活性化因子の影響を受けることができるG₁期核はG₂期の細胞と融合しても影響を受けていないので，G₂期の細胞質にはS期活性化因子は存在しないといえる。
⑦ (ii)から誤りである。
⑧ ⑥の検討から，S期を終えるとS期活性化因子は消失する。誤り。
⑨ 仮にG₁期の細胞質にDNA合成を阻害する因子があるならば，(i)でS期核のDNA合成は阻害されるはずである。誤り。

なお，①については実験の解釈をしただけでは正誤の判断は難しいかもしれない。つまり，②以降の選択肢を判断する過程で，S期活性化因子の働きなどが明確になるのではないだろうか。さらに，問題B（問2，3）は問題A（問1）の考え方をきちんと踏まえていれば実験の解釈がしやすくなることも，問題を解答する上で重要である。すなわち，「細胞融合によって一方の細胞に何かが起こった」ということは，「相手の細胞質に存在する物質による影響がある」ということである。

問2 ⑥ 変形菌類（ムラサキホコリカビなど）は，胞子（単相）が発芽してできたアメーバ状細胞が接合（複相）して生じる変形体として生活する。
⑧ 受精や接合は細胞融合の一種である。
⑩ 骨格筋のもとになる細胞は筋芽細胞と呼ばれるが，発生の過程で筋芽細胞が多数細胞融合して多核で大きな骨格筋細胞ができる。ふつうの細胞に比べて特別長い細胞なので，筋繊維と呼ばれることが多い。

精講 細胞周期を調節するしくみ

細胞周期が正常に進行しているかを確認するチェックポイントがある。

第1章 細胞と個体

標問 8 モータータンパク質と細胞骨格

答
問1　右図赤線
問2　先端・基部方向：B
　　　核方向：A
問3　タンパク質C単独ではリン酸を増加させないが，タンパク質AやBにCを加えるとAやBのリン酸を増加させる速度が大幅に増大する。このことから，C自体にはATP分解酵素活性はないが，AやBに作用して，AやBのATP分解酵素活性を高める役割をもつ。

問4　ATPアーゼ活性をもつタンパク質Bの濃度が一定なので，基質であるATPの濃度が高くなると，常にすべてのATPアーゼ活性部位がATPで飽和した状態になるため。
問5　分解されるATPの平均分子数：12分子
　　　運動の連動性：タンパク質BはATPを1分子分解するごとに，8.0×10^{-9}m移動する。

精講　重要事項の整理

■モータータンパク質と細胞骨格
　細胞骨格と相互に働いて，細胞の運動や細胞小器官の輸送などに関わるタンパク質をモータータンパク質と呼ぶ。アクチンフィラメント上を移動するモータータンパク質はミオシン，微小管上を移動するモータータンパク質はダイニンやキネシンである。
アクチンフィラメント（直径約7nm）：ミオシンが作用する。細胞の形態維持，筋収縮，動物細胞の細胞質分裂に関わる。
微小管（直径25nm）：ダイニン，キネシンが関わる。鞭毛や繊毛を形成して運動に関わる。中心体から伸びる紡錘糸を形成する。
中間径フィラメント（直径10nm）：細胞の形態維持や細胞間結合に関わる。

標問8の解説

問1　モータータンパク質はATPを加水分解したときのエネルギーを利用するので，ATP分解酵素としての活性（側面）ももつ。したがって，モータータンパク質であるAの量を2.0×10^{-6}モルから1.0×10^{-6}モルに変えることで酵素濃度を$\frac{1}{2}$倍に

すると，すべての ATP 濃度の領域において反応速度も $\frac{1}{2}$ 倍となり，グラフが縦

方向に $\frac{1}{2}$ 倍に圧縮されたものとなる。**標問11の問2の解説を参照。**

問2　実験1を解釈する。

　　野生型において全体に分布している小胞は，タンパク質Bをもたない変異型Ⅰでは核付近に蓄積する。これよりタンパク質Bは核付近から先端や基部方向への小胞輸送に関わることがわかる。同様にタンパク質Aをもたない変異型Ⅱでは先端と基部に蓄積していることから，タンパク質Aは核付近への輸送に関わることがわかる。野生型ではタンパク質Aとタンパク質Bがともに働くため，細胞内全体に小胞が分布している。

問3　実験2を解釈する。

　　まずは各タンパク質を単独で実験した場合を考える。A単独またはB単独では反応速度は低いものの反応が起こっているが，C単独では反応自体が起こっていない。

　　A＋C，B＋Cと組合せた実験では，どちらも7〜10倍近く反応速度が大きくなっている。よって，C自体ではATPを分解できないが，AやBのATP分解酵素としての働きを促進する働きがあるといえる。なお，実験でCを「過剰に」加えているのは，AやBに十分に作用させるためと考えられる。

問4　タンパク質BはATP分解酵素の働きをもつ。よって，基質濃度と酵素の反応速度の関係と同様に考えればよい。

　　酵素の反応速度は酵素−基質複合体濃度に比例する。基質濃度が十分に高くなるとすべての酵素が基質と結合して酵素-基質複合体となるため，反応速度が最大となる。

問5　次のように求める。

〈1〉　図2より，ATP 濃度が 1.0×10^{-3} mol/L のとき，濃度 2.0×10^{-6} mol のタンパク質Bは毎秒 24.0×10^{-6} mol の ATP を分解しているとわかる。よって，次の関係が成り立つ。

$$\text{タンパク質B} \quad : \quad \text{ATP}$$
$$= 2.0 \times 10^{-6}\,〔\text{mol}〕 : 24.0 \times 10^{-6}\,〔\text{mol/s}〕$$
$$= \quad 1〔分子〕 \quad : \quad 12〔分子 /s〕$$

　　よって，1秒間にタンパク質Bが分解する ATP 量は12分子とわかる。

〈2〉　図3に示された0.5秒の間では〈1〉より6分子の ATP が分解され，Bが6ステップ移動するので，Bは1分子の ATP を分解するごとに1ステップ移動するとわかる。また，5ステップで 40×10^{-9} m の変位なので，1ステップの移動距離は 8×10^{-9} m とわかる。

第1章　細胞と個体　　23

標問 9 細胞内のタンパク質輸送

答
問1 (1) ①-小胞体　②-ゴルジ体　③-細胞膜
　　(2) ④-小胞体　⑤-ゴルジ体　⑥-ゴルジ体　⑦-細胞膜
問2 核近傍に集積した場所から細胞の辺縁部に移動する。(24字)
問3 (1) ゴルジ体
　　(2) まず小さい球状の構造物に含まれた状態で細胞の核近傍にあるゴルジ体に輸送され，そこで加工されたあとに，今度はやや大きい細長い構造物に含まれた状態で細胞の辺縁部にある細胞膜に輸送されるという形で行われる。(100字)

精講 本題のテーマ

■分泌タンパク質と膜タンパク質の細胞内輸送

(1) 小胞体 ⟶ ゴルジ体への輸送

　分泌タンパク質と膜タンパク質はともに粗面小胞体のリボソームで合成されて小胞体内腔に取り込まれ，小胞体から形成される小さく球形の膜小胞によってゴルジ体に輸送される。

(2) ゴルジ体 ⟶ 細胞膜への輸送

分泌タンパク質：<u>分泌小胞</u>に内包された状態で輸送された後，その分泌タンパク質に特有の分泌刺激があると，エキソサイトーシスによって細胞外に分泌される（調節性エキソサイトーシス）。<u>この分泌小胞は，小胞体から形成される膜小胞と比較して，大きく球形である</u>（右図）。

膜タンパク質：<u>分泌小胞</u>の膜に埋め込まれた状態で輸送された後，直ちにエキソサイトーシスによって分泌小胞の膜ごと細胞膜に融合する（構成性エキソサイトーシス）。<u>この分泌小胞は，小胞体から形成される膜小胞と比較して，やや大きく細長い形である</u>（下図）。

〔注〕 ゴルジ体から形成される分泌小胞も，単に膜小胞や小胞と示されることも多い。

標問 9 の解説

問1 (1) ① 40℃を継続しているのはA群で，この細胞では蛍光が小胞体にのみ分布する。小胞体は細胞質全体に広く分布するので，「蛍光は網状に観察」という点からもわかる。つまり，40℃ではX-GFPは小胞体から出られない。

② 20℃に温度を変えたのはC群で，蛍光はゴルジ体に観察されている。この細胞では「核近傍に…蛍光が集積」するので，核近傍にゴルジ体が存在し，X-GFPはそこから出られずにとどまっているといえる。

③ 32℃にしたのはB群で，この細胞では蛍光が細胞膜に観察されたことから，X-GFPが細胞膜に移動したといえる。

(2) B群の細胞に注目する。40℃→32℃の始めの30分では，蛍光は「網目状に観察」──→「網目状の構造物の近くで小さな球状」──→「細胞の周辺部から中心に向けてすばやく輸送され，核近傍に集積」と変化している。「網目状」は小胞体を指し，「小さな球状」の小胞が形成されて，核近傍の「ゴルジ体」に移動する。

「その後」，つまり30分以降は，ゴルジ体で再び小胞が形成され，この後「核近傍に集積した場所」から「やや大きい細長い構造物」を経て，「細胞の辺縁部」＝細胞膜に移動している。

問2 20℃ではX-GFPはゴルジ体にとどまるが，32℃では細胞膜への移動が妨げられないので，細胞膜で蛍光が観察されると考えられる。

問3 (1) C群の細胞では蛍光がゴルジ体にとどまり，蛍光が核近傍で集積することから，ゴルジ体と判断する。

(2) ここまでの設問でX-GFPも，リボソームで合成されたタンパク質が細胞膜に移動するしくみで細胞膜に供給されていることがわかる。つまり，X-GFPの輸送経路を与えられた語句を用いて示すと「小胞体 → 小さい球状の構造物（小胞）──→ 細胞の核近傍のゴルジ体 ──→ やや大きい細長い構造物（小胞）──→ 細胞膜」となり，これをそのまま解答として示せばよい。

なお，本問で扱われたような膜（貫通）タンパク質は，ゴルジ体から生じるやや大きくて細長い分泌小胞の膜に埋め込まれ，細胞骨格の微小管とモータータンパク質のキネシンの働きによって細胞膜の所まで輸送される。そして，この分泌小胞が細胞膜と融合（エキソサイトーシス）することで，膜ごと細胞膜に供給される。

Point | **タンパク質の細胞内輸送**

分泌タンパク質

小胞体 ──→ 膜小胞 ──→ ゴルジ体 ──→ 分泌小胞 ──┐ 細胞外
エキソサイトーシス
小胞体 ──→ 膜小胞 ──→ ゴルジ体 ──→ 分泌小胞 ──┘ 細胞膜中

膜タンパク質

第1章 細胞と個体　25

標問	10	プロトプラスト・顕微鏡の操作

答

問1 ペクチナーゼ：細胞壁どうしを結合しているペクチンを加水分解する。(25字)

　　セルラーゼ：細胞壁の成分であるセルロースを加水分解する。(22字)

問2 24〔μm〕

問3 変化：吸水して破裂した。(9字)

　　理由：細胞壁がないため，細胞外の浸透圧が低下して過剰に吸水すると細胞膜が破れるから。(39字)

問4 反射鏡を凹面鏡にし，絞りを開く。(16字)

問5 細胞小器官：液胞

　　働き：吸水した水や，細胞の代謝産物や老廃物などを貯蔵する。(26字)

標問 10 の解説

問1 2つ以上の細胞の隔壁が消失して1つになることを細胞融合と呼ぶ。適当な培養液中にある細胞にポリエチレングリコールを添加したり，高圧電流を短時間流すことで細胞膜どうしが融合して細胞が1つになる。

　　植物細胞を細胞融合させる場合は，細胞壁を分解してプロトプラストを作り，これを用いる。まず，細胞壁どうしを結合しているペクチンを分解するペクチナーゼを作用させて細胞をバラバラにし，次に細胞壁を分解するセルラーゼを作用させると細胞壁のないプロトプラストが得られる。

問2 図2より，接眼ミクロメーター5目盛りと対物ミクロメーター2目盛りとが一致している。

　　対物ミクロメーター1目盛りは1mmを100等分しているので，1目盛り＝10μmだから，

接眼ミクロメーター5目盛り＝2×10〔μm〕

接眼ミクロメーター1目盛り＝$\dfrac{2 \times 10〔\mu m〕}{5}$

　　　　　　　　　　　　　＝4〔μm〕

接眼ミクロメーターの目盛り

対物ミクロメーターの目盛り

目盛りが一致

　　大きい方の細胞の直径は，接眼ミクロメーターの6目盛り分に一致しているので，

$6 \times 4〔\mu m〕 = 24〔\mu m〕$

問3 陸上の植物は，地上部が雨水にさらされ，根をとりまく土壌水も塩分濃度が低く，常に低浸透圧の環境下にある。細胞壁が存在する状態では膨圧が生じ，細胞壁が過剰な吸水を抑制するように働く。プロトプラストは細胞壁がないため，低張液中では吸水して破裂する。

問5 植物細胞の成長に伴う体積増加は，吸水による。吸水した水が細胞質基質に残れば低張になり，細胞小器官が破裂する。そこで細胞に吸水された水は液胞に速や

26

かに入り，細胞質基質の浸透圧は維持される。よって，成長した植物細胞では液胞が非常に大きくなる。

　液胞には，他に，老廃物の貯蔵や分解，アントシアンなどの色素を貯蔵する働きがある。

精講 重要事項の整理

■ミクロメーターによる計測法
① 接眼ミクロメーターと対物ミクロメーターの目盛りが一致する箇所を読み取る。
② 接眼ミクロメーターの1目盛りの長さを算出する。

$$接眼ミクロメーター1目盛りの長さ = \frac{対物ミクロメーターの目盛り数 \times 10 〔\mu m〕}{接眼ミクロメーターの目盛り数}$$

③ 接眼ミクロメーターで対象物の長さを測り，換算する。

■細胞と浸透圧の関係
① 細胞と浸透圧が等しい溶液(等張液)中では，見かけ上水の移動がない。
② 高張液中では脱水によって体積が減少し，低張液中では吸水によって体積が増加する。
　── 細胞壁がない細胞では，過剰な吸水が起きると破裂する。

第2章 代 謝

標問 11 タンパク質と酵素

答
問1　ア-触媒　イ-基質　ウ-基質特異性　エ-活性部位
　　　オ-酵素-基質複合体
問2　グラフ：下左図の赤線
　　　根拠：酵素濃度を2倍にしたので初期速度(を示す最初の傾き)は2倍に
　　　なるが，基質濃度は同じままなので最大反応生成物量は変化しない。
　　　〈51字(59字)〉
問3　下右図　　問4　GAKVFSTRSEAGWSKVD

精講　重要事項の整理

■**酵素の基質特異性**

　タンパク質は独自の立体構造をもつことで独自の機能を果たす。その代表的なものとして生体内の化学反応を穏和な条件の下で触媒(ア)する酵素があり，酵素がその作用を及ぼす物質を基質(イ)という。酵素反応では，酵素の活性部位(エ)に基質が結合して酵素-基質複合体(オ)が形成された後，酵素の触媒作用によって生成物が生じる。その際，活性部位の立体構造に相補的な立体構造をもつ物質のみが活性部位に結合するが，これを酵素の基質特異性(ウ)という。

■**酵素反応と反応速度**

① 酵素 ＋ 基質 ⟶ 酵素-基質複合体 ⟶ 酵素 ＋ 生成物
　　E　＋　S　 ⟶　　　ES　　　 ⟶　 E　＋　P

Enzyme
Substrate
ES complex
Product
velocity

② **酵素-基質複合体**の濃度が反応速度(v)を決めているので，反応速度は酵素-基質複合体の濃度に比例する。$v \propto [ES]$

標問 11 の解説

問 2　横軸に反応時間，縦軸に反応生成物量をとった図 2 のようなグラフでは，基質濃度を変化させると最大反応生成物量が変化し，酵素濃度を変化させると初期速度つまり最初のグラフの傾きと最大反応生成物量に達するまでの時間が変化する。

　本問では，酵素濃度のみを2倍にしたので，最大反応生成物量は変化しないが，初期速度を示す最初の傾きは2倍になり，最大反応生成物量に達するまでの反応時間が1/2になる。従って，おおまかには(2, 0.5)を通り，(17, 1)で最大値に達するようなグラフを描けばよい。

問 3　次の手順で考えて，グラフを描くとよい。

　〈1〉　酵素-基質複合体（複合体と略す）の濃度が反応速度を規定し，その反応速度がグラフの傾きで示されるので，図 2 のグラフの傾きの経時変化を示す。

　〈2〉　厳密には0分時点の複合体の濃度は0であるが，図 2 のグラフが0分の時点からタイムラグなしに立ち上がり始めているので，0分時点のグラフの傾きを最大値の1としてよい。

　〈3〉　グラフの傾きは，2分位まではグラフがほぼ直線的に立ち上がって最大値の1に保たれるが，それ以後は次第に減少し，34分位に0となる。

問 4　次の手順で考えるとよい。

　〈1〉　トリプシンはリシン（K）またはアルギニン（R）の右側でペプチド結合を切断し，キモトリプシンはフェニルアラニン（F），トリプトファン（W），またはチロシン（Y）の右側でペプチド結合を切断する。

　〈2〉　ポリペプチドBをどちらの酵素で切断しても，N末端のアミノ酸は生じる断片つまり生成物の中のN末端に残る。このことから，GAKを共通に含む生成物3と6がトリプシンとキモトリプシンで切断した場合に生じる，それぞれ最もN末端側の生成物とわかり，ポリペプチドBのN末端から5番目までのアミノ酸配列がGAKVFとわかる。

　〈3〉　トリプシンによって生じる生成物の中でVFから始まるのが生成物2であることから，6〜8番目のアミノ酸がSTRとわかる。

　〈4〉　キモトリプシンによって生じる生成物の中でSTRから始まるのが生成物5であることから，9〜13番目のアミノ酸がSEAGWとわかり，さらに残りの14〜17番目のアミノ酸が生成物7のSKVDであることもわかる。

　〈5〉　トリプシンによって生じる生成物の中でSEAGWから始まるのが生成物1であることから，14・15番目のアミノ酸がSKとわかり，さらに残りの16・17番目のアミノ酸が生成物4のVDとわかる。そしてこれは〈4〉と矛盾せずに合致する。

〔ポリペプチドBのアミノ酸配列（一次構造）〕

標問 12 酵素反応とその阻害

答
問1 (1) 最適温度
(2) 酵素タンパク質が熱変性した。(14字)
(3) 実験方法：まず酵素以外の成分を含む溶液を40℃に保ち，それにいろいろな温度に維持しておいた少量の酵素液を加えて反応を開始させる。(58字)
実験結果：40℃以下で維持しておいた酵素液を加えた場合は図1の最大の反応速度になり，40℃よりも高い温度で維持しておいた酵素液を加えた場合は図1と同じ反応速度になって，50℃以上で反応速度が急激に低下する。(95字)
問2 (1) 基質濃度が高くなるにつれて反応速度を低下させる割合を小さくしていき，最終的には反応速度を低下させなくなった。(54字)
〔別解〕 基質濃度が低いうちは反応速度を大きく低下させるが，基質濃度が高くなるにつれて反応速度を低下させる割合を小さくしていった。(60字)
(2) ①
問3 (1) すべての基質濃度の範囲で，反応速度を一定の割合で低下させた。(30字)
(2) ②
問4 (1) ピルビン酸が還元されて乳酸が生じる反応が促進された。(26字)
(2) ④

精講 重要事項の整理

■酵素反応と外的条件

タンパク質を本体とする酵素の働きは温度や pH の影響を受けるので，最もよく働く**最適温度**や**最適 pH** がある。

〔反応速度と温度〕

〔反応速度と pH〕

■ 基質濃度と反応速度

　温度・pH などの条件が適当で，酵素濃度が一定のとき，基質濃度を上げていくと，基質濃度がある一定の値に達するまでは反応速度も上がるが，その値に達した後は反応速度が一定になる。

　これは**すべての酵素の活性部位に基質が結合した状態**となり，反応速度を決めている**酵素-基質複合体**の濃度が最大値で平衡する（頭打ちになる）からである。

〔反応速度と基質濃度〕

■ 酵素反応の阻害

　ある物質が酵素に結合すると，酵素の働きが阻害されることがある。これは酵素反応の調節という点から重要な現象であるが，このような物質を**阻害剤**もしくは**阻害物質**(inhibitor)といい，Ⅰで表す。阻害剤の中には酵素に不可逆的に結合するものもあるが，多くのものは可逆的に結合して生体内での酵素反応の調節に関わっている。なお，阻害と阻害剤については**標問13**の精講で詳しく扱う。

標問 12 の解説

問1　(1)　無機触媒を用いた反応では，温度が高くなればなるほど反応速度が上昇する。酵素反応も温度が高くなるにつれて反応速度が上昇するが，一定の温度を超えると急激に低下する。反応速度が最大となる温度を**最適温度**といい，図1の場合は40℃である。

(2)　最適温度を過ぎると反応速度が急激に低下するのは，**酵素タンパク質が熱変性して立体構造が変化し，活性部位に基質が結合しにくく，そして結合できなくなる**からである。字数が15字以内と少ないので，酵素タンパク質が熱変性することだけを示せばよい。

(3)　下線部に示された実験の結果だけからだと，50℃以上で反応速度が急激に低下したのは基質に原因がある可能性も考えられるので，この可能性を否定しなければならない。そのためには，最大の反応速度が得られた40℃という最良と考えられる条件に基質を保っておき，さらにその40℃という最良の条件の下で反応させても，50℃以上の高温にさらされていた酵素だと反応が殆ど起こらないことを示す必要がある。

問2　一定量を加えると反応速度が低下するので，**物質Aが阻害剤（阻害物質）**である。そして，基質濃度が低く，阻害剤に対する基質の割合が小さいと阻害の程度が大きいが，基質濃度が高くなって，阻害剤に対する基質の割合が大きくなると阻害の程度が小さくなり，最終的には阻害がなくなる。このことから，物質Aは基質である乳酸と「活性部位という席の取り合い」をすることで，基質が活性部位に結合して反応が起こるのを阻害しているとわかる。また，物質Aが不可逆的に活性部位に結

第2章 代謝　31

合すれば反応速度は回復しないので，活性部位に可逆的に結合するともわかる（(2)
は①が正解）。

　このような阻害剤を競争的阻害剤（拮抗阻害剤）というが，競争的阻害剤と競争的
阻害については標問13の精講で詳しく扱うので参照して欲しい。

問3　一定量を加えると反応速度が低下するので，物質Bも阻害剤である。そして，
すべての基質濃度の範囲で反応速度を $\frac{1}{2}$ に低下させているので，基質濃度の高低
にかかわらず，常に $\frac{1}{2}$ の酵素に結合して阻害し，実際に働く酵素の濃度を $\frac{1}{2}$ にし
ているとわかる。(2)の選択肢で残るのは②と③であるが，図3は乳酸をピルビン酸
に変える酵素反応の阻害についてなので，③ではなく，②とわかる。

　このように，活性部位とは異なる部位に結合することによって，活性部位に結合
している基質に対する触媒作用を抑制する阻害剤を非競争的阻害剤（非拮抗阻害剤）
というが，非競争的阻害剤と非競争的阻害についても標問13の精講で詳しく扱うの
で参照してほしい。

問4　乳酸脱水素酵素は下の反応を可逆的に触媒する。図4の矢印Tの位置から一定
値を示す直線となったのは，この時点で化学平衡に達したからである（(2)は④が正
解）。そして，XH＝NADH を反応液中に加えるとピルビン酸の濃度が低下したの
は，平衡が左に移動し，ピルビン酸が還元されて乳酸になる反応が促進されたから
である。

乳酸脱水素酵素

$$C_3H_6O_3 \;+\; NAD^+ \;\rightleftarrows\; C_3H_4O_3 \;+\; (NADH \;+\; H^+)$$

　　乳酸　　　　　　　　　　　　　　　ピルビン酸

標問 13 酵素反応の速度論（K_m と V_{max}）

答
- 問1　酵素A
- 問2　基質との親和性が高い酵素Aでは基質が1.0mMになるまでにすべてが複合体を形成するが，親和性が低い酵素Bでは5.0mMになるまで複合体を形成していないものが存在する。(77字)
- 問3　酵素A－100%　　酵素B－20%
- 問4　ア－受動輸送　イ－1.5
- 問5　阻害剤Aは，グルコース輸送体の結合部位にグルコースと競争して結合することで，グルコース輸送体とグルコースの複合体形成を阻害する。(64字)
- 問6　③

精講　本題のテーマ

■**酵素反応のグラフとミカエリス・メンテンの式**

　基質濃度[S]と反応速度(v)との関係を近似的に示す方程式をミカエリス・メンテン(Michaelis-Menten)の式という。この式が示すグラフは，[S]＝$-K_m$ および v＝V_{max}（以後 V と示す）を2つの漸近線とする直角双曲線の一部であるが，[S]≪K_m のときには反応速度は[S]に比例し，K_m≪[S]のときには反応速度は V で一定になると考えてよい。

ミカエリス・メンテンの式
$$v = \frac{V[S]}{K_m + [S]}$$

■**K_m（ミカエリス定数）の意味**

　反応速度が最大速度 V の $\frac{1}{2}$ となるときの基質濃度を K_m という。標問12の精講「基質濃度と反応速度」でも述べたように，V ではすべて(100%)の酵素が基質と結合して働いている状態なので，$\frac{V}{2}$ では50%の酵素が基質と結合して働いている状態である。従って，**K_m は50%の酵素が基質と**

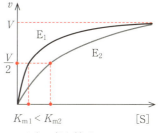

Sとの親和性はE₁＞E₂

結合して働くために必要な基質濃度を示し, K_m が小さいほど**酵素と基質が結合しやすく**, K_m が大きいほど結合しにくいということになる。つまり, K_m は酵素と基質の親和性(結合しやすさ)を意味しているのである。K_m は同じ反応を触媒する 2 種類の酵素で異なる場合(本題の **A**)もあれば, 同一の酵素だが競争的阻害剤の有無によって異なる場合(**標問12の問 2** や本題の **B**)もある。

Point K_m は E と S の親和性を示す

K_m が **小** $\longrightarrow$ E と S が結合 **しやすい**

K_m が **大** $\longrightarrow$ E と S が結合 **しにくい**

■ふつうの酵素の競争的阻害と非競争的阻害
  └─双曲線のミカエリス・メンテン型酵素

競争的阻害:基質とよく似た立体構造をもつ阻害剤が基質と「活性部位という席の取り合い」をするために起こり, 阻害剤が活性部位に結合すると基質が結合できなくなる。阻害剤の存在によって基質が酵素に結合しにくくなるので, K_m は大きくなる。しかし, 基質が十分に多くなれば, 阻害剤が結合する確率がほぼ 0 になって最大速度にもどるので, V は変化しない(**標問12の問 2** 参照)。

非競争的阻害:阻害剤が活性部位以外の場所に結合して, 酵素の触媒機能を抑制する。阻害剤が存在しても基質は活性部位に結合できるので, K_m は変化しない。しかし, 逆に基質がいくら多くなっても, 阻害剤が結合した酵素は働きを抑制され, 実働する酵素が減少したままなので, V は小さくなる(**標問12の問 3** 参照)。

〈注〉
$[I] = \dfrac{1}{4}[E]$ だと高さが $\dfrac{3}{4}$ に圧縮されたグラフになる

標問 13 の 解説

問1　問3の問題文の最後に，酵素Aの $K_m = 0.2\,\text{mM}$ であり，酵素Bの $K_m = 2.5\,\text{mM}$ と示されている。また図1を見ても，基質であるスクロースの濃度が低い範囲で反応速度が大きい，つまりより多くの酵素が基質と結合して複合体を形成しているのは，左上のグラフ a をもつ酵素Aであるとわかる。

問2　最大速度ですべての酵素が基質と複合体を形成するということは，<u>反応速度が上昇している間は，まだ基質と複合体を形成していない酵素があるということである</u>。

問3　酵素Aについては，問2の問題文にスクロース濃度 $= 1.0\,\text{mM}$ で最大速度に達すると示されているので，100％である。そして酵素Bについては，$K_m = 2.5\,\text{mM}$ と示されており，グラフが $5.0\,\text{mM}$ まで直線で示されている。よって，複合体を形成しているものを x％とおくと，以下の比例式が成り立つ。

$$50\% : 2.5\,\text{mM} = x\% : 1.0\,\text{mM} \quad \therefore \quad x = 20\%$$

問4　問4〜問6でも $V_{\max}$ を V と示す。

ア．膜が細胞からのエネルギーを必要とせず，物質自体の濃度勾配という形の位置エネルギーを拡散という形の運動エネルギーに変換して行われる輸送は受動輸送である。これについては**標問15**の精講を参照するとよい。

イ．問題文に「グルコース輸送体がグルコースの輸送を触媒する酵素のようにふるまう」とあることから，図2の促進拡散のグラフが酵素反応に相当し，単純拡散のグラフが，反応速度は低いものの基質の増加とともに反応速度が着実に上がっていく，酵素なしの反応に相当するとわかる。促進拡散のグラフにおいて，$\dfrac{V}{2}$ の200のときのグルコース濃度は1.5である。

問5　阻害剤Aを加えた場合の K_m を $K_m{}'$，V を V' とする。

図2と図3をみると，$K_m = 1.5 < 3.0 = K_m{}'$ かつ $V = 400 = V'$ なので，酵素とみなせるグルコース輸送体の阻害剤Aは競争的阻害剤であるとわかる。

なお，グルコース輸送体の「結合部位」は酵素の基質結合部位（結合部位），つまり活性部位にあたる。

問6　異常細胞の K_m を $K_m{}'$，V を V' とする。

非競争的阻害剤が結合した酵素は働きを抑制されるので，実働する酵素が減少し，V をはじめ，すべての基質濃度の範囲で反応速度が同じ割合で小さくなるという非競争的阻害をモデルとした問題である。

本問では，グルコース輸送体の数が減少するのではなく，逆に10倍に増大したので，V をはじめ，すべてのグルコース濃度の範囲で反応速度が10倍に大きくなるという設定である。従って，$K_m = K_m{}'$ かつ $V < 10V = V'$ の③となる。

第2章　代　謝　　35

標問 14 アロステリック酵素とフィードバック調節

答 問1　ア－活性部位（基質結合部位，結合部位）　イ－a　ウ－c
　　エ－フィードバック調節（フィードバック阻害）　オ－最大速度
　　カ－（競争的）阻害剤（（拮抗）阻害剤）
問2　物質が過剰になると生合成系を抑制し，不足すると抑制を解除することで，物質の濃度をほぼ一定に保つ。（48字）
問3　④，⑤，⑥

精講　本題のテーマ

■アロステリック酵素

① **オリゴマー酵素**

　解糖系やクエン酸回路などの代謝経路で特に重要な役割を果たす酵素の構造は複雑なことが多い。1本のポリペプチド鎖からなることは珍しく，ほとんどが複数のポリペプチド鎖からなる集合体である。そして，その各サブユニットが酵素としての機能をもつ場合，その集合体を**オリゴマー酵素**という。ヘモグロビン（Hb）の各サブユニットが酵素であるようなイメージである。

② **アロステリック部位とエフェクター**

　各サブユニットは基質が結合する活性部位の他に，正や負のエフェクター（調節物質）が結合する**アロステリック部位**（調節部位）をいくつかもっている。正のエフェクターである基質や活性化因子がそれぞれの部位に結合すると，そのサブユニットの立体構造が活性型に変化し，活性部位に基質が結合できるようになって触媒作用を示す（アロステリック活性化）。逆に，負のエフェクターである阻害因子（最終産物）が結合すると，そのサブユニットの立体構造が不活性型に変化して，活性部位に基質が結合できなくなって触媒作用が阻害される（アロステリック阻害）。なお，阻害因子（阻害剤）が活性部位以外の部位に結合するので，負のエフェクターによる阻害も**非競争的阻害**である。

③ **アロステリック効果とS字曲線**

　1つのサブユニットに起きた立体構造の変化は直ちに他のサブユニットに感知され，他のサブユニットの立体構造も同じように変化する。このように集合体の中の1つが調節されれば残りすべてのものも調節されるので，生体内における複雑な状況変化に対して即時的に応答できる。このような性質をもつ酵素をアロステリック酵素という。

　また，このような性質からグラフは**S字曲線**（**シグモイドカーブ**）となり，基質濃度が0から離れたある濃度の前後で反応速度が急激に変化する。これを**アロステリック効果**という。

　アロステリック酵素の場合，基質がある水準より低くなると急速に酵素が働かなくなって基質が消費されなくなり，ある水準より高くなると急速に酵素が働くよう

になって基質が消費されるようになる。このため，アロステリック酵素がもつこのような特徴は細胞内の基質量の変動に敏感に対応できるスイッチとなり，最終産物の合成量を変化させて最終産物をほぼ一定に保つだけでなく，基質濃度をスイッチが入る値の付近に保つという役割をも果たす。

■ATCアーゼとフィードバック調節

① **ATCアーゼ**

大腸菌のピリミジンヌクレオチド生合成系の最初の反応を触媒する酵素(下図参照)で，6つのサブユニット(活性部位がある触媒単位＋アロステリック部位がある調節単位)からなるオリゴマー酵素である。酵素の立体構造を活性型にする正のエフェクターとしてL-アスパラギン酸(基質かつ生合成系の初期物質)とATPをもち，不活性型にする負のエフェクターとしてCTP(生合成系の最終産物)をもつ。

> **Point** ATCアーゼのエフェクター
> アロステリック部位に
> 　正のエフェクター(**基質**や**ATP**)が結合
> 　　───→ CTP生合成系が促進される。
> 　負のエフェクター(**CTP**)が結合
> 　　───→ CTP生合成系が抑制される。

② **生合成系のフィードバック調節**

最終産物がある一定の濃度を超えると，最終産物が最初の反応を触媒する酵素のアロステリック部位に結合して最終産物の生合成を抑制し，その濃度を下回ると，

最終産物がアロステリック部位から解離して最終産物の生合成系の抑制を解除する。このような（可逆的なフィードバック阻害を用いた）フィードバック調節によって，最終産物の濃度がほぼ一定に保たれる。

標問 14 の解説

問1　イ．精講でも ATP が ATC アーゼの正のエフェクターであることを示したが，問題文にも「プリン塩基であるアデニンを含む ATP にも反応促進効果がある」と明示されている。従って，グラフ b よりも低い基質濃度で反応のスイッチが入るグラフ a になるとわかる。
　　　ウ．精講でも最終産物である CTP が負のエフェクターであることを示したが，問題文にも正のエフェクターである ATP がなく「CTP があれば酵素反応が抑制される」と明示されている。従って，グラフ b よりも高い基質濃度で反応のスイッチが入るグラフ c になるとわかる。
問2　問1のエと本問については，精講の「ATC アーゼとフィードバック調節」の②を参照のこと。
問3　問題文にあるように，プリンヌクレオチドとピリミジンヌクレオチドの生体内濃度のバランスを保つように ATC アーゼの活性が調節されている。しかし，実はもう1つ重要なことがある。グラフ c を見ると，負のエフェクターである最終産物の CTP が存在しても，基質であり初期物質である L-アスパラギン酸の濃度が上がっていくと最大速度に達する。このことからわかるように，ATC アーゼの活性は，単に最終産物である CTP の濃度を一定に保つために調節されているのではなく，CTP 生合成系の初期物質と最終産物の生体内濃度のバランスも保つように調節されているのである。

> **Point**　**ATC アーゼの活性調節**
> 　　ATC アーゼの活性は，正と負のエフェクターによって，初期物質である L-アスパラギン酸と最終産物である CTP の生体内濃度のバランスを保ち，さらにプリンヌクレオチドとピリミジンヌクレオチドの生体内濃度のバランスを保つように調節されている。

①　CTP には抑制効果があるので，ウラシルなどピリミジン塩基の生合成を抑制する。∴　×
②　ATP には促進効果があるので，ATP ではなく，ウラシルなどのピリミジン塩基の濃度が高くなる。∴　×
③　促進効果がある ATP が少なくなると，ウラシルなどのピリミジン塩基の生合成が促進されなくなる。∴　×
④　促進効果がある ATP が増えると，図1の a のように，基質濃度が低くても反応速度が上がる。∴　○
⑤　ATP 非存在下で，抑制効果がある CTP が減ると反応のスイッチが入る基質濃

38

度が低くなるので，図 1 の c のグラフが b のグラフに近づく。また，CTP 非存在下で，促進効果がある ATP が減ると反応のスイッチが入る基質濃度が高くなるので，a のグラフが b のグラフに近づく。これを「似た曲線になる」と表現してよいのかどうかという別の問題が生じるが，取り敢えず，○にしておく。

⑥　正のエフェクターである ATP や基質がアロステリック部位に結合すると基質が活性部位に結合できるようになり，負のエフェクターである CTP がアロステリック部位に結合すると基質が結合部位に結合できなくなる。これも「結合のしやすさを変化させる」と表現してよいのかどうかという別の問題が生じる。取り敢えず○にしておくが，⑥が○か×かということよりも，下線部の内容をしっかり理解しておくことの方が重要である。

第 2 章　代　謝　　39

標問 15 エネルギー代謝と膜輸送

答

問1 受動輸送は物質の濃度勾配に従った輸送で，細胞からのエネルギーを必要としない。これに対して能動輸送は物質の濃度勾配に逆らった輸送で，ATP加水分解などのエネルギーを必要とする。(87字)

問2 下図

問3 Na$^+$/K$^+$-ATP分解酵素が利用するのはATP加水分解に基づく(化学)エネルギーであるが，この輸送タンパク質が利用するのはNa$^+$の濃度勾配に基づく(位置)エネルギーである。〈76字(80字)〉

問4 右図

問5 脂質部分がNa$^+$を自由に透過させると，Na$^+$の濃度勾配を作り出すことができない。従って，脂質部分のNa$^+$を透過させない性質が重要である。(62字)

精講 重要事項の整理

■エネルギー代謝

床の上に置いた物体を持ち上げると両者に高さの差が生じ，床を基準とすると，この高さの差に基づいた位置エネルギーが物体に与えられたことになる。そして，物体を支えている手を離すと物体は床と同じ高さになるまで落下し，床に衝突する。つまり，与えられた位置エネルギーは落下という形の運動エネルギーに変換され，さらに衝突という形で熱エネルギーに変換される。これは物理(中学校の理科でも学ぶ)の世

界の話だが，実は，これと同様のエネルギー代謝が溶液(生化学)の世界でも起こっている。溶液の世界では，<u>濃度の差(濃度勾配)が位置エネルギー</u>であり，溶質の移動に制限がなければ<u>拡散という形の運動エネルギー</u>に変換され，さらに水温上昇という形で<u>熱エネルギー</u>に変換される。床と同じ高さになるまでというのは，<u>同じ濃度に，つまり均一になるまで</u>というのと全く同じである。

■膜を通じた「受動輸送＝拡散」と能動輸送

受動輸送：濃度勾配に従った物質の輸送で，(細胞)膜が細胞からのエネルギーを用いないので受動(的な)輸送という。では物質が輸送されるために必要な運動エネルギーはどのように供給されているのだろうか?? 実は，輸送される物質自体が，自らがもつ濃度勾配という形の位置エネルギーを拡散という形の運動エネルギーとして開放しているのである。このため，受動輸送は<u>拡散</u>ともいう。膜は細胞からのエネルギーを用いないが，物質が自分の濃度勾配という形の位置エネルギーを用いることに注意を要する。

能動輸送：濃度勾配に逆らった輸送，つまり濃度勾配という形の位置エネルギーを与えるための輸送で，膜がATPの化学エネルギーなどを用いるので能動(的な)輸送という。Na^+/K^+-ATPアーゼを本体とするナトリウムポンプ(以後Na^+ポンプと示す)はATPの化学エネルギーを用いて，Na^+やK^+に濃度勾配という形の(電気化学的な)位置エネルギーを与えるが，これは水の汲み上げポンプが電気エネルギーなどを用いて，水に高さの差という形の位置エネルギーを与えるのと全く同じである。

■一次能動輸送と二次能動輸送

Na^+ポンプのようにATPの化学エネルギーが直接用いられる能動輸送は<u>一次能動輸送</u>といわれる。これに対して，小腸や腎臓で糖やアミノ酸の吸収を行う輸送タンパク質(輸送体)のように，Na^+ポンプが作り出したNa^+の濃度勾配という形の(電気化学的な)位置エネルギーが用いられる能動輸送は<u>二次能動輸送</u>もしくは<u>共(役)輸送</u>といわれる。植物の細胞膜にはH^+(プロトン)の濃度勾配という形の(電気化学的な)位置エネルギーが用いられる二次能動輸送があることも知られており，能動輸送される物質がNa^+やH^+と同じ方向に輸送される場合は<u>等方輸送(共輸送)</u>といい，逆方向に輸送される場合は<u>対向輸送</u>という。

標問 15 の 解説

問1　精講の「膜を通じた「受動輸送＝拡散」と能動輸送」を参照。

問2　次の手順で考えるとよい。

〈1〉　赤血球ゴースト内に ATP があるので Na$^+$ ポンプが作動する。Na$^+$ ポンプが細胞内の ATP のみを利用でき，細胞外の ATP を利用できないことは，これを機に再確認しておくとよい。

〈2〉　Na$^+$ ポンプ（Na$^+$/K$^+$ − ATP アーゼ）が1ATP に由来するエネルギーを用いて3Na$^+$をゴースト外に汲み出し，2K$^+$をゴースト内に汲み入れる。よって，ゴースト内の Na$^+$ の減少と K$^+$ の増大の割合は3：2となる。

> **Point**　Na$^+$ ポンプ
>
> Na$^+$/K$^+$ − ATP アーゼが　　　→ 3Na$^+$ を汲み出し
> 　　　　　1ATP のエネルギーで ──
> 　　　　　　　　　　　　　　　　→ 2K$^+$ を汲み入れる

〈3〉　Na$^+$ ポンプ（Na$^+$/K$^+$ − ATP アーゼ）が1ATP を加水分解してエネルギーを生じさせると同時に1ADP と 1 リン酸（Ⓟ）を生成するので，ゴースト内の ATP の減少と ADP の増大の割合は1：1となる。

> **Point**
>
> 　　　　　　　Na$^+$/K$^+$ − ATP アーゼ
> ATP + H$_2$O ──────→ ADP + Ⓟ + エネルギー

〈4〉　グラフを描くにあたっては，ATP がなくなると Na$^+$ ポンプが停止するので，ATP 濃度を0にした時点で他の3つのグラフの値も変化しなくなることに注意する。

〈5〉　最後に「化学平衡」の扱いについて触れておく。〈4〉では ATP 濃度を0にまで減少させたが，それは本題の問題主文や各問の問題文に化学平衡について留意することを促す記載がなかったからである。**標問12**の問4のように化学平衡そのものを扱う問題や，問題文に化学平衡について留意するように示された問題では，化学平衡に基づいた解答を示さなければならない。しかし，本題のような場合は最終的な ATP 濃度を0にしてよい。ただし，本題において化学平衡に基づいた解答を示したとしても，つまり最終的な ATP 濃度を完全に0にしなくても正答であるが，水も基質である加水分解反応の場合は，平衡が極端に分解に偏るので，合成はほとんど起こらないことも知っておくとよい。

問3　次の手順で考えるとよい。

〈1〉　小胞内外の溶液に ATP を含まない条件で実験を行っているので，この輸送タンパク質が用いるエネルギーは ATP の加水分解に基づく化学エネルギーではあり得ない。

〈2〉　2つの実験で唯一異なる条件は Na$^+$ の濃度勾配の有無である。小胞外の濃

度が小胞内に比べて高いという濃度勾配があるとグルコースの小胞内への流入が起こり，濃度勾配がないとグルコースの流入が起こらないことから，グルコースの小胞内への流入がNa⁺の濃度勾配有りのせいであることが明らかで，この輸送タンパク質はNa⁺の濃度勾配に基づく（電気化学的な）位置エネルギーを利用してグルコースを小胞内に能動輸送していると考えられる。

問4　図を見てもNa⁺ポンプによってNa⁺は細胞外に汲み出されているので，細胞外の濃度が高くなっているとわかり，下線部(b)と(c)の輸送タンパク質はNa⁺の濃度勾配に基づく位置エネルギーを用いるので，Na⁺が輸送される方向は細胞外から細胞内であるとわかる。そして，下線部(b)には「グルコースを細胞内に取り込む」とあるので，グルコースが輸送される方向も細胞外から細胞内である（等方輸送）とわかる。しかし，下線部(c)には「H⁺濃度の上昇した細胞内を中性にもどす際」とあるので，H⁺が輸送される方向は細胞内から細胞外である（対向輸送）とわかる。

問5　細胞膜の脂質部分がNa⁺を自由に透過させると，いくらNa⁺ポンプがNa⁺を細胞内から細胞外に汲み出してNa⁺の濃度勾配を作り出そうとしても，細胞外のNa⁺が細胞内に戻ってきてしまう。このため，濃度勾配を作り出すことができず，濃度勾配に基づく（電気化学的な）位置エネルギーを利用することができない。
　なお，脂質部分がNa⁺を自由に透過させると，Na⁺の濃度勾配が解消されてしまうという主旨の示し方でもよい。

標問 16 光合成の計算と遮断実験

答
問1　$1.6\,[mgCO_2/100cm^2 \cdot 時]$
問2　$6.5\,[mgCO_2/100cm^2 \cdot 時]$
問3　$+4.4\,[mg]$
問4　C_3化合物の量は減少し始め，C_5化合物の量は増加し始める。(27字)

精講 本題のテーマ

■光合成速度と呼吸速度

（真の）光合成速度 = 見かけの光合成速度 + 呼吸速度　　←実測値

光補償点：光合成速度 = 呼吸速度となり，見かけの光合成速度 = 0 となる光強度。

光飽和点：それ以上強くしても光合成速度が上がらなくなる光強度。

■カルビン・ベンソン回路

葉緑体のストロマの部分では，チラコイドで作られた ATP と NADPH を用いて，CO_2 を還元して有機物をつくる反応が起こる。

〈ストロマ〉

標問16の解説

同化箱には面積が $100\,cm^2$ の葉が入っているので，葉面積については換算する必要がない。しかし，CO_2 については表1に示された ppm を mg に換算する必要がある。まず初めに，同化箱の中を1時間に流れる空気30L中における1ppmの CO_2 重量を，密度が $1.8\,g/L$ であることから求めておくとよい。

$$30\,[L] \times 10^{-6} \times 1.8\,[g/L] = 5.4 \times 10^{-5}\,[g] = 5.4 \times 10^{-2}\,[mg]$$

Point1 表1の CO_2 濃度 $1\,[ppm] \iff 5.4 \times 10^{-2}\,[mg]$

問1　光合成が行われない0ルクスの時，入口（A点）と出口（B点）のppmはそれぞれ300と330である。
　　　　見かけの光合成速度 = 300 − 330
　　　　　　　　　　　　　 = −30〔ppm〕（のCO_2吸収）
　　　∴　呼吸速度 = $30 \times 5.4 \times 10^{-2}$ = 1.62 ≒ 1.6〔$mgCO_2$〕
問2　8000ルクス以上ではB点の値が210ppmで一定なので，8000ルクスでは光飽和に達しているとわかる。従って，B点の値は210ppmとして考えればよい。

　　（真の）光合成速度 = (300 − 210) + 30 = 90 + 30
　　　　　　　　　　　 = 120〔ppm〕（のCO_2吸収）
　　　　　　　　　　　 = $120 \times 5.4 \times 10^{-2}$ = 6.48 ≒ 6.5〔$mgCO_2$〕
　　なお，30〔ppm〕：120〔ppm〕= 1.62〔mg〕：x〔mg〕
として，x = 6.48 ≒ 6.5　を求めてもよい。
問3　「グルコース量の増減」とあるので，見かけの光合成量が問われていることに注意する。

　　Point2　合成　⟹　（真の）光合成量
　　　　　　　増減　⟹　見かけの光合成量

〈1〉　4時間の見かけの光合成量を求める。
　　　　　　　　　　10,000 lux　　　　0 lux　　　　← lux：ルクス
　　　　　　　　　　　↓　　　　　　　　↓
　　　　　　　　　　（hr）　　　　　（hr）　　　　← hr：時間
　　　見かけの光合成量 = (300 − 210) × 2 + (300 − 330) × 2
　　　　　　　　　　　 = +120〔ppm〕
　　　　　　　　　　　 = +6.48〔$mgCO_2$〕（の吸収）
〈2〉　グルコース量に換算する。
　　　　　$6CO_2$　：$1C_6H_{12}O_6$
　　　　$\dfrac{6.48 \mathrm{mg}}{6 \times 44 \mathrm{g}} = \dfrac{x \mathrm{mg}}{1 \times 180 \mathrm{g}}$
　　　　　x = 4.418 ≒ +4.4〔$mgC_6H_{12}O_6$〕（の増加）

　本題では敢えて先のような解説にしたが，問1〜問3の個々の問題を解く前に表1の改良版を作成しておくと，もっと簡単に解くことができる。つまり，B点でのCO_2濃度のデータを加えて，各々の光強度の下での見かけの光合成速度を求めておくのである。以下に，表1の改良版の作り方を示しておくので，下線部に自分で数値を入れた上で，問1〜問3を解き直してみるとよい。

光強度(klux)…	0	2	4	6	8	10	12
A点(入口)での[CO_2](ppm)…	300	300	300	300	300	300	300
B点(出口)での[CO_2](ppm)…	＿	＿	＿	＿	＿	＿	＿
見かけの光合成速度(ppm)…	＿	＿	＿	＿	＿	＿	＿

第2章　代謝　　45

問4　10,000ルクスという充分な光を照射してしばらくカルビン・ベンソン回路を進行させておき、CO_2吸収剤であるソーダライムを用いて、急にCO_2の供給を絶つという遮断実験である。ここで精講に示したカルビン・ベンソン回路をしっかり見て欲しい。

　CO_2の供給が途絶えると、CO_2を固定する部分のみで回路が分断される（分断される箇所を指で押さえてみると良い）。しかし、明るいままなのでチラコイドからのATPとNADPHの供給は持続し、C_3化合物（PGA）から有機物を生成してC_5化合物（RuBP）に戻ってくるまでの部分はしばらく進行し続ける。

　従って、この部分の初期物質にあたるC_3化合物は直ちに減少し始め、最終産物にあたるC_5化合物は直ちに増大し始める。

　ついでに、10,000ルクスという充分な光を照射してしばらくカルビン・ベンソン回路を進行させておき、急に暗くする実験についても触れておく。この場合は、チラコイドからATPとNADPHの供給が途絶えるので、カルビン・ベンソン回路はこれらが供給される3カ所で分断される（分断される箇所を指で押さえてみるとよい）。しかしCO_2があるので、C_5化合物（RuBP）がCO_2を固定してC_3化合物（PGA）になる部分はしばらく進行し続ける。

　従って、この部分の初期物質にあたるC_5化合物は直ちに減少し始め、最終産物にあたるC_3化合物は直ちに増大し始める。

《注》　表1の改良版の数値は、左から順に
　　　2段目：330, 300, 270, 240, 210, 210, 210
　　　3段目：-30, 0, 30, 60, 90, 90, 90

標問 17 光合成と酵素

答

問1　ア-5　イ-3　ウ-2　エ-2
問2　(a)-リブロースビスリン酸
　　　（リブロース二リン酸，RuBP）
　　　(b)-ホスホグリセリン酸（PGA）
問3　グラフ：右図　　K_m：③
問4　3.9
問5　二酸化炭素を効率よく取り込んで送ることで，カルビン・ベンソン回路のルビスコ周辺の二酸化炭素濃度を高い状態に保つ濃縮装置としての役割を果たす。(70字)

精講　重要事項の整理

■C₃回路（カルビン・ベンソン回路）とルビスコ（RuBisCo）

　ルビスコ（RuBP カルボキシラーゼ/オキシゲナーゼ）は RuBP(C_5) に CO_2 を付加するカルボキシラーゼであると同時に，RuBP に O_2 を付加するオキシゲナーゼでもある。ルビスコが RuBP に O_2 を付加すると，PGA(C_3) とホスホグリコール酸(C_2) が生じる。生じたホスホグリコール酸は，強い光の下で起こる光呼吸という特殊な経路で，その 3/4 が PGA に再生されて C_3 回路に戻るが，残りの 1/4 は CO_2 として放出される。このため，ホスホグリコール酸が生じて光呼吸が起こると C_3 回路で固定される炭素量が 25% 減少し，さらにはチラコイドで合成された多くの NADPH と ATP が消費されるので，光合成能が大きく低下する。ルビスコが触媒する 2 つの反応は競争的（拮抗的）に起こり，ルビスコが CO_2 と O_2 のどちらを用いるかは CO_2 と O_2 の濃度比（$[CO_2]/[O_2]$）によって決まる。

```
         ア           ウ  イ
RuBP(C₅) + CO₂ ──→ 2PGA(C₃)        ⟹ CO₂の固定
                 ↑ルビスコ
RuBP(C₅) + O₂  ──→ PGA(C₃) + C₂*   ⟹ CO₂の放出（光呼吸による）
         ア            イ    エ                *ホスホグリコール酸
```

Point　ルビスコ
カルボキシラーゼとして CO_2 を固定する働きと，
オキシゲナーゼとして光呼吸により CO_2 を放出する働きとをもつ。
　──→ $[CO_2]/[O_2]$ が低くなると光呼吸によって光合成能が低下する。

■C₄回路(C₄ジカルボン酸回路)とPEPカルボキシラーゼ

　葉肉細胞において，PEPカルボキシラーゼの触媒によってホスホエノールピルビン酸(PEP)に CO₂ が付加されてオキサロ酢酸(C₄)が生じる。オキサロ酢酸はリンゴ酸などに変えられた後，原形質連絡を通じて<u>維管束鞘細胞</u>に輸送されて分解され，CO₂ を C₃ 回路のルビスコに与える。PEPカルボキシラーゼは，ルビスコのようなオキシゲナーゼとしての働きをもたず，ルビスコに比べて低い CO₂ 濃度でも極めて効率よく CO₂ を固定できる。C₄ 植物では，C₄ 回路が<u>維管束鞘細胞の CO₂ 濃度を高く保つ濃縮装置の役割を果たす</u>ので，強光・高温・乾燥下でも光呼吸がほとんど起こらず，C₃ 回路のルビスコが効率よく CO₂ を固定する。

〔C₄植物(トウモロコシ)のC₄回路とC₃回路〕

Point 強光・高温・乾燥下でのC₃植物とC₄植物

標問17の解説

問1, 2　精講の「C₃回路とルビスコ」を参照。

問3　標問13の精講を参照。酵素濃度が1/2になると，すべての基質濃度の範囲で酵素反応速度が1/2になる。このため，最大速度 V_{max} は1/2になるが K_m は同じままである。

問4　一見すると難しそうであるが，出題者が与えた反応の条件を(式1)に当てはめるだけでよい。

$$\frac{v_{CO_2}}{v_{O_2}} = \frac{4.5}{\frac{1}{\frac{1}{20}}} \times \frac{1}{23} = 3.913 ≒ 3.9$$

問5　(式1)を見ると CO₂ 濃度の値が大きくなれば(v_{CO_2}/v_{O_2})の値が大きくなるとわかる。後は，精講の「C₄回路とPEPカルボキシラーゼ」の4〜8行目を参考にするとよい。

標問	**18**	呼吸の計算

答

問1　ヘモグロビン(Hb)　　問2　ヘム　　問3　HCO_3^-

問4　口腔, 十二指腸, 小腸　　問5　エ－5　オ－16

問6　カ－脳　キ－腎臓　　問7　6　　問8　②, ④　　問9　pH

精講　重要事項の整理

■**酸素の運搬**

　ヒトでは, 肺で取り込まれた O_2 は赤血球中のヘモグロビン(Hb)(ア)と結合して組織まで運ばれる。Hb は 4 本のポリペプチド(α 鎖 2 本と β 鎖 2 本)からなるアロステリックタンパク質で, 各々のポリペプチドには鉄(Fe)を含むヘム(イ)色素があり, O_2 はその鉄に結合する。**標問53**も参照すること。

■**二酸化炭素の運搬**

　呼吸により生じた CO_2 は赤血球中に入り, 大部分が炭酸脱水酵素の働きで炭酸(H_2CO_3)となる。そして, H^+ と HCO_3^-(ウ)に電離し, HCO_3^- は血しょう中に出て肺に運ばれる。肺では逆の反応が起こって, CO_2 は気体となって排出される。なお, CO_2 の一部分は Hb のアロステリック部位に結合したまま肺に運ばれる。

■**呼吸**

　グルコースを細胞内で O_2 を用いて, CO_2 と H_2O に分解してエネルギーを取り出す呼吸の反応を式で示すと以下のようになる。

$$C_6H_{12}O_6 + 6O_2 + 6H_2O \longrightarrow 6CO_2 + 12H_2O + エネルギー(最大 38 ATP)$$

標問 18 の 解説

問1～3　精講の「酸素の運搬」と「二酸化炭素の運搬」を参照。

問4　ヒトの体内でデンプンの分解に関わる酵素は, デンプンを分解してマルトースにするだ液アミラーゼ・すい液アミラーゼと, マルトースを分解してグルコースにするマルターゼである。従って, これらが分泌される場所は口腔・十二指腸・小腸である。ただし, 分泌される場所が分泌する器官という意味ならだ腺(だ液腺)・すい臓・腸腺ということになる。

問5　次の手順で考えるとよい。

〈1〉　1 日に排出する CO_2 の総量を求める。

$$(CH_2O)_6 \longrightarrow 1 C_6H_{12}O_6 \ : \ 6CO_2$$
$$480\,g \ : \ x\,L$$
$$= \ 1 \times 180\,g \ : \ 6 \times 22.4\,L$$
$$\therefore \ x = 358.4〔L〕$$

第 2 章　代 謝　　49

〈2〉 1呼吸あたりに排出する CO_2 の量を求める。

　毎分10回呼吸しているので，1日の呼吸回数は，

　　10〔回/分〕＝600〔回/時間〕＝600×24〔回/日〕

　よって，1呼吸あたりに排出する CO_2 の量は，

　　358.4〔L〕÷(600×24)〔回〕＝0.024888…〔L/回〕≒0.0249〔L/回〕

〈3〉 呼気中の CO_2 濃度を y ％とおくと，次の等式が成立する。

$$0.5〔L〕×(y-0.03)×10^{-2}=2.49×10^{-2}〔L〕$$

$$y-0.03=4.98$$

$$∴ y=5.01≒5 \quad ← \boxed{エ}$$

〈4〉 1呼吸あたりに吸収する O_2 の量は CO_2 の量と同じなので，呼気中の酸素濃度を z ％とおくと，次の等式が成立する。

$$0.5〔L〕×(21-z)×10^{-2}=2.49×10^{-2}〔L〕$$

$$21-z=4.98$$

$$∴ z=16.02≒16 \quad ← \boxed{オ}$$

問6　安静時でも心臓・肺・脳・腎臓，および肝臓を含む消化器官が活発に活動して大量のエネルギーを消費しているが，心臓・肺，および肝臓を含む消化器官以外なので脳と腎臓である。そして，問題主文の過呼吸(アルカローシス)の説明に $\boxed{カ}$ が出てくるので，$\boxed{カ}$ ＝脳で $\boxed{キ}$ ＝腎臓とわかる。

問7　なわとび運動によって増えた CO_2 排出量は7.0－2.5＝4.5〔L〕なので，消費したグルコースの量は次のように求められる。

　　$1C_6H_{12}O_6$ ： $6CO_2$

　　　　xg ： 4.5L

　＝ 1×180 g ： 6×22.4L

∴ $x=6.026…≒6 \quad ← \boxed{ク}$

問8　運動後の回復過程についてであることに注意する。

① 解糖系での ATP 合成について示されている。 ∴ ○

② ADP とクレアチンリン酸から ATP を合成するのは運動中である。 ∴ ×

③ 呼吸による ATP 合成のうちの，クエン酸回路での ATP 合成について示されている。 ∴ ○

④ ピルビン酸を乳酸にまで還元する解糖は，激しい運動中に行われる。 ∴ ×

⑤ 安静時にはグリコーゲンを蓄積する。 ∴ ○

問9　問題主文にもあるように，呼気中の CO_2 は肺を循環する血液中の HCO_3^- と平衡状態にある。

　　CO_2 ＋ H_2O ⇌ H_2CO_3 ⇌ H^+ ＋ HCO_3^-

　このため，もし運動しているときに呼気中の CO_2 濃度を上げてしまうと，血液中の HCO_3^- の濃度も上がって血液の pH (ケ) が下がるアシドーシスの状態になり，呼吸困難などを引き起こす。逆に，運動していないときに過呼吸などによって呼気からの CO_2 の放出が過剰になると，血液中の HCO_3^- が減少して pH が上がるアルカローシスの状態になり，しびれ・痙攣だけでなく脳(カ)の活動に支障をきたして興奮や意識混濁などを引き起こす。

標問 19 呼吸とその反応調節

答

問1　ア－発酵　イ－クエン酸　ウ－二酸化炭素　エ－酸素

問2　(1)　③　　(2)　フィードバック調節（フィードバック阻害）

(3)　基質がある特定の濃度範囲に達するまでは反応をほとんど起こさせ<u>ず，達すると急激に反応を起こし始めさせるスイッチ</u>の役割を果たす。（62字）

〔別解〕　基質の狭い濃度範囲を境に，それ以下では反応をほとんど起<u>こさせず，以上では反応を起こさせるスイッチ</u>の役割を果たす。（56字）

問3　(1)　③　　(2)　3分子　　(3)　③　　(4)　<u>電子伝達系を阻害し，酸素消費</u>が起こらないように（作用）した。〈26字(28字)〉

精講 重要事項の整理

■呼吸

　呼吸の過程は**解糖系・クエン酸回路・電子伝達系**の3つに分けられ，基質レベルのリン酸化（リン酸転移）と酸化的リン酸化によってATPが合成される。

① **解糖系**

$$C_6H_{12}O_6 + 2NAD^+ \longrightarrow 2C_3H_4O_3 + 2(NADH + H^+) + エネルギー(2ATP)$$

② **クエン酸回路**

$$2C_3H_4O_3 + 6H_2O + 8NAD^+ + 2FAD$$
$$\longrightarrow 6CO_2 + 8(NADH + H^+) + 2FADH_2 + エネルギー(2ATP)$$

③ **電子伝達系**

$$10(NADH + H^+) + 2FADH_2 + 6O_2$$
$$\longrightarrow 10NAD^+ + 2FAD + 12H_2O + エネルギー(最大34ATP)$$

④ **全体**

$$C_6H_{12}O_6 + 6H_2O + 6O_2 \longrightarrow 6CO_2 + 12H_2O + エネルギー(最大38ATP)$$

■補酵素の酸化と還元

　NADHなどの還元型補酵素がもつエネルギーは，NAD^+などの酸化型補酵素がもつエネルギーよりかなり大きい。このため，これらの補酵素では還元型がエネルギーを放出して酸化型になりやすい。

還元型補酵素　　　　　　　酸化型補酵素

呼吸 $\begin{cases} NADH \rightleftharpoons NAD^+ + H^+ + 2e^- + エネルギー \\ FADH_2 \rightleftharpoons FAD + 2H^+ + 2e^- + エネルギー \end{cases}$

光合成　NADPH $\rightleftharpoons$ $NADP^+ + H^+ + 2e^- + エネルギー$

　なお，NAD^+と$NADP^+$は酵素タンパク質と結合・解離を繰り返し，プロトン（H^+）と電子（e^-）の運搬体として働く。これに対して，<u>FADはコハク酸脱水素酵素の酵素タンパク質としっかり結合して解離せず，その場でH^+とe^-のやり取りを行う</u>（問3

第2章　代謝　51

(1))。このため，厳密には，FADは**補欠分子族**として補酵素と区別する。

■電子伝達系と酸化的リン酸化

① 解糖系とクエン酸回路で生じたNADHによって運ばれたe⁻やFADH₂のe⁻は内膜にあるタンパク質複合体の間を受け渡しされる(**電子伝達**)。そして，電子伝達系を流れたe⁻は最終的にH⁺とともにO₂と結合(O₂を還元)してH₂Oを生じる。

② この電子伝達の際に放出されるエネルギーを用いて，マトリックスのH⁺が外膜と内膜の間(膜間)に汲み上げられ(プロトンポンプ(H⁺ポンプ))，膜間側が高くマトリックス側が低いというH⁺の濃度勾配が生じる。

③ この濃度勾配に従って，膜間のH⁺が内膜にあるATP合成酵素を通ってマトリックス側に拡散する。

④ その際，グルコース1分子あたり最大34分子のATPがADPとリン酸から合成される。このように，NADHやFADH₂が酸化される際に放出されるエネルギーを用いてATPを合成する反応を**酸化的リン酸化**という。

⑤ このリン酸化では，膜間側に多いH⁺の濃度勾配という形の(電気化学的な)位置エネルギーがH⁺のマトリックス側への拡散という形の運動エネルギーに変換され，さらにこれがATP合成酵素によってATPの化学エネルギーに変換される。このエネルギー代謝は，水力発電におけるダムの水の高低差という形の位置エネルギーが低所への水の落下という形の運動エネルギーに変化され，さらにこれが電気タービンによって電気エネルギーに変換されるのと，本質的には同じである。

なお，このH⁺の濃度勾配という形の(電気化学的な)位置エネルギーを用いてATP合成が起こるしくみは**化学浸透**という。

|リン酸化|

標問 19 の解説

問1　精講の「呼吸」を参照。呼吸の全体の反応は以下の通り。

問2　標問14の精講「アロステリック酵素」および「ATCアーゼとフィードバック調節」を参照。
(1) ホスホフルクトキナーゼに対して、ATPは負のエフェクターとしてアロステリック部位に結合し、立体構造を不活性型に変化させて酵素活性を阻害する。よって③が○。
(2) ATPは解糖系の最終産物の1つと明示されているので、フィードバック阻害を用いたフィードバック調節である。フィードバック阻害も可。
(3) 標問14の問題主文にも明記されていたように、アロステリック酵素のS字型の反応曲線は、基質濃度の変化に鋭敏に対応して反応を制御するスイッチとしての役割を担う。アロステリック酵素に関する問題ではフィードバック調節（フィードバック阻害）とともに頻出事項なので、しっかり理解しておくように。

問3　(1) 電子伝達系の図を見るとわかるように、ATP合成酵素のマトリックス側に面した内膜表面にある顆粒状の部分でADPとリン酸からATPが合成されるので、③が○である。クエン酸回路の基質であるコハク酸については④をイメージしてしまいやすいが、④は誤りである。精講の「補酵素の酸化と還元」の解説文や「電子伝達系と酸化的リン酸化」の図でも示したように、コハク酸脱水素酵素の補欠分子族であるFADは酵素タンパク質と強く結合している。

(2)　図2を見ると，ATPを合成するのに消費されたADPが，

$$150 + 300 = 450 (nmol)$$

なので，合成されたATPも同じ450〔nmol〕とわかる。

　そして，消費されたO_2が，

$$350 - 200 = 150 (nmol)$$

なので，次の比例式が成立する。

$$150 (nmolO_2) \ : \ 450 (nmolATP)$$
$$= \ 1 \ \ O_2 \ \ : \ \ x \ \ ATP$$

$$∴ \ \ x = 3 (分子)$$

(3)　次の手順で考えるとよい。

〈1〉　図2を見ると，DNP（2,4-ジニトロフェノール）を加えた後もO_2が消費されていることから，電子伝達系は動いているとわかる。　∴　③＝〇

〈2〉　10分の時点でO_2が消費されなくなっているので，再びADPが枯渇したとわかる。このことから，DNPを加えた時点ではADPは存在せず，ATPは合成されなかったとわかる。　∴　④＝×

　では，ミトコンドリア内膜のH^+透過性を増大させることで，DNPは一体何をしたのだろうか??　標問15の問5でも「脂質二重膜がNa^+を透過させないので，Na^+の濃度勾配という形の（電気化学的な）位置エネルギーを利用できる」という内容を扱ったが，本問も本質的には同じである。DNPが「H^+を自由に透過できる」ようにすると，電子伝達系（電子伝達とH^+ポンプ）が働くことで作られたH^+の濃度勾配が消失する，あるいは働いてもH^+の濃度勾配が作られなくなる。いずれにしても，H^+の濃度勾配を利用できないので，ADPと⑫が十分に存在してもATPが合成されなくなるのである。エネルギー代謝の面からいえば，H^+の濃度勾配が作られたとしても，それは拡散という形の運動エネルギーに，さらに発熱（温度上昇）という形で熱エネルギーに変換されてしまうのである。

　ミトコンドリア内膜では，電子伝達系とリン酸化（ATP合成）が共役することでATPが合成される。しかし，DNPはこの共役をはずしてしまい，呼吸基質とO_2を盛んに消費して電子伝達系は活発に働いているのにもかかわらず，リン酸化が働かずに発熱（温度上昇）するばかりでATPは合成されないという状態を作り出すのである。このDNPのように，電子伝達系とリン酸化の共役をはずす物質をアンカップラー（脱共役剤）という。

Point　アンカップラー（脱共役剤）　…　DNPなど

　電子伝達系とリン酸化の共役をはずすことで，呼吸基質とO_2は消費されるが，発熱するだけでATPは（殆ど）合成されない状態にする物質。

---

(4)　図2をみると，KCN（シアン化カリウム，青酸カリ）を加えるとO_2が消費されなくなることから，電子伝達系が働かなくなったとわかる。毒物の代表的存在であるKCNは，COと同じように，電子伝達系の最終段階で働くシトクロム酸化酵素の機能を奪う電子伝達系の阻害剤である。

標問 20 精子の鞭毛運動と ATP 生成

答

問1　呼吸による ATP の供給がないので ADP から ATP と AMP を生成する反応が盛んに起こり，鞭毛運動とこの反応によって ATP と ADP が消費されて AMP が蓄積した。(78字)

問2　②，③

問3　⑤

問4　解糖系の基質であるグルコースが，哺乳類の受精が起こる雌の輸卵管内には存在するが，ウニの受精が起こる海水中には存在しない。(60字)

問5　クレアチンリン酸

精講　重要事項の整理

■ATP の再生

① クレアチンリン酸(Cr ⓟ)を用いる場合
　　Cr ⓟ ＋ ADP ⟶ Cr ＋ ATP

② クレアチンリン酸を用いない場合
　　2 ADP ⟶ ATP ＋ AMP

■脂肪とタンパク質の異化

標問 20 の解説

実験1の結果を示した図1の内容を，薬剤Xがミトコンドリアでの代謝(以後ミトコンドリア代謝と示す)のみを阻害し，薬剤Yが解糖系のみを阻害すること踏まえた上でまとめ直すと，次ページの表のようになる。なお，表中の＋は働くことを，－は働かないことを示す。

	基質	阻害剤	解糖系	ミトコンドリア代謝	運動活性	最高濃度
①	グルコース	－	⟶ ＋	＋ ⟶	高	ATP
②	グルコース	X	⟶ ＋	－ ⟶	高	ATP
③	グルコース	Y	⟶ －	－ ⟶	低	AMP
④	ピルビン酸	X	⟶ －	－ ⟶	低	AMP
⑤	ピルビン酸	Y	⟶ －	＋ ⟶	低	AMP
⑥	－*1	－	⟶ －*2	－*2 ⟶	低	AMP

*1 鞭毛内に存在する基質のみ　　*2 少しだけ起こる

問1　まとめ直した表から，解糖系とミトコンドリア代謝からのATP供給が全くないか，ないに等しい③・④および⑥では，30分後に運動活性が低くAMP濃度が最も高い。このことから，呼吸からのATP供給がないとADPからATPとAMPを生成する反応が盛んに起こるとわかる。さらには，ミトコンドリア代謝のみが起こる⑤でも30分後に運動活性が低くAMP濃度が最も高いことから，ミトコンドリア代謝はマウスの精子の鞭毛運動には関与していない可能性が強いと考えられるが，これについては次の問2の解説で詳しく扱う。

問2　せっかく図1の内容を表にまとめ直したので，この表を使って実験内容を解析してみる。

〈1〉　問題主文には，薬剤Xと薬剤Yが鞭毛運動そのものは阻害しないとは示されていない。しかし，②でXがあるのにマウスの精子の運動活性が高いままであり，実験2の説明文の最後にYがあるのにウニの精子の運動活性がほとんど阻害されないとあることから，XもYもマウスとウニの精子の鞭毛運動そのものには無影響であると考えてよく，解析の際には無視してよい。

〈2〉　2つの代謝と運動活性の関係については，解糖系が＋だと運動活性が必ず高に，解糖系が－だと運動活性が必ず低になることから，解糖系の＋－は運動活性の高低に直結するとわかる。しかし，ミトコンドリア代謝が＋でも運動活性が高になる場合も低になる場合もあることから，ミトコンドリア代謝の＋－は運動活性には影響しないとわかる。従って，マウスの精子の鞭毛運動には主に解糖系で生産されるATPが用いられると考えられる。

〈3〉　基質と運動活性の関係については，運動活性が高いのはグルコースの場合に限られる。従って，マウスの精子の鞭毛運動にはグルコースが基質として用いられると考えられ（〈2〉と合致），実際の受精環境にもグルコースが存在すると考えられる。

次に，これまでの解説内容と重複するが，個々の選択肢の正誤について考える。

①　運動活性が高いのはグルコースの場合に限られる。そして，基質がグルコースであれば，当然，実際の環境にも存在するはずである。∴　○

②　精子は全力で卵に向かって進まなければならず，運動活性が低くてよい状況などあり得ない。原因と結果が逆で，ATPを生産できないので運動活性が低いのである。∴　×

56

③　運動活性が高いと，ATP が大量に使われる。　∴　×

④　表の②を見よ。　∴　○

⑤　表の⑤を見よ。　∴　○

問3　**実験2のウニの精子の鞭毛運動については，次の手順で考えるとよい。**

〈1〉　15分後の海水中には尿酸や尿素などの含N老廃物が増えていないので，Nを含む選択肢③のタンパク質や④のアミノ酸は代謝基質として消費された成分Zではないとわかる。

〈2〉　薬剤Yで解糖系を阻害しても運動活性が阻害されないので，糖も代謝基質として消費された成分Zではなく，①のグリコーゲンでも②のフルクトースでもないとわかる。

〈3〉　15分後の海水中の溶存酸素が著しく減少し，薬剤Xでミトコンドリア代謝を阻害すれば運動活性が低下することから，ウニの精子の鞭毛運動にはミトコンドリア代謝で生産された ATP が主に用いられると考えられる。そして，体内の脂肪はグリセリンと脂肪酸に分解され，脂肪酸は β 酸化によってアセチル CoA となってクエン酸回路に入る（精講の「脂肪とタンパク質の異化」参照）ので，ただ1つの残りである⑤の脂肪が代謝基質として消費された成分Zであるとわかる。

問4　問2の選択肢①の内容がヒントになっている。体内受精する哺乳類の精子については，受精する雌の輸卵管内にグルコースが存在するので，鞭毛運動のための ATP 供給を解糖系に依存することができると考えられる。これに対して，体外受精するウニの精子については，受精する海水中にグルコースが存在しないので，鞭毛運動のための ATP 供給を解糖系に依存することができず，ミトコンドリア代謝に依存すると考えられる。

問5　骨格筋にあって，ATP の合成に関わるのはクレアチンリン酸である（精講の「ATP の再生」参照）。

第3章 遺伝情報とその発現

標問 21 点突然変異

答

問1　②, ⑥, ⑦　　問2　⑤, ⑧　　問3　①

問4　(1)　A-12　　B-グルタミン(Gln)

(2)　C-10　　D-リシン(Lys)

(3)　E-11　　F-フェニルアラニン(Phe)

精講 本題のテーマ

■点突然変異

　1個の塩基の置換や，1～2個の塩基の欠失もしくは挿入(付加)を**点突然変異**といい，構造遺伝子(タンパク質のアミノ酸配列をコードする領域)における点突然変異とその影響をまとめると，以下のようになる。

　なお，本来コドンとは1つのアミノ酸をコード(指定)する遺伝暗号である**3組塩基＝トリプレット**を意味するので，mRNA の AUG だけでなく DNA の非鋳型鎖の ATG もメチオニン(Met)のコドンである。しかし，高校の生物では mRNA のトリプレットをコドンと定義する場合が多いので，本書では原則として mRNA だけでなく DNA の遺伝暗号も含む場合には，**標問22問3**のように，開始暗号や終止暗号のように表記し，個々の問題については各大学の表記に合わせるものとする。

> **Point　点突然変異**
>
> 　　　　　　　　　　　　同じアミノ酸を指定
>
> 　　　　　┌ 同 義 置 換 ──→ 同義暗号に ──→ アミノ酸配列に変化なし
> 置換 ─┤　　　　　　　┌ 終止暗号以外に ──→ 1アミノ酸の置換
> 　　　　　└ 非同義置換 ┤
> 　　　　　　　　　　　　└ 終止暗号そのものに ──→ 翻訳終止
>
> 欠失・挿入 → フレームシフト ──→ 新たに終止暗号となるところまで，
> 　　　　　　　　　　　　　　　　　　全く異なるアミノ酸を配列

〔注意〕　同義置換以外の置換が非同義置換であるが，1アミノ酸の置換に限定して非同義置換という用語を用いる場合もある。

標問 21 の解説

　この mRNA は左から43番目～45番目が UGA という終止コドンであり，翻訳されると14個のアミノ酸がつながったポリペプチド鎖が合成される。

```
1              10           20              30              40              50
|01  02  03 |04  05  06 |07  08  09 |10 |11  12  13 |14  15  16 |17  18 19
AUG CUC CUA UAC GUC AUU CUU AUU GAC AAA UUU CAA GUC AUA UGA CUU GAA AUG A
①-CUU                        ②-UAA UUA-③              終止コドン
                             ④-GAA
```

58

変異①：02のコドンが CUC から CUU に変化するが，ともに Leu を指定する同義コドンなので，02のアミノ酸もアミノ酸配列も変化しない。これが同義置換(サイレント変異)の例である。

変異②：10のコドンが Lys を指定する AAA から終止コドンの1つである UAA に変化したので翻訳が終了し，01〜09の短いポリペプチドになる。これが非同義置換の翻訳終止(ナンセンス変異)の例である。

変異③：11のコドンが UUU から UUA に変化することで，Phe が Leu に置換される。これが非同義置換の1アミノ酸の置換(ミスセンス変異)の例である。

変異④：10のコドンが AAA から GAA に変化することで，Lys が Glu に置換される。これも非同義置換の1アミノ酸の置換の例である。

01	02	03	04	05	06	07	08	09	10	11	12	13	14	15	16	17	18	19

AUG CUC CUA UAC GUC AUU CUU AUU GAC AAA UUU CAA GUC AUA UGA CUU GAA AUG A

⑤‐×   終止コドン

変異⑤：05の第1塩基の G が欠失することでフレームシフトが起こり，18が新たな終止コドンとなるだけでなく，05〜17のアミノ酸配列が全く異なるものになる。これが欠失によるフレームシフト(フレームシフト変異)で，長いポリペプチドになる例である。

01	02	03	04	05	06	07	08	09	10	11	12	13	14	15	16	17	18	19

AUG CUC CUA UAC GUC AUU CUU AUU GAC AAA UUU CAA GUC AUA UGA CUU GAA AUG A

⑥‐××   終止コドン

変異⑥：05の第1塩基と第2塩基の GU が欠失することでフレームシフトが起こり，08が新たな終止コドンとなるだけでなく，05〜07のアミノ酸配列も異なるものになる。これも欠失によるフレームシフト(フレームシフト変異)だが，短いポリペプチドになる例である。

01	02	03	04	05	06	07	08	09	10	11	12	13	14	15	16	17	18	19

AUG CUC CUA UAC GUC AUU CUU AUU GAC AAA UUU CAA GUC AUA UGA CUU GAA AUG A

⑦‐A   終止コドン

変異⑦：06の第1塩基の前にAが挿入されることでフレームシフトが起こり，09が新たな終止コドンとなるだけでなく，06〜08のアミノ酸も異なるものになる。これは挿入によるフレームシフト(フレームシフト変異)で，短いポリペプチドになる例である。

01	02	03	04	05	06	07	08	09	10	11	12	13	14	15	16	17	18	19

AUG CUC CUA UAC GUC AUU CUU AUU GAC AAA UUU CAA GUC AUA UGA CUU GAA AUG A

⑧‐C   終止コドン

第3章　遺伝情報とその発現　　59

変異⑧：12の第1塩基の前にＣが挿入されることでフレームシフトが起こり，17が新たな終止コドンとなるだけでなく，12〜16のアミノ酸配列が全く異なるものになる。これも挿入によるフレームシフト（フレームシフト変異）だが，長いポリペプチドになる例である。

問1　アミノ酸数が減少するのは，翻訳終止で09までになった変異②，フレームシフトで07までになった変異⑥および08までになった変異⑦である。

問2　アミノ酸数が増加するのは，フレームシフトで17までになった変異⑤と16までになった変異⑧である。

問3　アミノ酸配列が全く変化しないのは同義置換の変異①である。

問4　同義置換でアミノ酸配列に全く変化がなかった変異①を除くと，タンパク質の機能が保たれたのが変異④・⑧で，失われたのが変異②・③・⑤・⑥・⑦である。

⑴　「機能する上で必須ではない」という表現がタンパク質の機能が保たれたから用いられたことを読み取る必要があるが，これができれば機能に変化がない変異④もしくは変異⑧のどちらかであるとわかる。そして，「アミノ酸配列」および「Ａ番目のＢ以降」とあることから，1アミノ酸の置換の変異④ではなく，フレームシフトを起こした変異⑧であるとわかる。つまり，変異⑧では12以降のアミノ酸配列が全く異なるものに変化したのにもかかわらずタンパク質の機能が保たれたので，「12以降は必須ではない」という表現が用いられたのである。よって，Ａは12，Ｂは元のＣＡＡが指定するGlnである。

⑵　「Ｃ番目のアミノ酸」とあることから1アミノ酸の置換の変異③もしくは④とわかる。そして「必ずしもＤである必要がない」という表現がタンパク質の機能が保たれたから用いられたことを読み取れれば，④であるとわかる。つまり，変異④では10のLysがGluに置換されたのにもかかわらずタンパク質の機能が保たれたので，「10は必ずしもLysである必要がない」という表現が用いられたのである。よって，Ｃは10，ＤはLysである。

⑶　「Ｅ番目のアミノ酸」とあることから1アミノ酸の置換で，残る変異③とわかる。そして，「Ｆである必要性が高い」という表現からタンパク質の機能が失われたと読み取れるので，やはり③であるとわかる。つまり，変異③では11のPheがLeuに置換されただけでタンパク質の機能が失われたので，「11はPheである必要性が高い」という表現が用いられたのである。よって，Ｅは11，ＦはPheである。

　　なお，「でなければならない」という表現が用いられなかったのは，よく似た性質のアミノ酸に置換されることで，タンパク質の機能が保たれる場合もあるからである。

標問 22 転写と翻訳（スプライシング）

答

問1　ア－核酸　イ－ヌクレオチド　ウ－リボース　エ－ウラシル
オ－伝令RNA（mRNA）　カ－転移RNA（運搬RNA, tRNA）
キ－リボソームRNA（rRNA）　ク－RNAポリメラーゼ
ケ－リボソーム　コ－アンチコドン

問2　DNAにタンパク質の情報にならないイントロンがない。（26字）

問3　(c)

問4　e　理由：合成されたタンパク質のアミノ酸数が13個なので本来の14番目のアミノ酸をコードする暗号が終止暗号に変化したとわかり、eの位置のTがAに置換されたと考えられる。（77字）

精講　本題のテーマ

■スプライシング

真核生物では、大部分の遺伝子のDNA領域にタンパク質のアミノ酸配列をコードしている領域（<u>エキソン</u>）とコードしていない領域（<u>イントロン</u>）とがあり、DNAから転写されたRNA（mRNA前駆体）は核内でイントロンを除去されてmRNAとなる。

なお、スプライシングだけではなく、RNAは<u>5′末端にキャップという構造が形成</u>され、<u>3′末端にポリA尾部（ポリAテール）が付加される</u>などの修飾も受ける。

〔スプライシング〕

標問 22 の解説

問2　問題主文の8～10行目に「真核生物ではDNAにタンパク質の情報にならないイントロンがあるためにスプライシングが起こる」という主旨の説明がなされてい

るので，この反対の内容を示せばよい。なお，厳密には，原核生物の一部でもイントロンがあるためにスプライシングが起こる。

問3 図1に示された<u>DNA塩基配列の最初のATGが開始暗号</u>なので，転写の際に鋳型にはならない方の鎖（非鋳型鎖と示す）の塩基配列であるとわかる。したがって，ATGのTをUに読み替えるとAUG（開始コドン）となるように，TをUに読み替えれば転写されたRNAの塩基配列になる。このため非鋳型鎖をセンス鎖（コード鎖）といい，研究の現場でも最近の入試でもよく用いられる。これに対して，鋳型鎖はアンチセンス鎖（非コード鎖）という。

> **Point** TとUを読み替えれば，
>   非鋳型鎖の塩基配列　　＝転写されたRNAの塩基配列
>
>
>
>   エキソン部分の，
>   非鋳型鎖のトリプレット ＝ mRNAのコドン
>   鋳型鎖のトリプレット　＝ tRNAのアンチコドン

(a)がイントロンであるとわかっているので，もう1つのイントロンが(b)である場合と(c)である場合の14番目までのmRNAのコドン配列とアミノ酸配列を次に示す（12番目までのアミノ酸配列は同一）。

(b)がイントロンの場合

 01　02　03　04　05　06　07　08　09　10　11　12　13　14
AUG・GCU・UAU・UUG・CGC・CUA・AAG・GUA・GCU・AGC・UCG・CAG・GCU・AAG
 M 　A 　Y 　L 　R 　L 　K 　V 　A 　S 　S 　Q 　A 　K

(c)がイントロンの場合

 01　02　03　04　05　06　07　08　09　10　11　12　13　14
AUG・GCU・UAU・UUG・CGC・CUA・AAG・GUA・GCU・AGC・UCG・CAG・GUU・UUA
 M 　A 　Y 　L 　R 　L 　K 　V 　A 　S 　S 　Q 　V 　L

実際のアミノ酸配列の13・14番目のアミノ酸がVLなので，(c)がイントロンであるとわかる。

(a)～(c)のいずれもがGTで始まりAGで終わっていることについて，一言触れておく。実はイントロンは「GTで始まり，AGで終わる」のが原則であり，これをGT－AG則という。ただし，決してGTからAGまでが必ずイントロンになるという意味ではないことに注意するように。

> **Point** GT－AG則（GU－AG則）
>   イントロンはGTで始まり，AGで終わる。
>   （RNAのイントロンはGUで始まり，AGで終わる。）

問4 非鋳型鎖でのT→AはmRNAではU→Aとなること，およびタンパク質のアミノ酸数が13個になったことから，14番目のLをコードするUUAが終始コドンのUAAになったとわかる。よって，変異を起こしたTはeの位置のものである。

標問 23 選択的スプライシング

答
問1 ア－DNAポリメラーゼ　イ－RNAポリメラーゼ
　　ウ－プロモーター　エ－核　オ－細胞質　カ－リボソーム
問2　正　　問3　③　　問4　①，④
問5　(1)　組織Xでは6つすべてのエキソンが選ばれるが，それ以外の組織では転写開始点側から4番目以外の5つのエキソンが選ばれると推定される。〔別解〕転写開始点側から4番目のエキソンが，組織Xでは残されるが，それ以外の組織では除かれると推定される。
(2)　4番目
(3)　組織Xでは選ばれる4番目のエキソンの途中に1塩基置換の突然変異が起こり，その部位が終止コドンとなって，翻訳がその手前の所までで終了した(ためであると考えられる)。

精講　本題のテーマ

■選択的スプライシング

真核生物において，同一のmRNA前駆体から複数種類のmRNAが合成される場合があり，これを**選択的スプライシング**という。

〔選択的スプライシング〕

標問 23 の解説

問2　DNAとよく結合するヒストンは塩基性なので，OH⁻ を出してその表面電荷は

正($+$)となる。逆に，DNA自体は核酸なので，H^+を出してその電荷は負($-$)となる。ゲル電気泳動法でDNA断片が正($+$)極に向かって移動するのも，この負($-$)の電荷が原因である。

> **Point**　核酸であるDNAの電荷は負($-$)

問3　すべて問題主文で説明されている。

　　1行目の「ヒトの染色体DNA〜」の一文から，ヒストン（①）はDNAの全領域で結合しているとわかる。そして，3行目の「DNAの複製の際〜」の一文から，DNAの全領域で起こる複製に関わるDNAポリメラーゼ（②）も二重らせん構造をほどき一本鎖にする働きをもつ酵素（④）も全領域に結合するとわかる。しかし，7行目の「転写の開始を助ける〜」の一文から，基本転写因子（③）がプロモーターと呼ばれる特定の塩基配列にのみ結合することがわかる。

問4　①　表中の生物のゲノムあたりの総塩基対数は，原核生物は最大の大腸菌Bでも$4.6×10^6$塩基対だが，真核生物は最小の酵母Cでも$12×10^6$塩基対である。よって，正しい。

②　ヒトと酵母Cの遺伝子数は表1に示されているが，実際にタンパク質をコードする領域の総塩基対数が示されていないので，タンパク質の平均の大きさを求めることはできない。よって，正誤の判定は不能。

③　ヒトの遺伝子は24,000であるが，問題主文に「少なくとも50％以上の遺伝子が選択的スプライシングを受けて複数種類のタンパク質を作る」とある。よって，明らかに誤り。

④　ゲノムあたりの総塩基数の増え方に比べて遺伝子数の増え方が小さいという傾向が見られる。例えば，シアノバクテリアAとヒトとで比較すると，前者は$\dfrac{3000}{3.6}≒833$倍であり，後者は$\dfrac{24000}{3300}≒7$倍である。このことから，タンパク質をコードしないDNAの量が多くなると考えられる。よって，正しい。

⑤　ヒトはシアノバクテリアがもつチラコイドやクロロフィルaなどを作れない。よって，誤り。

問5　(1)　次の手順で考えるとよい。

〈1〉　遺伝子Gの6つのエキソン(E1〜E6)のうち，開始コドンと終止コドンは常に用いられるE1とE6の途中にあるので，それぞれの塩基数とコードするアミノ酸数は次のようになる。

エキソン	E1	E2	E3	E4	E5	E6
塩基数	222	153	141	135	219	350
アミノ酸数	?1	51	47	45	73	?2

〔注〕　?1は最大で72 ←── 後で切り離される開始メチオニンがある。
　　　　?2は最大で115 ←── 終止コドンはアミノ酸を指定しない。

〈2〉 タンパク質の大きさが通常組織では320アミノ酸だが組織Xでは365アミノ酸なので、通常の組織の方が45アミノ酸少ないとわかり、〈1〉から通常の組織ではE4が除かれるとわかる。

〈3〉 E1～E6のすべてを用いた場合のアミノ酸数は最大でも$72＋51＋47＋45＋73＋115＝403$なので、組織XでE2・E3・E5のうちのいずれか1つでも除かれれば365に達しない。このことから、組織XではE1～E6のすべてが用いられるとわかる。

〈4〉 エキソンの選ばれ方の違いについて、次のように推定される。

組織XではE4を残す ━━▶ E1-E2-E3-E4-E5-E6 ━━▶ 365アミノ酸

通常組織ではE4を除く ━━▶ E1-E2-E3-E5-E6 ━━▶ 320アミノ酸

なお、実際にはここまでのことがわかるが、別解として示した内容でも許されるだろう。

(2) 遺伝病の個体では正常な365アミノ酸のタンパク質と、約半分の大きさの異常タンパク質とが検出されたので、正常遺伝子と変異遺伝子をもつヘテロ接合体である。次の手順で考えるとよい。

〈1〉 アミノ酸数が約半分になることから、1塩基の置換によって終止コドンに変化したと考えられる。

〈2〉 組織X以外の通常組織では正常な320アミノ酸のタンパク質のみが検出されたので、通常組織が用いるE1-E2-E3-E5-E6には新たな終止コドンが生じていない、つまり変異はないとわかる。

〈3〉 突然変異は組織Xで用いられるE4に起こったものであり、終止コドンの新たな出現によって約半分の大きさの異常タンパク質が産生されるようになったと考えられる。

第3章 遺伝情報とその発現　65

標問 24 PCR法

答
問1　1.5個
問2　1,000塩基のDNAが2分子，900塩基のDNAが10分子，700塩基のDNAが10分子，600塩基のDNAが2,026分子
問3　プライマーZが結合する領域の一部の塩基(対)が置換されている。
問4　・アミノ酸の数も配列も全く同じタンパク質。
　　・アミノ酸の数は同じだが，一部のアミノ酸が異なるタンパク質。
　　・アミノ酸の数が少なくなったタンパク質。
　　・アミノ酸の数が多くなったタンパク質。（これらのうちから3つ。）

精講　本題のテーマ

■DNAポリメラーゼのプライマー要求性

> **Point**　RNAポリメラーゼは新しい鎖を作り始めることができるが，DNAポリメラーゼは既存の鎖を伸ばすことしかできない。

　ヌクレオチド鎖を伸長させる際，RNAポリメラーゼは最後尾のヌクレオチドを必要としないので新しいヌクレオチド鎖を作り始めることができるが，**DNAポリメラーゼは最後尾のヌクレオチドを必要とする**ので，既存のヌクレオチド鎖を伸ばすことしかできない。このため，DNAの半保存的複製では，まずRNAポリメラーゼ(DNAプライマーゼ)が10ヌクレオチドほどの短いRNA鎖(**プライマー**)を作り，その最後尾のヌクレオチドにDNAポリメラーゼが新しいヌクレオチドを重合させていくことで鎖を伸ばしていく。これに対してPCR法では人工合成した20ヌクレオチドほどの1本鎖DNAをプライマーとして用いる。

■DNAの半保存的複製

〔DNAの不連続複製モデル〕

① 鋳型鎖が 3′ → 5′ の場合
　新しい鎖（リーディング鎖）は，5′ → 3′ 方向に複製される。
② 鋳型鎖が 5′ → 3′ の場合
　まず 5′ → 3′ 方向に短いポリヌクレオチド鎖（岡崎フラグメント）が合成され，この断片を DNA リガーゼが連結して 1 本の新しい DNA 鎖（ラギング鎖）が完成する。各々の断片の合成開始時には短い RNA 鎖（プライマー）が合成され，それにつなげて DNA 短鎖が合成され，RNA の部分は後で DNA に置換される。

■ PCR 法
① 約 94℃ ─────→ DNA を熱変性させて 1 本鎖にする（熱変性）。
② 50〜60℃ ────→ 1 本鎖 DNA にプライマーを結合させる（アニーリング）。
③ 約 72℃ ─────→ 耐熱性 DNA ポリメラーゼにより鎖を伸ばす（鎖の伸長）。
　　　　　　　　　　└ 好熱菌のもの

標問 24 の 解説

問1　ある任意の 16 塩基配列（以後 α と示す）が生じる確率 $= \left(\dfrac{1}{4}\right)^{16}$ であり，ヒトゲノムの 60×10^8 塩基あたりに存在する 16 塩基配列の数は 60×10^8 個とみなしてよい。したがって，ヒトゲノムに存在する α の個数は以下のように求められる。

$$\alpha \text{の個数} = 60 \times 10^8 \times \left(\dfrac{1}{4}\right)^{16} = \dfrac{60 \times 10^8}{4^{16}} = \dfrac{60 \times 10^8}{4 \times (4^5)^3} = \dfrac{6 \times 10^9}{4 \times 10^9} = 1.5 \text{ [個]}$$

　　　　　　　　　　　　　　　　　　　　　　　└ $\fallingdotseq 10^3$

　もう少し話を掘り下げてみよう。先の計算結果から，ある任意の 17 塩基以上の配列ならヒトゲノム中に存在する同一配列は 1 個未満ということになるが，実はこれが PCR 法で用いるプライマーのヌクレオチド数を 20 ほど（実際には 18〜28）とする理由である。ヌクレオチド数が 18 以上のプライマーを用いれば，ヒトゲノム中のどこの DNA 領域を増幅する場合でも，確実に鋳型鎖の増幅域の 3′ 末端部に結合することが期待できる。

問2　第 1 サイクルから第 3 サイクルまでのようすと，1 サイクル後から 10 サイクル後の各塩基数の DNA の分子数を示すと，以下のようになる。

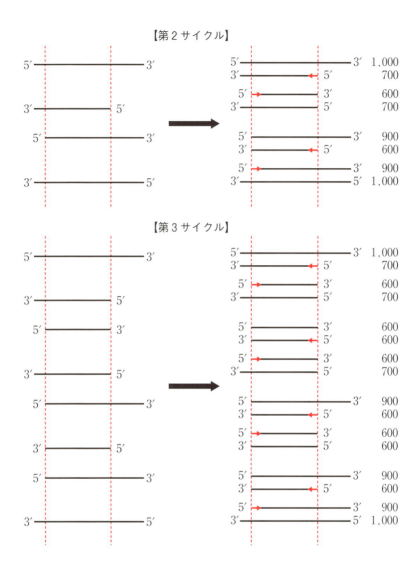

問3　次の手順で考えるとよい。

　〈1〉　プライマーXとYのセットだとテスト株でも野生株と完全に同じ長さのDNA
　　　断片が増幅される。増幅されたことから，テスト株の遺伝子AのXとの結合部
　　　位にもYとの結合部位にも変異がないとわかり，さらに完全に同じ長さである
　　　ことから，増幅された領域内にある変異は欠失でも挿入でもなく，**一部の塩基
　　　(対)の置換**であるとわかる。**◀── 1塩基(対)ではない可能性があることに注意!!**

　〈2〉　プライマーXとZのセットだとテスト株ではDNA断片が増幅されないこと
　　　から，遺伝子Aの**Zとの結合部位に変異がある**とわかり，〈1〉からそれは一部
　　　の塩基(対)の置換であるとわかる。

問4　翻訳産物であるタンパク質について問われているので，遺伝子Aは構造遺伝子
　　である。**標問21**の精講も参照のこと。

　①　**イントロン内での置換**，あるいは**エキソン内での同義置換**の場合は，アミノ酸
　　の数も配列も全く同じタンパク質が生じている。

　②　**エキソン内での非同義置換で終止暗号以外に変化**している場合は，アミノ酸の
　　数は同じだが，一部のアミノ酸が異なるタンパク質が生じている。

　③　**エキソン内での非同義置換で終止暗号そのものが生じている**場合は，アミノ酸
　　の数が少なくなったタンパク質が生じている。

　④　エキソン内での非同義置換で終止暗号がそれ以外に変化している場合は，アミ
　　ノ酸の数が多くなったタンパク質が生じている。

第3章　遺伝情報とその発現　　69

| 標問 | **25** | **原核生物の遺伝子発現とその調節(1)** |

答　問1　(1)　核膜によってDNAを含む核と細胞質が隔てられており，細胞質には小胞体などの(膜系)細胞小器官が発達する。〈48字(50字)〉

(2)　核膜がない原核生物では，転写と翻訳が同時にほぼ同じ場所で行われる。これに対して核膜によって核内と細胞質が隔てられている真核生物では，転写とスプライシングは核内で起こり，翻訳は細胞質で起こる。(95字)

問2　③

問3　(1)　ア－RNAポリメラーゼ　イ－プロモーター

(2)　プロモーターの1ヶ所に突然変異が生じた。このため，ラクトースのみが存在してもRNAポリメラーゼがプロモーターに結合できず，ラクターゼ遺伝子を含む3つの遺伝子群の転写が起こらない。(89字)

問4　(1)　ウ－オペレーター　エ－オペロン

(2)　オペレーターに結合することで，RNAポリメラーゼによる転写を抑制する。(35字)

(3)　オペレーターの1カ所に突然変異が生じた。このため，グルコースのみが存在しても調節タンパク質がオペレーターに結合できず，ラクターゼ遺伝子を含む3つの遺伝子群の転写を抑制できない。(88字)

精講　本題のテーマ

■オペロン説 … ジャコブ＆モノー(1961年)

① 遺伝子の中には他の遺伝子の働きを調節する調節遺伝子がある。

② 調節遺伝子が調節タンパク質のアミノ酸配列をコードしている。

③ 調節タンパク質がオペレーター(特定のDNA領域)に結合することで，その支配下の構造遺伝子群の転写が抑制，もしくは促進される。

■用語

調節タンパク質
　リプレッサー(転写抑制因子)：遺伝子発現の抑制(負の調節)に働く。
　アクティベーター(転写活性化因子)：遺伝子発現の促進(正の調節)に働く。

プロモーター：RNAポリメラーゼが結合する特定のDNA領域。

オペレーター：調節タンパク質が認識して結合する特定のDNA領域。

構造遺伝子：タンパク質のアミノ酸配列をコードするDNA領域。　← 標問21の精講

構造遺伝子群：1つの生命活動に関連する複数の構造遺伝子のセット。

オペロン：次の2通りの考え方があることに注意!!
　(1つのオペレーターによって制御される)構造遺伝子群　← 本題など
　プロモーターとオペレーターと構造遺伝子群　← 標問27

70

■ラクトースオペロン
① ラクトースが無いとき
  調節遺伝子から生じたリプレッサーがオペレーターに結合している。
  ⟶ RNA ポリメラーゼはプロモーターに結合できない。
  ⟶ 構造遺伝子群の転写は抑制されている。
② ラクトースがあるとき
  ラクトースの代謝産物がリプレッサーと結合し，オペレーターから外れる。
  ⟶ RNA ポリメラーゼがプロモーターに結合。
  ⟶ 構造遺伝子群が転写される。

〔ラクトースオペロン〕

標問 25 の解説

問1　(1)と(2)がセットの設問であることに留意して解答する必要がある。

(1) 一般的には「核膜に包まれた核がある」と「細胞質に(膜系)細胞小器官が発達する」という2点を示せばよい。しかし本問では，(2)に結びつくように，前半部を解答例のように示すのが望ましい。

(2) 核膜によって核内と細胞質が隔てられている真核生物のタンパク質合成では，転写と翻訳の間にスプライシングやキャップ構造の形成やポリAテールの付加などのRNAの加工の過程(**標問22**の精講を参照)が存在し，転写とRNAの加工は核内で行われ，翻訳は細胞質で行われる。　⟹ 不連続かつ異所的

　これに対して核膜がない原核生物では，転写と翻訳が同時にほぼ同じ場所で行われ，スプライシングなどのRNAの加工の過程は存在しない。

⟹ 連続かつ同所的

> **Point** 原核生物と真核生物のタンパク質合成
> 　**原核生物**：転写と翻訳が同時にほぼ同じ場所で行われる。
> 　**真核生物**：核内での転写＆スプライシング ⟶ 細胞質での翻訳。

問2　調節タンパク質(リプレッサー)は常に発現しており，グルコースのみの存在下ではオペレーターに結合し，ラクトースのみの存在下ではラクトースの代謝産物と結合してオペレーターから外れることで，常に転写のオン＆オフを調節している。

問3　問題文に「生じた突然変異」とともに「ラクターゼの活性を示さなくなったし

第3章　遺伝情報とその発現

くみ」を推測せよとあるので，この2点について示す必要がある。

RNA ポリメラーゼ(ア)とプロモーター(イ)の働きに，つまり RNA ポリメラーゼがプロモーターに結合して転写が始まることに着目せよとあり，また問題主文の最後に「ラクターゼ遺伝子の中あるいは近くに1カ所の突然変異をもつ」とあることから，プロモーターに1カ所の突然変異が生じたとわかる。そして，これが原因で，ラクトースのみが存在して RNA ポリメラーゼがプロモーターに結合する条件下であるにもかかわらず，RNA ポリメラーゼがプロモーターに結合できず，転写が起こらないと推測できる。

問4 (2) 野生型と突然変異体3を比較してとあることに注意する。表を見ると，正常な調節タンパク質をもつ野生型ではラクターゼ遺伝子の転写が抑制されているのに対して，機能を失った調節タンパク質をもつ突然変異体3では転写を抑制できていない。このことから，正常な調節タンパク質の機能がオペレーターに結合することで，RNA ポリメラーゼによる転写を抑制することであると推測できる。

(3) 突然変異体4は正常な調節タンパク質を発現しているので，転写を抑制できない原因は調節タンパク質がオペレーターに結合できないことであり，さらに突然変異が起こったのがオペレーターであると推測できる。

標問 26 原核生物の遺伝子発現とその調節(2)

答
問1　①，⑥
問2　(i) デオキシリボース(dR)ではなく，リボース(R)をもつ。
　　(ii) チミン(T)ではなく，ウラシル(U)をもつ。
　　(iii) 2本鎖ではなく，1本鎖である。
問3　リン酸(を含む)
問4　単独のタンパク質Yは領域zに結合しないが，物質Aと結合した状態では領域zに結合する。(42字)
問5　(i) 物質Aと結合する機能。
　　(ii) 物質Aと結合した状態で領域zに結合する機能。
問6　右図
問7　②，⑤，⑥

精講　重要事項の整理

■ゲル電気泳動法
　DNAは負に荷電しているので，緩衝液中のゲルに電場をかけると**陽(＋)極に向かってゲル内を移動**するが，ゲルが形成する小さな網目構造が抵抗となって**短いDNA断片ほど速く移動し，長いDNA断片ほど遅く移動**する。このことを利用してDNA断片を分子量によって分離する手法をゲル電気泳動法という。

〔ゲル電気泳動法(横から見た所)〕

標問26の解説

問1　ATP合成に関わる酵素の遺伝子のように，生存のために不可欠な遺伝子は常に発現しており，これを**構成的発現**という。これに対して，外界の環境に応じて遺伝子の発現が調節されている場合を**調節的発現**という。
　①　例えば，ショウジョウバエの体節構造の形成の際には，調節遺伝子群(ギャップ遺伝子群)から合成されたタンパク質群が調節タンパク質群として次の段階の

調節遺伝子群(ペアルール遺伝子群)を発現させる。　∴　○

② 例えば，メチオニン(Met)やトリプトファン(Trp)のコドンは 1 種類のみである。　∴　×

③ 細胞質ではなく，核内でスプライシングを受ける。　∴　×

④ 遺伝子産物である酵素が植物ホルモンを合成し，植物ホルモンも特定の遺伝子を発現させることでさまざまな生理作用を引き起こす。　∴　×

⑤ リボソームは，ゴルジ体ではなく，小胞体に結合して粗面小胞体を構成する。　∴　×

⑥ 核膜がない原核生物では，転写と翻訳が同時かつ同所的に起こる(**標問25問 1**)。　∴　○

問2　dR ではなく R，T ではなく U，2 本鎖ではなく 1 本鎖の 3 点を示せばよい。なお，DNA が二重らせんという立体構造をとることに触れると，mRNA は立体構造をとらないが，tRNA と rRNA が複雑な立体構造をとることにまで触れなければならなくなるので，立体構造については触れなくてよい。

問3　DNA はリン酸を含んでおり，リン酸が H^+ を出すことで負(−)に荷電する。

問4　次の手順で考えるとよい。なお，転写調節タンパク質とは調節タンパク質のことである。

〈1〉 オペレーターの領域 z に結合するのは転写調節タンパク質Yである。

〈2〉 図 2 から，物質Aとタンパク質Yが共存するときだけタンパク質−DNA 複合体が生じるとわかる。

〈3〉 タンパク質Yは物質Aと結合する(問題主文16行目)と示されている。

〈4〉 〈1〉〜〈3〉より，タンパク質Yは単独では領域 z に結合しないが，物質Aと結合した状態では領域 z に結合すると考えられる。

〈5〉 さらに，細胞内に物質Aがある場合にのみ遺伝子 x が発現する(問題主文12〜14行目)とあることから，遺伝子 x の発現調節を次のように考えることができる。

> **Point**　**遺伝子 x の発現調節**
>
> (1) 単独のYは z に結合しない。
>
> (2) AがYに結合すると，Yの立体構造が変化して z に結合するようになる。
>
> (3) A−Y複合体が z に結合すると，RNA ポリメラーゼによる転写が促進される。
>
> (4) Yは不活性型のアクティベーター(活性化因子)であり，Aが結合すると活性型のアクティベーターとして転写の活性化に働く。

問5　物質Aがあるにも関わらずタンパク質−DNA 複合体が生じない，つまり変異タンパク質 Y-1 が領域 z に結合しないことから，Y-1 が失った機能については 2 つの可能性が考えられる。1 つは物質Aとの結合部位に変異が起きたためにAと結合できなくなったという可能性であり，もう 1 つは領域 z との結合部位に変異が起

きたために**Aと結合した状態でもzに結合できなくなった**という可能性である。

問6　物質Aがあってもなくても遺伝子xが発現することから，**Aと結合していても結合していなくても変異タンパク質Y-2が領域zに結合している**と考えられる。そして，問題文にAの分子量が無視できるほど小さく，Y-2とYの分子量が同じとあることから，Aの－と＋の両方で，タンパク質－DNA複合体の位置にバンドが生じると考えられる。

問7　問4の解説で示した**Point**の内容を扱っている。

① , ②　**Point**(2)──→　AはYに結合して立体構造を変化させる。

　　∴　①＝×，②＝○

③　細菌に核はない。　∴　×

④　**Point**(4)──→　Aと結合した状態のYは活性型のアクティベーターとして働く。　∴　×

⑤　Yはオペレーターであるzの塩基配列を認識して結合する。　∴　○

⑥ , ⑦　**Point**(3)──→　RNAポリメラーゼによる転写が促進される。

　　∴　⑥＝○，⑦＝×

第3章　遺伝情報とその発現　　75

標問 27 遺伝子組換え（ブルーホワイトセレクション）

答
問1　ア－RNAポリメラーゼ　イ－基本転写因子　ウ－リプレッサー　エ－オペロン　オ－受容体　カ－チロキシン

問2　(1) 実験1では，Amp^r遺伝子をもたないので大腸菌が培地中のアンピシリンによって死滅し，コロニーは形成されなかった。しかし実験2では，取り込んだプラスミドA由来のAmp^r遺伝子が発現するので大腸菌がアンピシリンに対して抵抗性となって死滅せず，コロニーが形成された。(130字)　(2) 白

(3) コロニーを形成した大腸菌の菌体内で，試薬Cによって調節タンパク質の$LacZα$遺伝子のオペレーターへの結合が阻害されてラクターゼが合成され，さらにこのラクターゼによって試薬Dが分解されて青色の物質が生じた。(102字)　(4) DNAリガーゼ

(5) コロニーを形成した大腸菌の菌体内で，試薬Cによって短いDNA断片が組み込まれた$LacZα$遺伝子が発現するが，その遺伝子産物にはラクターゼとしての活性がない。このため，試薬Dが分解されず，青色の物質が生じなかった。(106字)

精講　本題のテーマ

■遺伝子組換えと遺伝子導入

ある生物の特定の遺伝子を別のDNAに組み込む操作を**遺伝子組換え**といい，ある生物に特定の遺伝子を導入して発現させる操作を**遺伝子導入**という。

制限酵素：DNAの特定の塩基配列を認識して切断する酵素。本来は，細胞内に侵入する外来DNAを切断して細胞を守る働きをする。制限酵素にはさまざまな種類があり，種類によって切断する部位の塩基配列が異なる。以下に代表的な制限酵素とその切断部位を示す。

DNAリガーゼ：リガーゼともいい，切断されたDNAを連結する酵素。本来は，DNAの複製や修復に働く。

ベクター：宿主細胞内で自己複製できる運び屋としてのDNAで，プラスミドやウイルスDNAが用いられる。

■ **大腸菌によるヒトインスリン合成**

標問 27 の **解説**

問1　イ．**基本転写因子**および真核生物の転写開始については**標問29**の精講を参照。
　　エ．本題では，構造遺伝子群だけでなく，プロモーターとオペレーターも含めて**オペロン**としていることに注意（**標問25**の精講を参照）。
　　カ．脂溶性である甲状腺ホルモンの**チロキシン**（ジフェニルエーテル系）および副腎皮質ホルモン・性腺ホルモン（ステロイド系）は細胞内に入って受容体と結合し，この複合体が調節タンパク質として遺伝子の転写を制御する。

問2　(1)　実験1の大腸菌は Amp^r をもたないのでアンピシリン感受性であり，アンピシリンを含む培地では死滅する。これに対して，**実験2の大腸菌はプラスミドAを取り込んでいるので Amp^r が発現してアンピシリン抵抗性に形質転換しており，アンピシリンを含む培地でも生育してコロニーを形成する**。

　(2)～(5)　実験3～6については，次の手順で解析するとよい。
　　〈1〉　大腸菌に Amp^r を含むプラスミドAもしくはBを取り込ませるので，**実験3～6のすべてでコロニーが形成**される。
　　〈2〉　大腸菌は $LacZα$ をもたないためにラクターゼを合成できず，ラクトースを分解することはできない。しかし，染色体DNA上にラクトースオペロンの調節遺伝子をもつので，調節タンパク質であるリプレッサーは合成している。そして，このリプレッサーがプラスミドAもしくはB上のオペレーターに結合するので，$LacZα$ の転写は抑制されている。しかし，試薬C（IPTG）がこのリプレッサーに結合すると，リプレッサーがオペレーターとの結合を阻害されて外れるので，$LacZα$ の転写が起こってラクターゼが合成される。
　　　　※1　$LacZα$ & C ⟶ ラクターゼの合成
　　〈3〉　無色の試薬D（X-gal）はラクターゼに分解されると青色の物質を生じるので，コロニーは青色になる。
　　　　※2　ラクターゼ & D ⟶ 青色物質の生成 ⟶ 青色のコロニー

第3章　遺伝情報とその発現

〈4〉 ※1と※2に沿って実験3～6を解析すると，下表のようになる。

実験	プラスミドを取り込んだ大腸菌の菌体内									コロニー
	$LacZ\alpha$	& C	$\longrightarrow$	ラクターゼ	& D	$\longrightarrow$	青色物質	$\Longrightarrow$		
3	+	& +	$\longrightarrow$	+	& −	$\longrightarrow$	−	$\Longrightarrow$		白色
4	+	& −	$\longrightarrow$	−	& +	$\longrightarrow$	−	$\Longrightarrow$		白色
5	+	& +	$\longrightarrow$	+	& +	$\longrightarrow$	+	$\Longrightarrow$		青色
6	−	& +	$\longrightarrow$	−	& +	$\longrightarrow$	−	$\Longrightarrow$		白色

遺伝子産物にラクターゼ活性なし

DNA断片の挿入によって分断されている

(2) 実験3では，$LacZ\alpha$と試薬Cがあるのでラクターゼは合成されるが，試薬D
がないので青色の物質が生じない。

(3) 実験5では，$LacZ\alpha$と試薬Cがあるのでラクターゼが合成され，さらに試薬
Dがラクターゼにより分解されて青色の物質が生じる。

(5) 途中への短いDNA断片の組込みによって$LacZ\alpha$が分断されており，生じた
遺伝子産物にラクターゼとしての活性がない。このため試薬Dが分解されず，青
色の物質が生じない。

〈5〉 実験3～6の結果から，$LacZ\alpha$の途中にDNA断片が組み込まれたプラス
ミドBを取り込んだ大腸菌は白いコロニーを形成し，$LacZ\alpha$の途中にDNA
断片が組み込まれなかったプラスミドAを取り込んだ大腸菌は青いコロニー
を形成することがわかる。

最後に本題の解説のまとめとして，$LacZ\alpha$の途中にヒトインスリン遺伝子を組み
込む場合の，ヒトインスリン遺伝子が実際に組み込まれた大腸菌を選別する方法の1
つを示しておく。

> **Point** ブルーホワイトセレクション（青白選択）
> IPTG（試薬C）とX-gal（試薬D）を含むアンピシリン培地において，
> 白色のコロニーを形成したものをヒトインスリン遺伝子が実際に組み
> 込まれた大腸菌として，青色のコロニーを形成したものをヒトインス
> リン遺伝子が組み込まれなかった大腸菌として選別する。

標問 28 遺伝子組換え（プロモーターと遺伝子の向き）

答

問1　DNAリガーゼが連結する1本鎖の塩基配列に相補性がある。(28字)
　　〔別解〕　制限酵素が切断して1本鎖にする部分の塩基対配列が同じである。(30字)

問2　①　2本　　②　2本　　③　2本

問3　①　500塩基対, 3500塩基対　　②　500塩基対, 4500塩基対
　　③　1500塩基対, 3500塩基対

問4　(1)　本来の開始コドンより上流に生じた新たな開始コドンの位置から翻訳が開始される。(38字)
　　(2)　新たに生じる開始コドンや終止コドンの位置によって, 長くもしくは短くなる。(36字)
　　(3)　一部のアミノ酸が変わる, もしくはフレームシフトにより全く異なるものになる。(37字)

問5　精細胞を作る花粉は葉緑体をもたない。(18字)

精講　本題のテーマ

■制限酵素の認識部位とDNAリガーゼの連結条件

(1)　制限酵素の認識部位

　4～8塩基対の回文構造(例えば, たけやぶやけた)になっている場合が多い。本題の制限酵素Aの認識部位は, 上を左から右(5′ → 3′)に読んでも, 下を右から左(5′ → 3′)に読んでも GGATCC になっている(標問27の精講を参照)。

(2)　DNAリガーゼの連結条件

　切断面の1本鎖部分(突出末端)の塩基の相補性を認識して連結する。従って, 切断面の相補性さえあれば, 異なる制限酵素で切断したものも連結可能であり, 本題の制限酵素AとBの切断面がその例である。

■プロモーターと遺伝子の向き

　プラスミドに連結された遺伝子の向きが転写開始に必要なプロモーターの向きと同じになっている場合にのみ, 目的のタンパク質(遺伝子産物)が得られる。

標問 28 の 解説

問1　制限酵素AとBが認識して切断する部位をそれぞれ A｜A と B｜B のように示すものとし, 制限酵素AとBで切断した後に, 生じたDNA断片をDNAリガーゼによって連結させるものとする。すると, **DNAリガーゼは切断面の1本鎖の塩基配列に相補性さえあれば連結する**ので, ⓘとⓘⓘの連結によって制限酵素Aが認識する A｜A もⓘⓘⓘとⓘⓥの連結によってBが認識する B｜B も生じるが, その他にⓘ

第3章　遺伝情報とその発現　　79

と⑭の連結および⑬と⑪の連結によってAもBも認識しない A｜B と B｜A が新たに生じることに注意して欲しい。

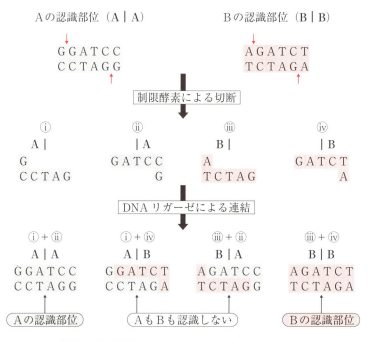

問2，3　図と解説文では塩基対を bp，プロモーターを p として示す。

① **遺伝子Zが挿入されず，自己連結して元に戻ったプラスミド**

② **遺伝子Zの転写方向が，プロモーターの向きと逆の向きに入ったプラスミド**

　図2から，制限酵素で切り出した1000bpの遺伝子Zの先端側は B｜ で基部側が ｜A になる，つまり ｜A ─→ B｜ になっていることに注意する。

③ 遺伝子 Z の転写方向が，プロモーターの向きと同じ向きに入ったプラスミド

制限酵素 A & B を用いると
A　　　B
↓　と　↓　とで切断が起こり，
A|A　　B|B
1500bp & 3500bp の 2 本が生じる。

問4　葉緑体 DNA の「RNA 編集」では，DNA の非鋳型鎖（転写の際に鋳型とはならない方の鎖）では C であるが，翻訳に用いられる mRNA では U になる。

〈1〉　新たな開始暗号の出現について

上流に生じた新たな開始暗号から翻訳が開始されるが，何塩基上流かによって次の 2 通りのことが起こりうる。

	塩基数	フレームシフト	アミノ酸配列	長さ
①	$3n$	なし	アミノ酸の追加	長くなる
②	$\neq 3n$	あり	全く異なるものに	短く or 長くなる

〈2〉　途中でのアミノ酸の置換について

〈3〉　新たな終止暗号の出現について

上流に生じた新たな終止暗号で翻訳停止　➡　短くなる

(1)の翻訳開始については「上流から始まる」可能性を示せばよいだけだが，(2)のペプチドの長さについては「新たに生じる開始コドンや終止コドンの位置によって長くなることも短くなることもある」可能性を示す必要があり，(3)のアミノ酸配列についても「置換によるアミノ酸の変化だけでなく，フレームシフトにより全く異なる配列へ変化する」可能性も示す必要がある。

問5　雄性配偶子の精細胞を作る花粉には葉緑体は存在しない。なお解答の際には，「花粉」を主語にすることを忘れないように。

第 3 章　遺伝情報とその発現　　81

標問 29 真核生物の遺伝子発現とその調節

答
問1　②，④，⑦
問2　転写調節配列 A と B は単独でも End 遺伝子の転写を促進するが，共同だと両者の相乗作用によって転写をより効果的に促進する。(59字)
問3　促進 − A　抑制 − G
問4　糖尿病発症のしくみをプロモーターのメチル化される場所の違いに基づいて解析するためには，DNAの配列を全く同じ条件にして，DNAの配列の違いによる影響をなくす必要がある。(84字)

精講　本題のテーマ

■用語

基本転写因子：真核生物の遺伝子の転写開始に際して RNA ポリメラーゼ以外に必要なタンパク質群の総称で，RNA ポリメラーゼとともに転写開始複合体を形成する。なお，介在タンパク質を別扱いする場合もある。

転写調節領域：特定遺伝子の転写の開始と速度を調節するために必要な DNA 領域。

　プロモーター：転写開始複合体が形成される DNA 領域。
　調節配列：調節タンパク質（転写調節因子）が結合する DNA 領域で，アクティベーター（活性化因子）が結合するエンハンサーとリプレッサー（抑制因子）が結合するサイレンサーとがある。

〔図1　典型的な遺伝子の構造とタンパク質生成〕

■真核生物の転写の調節

　原核生物の RNA ポリメラーゼは単独でプロモーターを認識して結合し，正しい位置から転写を開始できる。これに対して，真核生物の RNA ポリメラーゼは単独ではこれができず，プロモーターを認識して結合した基本転写因子と**転写開始複合体**を形

成する形でプロモーターに結合する。そして，さまざまな※1調節タンパク質（転写調節因子）が遺伝子の上流や下流にあるそれぞれの※2調節配列（転写調節配列）に結合すると，DNAが曲がって遠く離れた位置にある転写開始複合体にも作用できるようになり，これらの調節タンパク質と調節配列の働きが統合されて転写の速度が調節される（本題の**A**）。

〔図2　転写調節因子の相互作用〕

■ DNAのメチル化

　DNAの配列の中のCGジヌクレオチド配列（CpG）部位のCに起こるメチル化を主にDNAのメチル化という。プロモーターやその近くの調節配列に存在するCGジヌクレオチド配列でメチル化が起こると，プロモーターや調節配列に結合すべきタンパク質が結合できなくなることで，転写が抑制されたり促進されたりする。このメチル化パターンはDNAの複製の際に娘細胞に受け継がれるため，塩基配列は変化しないままで，変化した表現型が受け継がれることになり，この現象をエピジェネティック変化という。例として，機能する遺伝子が母方由来か父方由来かで発現のしかたが異なるゲノム刷り込みや，哺乳類の雌の片方のX染色体が不活性化されるライオニゼーションがあり，後者にはDNAのメチル化とともにヒストンのメチル化なども関わる。

標問29の解説

問1　転写調節配列とは，調節タンパク質が結合する調節配列のこと（本頁上の※2）。
① プロモーターのみの組換えDNA㊇だと内胚葉・中胚葉・外胚葉のすべてでmRNAが−（未検出）である。　∴　○
② 転写調節配列は既存の調節タンパク質と結合してCAT遺伝子の転写を促進もしくは抑制するものであって，調節遺伝子の新たな転写を促進するものではない（精講の図2を参照）。　∴　×
③ 転写調節配列がAのみもしくはBのみをもつ組換えDNA㋑と㋒では，内胚葉で＋＋＋（高頻度発現）であり，中胚葉と外胚葉では＋（低頻度発現）である。　∴　○
④ ②に同じ。　∴　×
⑤ 転写調節配列がDのみの組換えDNA㋕では，内胚葉と中胚葉で−であり，外胚葉では＋＋（中頻度発現）である。　∴　○
⑥ 転写調節配列がAのみとBのみの組換えDNA㋑と㋒は内胚葉で＋＋＋だが，CのみもしくはDのみもしくはEのみの組換えDNA㋓〜㋖はすべて−なので，内胚葉においてAとBは調節タンパク質と結合してCAT遺伝子の転写を促進するが，C〜Eは転写を促進しないとわかる。このことから，本来のDNAと同じように転写調節配列A〜Eすべてをもつ組換えDNA㋐で＋＋＋になったのもA

とBが転写を促進したからであるとわかるので，正常胚においても内胚葉での
End遺伝子の転写を促進するのはAとBであると推定できる。　∴　○
　⑦　正常胚において，End遺伝子が発現する，つまり転写されるのは内胚葉の消
　　　化管のみである(問題主文8〜9行目)。　∴　×

問2　次の手順で考えるとよい。
　〈1〉　CAT活性はCAT遺伝子の転写量に比例するので，図3の縦軸は転写量と
　　　みなしてよい。
　〈2〉　原腸胚後期における転写調節配列AとBに関する転写促進量を図3から読み
　　　取って，それらの関係を調べる。
$$\begin{cases} \text{A単独の組換えDNA ⑦} \longrightarrow ▲(12.5\text{mm}) \\ \text{B単独の組換えDNA ⑦} \longrightarrow □(3.0\text{mm}) \\ \text{A\&Bの組換えDNA ⑦} \longrightarrow ○(18.5\text{mm}) \end{cases}$$ ※(　)内はそれぞれの
　　　　縦軸値の高さ
　　　∴　▲ ＋ □ ＜ ○
　〈3〉　AとBが同時に働いたときの効果は，それぞれが単独で働いたときの効果の
　　　合計を上回ることがわかる。このことから，複数のエンハンサーが同時に働い
　　　たときの効果は単なる足し算ではなく，相乗効果によって高まると推定できる。

> **Point**　エンハンサー(アクティベーター)どうしの効果は相乗的に高まる。

問3　次の手順で考えるとよい。なお，問題主文にはプロモーターとあるが，転写調
　　節タンパク質(前頁上の※1の調節タンパク質)が結合する領域なので，プロモーター
　　の少し上流にある調節配列であると理解しておくとよい。
　〈1〉　結合部位にCのメチル化が起こると結合できなくなるので，転写調節タンパ
　　　ク質はその働きを示すことができなくなる。つまり，転写を促進するものは促
　　　進できなくなり，抑制するものは抑制できなくなる。
　〈2〉　糖尿病発症群では，mRNAの発現量が健康群よりも非常に高いことから，
　　　転写を促進する調節タンパク質の働きはより強められ，転写を抑制する調節タ
　　　ンパク質の働きはより弱められていると考えられる。つまり，促進するものの
　　　結合部位のメチル化率はより低く，抑制するものの結合部位のメチル化率はよ
　　　り高くなっていると考えられる。
　〈3〉　図5より，健常群よりメチル化率が低くなっているのはS5なので，S5周
　　　囲のACGAなどを含む表2上から1段目の配列を結合配列とするAが転写を
　　　促進する調節タンパク質であると考えられる。また，健常群よりメチル化率が
　　　高くなっているのはS4なので，S4周囲のCCGGを含む下から2段目の配列
　　　を結合配列とするGが転写を抑制する調節タンパク質であると考えられる。
問4　この実験の目的は「遺伝子XのプロモーターにおけるDNAのメチル化パター
　　ンと糖尿病発症との関連を明らかにする」ことなので，DNAの配列の違いによる
　　影響を排除した上で実験する必要がある。一卵性双生児は完全に同一のDNA配列
　　をもつが，DNAのメチル化パターンには多くの違いが見られるため，この実験だ
　　けでなく，他のエピジェネティック変化を調べる際にも解析対象とされる。

標問 30 RNAウイルスと逆転写

答
問1　ア-逆転写酵素　イ-エキソン　ウ-イントロン
　　エ-スプライシング　オ-小胞体　カ-ゴルジ体
問2　セントラルドグマ　問3　ゲノム
問4　(1)　チミン
　　(2)　ウイルス粒子が膜に囲まれた状態の逆転写酵素とRNAを保有している。(33字)
問5　制限酵素　問6　(e)　真核生物　(f)　原核生物
問7　S-S結合（ジスルフィド結合）
問8　RNA腫瘍ウイルスは合成したDNAを核膜孔から核内に運び込むことができないので、分裂期の核膜消失を利用する。これに対して、HIVは合成したDNAを核膜孔から直接核内に運び込むことができる。(94字)

精講　重要事項の整理

■ ゲノム
ある生物のすべての遺伝情報を含む塩基配列の1セット。

■ セントラルドグマ（クリック，1958年）
遺伝情報が DNA ⟶ RNA ⟶ タンパク質 の一方向に流れるという生物則。

※ ---▶ は一部のRNAウイルスが行う。

　セントラルドグマの提唱後，RNAをゲノムとするRNAウイルスによるRNAの複製やRNAからDNAへの逆転写が見つかった。

■ レトロウイルス
　RNAをゲノムとしてもち，感染細胞（宿主細胞）内で逆転写酵素によって逆転写を行うウイルス。エイズの原因となるHIV（ヒト免疫不全ウイルス）もこのレトロウイ

〔HIVの構造（模式図）〕

ルスで，RNA から逆転写した DNA を宿主細胞の DNA に組み込む。
　DNA に組み込まれた遺伝情報は宿主細胞の中で RNA に転写され，タンパク質に翻訳されるので，レトロウイルスは**ベクター**としても用いられる（レトロウイルスベクター）。

■逆転写酵素と cDNA（complementary DNA，相補的 DNA）

　原核生物にはスプライシングのシステムがないため，大腸菌にインスリンなどのヒトタンパク質を合成させるためには，核内にあるインスリンの遺伝子（DNA）ではなく，スプライシング後の mRNA（成熟 mRNA）に相補的な DNA，つまり **cDNA** を導入する必要がある。なお，cDNA は mRNA に相補的な DNA の 1 本鎖（鋳型鎖）を指す場合も，さらにこの鋳型鎖から DNA ポリメラーゼによって合成された 2 本鎖（鋳型鎖＋非鋳型鎖）を指す場合もある。

　成熟 mRNA から cDNA を作成する方法を以下に示す。

① ポリ A 尾部に相補的な DNA プライマーを結合させる。

② 逆転写酵素を作用させる。

③ mRNA に相補的な cDNA が合成される。

④ mRNA を分解する。

⑤ DNA ポリメラーゼを作用させて 2 本鎖 DNA にする。

標問 30 の解説

問 1，7　オ，カ．インスリンなどの分泌タンパク質や Na ポンプなどの膜タンパク質などは，粗面小胞体を構成するリボソームで合成されたポリペプチド鎖が小胞体（オ）やゴルジ体（カ）の中で，それぞれに特有なさまざまな酵素の働きによって，複

数の断片に切断されたり，S-S結合(問7)によって立体構造を構築されたり，リン酸化されたり，糖や脂質を付加されたりするなどのかたちでさまざまな修飾を受ける。

問2，3 精講を参照。

問4 (1) DNAとRNAの構成塩基の唯一の違いは，チミン(T)とウラシル(U)である。

(2) 界面活性剤は，台所の食器洗い用の合成洗剤を思い出せばわかるように，脂質を溶かす作用が非常に強く，さらにタンパク質を変性させる作用ももつ。このことを知らなくても，問題p.63の下から2〜1行目に「界面活性剤によって(脂質二重)膜を破壊し，細胞小器官内部や膜に埋め込まれたタンパク質を回収し」とあることから，少なくとも界面活性剤が(脂質二重)膜を破壊する作用をもつことがわかるはず。

完全な反応液から界面活性剤を除くと，逆転写酵素がRNAからDNAを逆転写しなくなる(図1)ことから，ウイルス粒子はRNAと逆転写酵素を(脂質二重)膜で囲った状態で保持していると考えられる。

なお，実際には，RNAと逆転写酵素は脂質二重膜だけではなくタンパク質の膜(カプシド)にも囲まれている(精講のHIVの図を参照)が，出題者のヒントの出し方からして，タンパク質の膜については触れる必要はない。

問5 特定の塩基配列を認識して切断するのは制限酵素である。

問6 核が存在する真核細胞からなるのが真核生物で，存在しない原核細胞からなるのが原核生物である。

問7 硫黄(S)を含む2つのシステイン(Cys)間で，SH基のHが失われて生じるSどうしの結合をS-S結合(ジスルフィド結合)という。タンパク質の三次構造を形づくる結合の1つである。

問8 次の手順で考えるとよい。

〈1〉 問題文にウイルスDNAが細胞DNAに組み込まれるメカニズムは両者とも同じとあることから，ウイルスDNAが核の中に入った後は同じで，核の中に入るまでが異なると考えられる。

〈2〉 RNA腫瘍ウイルスは増殖中の細胞にしか感染しないとあり，用いるべき語群の中に「分裂・核膜・消失」の3語があることから，「感染には分裂期の核膜消失」が不可欠であると考えられ，さらにRNA腫瘍ウイルスはウイルスDNAを核膜孔から核内に運び込むことができないと考えられる。

〈3〉 HIVは増殖していない細胞にも感染するとあることから，感染に分裂期の核膜消失は不要であると考えられ，さらにHIVはウイルスDNAを核膜孔から核内に運び込むことができると考えられる。

第4章　生殖と発生

標問 31 　動物の生殖

答

問1 (1) 有利な点：環境さえ整えば1個体で生殖することができるので，増殖効率が（非常に）高い。〈32字（35字）〉

不利な点：集団の遺伝子型構成が単一であり，環境の変化に対する適応度が（非常に）低い。〈32字（35字）〉

(2) 有利な点：集団の遺伝子型構成が非常に多様であり，環境の変化に対する適応度が（非常に）高い。〈35字（38字）〉

不利な点：異性の探索や求愛などに多大なエネルギーと時間を要するので，増殖効率が（非常に）低い。〈37字（40字）〉

問2 卵の数：1つ　　時期：受精後の減数分裂第二分裂終了時

問3 選択的遺伝子発現によって，細胞が特定の形態と機能をもつようになること。(35字)

問4 (1) $46 \cdot 2n$ 　 (2) $23 \cdot n$ 　 (3) $23 \cdot n$

(4) $46 \cdot 2n$ 　 (5) $23 \cdot n$

問5 ①

問6 (1) 実験5から，受精後12日目の雌の生殖細胞は雄の生殖腺からの働きかけに反応することなく減数分裂を起こすとわかる。従って，受精後13日目の雌の生殖細胞も12日目の生殖細胞と同様に減数分裂を起こすと予想される。(99字)

〔別解〕 受精後12日目には生殖細胞の発生にも雌雄差が現れ，雌の生殖細胞は減数分裂を起こすが，雄の生殖細胞は体細胞分裂の G_1 期で停止する。従って，受精後13日目の雌の生殖細胞も受精後12日目の雌の生殖細胞と同様に減数分裂を起こすと予想される。(112字)

(2) 遺伝子Zは生殖腺の体細胞で発現して生殖腺を精巣に分化させるので，生殖細胞の遺伝子Zの働きをなくしても生殖腺の分化には全く影響しない。従って，実験6と同様に G_1 期で停止すると予想される。(91字)

問7 最初の精子の進入直後に Na^+ の流入によって膜電位を負から正に逆転させ，その状態を1分間ほど維持する間に受精膜を形成する。(58字)

精講 重要事項の整理

■選択的遺伝子発現と細胞の分化

細胞の置かれた状況に応じて，遺伝子が選択されて発現することを**選択的遺伝子発現**という。多細胞生物の細胞はもともと1個の受精卵に由来するので，すべて同一の遺伝情報（ゲノム）をもっている。しかし，発生過程における選択的遺伝子発現によって，1個の受精卵からさまざまな形態と機能をもつ細胞に分化する。

■ヒトの配偶子形成

■*SRY*(性決定遺伝子,sex determining region Y)
　哺乳類のY染色体上にあり,生殖巣を精巣に分化させる働きをもつ。この*SRY*が働かないと,生殖巣は卵巣に分化する。

■ウニの多精拒否
　　1個の精子が進入(侵入)すると,
　　直ぐに膜電位を負から正に逆転させて60秒間ほど保ち,　　←── 受精電位
　　その間の40秒後位に受精膜を完成させる　　　　　　　　　←── 受精膜形成
　　ことで多精(受精)を拒否する。

　　多精受精による異常発生を未然に防ぐ。

標問 31 の 解説

問1　無性生殖は,環境さえ整えば1個体で生殖することができるので増殖効率は非常に高いが,体細胞分裂による**クローン集団**(遺伝的に均一な集団)を形成するので,環境の変化によっては一気に全滅する可能性があり,**環境の変化に対する適応度は非常に低い**。これに対して有性生殖は,生殖周期の同調・異性の探索・求愛・交尾・子育てなどに多大なエネルギーと時間を必要とするので増殖効率は非常に低いが,減数分裂と接合によって極めて多様な遺伝子型をもつ個体からなる集団を形成するので,環境が変化しても生き残る可能性が高く,**環境の変化に対する適応度は非常に高い**。なお,「生殖周期の同調〜子育てなど」の部分は,植物などの場合は「配偶子の形成と接合」などのように示すとよい。

問2　ヒトの場合,1つの一次卵母細胞は不均等な減数分裂によって1つの卵と3つの極体を生じる。また,第二極体が放出されるのは第二分裂終了時である。

問3　字数が少なければ「細胞が特定の形態と機能をもつようになる」ことだけを示せばよいが，40字以内なので，分化の原因となる**選択的遺伝子発現**について触れておくとよい。

> **Point　細胞の分化とは**
> （選択的遺伝子発現によって）独自の形態と機能をもつようになること。

問4　精講のヒトの配偶子形成を参照。

問5　相同染色体が対合するのは減数第一分裂前期（①）。

問6　下線部(b)と問6の問題文から次のことがわかる。

雄の場合は，まずY染色体上の遺伝子Z（精講で示したSRY）の働きによって生殖腺が精巣に分化し，次いで精巣内の始原生殖細胞が精原細胞となって体細胞分裂のG_1期で停止する。これに対して雌の場合は，まず遺伝子Zの働きがないために生殖腺が卵巣に分化し，次いで卵巣内の始原生殖細胞が卵原細胞となって体細胞分裂により増殖した後に減数分裂を開始する。

実験1〜6については，以下のように解析するとよい。

〈1〉　**実験1と実験2**から，受精後11日目の生殖腺から取り出した雌雄の生殖細胞にはまだ雌雄差が現れていない状態で，単独で培養すると減数分裂するとわかり，生殖腺からの働きかけがないと卵原細胞として発生すると考えられる。

〈2〉　（実験1と）**実験3**から，受精後11日目の雌雄差がまだない生殖細胞は雄の生殖腺からの働きかけを受けると，それに応答して精原細胞に分化するとわかる。

〈3〉　（実験3と）**実験5**の結果から，受精後12日目の雌の生殖腺から取り出した生殖細胞は雄の生殖腺からの働きかけを受けても応答しないとわかり，既に卵原細胞に分化していると考えられる。

〈4〉　〈2〉・〈3〉より，受精後11日目に生殖細胞を取り出してから12日目に生殖細胞を取り出すまでの間に，雌の生殖腺は遺伝子Zの働きがなかったので卵巣に分化し，次いで生殖細胞が卵原細胞に分化したと考えられる。

〈5〉　同様に，**実験2と4と6**の結果から，受精後11日目に生殖細胞を取り出してから12日目に生殖細胞を取り出すまでの間に，雄の生殖腺が遺伝子Zの働きによって精巣に分化し，次いで生殖細胞が精原細胞に分化したと考えられる。

(1)　実験5の結果を用いて解答すると本解のようになるが，問6問題文の4〜6行目に示された内容を用いて解答すると〔別解〕のようになる。

(2)　問6問題文の2〜3行目に「遺伝子Zは生殖腺の体細胞で発現して生殖腺を精巣に分化させる」とあることから，**遺伝子Zの働きを生殖細胞のみでなくしても，精巣の分化には何ら影響しない**ことに気づけばよい。

> **Point**
> Y上の*SRY*あり　──→　精巣への分化　──→　精原細胞への分化
> Y上の*SRY*なし　──→　卵巣への分化　──→　卵原細胞への分化

問7　精講のウニの多精拒否を参照。

標問 32 受精と減数分裂の再開

答

問1　第一極体

問2　アー亜鉛イオン　イー亜鉛イオン　ウー未受精卵
　　　エー細胞分裂しない

問3　(1)　亜鉛イオン吸収剤とカルシウムイオン吸収剤とを未受精卵に注
　　　　入する(本)実験，および亜鉛イオン吸収剤と，カルシウムイオン吸収
　　　　剤とカルシウムイオンを1:1で混ぜたものとを未受精卵に注入する
　　　　対照実験を行う。
　　　(2)　前者では細胞分裂しないが，後者では細胞分裂するという実験結果
　　　　が得られれば，仮説1が正しいと考えられる。

問4　受精しなくても，細胞分裂して，直径が卵の5分の1程度の細胞を
　　　放出する。

精講　重要事項の整理

■受精と減数分裂再開

　ヒトやマウスでは，減数第二分裂中期の状態で二次卵母細胞が排卵される。受精す
ると，その刺激で減数分裂を再開し，第二極体を放出して第二分裂を完了する。そし
て卵核(雌性前核)と精核(雄性前核)が融合し，卵割を開始する。

■対照実験(コントロール)

　本実験とただ1つだけ条件が異なる実験。本実験と対照実験の結果が違うことや同
じことに基づいて，考察したり，新たな仮説を立てたりする。
　なお，本章で実験考察について解説する際に用いる記号を説明しておく。

　　‼ … 断言レベル(明確にわかる)
　　⁉ … 考察レベル(考えられる)
　　⁇ … 仮説レベル(可能性がある)

標問 32 の解説

　第二分裂中期で停止していた減数分裂が受精すると減数分裂を再開するしくみにカ
ルシウムイオンと亜鉛イオンがどのように関わっているかを，イオンと1:1で強固
に結合するカルシウムイオン吸収剤と亜鉛イオン吸収剤を用いて調べるというのが本
題のテーマである。

　実験AとCで，受精時に細胞質基質のカルシウムイオン濃度が上昇した卵は減数分
裂を再開して，つまり細胞分裂して第二極体を放出するが，カルシウムイオン吸収剤
によってカルシウムイオン濃度が低く保たれた卵は細胞分裂しないことから，カルシ
ウムイオン濃度の上昇は細胞分裂を引き起こすことに関わる要因の1つであると考え

第4章　生殖と発生　　91

られる。

　これに対して実験Bで，未受精卵から亜鉛イオン吸収剤によって亜鉛イオンを吸収すると，受精していないのに細胞分裂することから，亜鉛イオンの存在は受精するまで減数分裂を停止させておくことに関わる要因の1つであると考えられる。

問1　減数第二分裂中期の段階で存在するのは第一極体である。

問2　亜鉛イオンの吸収が細胞分裂を誘導したのであり，亜鉛イオン吸収剤の他の予期しない効果が原因ではないことを示すには，未受精卵の中を亜鉛イオン吸収剤は存在するが，亜鉛イオンが吸収されていない状態にすると細胞分裂しない（エ）ことを示せばよい。従って，亜鉛イオン（ア）吸収剤と亜鉛イオン（イ）を1：1で混ぜたものを未受精卵（ウ）に注入すればよい。

問3　「亜鉛イオンが吸収されると未受精卵内のカルシウムイオン濃度が上昇し，その結果細胞分裂する」という仮説1を，実際にカルシウムイオン濃度を測定することなく，検証しなければならない。もしこの仮説が正しいのであれば，未受精卵内の亜鉛イオンを吸収することで濃度が上昇したカルシウムイオンをカルシウムイオン吸収剤で吸収すれば細胞分裂は起こらなくなるはずである。従って，下のPointの①に示すような本実験と対照実験を組んで，②に示すような結果が得られれば仮説1は正しいと考えられる。しかし，対照実験でも−になれば，カルシウムイオン濃度が上昇しなかったか，あるいはカルシウムイオン濃度の上昇が細胞分裂に直結しないということになり，いずれにしても仮説1は誤りであるということになる。なお，カルシウムイオン吸収剤そのものは無影響であることも示すために，問2の対照実験の組み方にならう必要がある。

問4　あり得ない前提の上に立っているのでこの問4そのものに殆ど意味はないが，出題者は受験生に次のような内容を理解して欲しかったのである。

　問3の検証実験の結果は本実験と対照実験がともに−であり，実際に測定してもカルシウムイオン濃度は上昇していなかった。そこで新たに立てられたのが仮説2

である。真偽のほどは別として，この**仮説2**によれば，**実験B**では未受精卵内の亜鉛イオンが吸収されたために，タンパク質Xが細胞分裂を阻害できなくなって細胞分裂が起こったと矛盾することなく説明できる。さらに実際の受精時についても，次のように矛盾することなく説明できる。

〈1〉 受精するまでは，タンパク質Xが亜鉛イオンと結合して減数分裂の再開を阻害している。

〈2〉 精子の侵入が刺激となり，（小胞体が放出した）大量のカルシウムイオンの働きによってタンパク質Xを分解する酵素の活性が高まる。

〈3〉 分解酵素がタンパク質Xを分解することで細胞分裂の抑制が解かれ，減数分裂が再開される。

　最後に，本問の解説をしておく。もしも排卵されたとすれば，タンパク質Xがないので細胞分裂が起こり，第二極体が放出されると考えられる。

第4章　生殖と発生　　93

| 標問 | 33 | 被子植物の受粉 |

答

問1　記号：C

理由：細胞壁や細胞膜の成分を含む小胞が細胞膜と融合できないので，花粉管は伸長しない。しかし，小胞が輸送され続けるので，細胞壁のない先端部だけが小胞の蓄積によって膨らむ（と考えられる）。
〈81字(87字)〉

問2　記号：G

理由：翻訳を阻害した場合は，花粉管の伸長に用いることができるのは予め花粉に蓄積されていたタンパク質だけである。しかし，転写を阻害した場合は蓄積されていたmRNAから翻訳されたタンパク質も用いることができ，何も阻害しない場合はさらに新たに始まる転写と翻訳によって生じるタンパク質まで用いることができる（と考えられる）。〈147字(153字)〉

問3　個体Ⅰ：まんべんなく塗布した個体Ⅰの花粉タンパク質が個体Ⅰの柱頭表面の全細胞に作用するので，個体Ⅱの花粉がどこに付着しても水分が供給されず，花粉は発芽・伸長しない（と考えられる）。
〈78字(84字)〉

個体Ⅱ：塗布した個体Ⅰの花粉タンパク質は個体Ⅱの柱頭表面の細胞に作用しないが，個体Ⅱの花粉タンパク質が作用するので花粉へ水分が供給されず，花粉は発芽・伸長しない（と考えられる）。
〈77字(83字)〉

個体Ⅲ：塗布した個体Ⅰの花粉タンパク質も個体Ⅱの花粉タンパク質も個体Ⅲの柱頭表面の細胞に作用しないので，個体Ⅱの花粉へ水分が供給され，花粉は発芽・伸長する（と考えられる）。
〈74字(80字)〉

精講　本題のテーマ

■花粉管の形の維持と伸長のしくみ

　先端を除いて存在する細胞壁によって，花粉管の細長い形が維持されている。そして，細胞壁や細胞膜の成分を含む小胞が花粉管内を先端部に輸送されて細胞膜と融合し，これによって供給される成分を用いて花粉管が先端方向に伸長する（問題文図1）。

■自家不和合性

　自己の花粉が柱頭に付着しても花粉の発芽や伸長に問題が生じて受精に至らないことを自家不和合といい，そのような性質を自家不和合性という。

　近交弱勢を回避し，種の遺伝的多様性を維持するのに役立つと考えられており，多くの植物種にみられる。

標問 33 の解説

問1 長さに関しては，先端部に輸送されてくる小胞には細胞壁や細胞膜の成分が含まれているが，加えられた阻害剤によって小胞が細胞膜に融合できない。このため，細胞壁や細胞膜の成分が先端部に供給されず，**花粉管は伸長しない**。そして形に関しては，先端部に向けて輸送され続ける小胞が**どこに蓄積するか**がポイントとなるが，問題主文 4 ～ 6 行目に「先端部を除いて細胞壁があり，それによって花粉管の細長い形が維持されている」とあることに注意する。細胞壁がある部分はその細長い形が維持されるので，膨らむとすれば**細胞壁がない先端部のみ**である。よって，Cのようになると考えられる。

問2 mRNA もタンパク質を合成するためのものなので，結局，花粉管がどれだけ伸長するかはどれだけタンパク質を利用できるかによって決まると考えられる。

> **Point** 花粉管が伸びる長さ ∝ 利用できるタンパク質の量

そこで，利用できるタンパク質を整理してみると，次の 3 種類に分けられる。
① 花粉の中に予め蓄積されているタンパク質
② 花粉の中に予め蓄積されている mRNA から合成されるタンパク質
③ 伸長開始後に始まる新たな転写と翻訳によって合成されるタンパク質

次に，3 つの条件によって利用できるタンパク質と予想される一定時間後の花粉管の長さをまとめると，以下のようになる。

よって，Gのようになると考えられる。

問3 通常の受粉では複数の花粉が付着するので，柱頭は自己の花粉に対しては水分の供給を絶たなければならないが，自己ではない花粉に対しては水分を供給しなければならない。このため，「花粉表面のタンパク質が自己の柱頭表面の細胞に作用すると，その細胞部分からの水分の供給は絶たれるが，他の細胞部分からの水分の供給は絶たれない」と考えられる。

> **Point** 本題での自家不和合のしくみ
>
> 花粉表面のタンパク質が自己の柱頭表面の細胞に作用
>
>
>
> その細胞部分からの水分の供給が絶たれるが，
> 他の細胞部分からの水分の供給は絶たれない。

個体Ⅰ：塗布された花粉タンパク質が自己のものである。
　まんべんなく塗布された個体Ⅰの花粉タンパク質が柱頭表面のすべての細胞に作用するので，柱頭表面のすべての細胞部分からの水分の供給が絶たれる。このため，個体Ⅱの花粉が柱頭のどの部分に付着しても水分が供給されず，花粉は発芽・伸長しないと考えられる。

個体Ⅱ：付着した花粉が自己のものである。
　塗布された個体Ⅰの花粉タンパク質は個体Ⅱの柱頭表面の細胞には作用しないので，何も塗布しなかったのと同じである。しかし，付着した個体Ⅱの花粉タンパク質が自己の柱頭表面の細胞に作用するので，その部分からの水分の供給が絶たれる。このため個体Ⅱの花粉は発芽・伸長しないものと考えられる。

個体Ⅲ：塗布された花粉タンパク質も付着した花粉も自己のものではない。
　塗布された個体Ⅰの花粉タンパク質だけではなく，付着した個体Ⅱの花粉タンパク質も個体Ⅲの柱頭表面の細胞には作用しないので，個体Ⅱの花粉へ水分が供給される。このため個体Ⅱの花粉は発芽・伸長するものと考えられる。

標問 34 被子植物の受精

答
問1 ア-柱頭 イ-助細胞 ウ-反足細胞 エ-精細胞
オ-重複受精
問2 (1) 花粉の発芽(のしくみ)
(2) 柱頭に存在する何らかの物質が花粉の発芽を促進する。(25字)
(3) 柱頭との物理的な接触が花粉の発芽を促進する。(22字)
問3 柱頭の抽出液を含む寒天培地と含まない寒天培地のそれぞれで花粉を培養する。そして，培養開始から花粉管を伸ばすまでの時間が，前者がめしべに受粉した花粉と同じになり，後者が実験1の花粉と同じになるという結果が得られればよい。(109字)
問4 花粉管を胚のうに誘導するのは助細胞が分泌する誘引物質である。(30字)
問5 助細胞は種特異的な誘引物質を分泌することで，同種の花粉管のみを胚のうへ誘導する。(40字)
問6 胚のうが同種の花粉とのみ交配するようにして，次世代以降に残す子孫の数を増やす。(39字)

精講 重要事項の整理

■被子植物の重複受精

〔被子植物の重複受精〕

標問 34 の解説

問1 精講の被子植物の重複受精を参照。
問2 (1) 観察された違いが「花粉管を伸ばすまで，つまり発芽するまでの時間の長短」なので，実験1が問題主文の7行目に示されている「花粉の発芽のしくみ」について調べるためのものであるとわかる。

第4章 生殖と発生 97

(2), (3) 実験1の最後の但し書きに「めしべから取り出しても胚のうの機能は正常に保たれる」とあるので，めしべに受粉した通常の花粉と実験1の花粉の唯一の条件の違いは柱頭への付着の有無ということになる。従って，通常の花粉の発芽までの時間が短いのは柱頭に付着するせいであることが明らかであり，(2)柱頭に存在する何らかの物質が花粉の発芽を促進する可能性が高いと推定できるが，(3)柱頭との物理的な接触が花粉の発芽を促進する可能性も残る。

問3 (2)を支持し，(3)を否定するには，柱頭が存在しない寒天培地を用いて，柱頭の抽出物の有無のみが異なる2つの条件に花粉を置き，花粉の発芽までの時間が柱頭の抽出物がある条件ではめしべに受粉する通常の花粉と同じになり，ない条件では実験1の花粉と同じになることを示せばよい。

問4 実験2で，卵細胞の両脇にある助細胞が2つとも破壊された場合にのみ花粉管が胚のうに誘導されなくなることから，花粉管を胚のうに誘導するのは助細胞であるとわかる。さらに，離れた場所にある花粉管を誘導することから，助細胞が誘引物質を分泌していると推定される。

問5 実験3で，トレニアの花粉管と植物Xの花粉管はともに同種の胚のうにのみ誘引されることから，助細胞が分泌する誘引物質は種特異的なものであると推定される。「実験3の結果が得られたしくみについて」とあるので，解答の書き方には十分注意するように。

なお，助細胞が分泌する花粉管誘引物質であるタンパク質は2009年に同定され，「ルアー」と名付けられている。

問6　花粉は他種のめしべの柱頭についてしまうことも多いので，他種の胚のうと交配する可能性を完全に排除するシステムを作ることは不可能である。しかし胚のうの場合は，助細胞が種特異的な誘引物質を分泌し，同種の花粉管のみを胚のうに誘導することによって確実に同種の花粉とのみ交配させるシステムを作ることができる。被子植物はこのシステムを備えることで，他種の精細胞が胚のうに侵入して受精不能になったり，不稔性の雑種ができたりすることを防ぎ，より多くの子孫を次世代以降に残せるようになったと考えられる。

> **Point**　柱頭が**発芽促進物質**によって花粉の発芽を促進し，
> **助細胞**が**誘引物質**（**ルアー**）によって花粉管を胚のうに誘導する。

第4章　生殖と発生　99

| 標問 | **35** | 母性因子と形態形成⑴ |

答

問1　②

問2　タンパク質Pは濃度勾配を作って頭部形成と胸部形成のための位置
情報を与え，相対濃度が6〜の領域に頭部を，1〜6の領域に胸部を形
成させるという形で関与する(と考えられる)。〈76字(82字)〉
〔別解〕　タンパク質Pは濃度勾配を作って，相対濃度6と1を境目にし
て頭部形成と胸部形成のための位置情報を与えるという形で，胚の前後
軸パターン形成に関与する(と考えられる)。〈73字(76字)〉

問3　①，③，④

問4　頭部と胸部が形成されるべき前方と中央部において腹部形成を抑制
する(と推測される)。〈33字(36字)〉

問5　タンパク質Rは頭部と胸部が形成されるべき前方と中央部において
腹部形成を抑制する役割を果たし，タンパク質Qは腹部が形成されるべ
き後方において，RのmRNAの翻訳を阻害することにより，腹部形成
が抑制されないようにする役割を果たしている(と推測される)。
〈116字(122字)〉

精講 重要事項の整理

■母性因子(母性効果因子)

卵形成の過程で蓄積され，初期発生に重要な役割を果たすmRNAやタンパク質を
母性因子もしくは**母性効果因子**といい，その遺伝子を**母性効果遺伝子**という。本題で
は遺伝子P(ビコイド遺伝子)や遺伝子Q(ナノス遺伝子)などが母性効果遺伝子，こ
れらのmRNAやタンパク質が母性因子で，タンパク質は他の遺伝子の転写や翻訳を
促進したり抑制したりする働きをもつ。なお，母性効果遺伝子のmRNAも母性効果
遺伝子といい，タンパク質のみを母性因子という場合も多い。

■位置情報

細胞集合体の中で**細胞が占める空間的位置を示す情報を位置情報**といい，細胞はこ
の情報を基に細胞分化を行う。位置情報を担う形態形成因子は濃度勾配を作り，その
濃度によって細胞に位置情報を与える。本題ではタンパク質P(ビコイドタンパク質)
やタンパク質Q(ナノスタンパク質)などが濃度勾配を作る形態形成因子である。

標問 35 の 解説

問1　次の手順で考えるとよい。

〈1〉　本実験にあたる図1(a)の正常胚と対照実験にあたる(b)の異常胚との唯一の条
件の違いはタンパク質Pの有無である。

〈2〉 頭部と胸部については，タンパク質Pありの図1(a)では形成されるのに，なしの(b)では形成されないことから，頭部と胸部が形成されるのはタンパク質Pのせいであることが明らかで，タンパク質Pは頭部と胸部の形成を促進すると考えられる。 ∴ ①＝×，②＝○，④＝×

〈3〉 腹部については，タンパク質Pの有無にかかわらず図1(a)と(b)で形成されることから，タンパク質Pは腹部形成には無関係なことが明らかである。
∴ ③＝×

問2 図1の(a)と(c)ではともに，タンパク質Pの相対濃度6が頭部形成と胸部形成の境目で，相対濃度1が胸部形成と腹部形成の境目になることがわかる。このことから，タンパク質Pは自らが作り出す濃度勾配によって頭部形成と胸部形成のための位置情報を与えるという形で，胚の前後軸パターン形成に関与すると考えられる。なお，6以上と書くべきか6より上と書くべきか判断できないので解答例では6〜のように示したが，別解のように相対濃度6と1が境目になるという示し方でもよいだろう。

問3 次の手順で考えるとよい。
〈1〉 タンパク質Rがタンパク質Qを分解するのであれば，もともとタンパク質Qが合成されない前方と中央部でタンパク質Rが合成されて存在することの説明がつかず，タンパク質Qが多く存在する後方でタンパク質Rが存在しないことの説明もつかない。 ∴ ①＝×

〈2〉 タンパク質QがmRNAから翻訳されて生じるのは受精後であり，RのmRNAは受精時には既に蓄積されている。従って，タンパク質QがRの転写を制御することは不可能である。 ∴ ③＆④＝×

〈3〉 残る②が○で，タンパク質QがRの翻訳を阻害するのであれば，図2の(a)と(b)に示された結果を矛盾なく説明できる。

問4 下線部(エ)に本来は存在しないタンパク質Rを胚の後方で人為的に増やすと腹部形成できなくなるとあるので，タンパク質Rは腹部形成を阻害すると考えられる。そして，正常胚においてタンパク質Rが存在するのは頭部と胸部が形成されるべき前方と中央部である。これらのことから，頭部と胸部が形成されるべき前方と中央部において腹部形成を抑制するのがタンパク質Rの機能であると推測される。

問5 タンパク質Rの機能は腹部形成を阻害すること(問4)なので，腹部が形成されるべき後方でこのタンパク質Rが機能すると，腹部を形成できなくなる。このため，後方ではタンパク質Rに機能させないようにする必要があり，この役割を果たすのがRのmRNAの翻訳を阻害する(問3)タンパク質Qであると考えられる。つまり，前後軸パターン形成において，タンパク質Rは頭部と胸部が形成されるべき前方と中央部の領域で腹部形成を抑制するという役割を果たしており，タンパク質Qは腹部が形成されるべき後方で，RのmRNAの翻訳を阻害することにより，腹部形成が抑制されないようにするという役割を果たしていると推測される。

第4章 生殖と発生 101

標問 36 母性因子と形態形成(2)

答
問1　形成体(オーガナイザー，シュペーマンオーガナイザー)
問2　第一卵割の卵割面が灰色三日月環を通る場合と通らない場合があるために引き起こされ，灰色三日月環を含む割球は正常発生するが，含まない割球はただの細胞塊となる。(77字)
問3　A RNAを注入した腹側に二次胚を誘導する形成体が形成されたことから，Aタンパク質はある遺伝子を特異的に発現させて形成体を形成させる働きをもつ(と考えられる)。〈71字(77字)〉
問4　①
問5　背側化因子は「Aタンパク質の働きを阻害するというBタンパク質の働き」を阻害することで，結果としてAタンパク質が形成体である原口背唇部を形成できるようにする(と考えられる)。
〈78字(84字)〉

精講　重要事項の整理

■表層回転と灰色三日月環

　カエルの未受精卵は，動物極側には黒い色素が多く，植物極側には黒い色素が少ないが，動物極と植物極を通る軸に沿って回転相称である。受精の際，精子は動物半球から侵入するが，精子によって持ち込まれた中心体の働きによって，卵の表層全体が内側の細胞質に対して約30度回転する。この表層回転によって，精子侵入点の反対側の赤道部に周囲と色の濃さが異なる三日月状の領域，つまり灰色三日月環が生じる。その際，植物極付近に局在する母性因子のディシェベルドタンパク質(背側化因子)が灰色三日月環の領域に移動し，この母性因子の働きによってさまざまな調節遺伝子が発現するようになることで背腹軸が決定されると考えられている。このように，精子の侵入によって，胚は回転相称から左右相称となる(本題の図1)。

■イモリ胚の分離実験

　イモリの受精卵が行う第1卵割では，卵割面が灰色三日月環を通る場合と通らない場合がある。2細胞期に細い髪の毛でくくって2つの割球を分離すると，前者の場合はそれぞれの割球から完全な個体が生じる(右図(a))が，後者の場合は灰色三

日月環を含む割球からのみ完全な個体が生じる(b)。このことから，灰色三日月環には正常発生に不可欠な母性因子(実際にはディシェベルドタンパク質)が局在すると考えられる。

標問 36 の解説

問2　精講のイモリ胚の分離実験を参照。

問3　問3そのものの解説に入る前に，図1と問題主文6〜16行目に示された内容を次の **Point** にまとめておく。

Point

灰色三日月環の周辺領域 ← 図1＆問2

〈ⅰ〉　表層回転によって背側化因子が移動した領域で

〈ⅱ〉　この因子が及ぼす影響については？

〈ⅲ〉　Aタンパク質が偏って機能する領域も？

〈ⅳ〉　ある遺伝子の特異的な発現 ──→ 形成体の形成

灰色三日月環の周辺領域に形成される原口背唇部

　Point の〈ⅲ〉＆〈ⅳ〉を扱った問3については以下の通り。

　下線部③から「Aタンパク質が働くところに二次胚を誘導する形成体が形成される」とわかり，問題主文12〜17行目から「偏在する領域でAタンパク質が機能すると，ある遺伝子の特異的な発現が起こって形成体が形成される」と示されている。これらのことから，Aタンパク質はある遺伝子を特異的に発現させて形成体を形成させる働きをもつと考えられる。

問4　次の手順で考えるとよい。

〈1〉　実験(図2)では，A RNAを腹側に注入すると二次胚が形成され，B RNAを背側に注入すると背側構造が小さくなった。

〈2〉　頭部肥大については実験で扱っていないので③，④は×で，背側構造が小さくなるのはB RNAを背側に注入した場合なので⑤，⑥も×である。よって，A RNAを腹側に注入して二次胚の形成について調べる①もしくは②が〇とわかる。

〈3〉　問題 p.75の4〜6行目から「Bタンパク質が二次胚を形成させるAタンパク質の働きを阻害する」とわかるので，加えるB RNAの量を増やすと二次胚が形成されにくくなると考えられる。　∴　①＝〇，②＝×

問5　**Point** 全体の内容を明らかにする本問については，次の手順で考えるとよい。

〈1〉　問3で示したようにAタンパク質が働くところに形成体が形成され，図1からわかるように背側化因子が存在する領域に形成体が形成される。これらのことから，背側化因子の存在する領域にAタンパク質の働きが偏在する(**Point** の〈ⅲ〉)と考えられる。

〈2〉　背側化因子が存在する領域にも存在するBタンパク質はAタンパク質の働き

第4章　生殖と発生　　103

を阻害する（**問4〈3〉**）が，Aタンパク質はBタンパク質の働きには無影響である（問題 p. 75 の 6 行目）。

〈3〉 〈1〉&〈2〉から，背側化因子はBタンパク質の働きを阻害する（**Point** の〈ⅱ〉）ことで，結果的に，Aタンパク質の働きを保護していると考えられる。

　　最後に本題の解説のまとめとして，次の **Point** を示しておく。

Point　**母性因子によるカエルの背腹軸の決定**

〈ⅰ〉　背側化因子が表層回転によって移動した灰色三日月環周辺領域で，

〈ⅱ〉　この因子が「Aタンパク質の働きを阻害するというBタンパク質の働き」を阻害する。

〈ⅲ〉　この領域でのみ保護されたAタンパク質の働きによって

〈ⅳ〉　ある遺伝子が特異的に発現し，形成体（原口背唇部）が形成される。

| 標問 | **37** | **両生類の中胚葉誘導** |

答

問1　実験1～3で, 部分Aを部分Bと共培養した場合にのみ筋肉細胞が分化したことから, 共培養そのものではなく, 部分Bからの働きかけによって部分Aに筋肉細胞が分化すると考えられる。そして実験4で, フィルターによって両細胞塊が直接接触しないようにしても筋肉細胞が出現したことから, 接触そのものではなく, 部分Bから分泌される$0.1\mu m$未満の拡散性の誘導物質による働きかけによって部分Aに筋肉細胞が誘導されると考えられる。(200字)

問2　部分Bの細胞数が減少すると分泌される誘導物質の量も減少するので, 部分Aの中で筋肉細胞に分化するのに必要な濃度の誘導物質を受容する細胞数が減少する。(73字)

問3　胞胚の部分Aは発生運命が未決定であるために, 部分Bからの誘導にすべての細胞が反応できる。これに対して, 原腸胚の部分Aは外胚葉性組織に分化することが次第に決定しつつあるために, 部分Bからの誘導に反応できなくなっている細胞もある。(113字)

精講 重要事項の整理

■形成体と誘導

　胚のある領域(胚域)が隣接する他の領域に働きかけて分化の方向を決めることを**誘導**といい, このような誘導能をもつ胚域を**形成体(オーガナイザー)**という。

■中胚葉誘導

　両生類の発生過程における最初の誘導が, 胞胚期にみられる**中胚葉誘導**である。植物極側に局在している母性因子の働きによって植物極側の細胞の細胞質で中胚葉を誘導する物質(分泌タンパク質)がつくられ, 細胞外に放出されて細胞間を移動し, 帯域(赤道面付近の胚域)の細胞の受容体に結合する。その結果, その細胞内で新たな遺伝子発現が起こって中胚葉細胞に分化すると考えられている。

　なお, この誘導物質としてはノーダル遺伝子の産物である**ノーダルタンパク質**が有力視されている。

標問37の 解説

問1　メキシコサンショウウオの胞胚を用いて行われたニューコープの実験(1969年)と同様の実験が, アフリカツメガエルの胞胚を用いて行われている。次の手順で解析するとよい。

〈1〉　**実験1と実験2との唯一の条件の違いは共培養の有無であるが, ともにアニマルキャップ(部分A)が外胚葉性組織に分化し, 筋肉細胞が出現しない**という

第4章　生殖と発生　　105

同じ結果になったことから，共培養そのものは部分Aの分化に対して無影響であることが明らかである。

〈2〉　共培養そのものは無影響と既にわかっているので，実験2と実験3との唯一の条件の違いは部分Bの有無である。部分Bが無しだと部分Aがすべて外胚葉性組織に分化したのに，有りだと部分Bとの接触面近くが筋肉細胞に分化したことから，筋肉細胞が分化したのは接触させた部分Bのせいであることが明らかで，部分Bが未分化な部分Aの細胞に働きかけて筋肉細胞を誘導したと考えられる。ただし，その働きかけについては，「接触そのものによる」という可能性と，「拡散性の誘導物質による」という可能性が考えられる。

〈3〉　実験3と実験4との唯一の条件の違いは，部分Aと部分Bの直接の接触の有無であるが，ともに筋肉細胞が出現するという同じ結果になったことから，接触そのものは無影響であることが明らかである。そして，用いたフィルターには直径 $0.1\mu m$ の穴が多数開いていることから，部分Bから分泌される $0.1\mu m$ 未満の微小物質が拡散性の誘導物質として部分Aの細胞に働きかけて筋肉細胞に分化させたと考えられる。

問2　問1で示したように，筋肉細胞の分化は部分Bから分泌される誘導物質によると考えられるが，これについても誘導物質の「有無のみが関係する」という可能性と，誘導物質の「濃度も関係する」という可能性が考えられる。これを明らかにするために行われたのが，本問に示された実験である。もし誘導物質の有無のみが関係するのであれば，誘導物質を分泌する部分Bの細胞数を減少させても，接触面積は同じままなので，生じる筋肉細胞数も同じままのはずである。しかし，実際には減少したので，筋肉細胞の分化には誘導物質の有無のみが関係するのではなく，誘導物質がある範囲の濃度に達することが必要であると考えられる。

　　　従って，部分Bの細胞数が減少すると分泌される誘導物質の量も減少するので，必要な濃度の誘導物質を受容する部分Aの細胞数も減少したと考えられる。

問3　部分Aの細胞の発生運命が未決定だと，部分Bからの誘導物質に反応して予定を変更し，筋肉細胞に分化できる。しかし発生運命が既決定だと，部分Bからの誘導物質に反応して予定を変更することができず，外胚葉性組織に分化する。従って，胞胚の部分Aの発生運命は未決定であるが，筋肉細胞に分化した細胞の数が少ない原腸胚の部分Aは外胚葉性組織に分化するという発生運命が次第に決定しつつあると考えられる。

Point	アニマルキャップ	予定変更	発生運命
	胞　胚　期 ………	可能 ——→	未決定
	原腸胚期 ………	両方 ——→	決定中
	（神経胚期 ………	不能 ——→	既決定 ）

標問 38 色素細胞の分化

答
問1 (1) 脊索 (2) 原口背唇部(原口背唇)が陥入により胚内に移動して予定外胚葉を裏打ちし、著しく伸長することで形成される。〈45字(44字)〉 (3) 神経を誘導し、体を支持する。(14字)
問2 水晶体(レンズ) 問3 ④
問4 (1) 矛盾する
(2) 茶色ニワトリでは色素細胞に分化する前駆細胞が神経管領域から分離して、側方に移動するとともに色素細胞に分化した。白色ニワトリが白色である原因は、色素細胞の側方への移動能力に欠陥があったためではなく、色素細胞自身の色素合成能力に欠陥があったためである。(124字) 〔別解〕 茶色ニワトリでは色素細胞に分化する前駆細胞が神経管領域から分離して、側方に移動するとともに色素細胞に分化した。白色ニワトリが白色である原因は、色素細胞自身の色素合成能力に欠陥があったためではなく、色素細胞の側方への移動能力に欠陥があったためである。(124字)
問5 オスマウスの始原生殖細胞とメスマウスの始原生殖細胞がともに白系統のマウスの細胞に由来していた。(47字)

精講 重要事項の整理

■キメラマウス
2つ以上の異なる遺伝子型の細胞、あるいは異なる種の細胞から作られた生物を**キメラ**という(問題の図1)。キメラ動物を作ることによって、発生過程における遺伝子の働き方やヒトの遺伝的疾患の発現のしかたなどを調べることができる。

■神経堤細胞
脊椎動物の神経管の背部(神経管と表皮外胚葉の境界部=**神経堤**)からつくられて遊走し、色素細胞や末梢神経細胞、副腎髄質、顔面の骨などに分化する一群の細胞を**神経堤細胞(神経冠細胞)**という。色素細胞に分化する場合、分裂を繰り返しながら表皮に沿って全身に遊走し、1本1本の毛や羽毛の付け根にある毛母細胞の間に入り込んで、メラニン色素を合成する。

〔発生中の胚の背部〕

標問 38 の解説

問1 胞胚期に誘導された中胚葉の背側領域は原腸胚初期には原口背唇部となり、や

がて陥入によって胚内に移動して予定外胚葉を裏打ちする。自身は脊索や体節などの中胚葉組織に分化するが，そのうちの脊索は予定外胚葉から神経を誘導して前後軸と背腹軸を備えた胚軸構造を形成し，体の中軸支持器官として機能する。

問2　神経誘導によって生じた神経管の前方部分は脊索からの誘導によって脳に分化する。やがて脳の一部の両側が膨らんで眼胞となり，その先端がくぼんで杯状の眼杯となる。この眼胞・眼杯が次の段階の形成体として接する表皮から水晶体（レンズ）を誘導する。そして誘導された水晶体が，さらに次の段階の形成体として接する表皮から角膜を誘導する。先の形成体として働いた眼杯自身は網膜に分化する。このように誘導が連続的に起こることを誘導の連鎖という。

問3　マウスやニワトリの胚細胞の大きさを学習することはまずないので，ヒトの細胞がおおよそ6～25μm（赤血球は8μm）であり，マウスの細胞もヒトの細胞と同じぐらいであろうと見当をつければよい。

問4　(1)　ウズラ胚の神経管領域を移植片として行われた実験2と同様の実験の結果，色素細胞がすべて移植片由来であることが判明した。これは「色素細胞が宿主に由来する」という実験2の結果から立てられた仮説と明らかに矛盾する。

(2)　左右に帯状に広がる色素をもった領域の色素細胞がすべて移植された神経管領域の細胞に由来することから，神経管領域から色素細胞に分化する前駆細胞が分離し，側方に移動するとともに色素細胞に分化した可能性が考えられる。そして，白色ニワトリが白色である原因については，側方への移動には問題はなかったが分化した色素細胞自身の色素合成能力に問題があったという可能性や，分化した色素細胞自身の色素合成能力に問題はなかったが，側方への移動に問題があったという可能性が考えられる。

　　なお，実験2やそれと同様の実験の結果から立てる仮説には「神経堤細胞」という用語は用いることができないので「色素細胞に分化する前駆細胞」と示したが，これを「未分化な色素細胞」のように示してもよい。

問5　オスマウスとメスマウスの始原生殖細胞がともに白色の劣性遺伝子をホモにもつ白色の細胞に由来していれば，オスマウスがつくるすべての精子とメスマウスがつくるすべての卵が白色の劣性遺伝子をもつことになり，生まれてきた子マウスのすべてが劣性形質の白色になる。

標 問	**39**	花器官の形成と ABC モデル

答

問1　DNA から mRNA の過程：転写
　　　mRNA からタンパク質の過程：翻訳　　原則：セントラルドグマ

問2　トリプトファンのコドン UGG の G が A に置換されると，UAG・
　　　UGA・UAA のいずれかの終止コドンになる。このため，翻訳が途中で
　　　終了し，遺伝子産物であるタンパク質の機能が欠損したり低下したりす
　　　ることが多い。(102字)

問3　3種類の終止暗号を除く61種類の遺伝暗号で20種類のアミノ酸を指
　　　定するので，2〜6種類の同義暗号をもつアミノ酸がほとんどである。
　　　(62字)　※暗号をコドンとしてもよい。

問4　ア－ホメオティック　イ－葉　　問5　②

問6　調節遺伝子A－領域1と2　　調節遺伝子B－領域4
　　　調節遺伝子C－領域3と4

問7　領域1－花弁　領域2－花弁　領域3－おしべ　領域4－おしべ
　　　調節遺伝子Aの機能を欠損させ，調節遺伝子Cの機能がすべての領域で
　　　現れるようにした。(41字)

標問 39 の解説

問2　開始コドンが AUG※であることは当然として，終止コドンが UAA・UAG・
UGA の3種類であることも知っておくべきである。トリプトファンのコドン UGG
の第2塩基が A に置換されると UAG に，第3塩基が A に置換されると UGA に，
そして第2塩基と第3塩基が A に置換されると UAA になって，いずれの場合も翻
訳が途中で終了する。このため，遺伝子産物であるタンパク質の活性部位が失われ
るなどして，機能が欠失したり低下したりする確率が高い。
　　※原核生物ではまれに GUG なども開始コドンとなるが，その場合もバリン(Val)ではなく
　　　メチオニン(Met)を指定する。

問3　問題文にもあるように，タンパク質をコードする DNA の塩基配列に変化が生
じても，その部分のアミノ酸が同じままで，アミノ酸配列が全く変化しない場合が
あるのと同じ理由である。
　　遺伝暗号は3つの塩基の組合せなので $4^3 = 64$ 種類ある。しかし，そのうちの3
種類が終止暗号なので，61種類の遺伝暗号で20種類のアミノ酸を指定することにな
り，メチオニン(Met)とトリプトファン(Trp)以外の18種類のアミノ酸が2〜6種
類の同義暗号をもっている。このため，1つのアミノ酸配列に対して，それをコー
ドしている可能性がある塩基配列は非常に数多いものとなる。

問4　問題主文にもあるように，多細胞生物の形態形成において，本来特定の部位に
形成されるはずの器官が作られず，そこに別の部位に形成されるはずの器官が作ら
れる突然変異をホメオティック(ア)突然変異といい，原因となる遺伝子をホメオ

第4章　生殖と発生　　109

ティック遺伝子という。ショウジョウバエの形態形成では，ホメオティック遺伝子の1つであるウルトラバイソラックス遺伝子に突然変異が起こると，胸の第3体節が第2体節に置き換わり，4枚の翅をもつようになるホメオーシス(相同異質形成)が起こることや，アンテナペディア遺伝子に突然変異が起こると触角の生えるべき位置に脚が生えるホメオーシスが起こることなどが良く知られている。

花器官は葉(イ)が進化して特殊化したものと考えられているが，この(イ)については地上の茎に生じる器官が葉と花であることから考えればよい。

問5　次の手順で考えるとよい。
〈1〉　表1の領域1を見ると，調節遺伝子Aが機能しないとがくは形成されず，Bが機能しなくてもCが機能しなくてもがくが形成されるので，1におけるがくの形成はA単独の機能によるとわかる。同様に，4におけるめしべの形成はC単独の機能によるとわかる。
〈2〉　領域2を見ると，調節遺伝子Cが機能しなくても花弁が形成されるが，Aが機能しなくてもBが機能しなくても花弁が形成されないので，2における花弁の形成はAとB共同の機能によるとわかる。同様に，3におけるおしべの形成はBとC共同の機能によるとわかる。
〈3〉　〈1〉・〈2〉より，領域1～4における花器官の形成と調節遺伝子A～Cの機能との関係をまとめると，次の**Point**のようになる。

① 領域2では調節遺伝子AとBが共同して機能している。　∴　×
② すべての領域で調節遺伝子AとCが共同して機能することがないので，AとCが拮抗(競争)的に機能すると考えると，Aが機能しないとCの機能がすべての領域に及び，1にはめしべが形成され，2にはおしべが形成されることになるので，表1の結果と矛盾しない。　∴　○

〔調節遺伝子Aの欠損〕

③ ①に同じ。　∴　×
④ 調節遺伝子AはBと共同して花弁を形成させるし，②で示したように，AはC

と拮抗的に機能する。∴ ×
　⑤　調節遺伝子Aがなくても，BはCと共同しておしべを形成させる。∴ ×
問6　ラカンドニアの場合の，領域1〜4における花器官の形成と調節遺伝子A〜C
　　の機能との関係は以下のようになる。

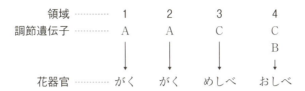

問7　シロイヌナズナで，調節遺伝子Bをすべての領域で強制的に発現させると以下
　　のようになる。

```
領域 ………… 1      2      3      4
調節遺伝子 …… A      A      C      C
              B      B      B      B
              ↓      ↓      ↓      ↓
花器官 ……… 花弁   花弁   おしべ  おしべ
```

　Bをすべての領域で強制的に発現させた上で，すべての領域におしべが形成され
たとする場合は下のようになるので，調節遺伝子Aの機能を欠損させることで，C
の機能がすべての領域に及ぶように変化させたことになる。

```
領域 ………… 1      2      3      4
調節遺伝子 …… C      C      C      C
              B      B      B      B
              ↓      ↓      ↓      ↓
花器官 ……… おしべ おしべ おしべ おしべ
```

精講　重要事項の整理

■ホメオティック突然変異とホメオティック遺伝子

　多細胞生物の形態形成において，特定の部分に形成されるはずの器官が別の部分に形成されるはずの器官に置換される突然変異を**ホメオティック突然変異**といい，その原因となる遺伝子を**ホメオティック遺伝子**という。また，下線部の現象そのものは**ホメオーシス(相同異質形成)**という。

■ABCモデル

　植物の花器官の形成をA・B・Cという3つの調節遺伝子の発現の組合せから説明するモデルで，これら3つの調節遺伝子はホメオティック遺伝子でもある。
　調節遺伝子Aが単独で機能する領域にはがくが，調節遺伝子AとBが機能する領域

には花弁が，調節遺伝子BとCが機能する領域にはおしべが，そして調節遺伝子Cが単独で機能する領域にはめしべが形成される。これら3つの調節遺伝子のいずれもが機能しないと葉が形成される。また，調節遺伝子AとCは拮抗（競争）的に機能するので，片方の遺伝子の機能が失われた領域には他方の調節遺伝子の機能が及ぶ。このため，例えば調節遺伝子Aを欠くと，がくの代わりにめしべが，花弁の代わりにおしべが形成される。調節遺伝子Cを欠くと，めしべの代わりにがくが，おしべの代わりに花弁が形成されて，がくと花弁が幾重にも繰り返される「八重咲き」となる。

〔調節遺伝子Cの欠損（八重咲き）〕

〔シロイヌナズナの野生型と八重咲き〕

| 標問 | **40** | 細胞の分化と多能性 |

答

問1 ア－遺伝子(DNA)　イ－RNAポリメラーゼ　ウ－転写
エ－内部細胞塊

問2 早い時期に，細胞によって含むタンパク質などの細胞質の成分が異なるようになる。(38字)
〔別解〕 初期の発生に強く影響する母性因子が受精卵の細胞質中に不均一に存在している。(37字)

問3 (1) 未受精卵の核の働きを失わせて，卵核の遺伝子が発現しないようにする。(33字)
(2) 移植した核の遺伝子によって発生が行われたことを確認する。(28字)
(3) 分化細胞の核も受精卵の核と同じ発生に必要なすべての遺伝情報を保持している。(37字)

問4 ES細胞が他人に由来するので，主要組織適合(性)抗原が移植を受ける人とは異なる確率が極めて高い。〈45字(46字)〉

問5 紫外線を照射した未受精卵に，臓器移植希望者の体細胞核を移植する。そして，この細胞を胚盤胞にまで発生させ，その内部細胞塊を取り出して培養することで，主要組織適合(性)抗原が同一のクローンES細胞を樹立する。〈100字(101字)〉

精講 重要事項の整理

■発生の進行と遺伝子発現

　多くの動物種では，遺伝子発現つまりRNAの合成(転写)は胞胚中期から始まるにもかかわらず，タンパク質合成(翻訳)は受精後ただちに始まる。これは卵形成過程で卵の細胞質にmRNA・tRNA・rRNAが蓄積されているからであり，タンパク質も蓄積されている。これらのmRNAやタンパク質(母性因子)は卵内に局在している場合が多く，この卵の細胞質の不均一性が発生に強く影響する。遺伝子発現が始まると，やがて細胞の分化が起こって胚の領域ごとに異なる形態と機能をもつ細胞が現れてくるが，この過程で「選択的遺伝子発現」(**標問31**の精講)が見られるようになる。

■多能性と全能性

　細胞や組織がさまざまな細胞・組織に分化する能力を**多能性**，細胞や組織が個体を構成するすべての種類の細胞・組織に分化する能力を**全能性(分化全能性)**という。動物において全能性をもつのは受精卵のみであり，万能細胞とも言われるES細胞やiPS細胞がもつのは，厳密には全能性ではなく，多能性である。

■幹細胞の分化能と再生医療

　組織を構成する細胞に分化する能力と分裂する能力をもつ細胞を**幹細胞**という。

第4章 生殖と発生　113

組織幹細胞（体性幹細胞）：骨髄や肝臓などのさまざまな組織に存在する幹細胞で，本来の組織に分化する単能性だけでなく，条件によっては他の組織のさまざまな細胞に分化する多能性ももつ。患者本人の細胞なので倫理的な問題も拒絶反応の問題もないが，ES 細胞や iPS 細胞に比べて多能性の幅が狭い。

ES 細胞（胚性幹細胞）：胎盤などの胚体外組織を除く，すべての種類の細胞・組織に分化する多能性をもつ。ヒトが生まれ得る胚盤胞から作成するために倫理上の問題があり，移植後に起こる拒絶反応の問題もある（問 4）。拒絶反応については，クローン ES 細胞の作成によって問題を回避できる（問 5）。

iPS 細胞（人工多能性幹細胞）：さまざまな種類の細胞・組織に分化する多能性をもつ。胚盤胞を用いずにすみ，患者本人の体細胞から作成することができるので，倫理上の問題と拒絶反応の問題を回避できるが，ウイルスベクターを用いることなどで生じるガン化のリスクを下げる必要があるなどの課題も多い。

標問 40 の 解説

問 1　ア．問 2 の問題文で「遺伝子発現」という用語を用いていることに留意する。

問 2　精講の「発生の進行と遺伝子発現」を参照。

　　第 1 卵割によって細胞質は二分されるが，ホヤやクシクラゲなどのように 2 細胞期の段階で割球に含まれる細胞質が異なるようになる卵もあれば，ウニやカエルなどのように 2 細胞期の段階では同じままの卵もある。かつては前者をモザイク卵，後者を調節卵と呼んでいたが，すべての卵が受精卵の段階では細胞質に不均一性（モザイク性）をもっているので両者の間に本質的な差異はない。

　　問題文に「ホヤなど」とあるので解答例のように示したが，カエルでも 4 細胞期，ウニでも 8 細胞期には割球（細胞）によって含まれる細胞質が異なるようになり，そのモザイク性が表に出てくるので，〔別解〕のように本質的なことを示してもよい。

問 3　(1)，(2)は「遺伝子」を「遺伝情報」としてもよい。

(1)　核移植実験では移植した分化細胞の核の遺伝情報（ゲノム）を用いて発生させる必要があるので，まず未受精卵の核の働きを失わせて，卵核の遺伝情報が発現しないようにする必要がある。このために行われるのが，紫外線の照射である。

(2)　さらに，移植核の遺伝情報を用いて発生が行われたことを確認する必要があるので，核小体の数が異なる 2 系統のカエルを用い，発生した個体の核小体の個数が未受精卵の系統ではなく分化細胞の系統の核小体の個数と同じであることを確認する。

(3)　実験結果からは，解答例として示した内容の他に「発生の過程で核の遺伝情報の中で異なった遺伝子群が選択的に発現するようになることでさまざまな形と働きをもった細胞に分化する」こともわかる。

問 4　主要組織適合（性）抗原を MHC と示してもよいが，マウスなどにはあてはまらない HLA（ヒト白血球型抗原）は不可である。

問 5　「本文を参考にして」とあるので，患者の体細胞核を移植して樹立するクローン ES 細胞（ntES 細胞（nuclear transfer ES cell））について示す。

第5章　遺　伝

標問 41 自家受精

答
問1　ア - 75　イ - 99.8

問2　$\dfrac{2^g - 2}{2^g}$　または　$1 - \dfrac{1}{2^{g-1}}$　　問3　42.2　　問4　$\dfrac{1}{40}$

精講 遺伝の基礎と自家受精

■表記法

基本的には確率表記で，遺伝子などの係数が1でも略さずに示す場合が多い。

遺伝子頻度

〔例〕　$A : a = 1 : 1 \longrightarrow \dfrac{1}{2}(A + a)$

　　　　$A : a = 4 : 1 \longrightarrow \dfrac{1}{5}(4A + 1a)$

遺伝子型頻度

〔例〕　$AA : Aa : aa = 1 : 2 : 1 \longrightarrow \dfrac{1}{4}(1AA + 2Aa + 1aa)$

　　　　$AABB : AABb : AaBB : AaBb = 1 : 2 : 2 : 4$

　　　　　　　　　　　　$\longrightarrow \dfrac{1}{9}(1AABB + 2AABb + 2AaBB + 4AaBb)$

表現型頻度

〔例〕　$〔A〕 : 〔a〕 = 3 : 1 \longrightarrow \dfrac{1}{4}(3〔A〕 + 1〔a〕)$

　　　　$〔AB〕 : 〔Ab〕 : 〔aB〕 : 〔ab〕 = 9 : 3 : 3 : 1$

　　　　　　　　　　　$\longrightarrow \dfrac{1}{16}(9〔AB〕 + 3〔Ab〕 + 3〔aB〕 + 1〔ab〕)$

■一遺伝子雑種の6型

$$
\begin{array}{llll}
 & AA : Aa : aa & & 〔A〕 : 〔a〕 \\
AA \times AA \longrightarrow & 1 : 0 : 0 \longrightarrow & 1 : 0 & \cdots ① \\
AA \times Aa \longrightarrow & 1 : 1 : 0 \longrightarrow & 1 : 0 & \cdots ② \\
AA \times aa \longrightarrow & 0 : 1 : 0 \longrightarrow & 1 : 0 & \cdots ③ \\
Aa \times Aa \longrightarrow & 1 : 2 : 1 \longrightarrow & 3 : 1 & \cdots ④ \\
Aa \times aa \longrightarrow & 0 : 1 : 1 \longrightarrow & 1 : 1 & \cdots ⑤ \\
aa \times aa \longrightarrow & 0 : 0 : 1 \longrightarrow & 0 : 1 & \cdots ⑥ \\
\end{array}
$$

第5章　遺　伝　　115

■自家受精の考え方（１つの遺伝子座について）

┌─ 同一の遺伝子型 ─┐

自家受精：同一個体がつくる **雌性配偶子** と **雄性配偶子** との受精。

$$\begin{cases} AA \text{ の自家受精} \longrightarrow AA \times AA \cdots ① \\ Aa \text{ の自家受精} \longrightarrow Aa \times Aa \cdots ② \\ aa \text{ の自家受精} \longrightarrow aa \times aa \cdots ③ \end{cases}$$

(1) P が AA×aa，F_1 が Aa のとき，F_2 と F_3 の自家受精について立式し，F_3 と F_4 の遺伝子型頻度を求めてみよう。

F_1 の自家受精　　Aa×Aa（←─ 一遺伝子雑種の６型④）

$$F_2 = \frac{1}{4}(1AA + 2Aa + 1aa)$$

F_2 の自家受精　　$\dfrac{1}{4}(1AA \times AA + 2Aa \times Aa + 1aa \times aa)$ ←── $\dfrac{1}{4}(1:2:1)$のままであることに注目!!

$$F_3 = \frac{1}{4}\{1AA + 2 \times \frac{1}{4}(1AA + 2Aa + 1aa) + 1aa\}$$

$$= \frac{1}{4}\{1AA + \frac{1}{2}(1AA + 2Aa + 1aa) + 1aa\}$$

$$= \frac{1}{8}(2AA + 1AA + 2Aa + 1aa + 2aa)$$

$$= \frac{1}{8}(3AA + 2Aa + 3aa)$$

F_3 の自家受精　　$\dfrac{1}{8}(3AA \times AA + 2Aa \times Aa + 3aa \times aa)$ ←── $\dfrac{1}{8}(3:2:3)$のままであることに注目!!

$$F_4 = \frac{1}{8}\{3AA + 2 \times \frac{1}{4}(1AA + 2Aa + 1aa) + 3aa\}$$

$$= \frac{1}{8}\{3AA + \frac{1}{2}(1AA + 2Aa + 1aa) + 3aa\}$$

$$= \frac{1}{16}(6AA + 1AA + 2Aa + 1aa + 6aa)$$

$$= \frac{1}{16}(7AA + 2Aa + 7aa)$$

(2) $F_1 \sim F_4$ の遺伝子型頻度から F_5 と F_n の遺伝子型頻度を演繹的に推定した上で，$n \to \infty$ のときの F_n の遺伝子型頻度を推定してみよう。

遺伝子型頻度 　　　　　　　　　Aa の頻度

$$F_2 = \frac{1}{4} \ (\ 1 \, AA + 2Aa + \ 1 \, aa)$$
$$\frac{2}{4} = \frac{1}{2} = \frac{1}{2^1}$$

$$F_3 = \frac{1}{8} \ (\ 3 \, AA + 2Aa + \ 3 \, aa)$$
$$\frac{2}{8} = \frac{1}{4} = \frac{1}{2^2}$$

$$F_4 = \frac{1}{16} \ (\ 7 \, AA + 2Aa + \ 7 \, aa)$$
$$\frac{2}{16} = \frac{1}{8} = \frac{1}{2^3}$$

$$F_5 = \frac{1}{32} \ (15 AA + 2Aa + 15 \, aa)$$
$$\frac{2}{32} = \frac{1}{16} = \frac{1}{2^4}$$

2^5 ―同じ　　　　$\dfrac{2^5 - 2}{2}$

$$F_n = \frac{1}{2^n} \left(\frac{2^n - 2}{2} AA + 2Aa + \frac{2^n - 2}{2} aa \right)$$
$$\frac{1}{2^{n-1}}$$

$$\lim_{n \to \infty} F_n = \frac{1}{2} (AA + aa)$$
$$\lim_{n \to \infty} \frac{1}{2^{n-1}} = 0$$

　$n \to \infty$ のとき，つまり自家受精を繰り返し続けると，最終的には Aa（ヘテロ接合）が消滅し，AA（優性ホモ接合）と aa（劣性ホモ接合）のみになることがわかる。

　なお，F_n や $\lim\limits_{n \to \infty}$ を用いなくても，Aa の頻度が代を重ねるごとに $\frac{1}{2}$ になっていくので最終的には 0 になることと，常に AA と aa の頻度が同じであることから，最終的には $\frac{1}{2}$ (AA + aa) になることは容易に理解できるはずである。

> **Point**
>
> $$F_n = \frac{1}{2^n} \left(\frac{2^n - 2}{2} AA + 2Aa + \frac{2^n - 2}{2} aa \right)$$
>
> $$\lim_{n \to \infty} F_n = \frac{1}{2} (AA + aa)$$

標問 41 の 解説

問1～3　ア．$F_3 = \frac{1}{8} (3AA + 2Aa + 3aa)$ なので，AA と aa の出現率（頻度）は，

計 $\dfrac{6}{8} = \dfrac{3}{4}$ ➡ 75%

ウ．$F_g = \dfrac{1}{2^g} \left(\dfrac{2^g - 2}{2} AA + 2Aa + \dfrac{2^g - 2}{2} aa \right)$

なので，AA と aa の出現率の計は，

$$\frac{1}{2^g} \times \frac{2^g - 2}{2} \times 2 = \frac{2^g - 2}{2^g} = 1 - \frac{1}{2^{g-1}}$$

第 5 章　遺　伝　　117

イ． $g=10$ で，$2^{10}=(2^5)^2=32^2=1024$ なので，

$$\frac{2^{10}-2}{2^{10}}=\frac{1022}{1024}=0.99804\cdots\fallingdotseq0.998 \longrightarrow 99.8\%$$

エ． 3つの遺伝子座における遺伝は独立の法則が成立する独立事象（標問42の精講を参照）であり，1つの遺伝子座における F_3 でのホモ接合の出現率が $\frac{3}{4}$ である。

　　よって，3つの遺伝子座のすべてがホモ接合である個体の出現率は以下のように求められる。

$$\left(\frac{3}{4}\right)^3=\frac{27}{64}=0.42187\cdots \longrightarrow 42.2\%$$

問4　目的の植物体を得るには aBC という遺伝子の組合せをもつ未熟花粉が必要なので，この未熟花粉の頻度を次の手順〈1〉～〈4〉で求めるとよい。

〈1〉　$F_1=$ AaBbCc の AB(ab)が連鎖しており，C(c)だけ独立している。

〈2〉　AaBb の部分について

　　　AB(ab)の組換え価（以後 P と示す）＝10%　$\longrightarrow$　$\frac{1}{10}=\frac{1}{9+1}$

　　　AaBb 部分の配偶子 $=\frac{1}{20}(9\text{AB}+1\text{Ab}+1\text{aB}+9\text{ab})$

〈3〉　Cc の部分について　Cc 部分の配偶子 $=\frac{1}{2}(\text{C}+\text{c})$

〈4〉　F_1 の配偶子 $=\frac{1}{20}(9\text{AB}+1\text{Ab}+1\text{aB}+9\text{ab})\times\frac{1}{2}(\text{C}+\text{c})$

　　　　　　　　　　　　　　　　　$\frac{1}{20}\text{aB}\times\frac{1}{2}\text{C}=\frac{1}{40}\text{aBC} \longrightarrow \frac{1}{40}$

　　〈4〉より，aB かつ C という遺伝子の組合せをもつ未熟花粉の頻度は $\frac{1}{40}$ である。

標問 42 胚乳形質と独立の三遺伝子雑種

答

問1 (1) 黄色　(2) Aa　(3) AAa

問2 8（種類）

問3 ddeeff

問4 DDeeff と ddEEff

問5 3.7%

精講 本題のテーマ

■被子植物の胚乳形質

(1) **胚のう形成**

胚のうの卵細胞・中央細胞・助細胞・反足細胞にある8個の核は，胚のう細胞の核(n)の3回の分裂によって生じるので，**すべて同じ遺伝子型**である。

Point1　卵核＝A ⟶ 2極核＝AA
卵核＝a ⟶ 2極核＝aa

(2) **重複受精**

精核(n) ＋ 卵核(n) ⟶ 胚の核($2n$)
精核(n) ＋ 2極核($2n$) ⟶ 胚乳核($3n$)

■独立の三遺伝子雑種

3つの遺伝子座がそれぞれ異なる染色体上にある場合，それぞれの遺伝は独立の法則が成立する**独立事象**なので，個別に考えることができる。

Point2　独立の法則が成立 ⟶ 独立事象 ⟶ 個別に考える

標問 42 の解説

問1　問題主文には明記されていなかったが，下線部①にF_2種子が**黄色種子：白色種子≒3：1**になったとあるので，種子を黄色にする優性遺伝子がAで，白色にする劣性遺伝子がaと確認できる。白色（純系）の父親と黄色（純系）の母親との交配は以下のようになる。

♂P　♀P
aa × AA ➡ F_1の
（白色）（黄色）

精核　卵核
胚 ＝ a × A ⟶ Aa ←(2)の答

Point1

胚乳 ＝ a × AA ⟶ AAa＝〔A〕
精核　2極核　　　　　　　　（黄色）←(1)の答
(3)の答

第5章 遺伝　119

本問では問われていないが，一般的には問われることが多いF_2についても示しておく。

問2　問題主文の10行目以降の内容をまとめると以下のようになる。
・草丈の平均値が90・120・150・180 cm の4グループがある。
・優性遺伝子D・E・Fのそれぞれが30 cm ずつ草丈を高くする。
・低い黄色の親の遺伝子型が ddeeFF で高い白色の親が DDEEff。
　これらから，草丈と種子の色と優性遺伝子D・E・Fとの関係をまとめると，以下のようになる。
・白色より高い　——　180 cm　——　D・E・Fのうちの3種類とももつ
・高い白色　——　150 cm　——　D・E・Fのうちの2種類だけもつ
・低い黄色　——　120 cm　——　D・E・Fのうちの1種類だけもつ
・黄色より低い　——　90 cm　——　D・E・Fのうちのどれももたず
　よって，低い黄色の親と高い白色の親の交配は次のようになる。

　　高い白色(150 cm)　　低い黄色(120 cm)
　　　DDEEff　　×　　ddeeFF
　　　　　　　　↓
　　　F_1　　DdEeFf
　　　　　　　　Dd　　　Ee　　　Ff
　　　　　　　　↓　　　↓　　　↓
　　F_1の配偶子 $= \frac{1}{2}(D+d) \times \frac{1}{2}(E+e) \times \frac{1}{2}(F+f)$　　◀ Point2
　　　　　　　$= \frac{1}{8}$ (DEF + DEf + DeF + dEF + Def + dEf + deF + def)
　　　　　　　　└─ 全部で8種類

問3　下線部②のF_2個体は黄色より低い90 cm なので，D・E・Fのうちのどれももたない〔def〕の ddeeff である。

問4　下線部③のF_2個体は黄色と同じ120 cm なので，D・E・Fのうちの1種類だけもつ。よって，次の6つの遺伝子型が考えられるが，自家受粉によって生じるF_3がすべて元の120 cm のままでなければならないので，次の〈1〉の純系であるとわかる。
〈1〉　DDeeff　　ddEEff　　ddeeFF　——　F_3はすべて120 cm
〈2〉　Ddeeff　　ddEeff　　ddeeFf　——　F_3に90 cm も生じる

求める遺伝子型は〈1〉の3つのうちで最初の交配に用いた ddeeFF 以外なので，
　DDeeff と ddEEff の2つである。

問5　下線部④の F_2 個体は F_1 の DdEeFf と同じ 180 cm なので，D・E・F のうち
　の3種類とももつ〔DEF〕である。

　　F_2 の〔DEF〕の遺伝子型は，

　　　　　　F_2 の〔D〕　　　　　F_2 の〔E〕　　　　　F_2 の〔F〕　　　　　← **Point2**

$$\frac{1}{3}(1DD+2Dd)\times\frac{1}{3}(1EE+2Ee)\times\frac{1}{3}(1FF+2Ff)$$

　これらの中で，F_3 がすべて〔DEF〕になるのは，DDEEFF のみである。

　　∴　$\dfrac{1}{3}DD\times\dfrac{1}{3}EE\times\dfrac{1}{3}FF$

　　　$=\dfrac{1}{27}DDEEFF$

　　　　　　→ $0.0370\cdots\cdots\fallingdotseq0.037$ ➡ 3.7%

第5章　遺　伝　　121

| 標問 | **43** | **母性効果遺伝** |

答

問1 卵の数：1つ　確率：$\frac{1}{4}$

問2 赤色：白色：桃色 = 0：1：1

問3 RrXX：$\frac{1}{8}$　RrXx：$\frac{1}{4}$　Rrxx：$\frac{1}{8}$

rrXX：$\frac{1}{8}$　rrXx：$\frac{1}{4}$　rrxx：$\frac{1}{8}$

問4 Rrxx：$\frac{1}{8}$　rrxx：$\frac{1}{8}$　問5 $\frac{1}{192}$

精講 本題のテーマ

■母性効果遺伝

子の表現型が母親の遺伝子型によって決定される遺伝を**母性効果遺伝**という。多くの動物では，卵形成過程で蓄積された母親由来の mRNA やタンパク質など（**母性因子**）が子の初期発生に大きく関与しており，この母性因子の遺伝子を**母性効果遺伝子**という。代表的な例としては，受精後に翻訳されてショウジョウバエの胚の前後軸の決定に関わるビコイド mRNA の遺伝子がある（**標問35**参照）。

■集団の配偶子（遺伝子頻度）　**標問49**の精講を見よ。
■集団の自由交配　**標問49**の精講を見よ。

標問 43 の 解説

問1　不均等な減数分裂によって1つの卵母細胞から**1つの卵**（細胞）と 2 ～ 3 つの極体が生じる。下線部①の♀の配偶子は以下のように求められる。

$$\overline{Rr\,Xx}$$

$$配偶子 = \frac{1}{2}(R+r) \times \frac{1}{2}(X+x)$$

$$= \frac{1}{4}(RX + Rx + rX + rx) \quad \therefore \quad \frac{1}{4}RX$$

問2　RrXx♀と rrXx♂の交配について，F_1♀の眼の色だけが問われている。

$$
\begin{array}{cc}
♀P & ♂P \\
Rr & × & rr \\
\end{array}
$$
$$\downarrow$$

$$F_1\,(の♀♂) = \frac{1}{2}(Rr + rr)$$

$$= \frac{1}{2}(桃 + 白) \quad \therefore \quad 赤色：桃色：白色 = 0：1：1$$

122

問3　RrXx♀とrrXx♂の交配について，F₁♂の眼の色と生殖に関係する遺伝子(母性効果遺伝子)の遺伝子型の両方が問われている。

$$♀P \qquad ♂P$$
$$RrXx \quad × \quad rrXx$$
$$(Rr×rr) × (Xx×Xx) \quad \text{←} \boxed{\text{独立}}$$

$$F_1 (の♀♂) = \frac{1}{2}(Rr+rr) × \frac{1}{4}(1XX+2Xx+1xx)$$

$$= \frac{1}{8}(1RrXX+2RrXx+1Rrxx+1rrXX+2rrXx+1rrxx)$$

問4　問題主文の最初の段落に，母性効果遺伝子Xの機能を失った♀が産んだ卵は受精しても胚発生の途中で死ぬこと，およびXがxに対して完全に優性であることが示されている。これらのことから下線部④のF₁♀の遺伝子型がxxであるとわかる。

$$F_1 (の♀♂) = \frac{1}{2}(Rr+rr) × \frac{1}{4}(1XX+2Xx+\underline{1xx})$$

下線部④のF₁♀は，$\dfrac{1}{8}$Rrxx と $\dfrac{1}{8}$rrxx

問5　下線部②のF₁♀と下線部③のF₁♂の自由交配についても，眼の色の遺伝と母性効果遺伝子Xとxの遺伝が独立事象なので，別個に扱ってよい。よって，次の〈1〉～〈3〉の手順で考えるとよい。

〈1〉　眼の色について

$$F_1♀ \qquad F_1♂$$
$$\frac{1}{2}(Rr+rr) × \frac{1}{2}(Rr+rr)$$

$$F_2 (の♀♂) = \frac{1}{2}\left\{\frac{1}{2}(R+r)+r\right\} × \frac{1}{2}\left\{\frac{1}{2}(R+r)+r\right\}$$

$$= \frac{1}{4}(1R+3r) × \frac{1}{4}(1R+3r)$$

$$= \frac{1}{16}(1RR+6Rr+9rr)$$

∴　F₂の中で眼が赤色のRRの出現頻度は$\dfrac{1}{16}$と期待される。

〈2〉　母性効果遺伝子Xとxについて

xxの♀が産む卵からは子が生じないので，正常に発生して成熟するF₂個体を産むことができるF₁♀は，XX：Xx＝1：2であることに注意する。卵を産まないF₁♂については，XX：Xx：xx＝1：2：1である。

$$F_2\,(\text{の}♀♂) = \frac{1}{3}\,(1XX + 2Xx) \times \frac{1}{4}\,(1XX + 2Xx + 1xx)$$

$$F_2\,(\text{の}♀♂) = \frac{1}{3}\left\{X + 2 \cdot \frac{1}{2}(X + x)\right\} \times \frac{1}{4}\left\{X + 2 \cdot \frac{1}{2}(X + x) + x\right\}$$

$$= \frac{1}{3}\,(2X + 1x) \times \frac{1}{2}\,(X + x)$$

$$= \frac{1}{6}\,(2XX + 3Xx + 1xx)$$

$$= \frac{1}{12}\,\underbrace{(2XX + 3Xx + 1xx}_{F_2♀} + \underbrace{2XX + 3Xx + 1xx)}_{F_2♂}$$

わかりやすくするために
♀♂を別々に示す

∴ F_2 の中で xx の♀の出現頻度は $\dfrac{1}{12}$ と期待される。

〈3〉 F_2 の中で，RR かつ xx の♀の出現頻度は，

$$\frac{1}{16} \times \frac{1}{12} = \frac{1}{192}$$

と期待される。

標問 44 連鎖と組換え(1)

答
問1 ア－補足 イ－独立
問2 エチレンを生成する花：生成しない花＝129：127
問3 50％ 問4 A－⑥ B－③ C－②

精講 二遺伝子雑種

■二遺伝子雑種の F₂ の分離比

計16通り → 独立
　└─ 分離比の合計が16
$\begin{cases} 9:3:3:1 \\ 9:7 \quad \cdots \text{補足遺伝子} \\ 9:3:4 \quad \cdots \text{条件遺伝子}^{※} \\ 12:3:1 \quad \cdots \text{被覆遺伝子} \\ 13:3 \quad \cdots \text{抑制遺伝子} \\ 15:1 \quad \cdots \text{同義遺伝子} \end{cases}$

計4通り → 完全連鎖　　その他 → 不完全連鎖
└─ 分離比の合計が4
$\begin{cases} 3:0:0:1 \\ 2:1:1:0 \end{cases}$

※厳密には補足遺伝子の1つ

標問 44 の解説

本問では，問題主文に実験1・2の内容として，次のことが明示されている。

エチレン生成…純系4　AABBCC　　エチレン非生成 $\begin{cases} \text{純系1} \quad \text{aaBBCC} \\ \text{純系2} \quad \text{AAbbCC} \\ \text{純系3} \quad \text{AABBcc} \end{cases}$

しかしこのような説明がない問題も多く，その場合は次のように解析すればよい。

〈1〉 実験1について

エチレン生成の純系4と非生成の純系1の交配によって得られる F₂ が，生成：非生成＝3：1の計4通りに分離したことから，純系1が変異を起こしているのは1つの遺伝子であるとわかる（一遺伝子雑種）。さらに，分離比が3：1であること，および F₁ も生成のみであることから，生成が優性形質で非生成が劣性形質であることもわかる。純系4と2および純系4と3についても同様である。

注意：完全連鎖の二遺伝子雑種でも F₂ の分離比の計が4になるが，その場合は，よほどのことがない限り2：1：1：0の分離比として出題される。

〈2〉 **実験2について**

　　もし純系1と2の変異遺伝子が同一ならば互いの変異を補い合うことができないので，これらのF_1も非生成になるはずである。しかし実際には生成になったことから，純系1と2の変異遺伝子は異なるとわかる。純系1と3および純系2と3の場合も同様なので，純系1〜3の変異遺伝子はすべて異なるとわかる。

> **Point** 　異なる遺伝子の変異 ——→ F_1は野生型(正常型)になる。
> 　　　　　同一の遺伝子の変異 ——→ F_1は変異型のまま。

問1　実験3については，次の〈1〉，〈2〉のように解析するとよい。

　〈1〉　純系1と3のF_2が，生成：非生成＝9：7に分離した。計16通りになったことから，独立の二遺伝子雑種である，つまりA(a)とC(c)が異なる染色体上にあって，<u>独立(イ)</u>して遺伝するとわかる。さらに，分離比が9：7であることから，下に示すように，AとBが揃ったときだけ生成，1つでもないと非生成になり，AとBは互いに<u>補足(ア)</u>遺伝子として働くとわかる。

$$F_2 = \frac{1}{16}(9\underbrace{[AC]}_{\text{生成}} + \underbrace{3[Ac] + 3[aC] + 1[ac]}_{\text{非生成}}) = \frac{1}{16}(9\text{生成} + 7\text{非生成})$$

　　　純系2と3についても同様である。

> **Point** 　F_2が，生成：非生成＝9：7に分離
> 　　　　　計16通りに分離　——→　**独立の二遺伝子雑種**
> 　　　　　生成：非生成＝9：7　——→　**補足遺伝子がかかわる**

　〈2〉　純系1と純系2のF_2の分離比の計がほぼ2であり，16にならなかったことから，A(a)とB(b)が同一の染色体上にあって，完全あるいは不完全に連鎖して遺伝するとわかる。

問2　完全連鎖と不完全連鎖の両方の場合について示しておく。

　〈1〉　**Ab(aB)の組換え価(P)＝0 %**

　　　　$F_1 = AaBb$ の $P = 0$

　　　　F_1の配偶子 $= \frac{1}{2}(Ab + aB)$

　　　　$F_2 = \left\{ \frac{1}{2}(Ab + aB) \right\}^2 = \frac{1}{4}(2\underbrace{[AB]}_{\text{生成}} + \underbrace{1[Ab] + 1[aB]}_{\text{非生成}}) = \frac{1}{2}(1\text{生成} + 1\text{非生成})$

　〈2〉　**Ab(aB)のP＝12.5%**

　　　　$F_1 = AaBb$ の $P = 0.125 = \frac{1}{8} = \frac{1}{7+1}$

　　　　F_1の配偶子 $= \frac{1}{16}(1AB + 7Ab + 7aB + 1ab)$

　　　　$F_2 = \left\{ \frac{1}{16}(1AB + 7Ab + 7aB + 1ab) \right\}^2$

　　　　　　$= \frac{1}{256}(129\underbrace{[AB]}_{\text{生成}} + 63[Ab] + 63[aB] + 1\underbrace{[ab]}_{\text{非生成}})$

$$\begin{array}{c|l} & 7 \quad 1 \\ \hline 7 & 49 + 7 \to 63 \\ 1 & 7 \quad 1 \end{array}$$

③ $256 - (63 + 63 + 1)$

問3 F_2の非生成の$\frac{1}{127}(63〔Ab〕+63〔aB〕+1〔ab〕)$のうちで純系2のAAbbと交配して次世代に生成の〔AB〕が生じるのは63〔aB〕のみである。よって，

$$\frac{63}{127}=0.4960\cdots≒0.50$$

問4 実験4と実験5については，次のように解析するとよい。
〈1〉 実験5の結果をまとめると次のようになる。

	純系1 aaBBCC	純系2 AAbbCC	純系3 AABBcc
AのmRNA	×	○	○
BのmRNA	×	×	○
CのmRNA	○	○	×

純系1のaだとAのmRNAだけでなくBのmRNAまで合成されなくなることから，Aがコードするタンパク質がBの転写に不可欠なもので，選択肢⑥の**Bの転写を促進する調節タンパク質**であるとわかる。

〈2〉 純系2のbはBのmRNAのみに，純系3のcはCのmRNAのみに影響することから，BとCがコードするタンパク質はそれぞれ選択肢①〜④のいずれかであるとわかる。

〈3〉 実験4の説明文に中間代謝産物として物質XとYがあると示されているので，エチレンの合成経路としては次の(a)と(b)の2つが考えられる。
 (a) 前駆物質 ──→ 物質X ──→ 物質Y ──→ エチレン（選択肢②，③）
 (b) 前駆物質 ──→ 物質Y ──→ 物質X ──→ エチレン（選択肢①，④）

(a)だと，物質Yを与えたときに「物質X ──→ 物質Y」の部分に欠陥をもつ純系はエチレンを合成できるが，「物質Y ──→ エチレン」の部分に欠陥をもつ純系はエチレンを合成できないので，前者がbの純系2で後者がcの純系3であるとすれば実験結果に合致する。

しかし(b)だと，物質Yを与えたときに，「物質Y ──→ 物質X」の部分に欠陥をもつ純系も「物質X ──→ エチレン」の部分に欠陥をもつ純系もエチレンを合成できないことになって，実験結果と矛盾する。

従って，エチレンの合成経路と純系2と3との関係は下のようになり，Bがコードするタンパク質は③で，Cがコードするタンパク質は②であるとわかる。

| 標問 | 45 | 連鎖と組換え(2) |

答
問1　SNP座位1とSNP座位2が同一の染色体上にあり，祖先種では座位1のAと座位2のA，および座位1のCと座位2のGが不完全に連鎖していた。(68字)
問2　(1)　"丸"："しわ"＝0：1　　(2)　"丸"："しわ"＝9：7
問3　20%

精講　本題のテーマ

■**一遺伝子雑種の遺伝様式**
　異なった対立遺伝子をそれぞれホモ接合でもつ両親(A_1A_1 と A_2A_2)の間に生じたヘテロ接合の子(A_1A_2)が示す形質に基づいて分類すると，遺伝様式は以下の3通りに分類できる。

　　優　　性　：子が両親の**片方と同じ形質**を示す
　　不完全優性：子が両親の**中間の形質**を示す
　　共　優　性：子が両親の**両方の形質**を示す

　なお，本題の図1にあるSBEI遺伝子座のPCR産物の電気泳動像やSNP座位の塩基という形質も**共優性**の遺伝様式を示す。

■**転移因子**
　ゲノムDNA上のある部分から別の部分へ移動する，つまり転移することができるDNA配列であり，その転移様式によって**トランスポゾン**と**レトロポゾン**(**レトロトランスポゾン**)に大別される。
〈1〉**トランスポゾン**
　　自身のDNA配列を切り出し，ゲノムの新しい部位に挿入する**カット＆ペースト**様式で転移する。
〈2〉**レトロポゾン**
　　自身のDNA配列が転写されたRNA配列を逆転写酵素によってDNA配列にコピーし，このコピーをゲノムの新しい部位に挿入する**コピー＆ペースト**様式で転移する。

〔トランスポゾン〕　　　〔レトロポゾン〕

■一塩基多型(SNP，スニップ)

ヒトゲノムのうち，約99.9%の塩基配列はすべてのヒトで共通であるが，残りの約0.1%は個人によって異なっている。つまり，1000塩基に1塩基の割合で，ゲノムDNAの特定部位が1塩基単位で個体ごとに異なっているのである。これを一塩基多型という。

標問 45 の 解説

問1　2つ以上の事象について，それぞれの期待値(確率)の積によって求めることができるのは，それらの事象が独立している場合の期待値(確率)である。よって，本問においても，2つのSNP座位のそれぞれの対立遺伝子頻度の積で求められる対立遺伝子の組み合わせの期待頻度は独立事象の場合，つまり2つのSNP座位が異なる染色体上に存在して両者の遺伝に独立の法則が成立する場合の期待値である。

〈1〉　独立(事象)の場合

$$\text{対立遺伝子の組み合わせの期待頻度} = \underset{\text{SNP 座位 1}}{(0.6\,A + 0.4\,C)} \times \underset{\text{SNP 座位 2}}{(0.5\,A + 0.5\,G)}$$
$$= 0.30\,AA + 0.30\,AG + 0.20\,CA + 0.20\,CG$$

〈2〉　実際の場合(表1)

$$\text{対立遺伝子の組み合わせの頻度} = 0.45\,AA + 0.15\,AG + 0.05\,CA + 0.35\,CG$$

両者を比較すると，AAとCGの実際の頻度が期待頻度を上回り，AGとCAの実際の頻度が期待頻度を下回るので，SNP座位1とSNP座位2は，異なる染色体上に存在するのではなく，同一の染色体上に存在すると考えられ，さらに祖先種においては座位1のAと座位2のA，および座位1のCと座位2のGが不完全に連鎖していたと考えられる。

問2　新規"しわ"突然変異体を"丸"純系と交配するとF₁がすべて"丸"となることから，この新規"しわ"突然変異も劣性遺伝子によるものとわかる。

(1)　新規突然変異がSBEI遺伝子座位に起きた場合，新規突然変異体と"しわ"純系個体の遺伝子型はともにrrである。

$$\begin{array}{ccc}
\text{新規突然変異体} & & \text{"しわ"純系個体} \\
rr & \times & rr \\
& \downarrow & \\
F_1 & \cdots \quad rr & \\
& \downarrow & \\
F_2 & \cdots \quad rr \longrightarrow & \text{"丸"}:\text{"しわ"} = 0:1
\end{array}$$

(2)　新規突然変異がSBEI遺伝子座位と連鎖しない遺伝子座位に起きた場合，新規の突然変異遺伝子をqで示すものとすると，新規突然変異個体の遺伝子型は$qqRR$，"しわ"純系個体の遺伝子型は$QQrr$となる。

第 5 章 遺 伝　　129

問3 次の手順で考えるとよい。

〈1〉 遺伝子 r の DNA 領域には転移因子（トランスポゾン）が挿入されているので，図1の電気泳動像の分子量(大)のバンドが r であり，(小)のバンドが R であるとわかる。従って，例えば，BC₁ 世代の個体1は rrGG，個体2は RrGG，個体3は RrAG であるとわかる。

〈2〉 RR 純系の RRAA（親1）と rr 純系の rrGG（親2）から生じる F₁ は RrAG である。そして，この F₁ がつくる4種類の配偶子のうち，RA と rG はもともと連鎖していたものであり，組換えによって新たに生じたものは RG および rA である。

〈3〉 戻し交雑に用いた rr 純系の rrGG（親2）がつくる配偶子は rG である。

〈4〉 F₁ の配偶子 RG および rA と親2の配偶子 rG から生じた個体を図1の BC₁ 世代の個体1〜20の中から見つける。

F₁ の配偶子	親2の配偶子	生じる BC₁	
RG	× rG	⟶ RrGG	… 2 & 10 の2個体
rA	× rG	⟶ rrAG	… 7 & 16 の2個体

〈5〉 F₁ がつくった計20個の配偶子のうち，組換えによって生じたのは2個の RG と2個の rA の計4個とわかったので，組換え価 $= \dfrac{4}{20} = \dfrac{1}{5}$，つまり 20% と求められる。

130

| 標 問 | **46** | 雄性不稔（細胞質遺伝） |

答
問1　ア－減数　イ－花粉四分子　ウ－胞子体　エ－配偶体　オ－配偶子
問2　200　　問3　100%　　問4　50%
問5　タマネギでは減数分裂前の胞子体の遺伝子型で花粉の稔性・不稔性が決まるが，イネでは減数分裂後の配偶体の遺伝子型で決まる。

精講　本題のテーマ

■細胞質遺伝

　細胞質中のミトコンドリアや葉緑体などの遺伝子(DNA)による遺伝で，通常，遺伝子は卵細胞のみを通じて子孫に伝えられる。核中の遺伝子が共同する場合もある。
〔例〕　・オシロイバナの斑入り　←──　葉緑体の遺伝子のみ
　　　　・タマネギやイネの雄性不稔　←──　ミトコンドリア＆核の遺伝子
　　　　・ゾウリムシのキラー＆センシティヴ　←──　κ粒子＆核の遺伝子

■タマネギとイネの雄性不稔

　花粉が発達の途中で退化するために受精に至らない。タマネギの場合は減数分裂する前の胞子体($2n$)の遺伝子型で花粉の稔性・不稔性が決まるが，イネの場合は減数分裂した後の配偶体(n)の遺伝子型で決まる。

標問 46 の解説

問1　胞子母細胞である花粉母細胞の(ア)減数分裂によって，胞子(の集合体)である(イ)花粉四分子が生じる。そして，個々の細胞は雄性(エ)配偶体である花粉となり，その中で雄性(オ)配偶子である精細胞が形成される。
　なおウについては，問5の問題文にあるようにエの配偶体の対語であることから，胞子体とわかる。
問2　タマネギの雄性不稔については，次のように解析できる。
〈1〉　F_2が完全稔性型：完全不稔型＝3：1に分離したことから，以下の4つのことがわかる。
　①　1つの核遺伝子が関与する(一遺伝子雑種)。
　②　細胞質遺伝子Sの働きを抑える遺伝子(Aとおく)が，抑制しない遺伝子(aとおく)に対して優性である。
　③　F_1の遺伝子型はSAaである。
　④　完全不稔型の♀P＝Saaで，稔性花粉の♂P＝⑦AAである。なお，♂Pの⑦はSの有無はどちらでもよいことを意味する。
〈2〉　SAaのF_1♂は減数分裂によってSAの花粉とSaの花粉を1：1でつくるが，問題主文(10～11行)にF_1♂の花粉はすべて稔性を示したとあるので，Saの花

第5章　遺伝　　131

粉も稔性であるとわかる。このことから，**タマネギの場合は胞子体の遺伝子型によって，その後に形成される花粉の稔性・不稔性が決まる**とわかる。

〈3〉 F_1♀のSのみがF_2に伝わるので，F_1の自家受精によるF_2は以下のように求められる。

$$F_1♀ \quad F_1♂$$
$$\boxed{S}Aa \times SAa$$
$$F_2 = \boxed{S} \times \frac{1}{4}(1AA + 2Aa + 1aa)$$
$$= \frac{1}{4}(3\text{完・稔} + 1\text{完・不})$$

※ $\begin{cases} \text{完・稔：完全稔性型} \\ \text{完・不：完全不稔型} \end{cases}$

〈4〉 完全不稔型♀とF_1♂の交配は以下の通り。

$$完・不♀ \quad F_1♂$$
$$\boxed{S}aa \times SAa$$
$$次代 = \boxed{S} \times \frac{1}{2}(Aa + aa)$$
$$= \frac{1}{2}(1\text{完・稔} + 1\text{完・不})$$

〈5〉 F_2の完全稔性型 $= \frac{1}{3}(1AA + 2Aa)$ の自家受精は以下の通り。次代はこれらのF_2♀から必ずSをもらうので，Aとaだけについて考えればよい。

$$F_2\text{の完・稔} = \frac{1}{3}(1AA + 2Aa)$$
$$自家受精 \Rightarrow \frac{1}{3}(1AA \times AA + 2Aa \times Aa)$$
$$次代 = \frac{1}{3}\left\{[A] + 2 \cdot \frac{1}{4}(3[A] + 1[a])\right\}$$
$$= \frac{1}{6}(5[A] + 1[a])$$
完・稔　完・不

12個体の自家受精によって得た1200粒の種子から生じる1200個体あたりのS〔a〕の個体数は，

$$S〔a〕= 1200 \times \frac{1}{6} = 200（個体）$$

問3　イネの雄性不稔については，次のように解析できる。

〈1〉　F_1♂がつくる花粉が稔性：不稔性＝1：1と表に示されているので，SAの花粉は稔性だが，Saの花粉は不稔性であるとわかる。このことから，**イネの場合は減数分裂後の花粉（配偶体）そのものの遺伝子型によって，花粉の稔性・不稔性が決まる**とわかる。

〈2〉　F_1♀のSのみがF_2に伝わるので，②F_1の自家受精によるF_2は以下のように求められる。

〈3〉　完全不稔型♀とF_1♂の交配は以下の通り（ただしこの交配は表中にはあるが問題を解く上では必要ない）。

〈4〉 下線部③の完全稔性型♀と下線部②のF₁♂の交配は以下の通り。

問4 下線部②のF₁♀と下線部③の完全稔性型♂の交配は以下の通り。

問5 「根拠とともに」とは示されていないので,両者の違いのみを簡潔に示せばよい。
問2解説の〈2〉の赤字と問3解説の〈1〉の赤字を参照。

| 標問 | **47** | **性と遺伝** |

答

問1　1 − DNA　2 − 核　3 − 常染色体　4 − ヘテロ(ヘテロ接合)
　　　5 − ホモ(ホモ接合)　6 − XY　7 − ZW　8 − 伴性
問2　⑤　　問3　④　　問4　②　　問5　③　　問6　②
問7　ZZ

精講　本題のテーマ

■ヒトゲノム

体細胞の核内染色体には2組のゲノムが含まれている。1組のゲノムである約30億塩基対の中には，約20,000(20,500)個の遺伝子があると推定されている。なお，本題の問題主文にあるように，ミトコンドリアゲノムを含むとする場合もある。

■性決定の様式

(1)　♂ヘテロ型

　　　　　　　　　　常染色体　性染色体　染色体数　〔例〕

XY型
$\begin{cases} ♀ & 2A & + & XX & 2n \\ ♂ & 2A & + & XY & 2n \end{cases}$
ヒト，ショウジョウバエ

XO型
$\begin{cases} ♀ & 2A & + & XX & 2n \\ ♂ & 2A & + & X & 2n-1 \end{cases}$
バッタ，トンボ

(2)　♀ヘテロ型

ZW型
$\begin{cases} ♀ & 2A & + & ZW & 2n \\ ♂ & 2A & + & ZZ & 2n \end{cases}$
カイコガ，ニワトリ

ZO型
$\begin{cases} ♀ & 2A & + & Z & 2n-1 \\ ♂ & 2A & + & ZZ & 2n \end{cases}$
ミノガ，ヒゲナガトビケラ

■ライオニゼーション(X染色体不活性化)

哺乳類の雌性体細胞では，2本のX染色体のうちの片方が不活性化されており，これによって**X染色体にコードされる遺伝子産物が雌雄で等量となる**。この片方の不活性化は発生初期に細胞ごとにランダムに起こるが，一度不活性化されると，その細胞に由来する子孫細胞ではすべて同じX染色体が不活性化される。

■*SRY*(性決定遺伝子)

哺乳類のY染色体上にあり，生殖巣を精巣に分化させる働きをもつ。この*SRY*が働かないと，生殖巣は卵巣に分化する。**標問31問6を参照**。

■XY型の伴性遺伝の表記法

ある遺伝的形質を支配する遺伝子がX染色体上に存在し，優性遺伝子がAで劣性遺

第5章　遺伝　　135

伝子がaとする。この場合，遺伝子型はXを2つもつ♀では3通りとなり，1つだけもつ♂では2通りとなるが，それぞれを次のように表記することにする。

つまり，Xについては遺伝子のみを示せばよく，遺伝子をもたないYについては○と示した上で○を遺伝子と同様に扱えばよい。従って，AAなどの遺伝子2つが♀を示し，A○などの遺伝子1つと○が♂を示す。

標問47の解説

問1，2　精講を参照。
問3　ヒトのX染色体上には赤緑色覚異常や血友病（血液凝固第Ⅷ因子）などの遺伝子が，キイロショウジョウバエのX染色体上には白眼や黄体色などの遺伝子がある。
問4，5　灰色の野生型遺伝子をA，しま模様の劣性遺伝子をaとおくと，雌雄の遺伝子型と表現型は以下のようになる。

〈1〉問題文の交配の検証

灰色♀　しま♂　　　　　　　F_1♀　F_1♂

AA × a○　　　　　　　Aa × A○

↓　　　　　　　　　　　↓

$F_1 = \dfrac{1}{2}(\underline{Aa} + \underline{A○})$　　$F_2 = \dfrac{1}{4}(\underline{AA + Aa} + \underline{A○ + a○})$
　　　　$F_1♀$　　$F_1♂$　　　　　　　　　$F_2♀$　　　　$F_2♂$

1・まだら　1・灰色　　$\dfrac{1}{2}(1\cdot 灰色+1\cdot まだら)$　$\dfrac{1}{2}(1\cdot 灰色+1\cdot しま)$

〈2〉問4　エ　を求める。　〈3〉問5　オ　を求める。

しま♀　灰色♂　　　　　　　F_1♀　F_1♂

aa × A○　　　　　　　Aa × a○

↓　　　　　　　　　　　↓

$F_1 = \dfrac{1}{2}(\underline{Aa} + \underline{a○})$　　$F_2 = \dfrac{1}{4}(\underline{Aa + aa} + \underline{A○ + a○})$
　　　　$F_1♀$　　$F_1♂$　　　　　　　　　$F_2♀$　　　　$F_2♂$

1・まだら　1・しま　　$\dfrac{1}{2}(1\cdot まだら+1\cdot しま)$　$\dfrac{1}{2}(1\cdot 灰色+1\cdot しま)$

問6　三毛ネコになるためには，X染色体上にある茶色の優性遺伝子と黒色の劣性遺伝子をヘテロでもつ，つまりX染色体を2つもつ必要がある。したがって，三毛ネコの雄の性染色体構成はXXY（クラインフェルター症候群）である。　∴　②

問7　体細胞の染色体数が雌雄で同じとあるので，コモドドラゴンはXY型かZW型のいずれかである。XY型であれば単為生殖によってXXの雌から産まれるのはXXの雌でしかあり得ない。したがって，コモドドラゴンはZW型であり，単為生殖によって産まれてくる雄はZZであると考えられる。

　なお，他の何種かのは虫類でも単為生殖は見られるが，すべて雌だけが生じ，雄だけが生じるというコモドドラゴンのような単為生殖は他に類を見ない。そのしくみは，今のところ，次のように考えられている。

　二次卵母細胞が行う減数第二分裂の段階で，一価染色体（1本の染色体）を構成する2つの染色分体の分離は起こるが，核分裂と細胞質分裂が起こらず，染色分体の分離によって$n \to 2n$となった卵が単為発生する。

　この図のように，ZZの卵とWWの極体が生じた場合はZZの卵が単為発生するが，逆にWWの卵とZZの極体が生じた場合は，恐らくYYの卵が単為発生できないのと同様に，WWの卵は単為発生しないものと考えられる。このような単為生殖によって生じた子どもの最大の特徴は，Z染色体だけに限らず，すべての常染色体について半保存的に複製された全く同一の塩基配列をもつ染色体を2つずつもつということである。つまり，すべての遺伝子についてホモ接合（純系）になっているのである。

| 標問 | **48** | **家系分析** |

答 問1 ④ 問2 ① 問3 ④ 問4 ②

精講 本題のテーマ

■**集団の伴性遺伝の扱い方**

X染色体上にある優性遺伝子と劣性遺伝子をそれぞれAとaとし，それぞれの遺伝子頻度をpと$q(p+q=1)$とすると，♀と♂の遺伝子型頻度と表現型頻度は以下のようになる。

$$♀ \qquad\qquad ♂$$
$$(p\mathrm{A}+q\mathrm{a})(p\mathrm{A}+q\mathrm{a}) \qquad (p\mathrm{A}+q\mathrm{a})○$$
遺伝子型頻度 $= p^2\mathrm{AA}+2pq\mathrm{Aa}+q^2\mathrm{aa} \qquad = (p\mathrm{A}+q\mathrm{a})○$
表 現 型 頻 度 $= (p^2+2pq)[\mathrm{A}]+q^2[\mathrm{a}] \qquad = p[\mathrm{A}]+q[\mathrm{a}]$

〔例〕日本の血友病　10^{-8}　　　10^{-4}
遺伝子の$q=10^{-4}$

Point ① ♂はXが1つ $\longrightarrow$ 遺伝子頻度＝遺伝子型頻度＝表現型頻度
② 劣性形質が現れる頻度は，$0<(♀の q^2)\ll(♂の q)<1$

標問 48 の解説

問1　血縁関係がある家系においても形質が男性(以後♂)にしか現れず，しかもその頻度が$\dfrac{4}{13}$と低いことから，伴性の劣性遺伝である可能性が高い。常染色体性の劣性遺伝である可能性も残るが，問3の問題文の「子B_3が男性である場合」という条件文を出題者がヒントとして与えていることに気づく必要がある。∴　④

問2　A_2の女性(以後♀)については，〔A〕でAを1つもつこと以外には一切のデータがないので，遺伝子頻度pとqを用いて考えるしかない。

〈1〉　問題主文冒頭の「5000人に1人現れる程度の頻度」が♀と♂のどちらについてなのかがわからない。♀についてなら$q^2=\dfrac{1}{5000}$なので$q≒0.0141$となり，

♂についてなら$q=\dfrac{1}{5000}=0.0002$となるが，いずれにしても$q≒0$である。

〈2〉　A_2♀とA_1♂の交配は次のようになる。

$$\mathrm{A}_2♀ \qquad \mathrm{A}_1♂$$
$$\mathrm{A}(p\mathrm{A}+q\mathrm{a}) \quad × \quad \mathrm{a}○$$

〔解1〕　子A_3に形質が出るためには，A_2♀の配偶子がaでないとダメなので，♀の配偶子だけについて考える。

138

$$♀の配偶子 = \frac{1}{2}\{A + (pA + qa)\}$$
$$= \frac{1}{2}\{(1+p)A + qa\}$$
$$\underset{\frac{1}{2}q ≒ 0}{\longrightarrow} ①$$

〔解2〕 $A_2♀$　　$A_1♂$
$A(pA + qa) × a○$ をすべて計算する。

$$子 = \frac{1}{2}\{A + (pA + qa)\} × \frac{1}{2}(a + ○)$$
$$= \frac{1}{2}\{(1+p)A + qa\} × \frac{1}{2}(a + ○)$$
$$= \frac{1}{4}\{(1+p)Aa + qaa + (1+p)A○ + qa○\}$$
$$= \frac{1}{2}\{(1+p)〔A〕 + q〔a〕\}$$
$$\underset{\frac{1}{2}q ≒ 0}{\longrightarrow} ①$$

問3　$B_2♀$については，〔a〕の息子がいることもわかっている。

〈1〉　息子が a○ の 正常 な $B_2♀$ = A a

〈2〉　　　$B_2♀$　　$B_1♂$
　　　　　Aa　×　A○
　　　　　　　↓
$$子 = \frac{1}{4}(AA + Aa + A○ + a○)$$
$$B_3♂ = \frac{1}{2}(〔A〕 + 〔a〕)$$
$$\underset{\frac{1}{2}}{\longrightarrow} ④$$

問4　$C_1♀$については，〔a〕の兄弟がいることしかわかっていないので，$C_1♀$の母親（$D_1♀$とする）と父親（$D_2♂$とする）にさかのぼって考える必要がある。

〈3〉

$$C_1 ♀ \qquad C_2 ♂$$
$$\frac{1}{2}(AA + Aa) \quad \times \quad A\bigcirc$$

$$子 = \frac{1}{2}\left\{ A + \frac{1}{2}(A + a) \right\} \times \frac{1}{2}(A + \bigcirc)$$

$$= \frac{1}{4}(3A + 1a) \times \frac{1}{2}(A + \bigcirc)$$

$$= \frac{1}{8}(3AA + 1Aa + 3A\bigcirc + 1a\bigcirc)$$

$$= \frac{1}{8}(7[A] + 1[a])$$

$$\frac{1}{8} \quad \Longrightarrow \quad ②$$

標問 49 集団遺伝(1)

答
問1　①, ②, ⑨　　問2　解説を参照
問3　0.35もしくは0.65
問4　エ-0.9　オ-0.1　カ-81　キ-18　ク-低　ケ-9

精講　集団遺伝

■集団の配偶子＝遺伝子頻度＝遺伝子プール

① 個体の配偶子

個体の遺伝子型　　　AA　　　　Aa　　　　aa
　　　　　　　　　　↓　　　　　↓　　　　　↓

配偶子の遺伝子型　　　1A　　　$\frac{1}{2}(A+a)$　　　1a

② 集団の配偶子＝遺伝子頻度＝遺伝子プール

（i）　AA：Aa＝1：2の集団の場合

> 遺伝子プール
> A：2 コ
> a：1 コ

$$集団の遺伝子型頻度 = \frac{1}{3}(1AA + 2Aa)$$

$$集団の配偶子 = 遺伝子頻度 = \frac{1}{3}\left\{A + 2\cdot\frac{1}{2}(A+a)\right\}$$

$$= \frac{1}{3}(2A + 1a) \implies \begin{cases} Aの遺伝子頻度 = \dfrac{2}{3} \\ aの遺伝子頻度 = \dfrac{1}{3} \end{cases}$$

（ii）　Aa：aa＝2：1の集団の場合

$$集団の遺伝子型頻度 = \frac{1}{3}(2Aa + 1aa)$$

$$集団の配偶子 = 遺伝子頻度 = \frac{1}{3}\left\{2\cdot\frac{1}{2}(A+a) + a\right\}$$

$$= \frac{1}{3}(1A + 2a)$$

（iii）　AA：Aa：aa＝1：2：1の集団（一遺伝子雑種の F_2）の場合

$$集団の遺伝子型頻度 = \frac{1}{4}(1AA + 2Aa + 1aa)$$

$$集団の配偶子 = 集団の遺伝子頻度 = \frac{1}{4}\left\{A + 2\cdot\frac{1}{2}(A+a) + a\right\}$$

$$= \frac{1}{4}(2A + 2a)$$

$$= \frac{1}{2}(A+a) \impliedby F_1 = Aa の配偶子 = 遺伝子頻度と同じ!!$$

第5章　遺　伝　　141

■集団の自由交配

① ♀集団と♂集団が異なる場合

$$\underset{♀集団}{\frac{1}{3}(1AA+2Aa)} \times \underset{♂集団}{\frac{1}{3}(2Aa+1aa)}$$

$$次世代の遺伝子型頻度 = \frac{1}{3}\left\{A + 2\cdot\frac{1}{2}(A+a)\right\} \times \frac{1}{3}\left\{2\cdot\frac{1}{2}(A+a)+a\right\}$$

$$= \frac{1}{3}(2A+1a) \times \frac{1}{3}(1A+2a) \quad \longleftarrow \quad \text{集団の配偶子ⓘ×ⓘⓘ}$$

$$= \frac{1}{9}(2AA+5Aa+2aa)$$

$$次世代の表現型頻度 = \frac{1}{9}(7〔A〕+2〔a〕)$$

② ♀集団と♂集団が同一の場合(F_2の自由交配)

$$F_2の遺伝子型頻度 = \frac{1}{4}(1AA+2Aa+1aa)$$

$$F_2の遺伝子頻度 = \frac{1}{2}(A+a) \quad \longleftarrow \quad \text{集団の配偶子ⓘⓘⓘ}$$

$$F_3の遺伝子型頻度 = \left\{\frac{1}{2}(A+a)\right\}^2$$

$$= \frac{1}{4}(1AA+2Aa+1aa)$$

$$F_3の表現型頻度 = \frac{1}{4}(3〔A〕+1〔a〕)$$

$\longleftarrow$ F_2と同じ‼

■ハーディ・ワインベルグの法則（Hardy-Weinberg's law）

下の(1)の条件を満たす集団では，

集団中の遺伝子頻度と遺伝子型頻度はともに毎代不変で，

平衡状態（ハーディ・ワインベルグ平衡）にあり，

遺伝子型頻度は遺伝子頻度の積に等しい。

(1) 法則の成立条件

① 個体数が十分大きい　　② 自由交配が行われる

③ 個体の移出入がない　　④ 突然変異が起こらない

⑤ 自然選択が起こらない　（⑥ 個体間に繁殖力の差がない）

（注）①〜⑤だけが示されることが多いが，厳密には，各個体が次世代に同数の子（遺伝子）を残すという⑥も不可欠である。

(2) 法則を具体的に示すと

A と a の遺伝子頻度をそれぞれ p と $q(p+q=1)$ とすると，$\longrightarrow$

```
遺伝子
プール
A : p コ
a : q コ
```

① 代を重ねても，遺伝子頻度と遺伝子型頻度は変化しない。

② 各世代の遺伝子型の頻度は次のように求められる。

$$(遺伝子頻度)^2$$

$$= (pA+qa)^2$$

$$= p^2AA+2pqAa+q^2aa$$

142

標問 49 の 解説

問1　精講を参照。もし4つ選ぶのなら，精講の⑥にあたる選択肢③が答に加わる。

問2　ある世代の遺伝子頻度 $= p\mathrm{A} + q\mathrm{a}\,(p + q = 1)$

次世代の遺伝子型頻度 $= (p\mathrm{A} + q\mathrm{a})^2$
$$= p^2\mathrm{AA} + 2pq\mathrm{Aa} + q^2\mathrm{aa}$$

次世代の遺伝子頻度 $= p^2\mathrm{A} + 2pq \cdot \dfrac{1}{2}(\mathrm{A} + \mathrm{a}) + q^2\mathrm{a}$　解答として 示す部分
$$= (p^2 + pq)\mathrm{A} + (pq + q^2)\mathrm{a}$$
$$= p(p + q)\mathrm{A} + q(p + q)\mathrm{a} \quad \longleftarrow\ {\color{red}p + q = 1}$$
$$= p\mathrm{A} + q\mathrm{a} \quad \longleftarrow\ {\color{red}変化していない}$$

次々世代の遺伝子型頻度 $= (p\mathrm{A} + q\mathrm{a})^2$
$$= p^2\mathrm{AA} + 2pq\mathrm{Aa} + q^2\mathrm{aa} \quad \longleftarrow\ {\color{red}変化していない}$$

　　問題主文に「対立遺伝子の遺伝子頻度は世代間で変化しない」とあるので，次々世代の遺伝子型頻度を求めて遺伝子型頻度も変化しないことは示さなくてよい。

問3　Aa の頻度である $2pq$ が0.455なので，次のように考えるとよい。

〈1〉　$2pq = 0.455 = \dfrac{455}{1000}$　　　　〈2〉　$p + q = 1$

　　　$pq = \dfrac{455}{2000} = \dfrac{91}{400}$　　　　　　　　　$pq = \dfrac{91}{400} = \dfrac{7 \cdot 13}{20 \cdot 20}$

　　　　　　　　　　　　　$\therefore\ (p, q) = \left(\dfrac{13}{20}, \dfrac{7}{20}\right)$ もしくは $\left(\dfrac{7}{20}, \dfrac{13}{20}\right)$

問4　次の手順で考えるとよい。なお，生殖可能年齢を生殖齢と略記し，遺伝子型については HbA/HbA を AA などのように略記する。

〈1〉　ある世代の生殖齢

　　　遺伝子型頻度 $= \dfrac{1}{10}(8\mathrm{AA} + 2\mathrm{AS})$

　　　遺伝子頻度 $= \dfrac{1}{10}\left\{8\mathrm{A} + 2 \cdot \dfrac{1}{2}(\mathrm{A} + \mathrm{S})\right\}$

　　　　　　　　$= \dfrac{1}{10}(9\mathrm{A} + 1\mathrm{S})$　$\color{red}\Longrightarrow$　$\begin{cases} \mathrm{A の頻度} = \dfrac{9}{10} = 0.9 \leftarrow\ \boxed{\text{エ}}\ \text{の答} \\[2mm] \mathrm{S の頻度} = \dfrac{1}{10} = 0.1 \leftarrow\ \boxed{\text{オ}}\ \text{の答} \end{cases}$

〈2〉　次世代の出生時

　　　遺伝子型頻度 $= \left\{\dfrac{1}{10}(9\mathrm{A} + 1\mathrm{S})\right\}^2$

　　　　　　　　$= \dfrac{1}{100}(81\mathrm{AA} + 18\mathrm{AS} + 1\mathrm{SS})$　$\color{red}\longleftarrow$　1SS が鎌状赤血球症 で死亡する

　　　　　　　　　　　　　$\color{red}死亡$

　　　　　　　　　$\boxed{\text{カ}}\ \text{の答}$　　　$\boxed{\text{キ}}\ \text{の答}$

　　　　　　　　$= \dfrac{1}{99}(81\mathrm{AA} + 18\mathrm{AS})$

　　　　　　　　$= \dfrac{1}{11}(9\mathrm{AA} + 2\mathrm{AS})$

第5章　遺　伝　　143

〈3〉 次世代において

　　　　　　　　　　　遺伝子頻度　　　　　遺伝子型頻度
　　出生時 ……… $\dfrac{1}{11}(10A+1S)$　＆　$\dfrac{1}{11}(9AA+2AS)$

　　　　　　　　　　　　　　　　　9AAのうちの
　　　　　　　　　　　　　　　　　1AAがマラリアで死亡する
　　　　　　　　　　　　　　　　　ことで元に戻る
　　　　　　　　　　　　　　　　　　　　　　　　　ケ　の答

　　生殖齢 ……… $\dfrac{1}{10}(9A+1S)$　＆　$\dfrac{1}{10}(8AA+2AS)$

〈4〉 問題文 **B** の内容を要約すると次のようになる。新しい世代の子どもが生じる過程では鎌状赤血球症によるSへの負の自然選択（自然淘汰）によって，遺伝子頻度はSが減少するとともにAが増大する。しかし逆に，子どもの成長する過程ではマラリアによるAへの負の自然選択によって，Aが減少してSが増大する。これが延々と繰り返されることで，AとSの遺伝子頻度が常に一定に保たれる。

標問	**50**	**集団遺伝⑵**

答

問1　〔A〕集団でアルビノの aa を生じるペアは Aa×Aa であり，このペアの頻度が $\dfrac{1}{400}$ であることから，Aa の頻度は次のように求められる。

$$\dfrac{1}{400} \times Aa \times Aa$$

$$= \dfrac{1}{20} Aa \times \dfrac{1}{20} Aa$$

Aa の頻度が $\dfrac{1}{20}$ なので，この〔A〕集団の遺伝子型頻度と遺伝子頻度は次のように求められる。

$$遺伝子型頻度 = \dfrac{1}{20}(19AA + 1Aa)$$

$$遺伝子頻度 = \dfrac{1}{20}\left\{19A + \dfrac{1}{2}(A+a)\right\}$$

$$= \dfrac{1}{40}(39A + 1a)$$

$$\therefore \quad a \text{ の頻度} = \dfrac{1}{40} = 0.025$$

問2　ア $- p^2 + 2pq$　イ $- \dfrac{q}{1+q}$　ウ $- \dfrac{q}{1+2q}$　エ $- \dfrac{q}{1+3q}$

オ $- \dfrac{q}{1+tq}$

問3　40世代後

$$\dfrac{1}{2}q \geqq \dfrac{q}{1+tq} \text{ で, } 0<q \text{ かつ } 0<1+tq$$

よって，$1+tq \geqq 2$　$tq \geqq 1$　$t \geqq \dfrac{1}{q}$

問1の $q = \dfrac{1}{40}$ なので，$t \geqq 40$

問4　減少率を次第に低下させながら，次第に0に漸近していく。(27字)

精講 重要事項の整理

■**優性ホモ系統の確立**

　遺伝の実験を行うには，まず初めに優性ホモ系統を確立しなければならない。このため，自家受精させることができる生物では自家受精を繰り返し続けることでヘテロ接合体を消滅させ(**標問41**)，自家受精させることができない生物では自由交配して劣性形質個体を除去することを繰り返し続けることで劣性遺伝子を消滅させ(**本題Ⅱ**)，優性ホモ系統を確立する。

第5章　遺伝　　145

■ p と q $(p+q=1)$ を用いた表記

A と a の遺伝子頻度を p と q $(p+q=1)$ とする時，集団の遺伝子頻度と遺伝子型頻度は，$p+q=1$ であり $(p+q)^2=1$ であることから，通常は以下のように最初の分数を略して示す。

$$遺伝子頻度 = \frac{1}{p+q}(pA+qa) = pA+qa$$

$$遺伝子型頻度 = \frac{1}{(p+q)^2}(p^2AA+2pqAa+q^2aa) = p^2AA+2pqAa+q^2aa$$

しかし，係数の合計が1にならない場合は必ず最初の分数の分母に示さなければならない。示さなければ「確率の合計は1」に反することになるので注意を要する。

$$遺伝子型頻度 = \frac{1}{p^2+2pq}(p^2AA+2pqAa) \quad \longleftarrow \quad \frac{1}{20}(19AA+1Aa) \text{ などと同じ扱いにする}$$

標問 50 の 解説

問1　答を見よ。なお，Aa の頻度が $\frac{1}{20}$ であれば Aa×Aa の頻度が $\frac{1}{400}$ になることを，念のため，以下に示しておくので確認しておくとよい。

この〔A〕集団での自由交配

$$\underset{♀すべて}{\frac{1}{20}(19AA+1Aa)} \times \underset{♂すべて}{\frac{1}{20}(19AA+1Aa)}$$

$$\frac{1}{20}Aa \times \frac{1}{20}Aa = \frac{1}{400}(Aa \times Aa)$$

問2　表1の世代を G_0 とすると，表2の次世代 G_1 については以下のようになる。
aa がすべて捕食されると，

$$G_1 \text{ の遺伝子型頻度} = \frac{1}{(p+q)^2}(p^2AA+2pqAa+q^2aa)$$

捕食されて，0aa になる

$$p^2+2pq$$

$$= \frac{1}{p^2+2pq}(p^2AA+2pqAa)$$

$$G_1 \text{ の遺伝子頻度} = \frac{1}{p^2+2pq}\left\{p^2A+2pq\cdot\frac{1}{2}(A+a)\right\}$$

$$= \frac{p^2+pq}{p^2+2pq}A + \frac{pq}{\boxed{p^2+2pq}}a \quad \boxed{ア} \text{ の答}$$

$$= \frac{p+q}{p+2q}A + \frac{q}{(p+q)+q}a \quad \longleftarrow \text{分母の変形に注意}(p+q=1)$$

$$= \frac{1}{1+q}A + \boxed{\frac{q}{1+q}}a \quad \boxed{イ} \text{ の答}$$

q は G_0 の q なので, $q' = q_1 = \dfrac{q_0}{1+q_0}$ であり,

$q_{n+1} = \dfrac{q_n}{1+q_n}$ という関係式が成立するとわかる。

$q'' = q_2 = \dfrac{q_1}{1+q_1} = \dfrac{\dfrac{q}{1+q}}{1+\dfrac{q}{1+q}} = \dfrac{\dfrac{q}{1+q}}{\dfrac{1+2q}{1+q}} = \boxed{\dfrac{q}{1+2q}}$ ← ウ の答

$q''' = q_3 = \dfrac{q_2}{1+q_2} = \dfrac{\dfrac{q}{1+2q}}{1+\dfrac{q}{1+2q}} = \dfrac{\dfrac{q}{1+2q}}{\dfrac{1+3q}{1+2q}} = \boxed{\dfrac{q}{1+3q}}$ ← エ の答

∴ $q_t = \boxed{\dfrac{q}{1+tq}}$ ← オ の答

問3　答を見よ。

問4　$q_t = \dfrac{q}{1+tq} = \dfrac{1}{t+\dfrac{1}{q}} = \dfrac{1}{t+40}$　← $q = \dfrac{1}{40}$

$t = -40$, $q_t = 0$ を2つの漸近線とする直角双曲線であり,

$0 \leq t$, $0 \leq q_t$ なので下図のようになる。

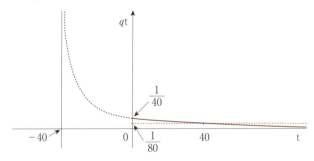

aa 個体が次世代を全く残せない場合, aの頻度はほんの少しずつ減少率を低下させながら, 次第に0に漸近していく, つまり近づいていくことがわかる。くれぐれも「初めは急激に減少し」などと書かないように。でないと, q_t についての関数の意味が全く理解できていないことになるので注意を要する。

標問 51 DNA マーカーを用いた遺伝子の位置決定

答

問1　ア-劣性　イ-優性　ウ-連鎖

問2　1-24　2-1　3-51　4-24

問3　異常：正常＝1：3　　問4　異常：正常＝1：8

問5　銅異常蓄積：マーカーE　　毛色：マーカーB

　　理由：劣性の異常遺伝子はSの雄に由来するので染色体の黒い部位に存
　　　　在するが，劣性ホモ個体だけが異常形質を示すので，その存在部位を
　　　　さらに相同染色体の両方が黒い部分に絞り込める。そして，異常形質
　　　　を示すラット1・3・4の相同染色体の両方が黒い部分に共通して存
　　　　在するのはマーカーEのみである。(138字)

問6　銅異常蓄積で白色

精講 用語の整理

■近交系(純系)ラット

　常染色体上のすべての遺伝子座において同一の対立遺伝子をもつもので，さまざま
な形質を発現する遺伝子の解析に用いられる。

■DNA マーカー

　染色体上の特定の位置にあって，その塩基配列の多型が同定できる(本題ではSと
Wのどちらに由来するかを特定できる)もの。遺伝子であることもそうでないことも
あり，遺伝子の位置決定などに用いられる。

標問 51 の解説

問1，2　(注)に銅の異常蓄積と毛色が一遺伝子雑種であり，両形質の遺伝子が第9
　染色体上にあって**連鎖**(ウ)していることが示されている。そして，近交系の説明お
　よびSでは雌雄の区別なく銅の異常蓄積がみられることから，第9染色体が常染色
　体で両形質の遺伝が常染色体性であるとわかる。

〈1〉　銅を異常蓄積し(異常と示す)毛色が黒いSの雄と異常蓄積せず(正常と示す)
　毛色が白いWの雌の交配によって生じたF_1がすべて正常で黒色であったので，
　正常が優性形質で**異常が劣性**(ア)形質であり，**黒色が優性**(イ)形質で白色が劣
　性形質であるとわかる。各形質の遺伝子を次のように示すと，F_1は次ページ
　のようになる。

　銅の異常蓄積：正常-P，異常-p　　毛色：黒色-Q，白色-q

148

〈2〉 空欄1〜4を求める。

$F_1 = PpQq$ の組換え価 $= 20\% = \dfrac{1}{5} = \dfrac{1}{4+1}$ なので,

F_1 の配偶子 $= \dfrac{1}{10}(1PQ + 4Pq + 4pQ + 1pq)$

F_2 の表現型 $= \dfrac{1}{100}(51[PQ] + 24[Pq] + 24[pQ] + 1[pq])$

③ $100 - (24 + 24 + 1)$　② 同じ

$\therefore \ [pQ]:[pq]:[PQ]:[Pq] = 24:1:51:24$
　　　異・黒　異・白　正・黒　正・白

問3　銅の異常蓄積のみ，つまりP & pのみについてのF_2の自由交配である。

F_2 の遺伝子型頻度 $= \dfrac{1}{4}(PP + 2Pp + 1pp)$　←標問49の精講

F_2 の遺伝子頻度 $= \dfrac{1}{4}\left\{P + 2\cdot\dfrac{1}{2}(P+p) + p\right\}$
(F_2 の配偶子)
$= \dfrac{1}{2}(P+p)$

子の遺伝子型頻度 $= \left\{\dfrac{1}{2}(P+p)\right\}^2 = \dfrac{1}{4}(1PP + 2Pp + 1pp)$

子の表現型頻度 $= \dfrac{1}{4}(3[P] + 1[p]) = \dfrac{1}{4}(3\,正 + 1\,異)$

問4　問3と同様，P & pについてのみのF_2の[P]の自由交配である。

F_2 の[P]の遺伝子型頻度 $= \dfrac{1}{3}(1PP + 2Pp)$

F_2 の[P]の遺伝子頻度 $= \dfrac{1}{3}\left\{P + 2\cdot\dfrac{1}{2}(P+p)\right\}$
(F_2 の[P]の配偶子)
$= \dfrac{1}{3}(2P + 1p)$

子の遺伝子型頻度 $= \left\{\dfrac{1}{3}(2P+1p)\right\}^2 = \dfrac{1}{9}(4PP + 4Pp + 1pp)$

子の表現型頻度 $= \dfrac{1}{9}(8[P] + 1[p]) = \dfrac{1}{9}(8\,正 + 1\,異)$

問5　劣性形質は劣性遺伝子のホモ接合でのみ発現するので，遺伝子がある染色体の部位が図1の黒黒もしくは白白になり，遺伝子座の位置を絞り込みやすい。したがって，銅の異常蓄積ついては異常に，毛色については白色に着目するのがポイント。

〈1〉　P & p について

(1)　S♂に由来する異常の遺伝子pは図1の黒の部分にある。

(2) 形質が異常のラット1・3・4（表1）については，P＆pの遺伝子座がある部位は黒黒になっているはずである。

(3) 黒黒の部分にあるマーカーはラット1ではD＆E，ラット3ではE＆F，そしてラット4ではB～Fであり，唯一共通するのはマーカーEである。

(4) P＆pの遺伝子座はマーカーEに最も近いと予想される。

〈2〉 Q＆qについて

(1) W♀に由来する白色の遺伝子qは図1の白の部分にある。

(2) 形質が白色のラット3・6（表1）については，Q＆qの遺伝子座がある部位は白白になっているはずである。

(3) 白白の部分にあるマーカーはラット3ではA＆B，ラット6ではBのみであり，唯一共通するのはマーカーBである。

(4) Q＆qの遺伝子座はマーカーBに最も近いと予想される。

問6 検定交雑に用いるのは劣性形質個体なので，〔pq〕の異常・白色である。

第6章 体内環境の維持

標問 52 心臓・循環

答

問1 ア−毛細血管 イ−左心室 ウ−右心房 エ−体循環(大循環)
　　オ−右心室 カ−左心房 キ−肺循環(小循環) ク−酸素
　　ケ−洞房結節(ペースメーカー) コ−ノルアドレナリン サ−交感神経
　　シ−増やし ス−強め セ−アセチルコリン ソ−副交感神経
問2 閉鎖血管系
問3 心房と心室とが同時に収縮せず，交互に収縮する。(23字)
問4 ステージ1　　問5 C→D　　問6 70mL

精講 血液循環

■**血管系の種類**
閉鎖血管系：動脈と静脈とが毛細血管でつながる血管系。血液は血管内を流れる。脊椎動物，環形動物，軟体動物の頭足類(イカ・タコのなかま)などでみられる。
開放血管系：毛細血管をもたない血管系。血液が血管外に出て細胞間を満たす。節足動物，軟体動物の腹足類(カイのなかま)など。

■**ヒトの血液循環**
① 心筋からなる心臓がポンプとなり，血液を循環させる。
② 静脈血を肺へ送り出す肺循環と，動脈血を全身へ送り出す体循環とがある。
③ 左心室は，血液を全身へと強く送り出すため，心筋が特に厚く発達している。
④ 心臓の内部には2種類の弁(房室弁，半月弁)があり，血液の逆流を防いでいる。

標問 52 の 解説

問1　哺乳類と鳥類の右心房の，大静脈寄りには，特殊な心筋が集まった部分があり，**洞房結節**と呼ばれる。洞房結節の心筋は自律的に一定のリズムで興奮し収縮する性質をもち，この興奮が刺激伝導系によって心臓全体へと伝えられることで心臓の自動性(自律的に拍動する性質)が生まれる。すなわち，洞房結節は**ペースメーカー**として働いている。
　自律神経系は交感神経と副交感神経とからなる。交感神経は活動に適した状態へ，副交感神経は安静状態へと変化させるときに働く。交感神経の終末から分泌される神経伝達物質であるノルアドレナリ

〔ヒトの心臓〕

ンは洞房結節の興奮に促進的に，副交感神経の末端から分泌されるアセチルコリン
は抑制的に働き，心拍のリズムを変化させる。

問2　毛細血管は，動脈と静脈とをつなぐ血管である。毛細血管をもつ動物では，血
　　液は血管内を流れる。このような血管系を閉鎖血管系といい，脊椎動物や環形動物
　　（ゴカイやミミズ），軟体動物の頭足類（タコやイカ）などがもつ。それに対して，毛
　　細血管をもたず，動脈と静脈とがつながっていない血管系を開放血管系といい，節
　　足動物（カニやトンボ）や軟体動物のカイ類（ハマグリやサザエ）などがもつ。開放血
　　管系では動脈の開口部から流れ出した血液は，体組織の細胞間を流れた後，静脈へ
　　と入って心臓へ戻る。

問3　血液は静脈から心房へと流入し，心室へ流れた後，動脈へと流出する。心房か
　　ら心室へと血液が流れるためには，心房が収縮するときに心室が弛緩している必要
　　がある。

問4　グラフの軸を確認する。B，Cでの左心室の容積は，ともに最大である140mL
　　となっている。BからCへと変化する際，内圧が上昇していることから，Bは左心
　　室に血液が流れ込んだ直後であり，Cはその後に左心室の壁の心筋が収縮して内圧
　　を上げ，血液を動脈へと送り出す直前であるとわかる。

問5　ステージ2では左心室から血液が流出するため，左心室の容積が減少する。容
　　積の減少が起きているのはC→Dのみである。

問6　動脈へと血液を送り出す直前（C）の左心室の容積は140mL，血液を送り出し
　　た直後（D）の容積は70mLである。よって，送り出された血液の量は，
　　　　$140 - 70 = 70$ 〔mL〕
　　となる。

152

標問 53 酸素解離曲線

答 問1 (1) 37.5〔%〕 (2) 70.2〔mL〕 問2 ②, ⑥
問3 (1) 3×10^{-11}〔g〕 (2) 3×10^8〔分子〕 問4 ⑧

精講 ヘモグロビン

■ヘモグロビン(Hb)

鉄原子を含む色素である**ヘム**と，**グロビン**というペプチドが，4分子ずつ結合した四次構造をとるタンパク質。ヘム1分子とO_2 1分子が結合し，酸素ヘモグロビン(HbO_2)となる。O_2分圧が低下すると容易にO_2を放出するため，体内での酸素運搬で重要な役割をもつ。O_2との親和性はO_2分圧だけでなくCO_2分圧や温度，pHによっても変化する。HbO_2は，呼吸が盛んに行われている組織，すなわちO_2分圧が低く，CO_2分圧が高く，CO_2が水に溶け込むことによりpHが低く，呼吸により生じた熱エネルギーにより温度が高い場所で，よりO_2を放出しやすい性質をもつ。

〔ヘモグロビン〕

標問 53 の解説

問1 (1) 肺胞(O_2分圧 100 mmHg, CO_2分圧 40 mmHg)でのHbO_2の割合は，図1より96%。同様に，組織(O_2分圧 40 mmHg, CO_2分圧 70 mmHg)でのHbO_2の割合は，60%である。これより，組織でO_2を放出したヘモグロビンの割合は，
$$96 - 60 = 36〔\%〕$$
「肺胞中で結合したO_2のうち，組織に供給されたものの割合」は「肺胞でHbO_2となったもののうち，組織でO_2を放出したものの割合」と等しいので，
$$\frac{96-60}{96} \times 100〔\%〕 = \frac{36}{96} \times 100〔\%〕 = 37.5〔\%〕$$

(2) 血液中に存在するヘモグロビン量は，150〔mg/mL〕= 150〔g/L〕。(1)の条件において，組織で酸素を放出したヘモグロビンの割合は36%なので，
$$150〔g〕 \times 1.3〔mL/g〕 \times 0.36 = 70.2〔mL〕$$

問2 酸素親和性とP_{50}，BPGの関係を確認しよう。
　P_{50}が小さいHbは酸素親和性が高く，O_2を放出しにくい。逆にP_{50}が大きいHbは酸素親和性が低く，O_2を放出しやすい。
　BPGはHbに結合し，Hbの酸素親和性を低下させる。よって，BPG濃度が高いとHbはO_2を放出しやすくなり，BPG濃度が低くなるとO_2を放出しにくくなる。

第6章 体内環境の維持　153

〔酸素解離曲線〕

① 胎児 Hb は，母体の Hb から O_2 を奪う必要があるため，成人の Hb よりも**酸素親和性が高い**。すなわち，胎児 Hb の方が成人 Hb よりも P_{50} の値は小さい。 ∴ ×

② **ミオグロビンは，Hb よりも酸素親和性が高い**ため，Hb が運んできた O_2 を奪い，筋肉中に酸素を貯蔵することができる。すなわち，ミオグロビンの方が Hb よりも P_{50} の値は小さい。 ∴ ○

③ 短距離走などにより筋肉における酸素消費量が増し，さらに乳酸が蓄積して pH が低くなると，筋肉では Hb の酸素親和性が低く，すなわち P_{50} が大きくなる方向への変化が起こり，酸素供給量が増加する。 ∴ ×

④ BPG 濃度が高くなると，Hb は酸素を放出しやすくなる。例えば，「BPG 濃度が低いときには肺で結合した酸素の 30 %しか体組織で放出しなかったが，BPG 濃度が高くなると肺で結合した酸素の 50 %を放出するようになった」と考えると，**BPG 濃度が高い方が体組織に供給される酸素量が多い**ことが理解できるであろう。高地に登って時間が経過し息苦しさ(すなわち体組織への酸素供給不足)がなくなるのは，BPG 濃度が高くなったことによる。 ∴ ×

⑤ 「ワニの Hb の P_{50} の値はヒトの Hb のものよりも大きい」とある。言い換えれば，ワニ Hb はヒト Hb よりも酸素親和性が低く，O_2 を放出しやすい。 ∴ ×

⑥ ④の解説に述べたように，高地におかれた人では血液中の BPG 濃度が高くなり，組織への酸素供給が行いやすくなっている。この人が低地に戻り，例えばマラソンのような運動を行って組織の酸素消費量を増加させても，組織への酸素供給能力が高いためなかなか息苦しさを感じない。つまり，息苦しさを感じ，呼吸数が増すまでの時間は低地に住んでいた時よりも長くなると考えられる。これがマラソンランナーが行う「高地トレーニング」の目的である。 ∴ ○

⑦ ⑤の解説に述べたように，ワニ Hb は O_2 を放出しやすい。BPG 濃度が高い場合と同様である。すなわち，ワニ型 Hb をもつ人は低酸素状態におかれても，<u>体組織への酸素供給能力が高いため，息苦しさを感じ呼吸数が増加するまでの時間は普通の人よりも長い</u>。 ∴ ×

問3 (1) 血液 1 [mL] $= 1 \times 10^3$ [mm³] 中のヘモグロビン量は，
  150 [mg] $= 150 \times 10^{-3}$ [g]
 血液 1 [mm³] 中の赤血球数がおよそ 5×10^6 個なので，血液 1 [mL] の赤血球数は，
  5×10^6 [個/mm³] $= 5 \times 10^6 \times 10^3$ [個/mL]
 よって，赤血球 1 個あたりのヘモグロビン量 [g] は，
  $$\frac{150 \times 10^{-3} [g]}{5 \times 10^6 \times 10^3 [個]} = 30 \times 10^{-12} = 3 \times 10^{-11} [g]$$

(2) ヘモグロビン 6×10^{23} 分子あたりの重さが 60000 [g] であるので，赤血球 1 個に含まれるヘモグロビン 3×10^{-11} [g] あたりの分子数を x とすると，
 $6 \times 10^{23} : x = 60000 : 3 \times 10^{-11}$
  $$x = \frac{6 \times 10^{23} \times 3 \times 10^{-11}}{60000} = 3 \times 10^8 [分子]$$

問4 組織で血液中へ放出された CO_2 の約 8 % は単純に血しょう中へと溶け込み，20 % は赤血球内のヘモグロビンと結合する。残りの 72 % は赤血球内で炭酸脱水酵素（炭酸デヒドラターゼ）の触媒により炭酸となる（$CO_2 + H_2O \longrightarrow H_2CO_3$）。
 炭酸は重炭酸イオン（HCO_3^-）と水素イオン（H^+）とに解離し，HCO_3^- は赤血球から出て血しょうに溶けて組織から肺まで運ばれる。肺胞内ではこれと逆の反応が進み，再び生じた CO_2 は肺胞内へと拡散して体外へと放出される。

標問 54 肝臓の構造と機能

答
問1　ア-肝門脈　イ-肝動脈　ウ-グリコーゲン　エ-副腎髄質
　　　オ-アドレナリン　カ-グルカゴン　キ-肝静脈　ク-胆のう
　　　ケ-十二指腸　コ-脂肪
問2　④
問3　血液が肝臓を迂回するので，アミノ酸の分解で生じる有害なアンモニアが弱毒の尿素に変換されないから。(48字)
問4　(1)　微柔毛
　　　(2)　毛細胆管に面する肝細胞どうしが，低分子物質も通過させない密着結合により密着しているから。(44字)

精講 肝臓

■**肝臓の構造**
　体内最大の臓器で，成人で1.2kg～2kg。肝臓は肝小葉という基本単位からなる。肝小葉は肝臓全体で約50万個存在し，1つの肝小葉は約50万個の肝細胞からなる。

■**肝臓の機能**
① **栄養物質の貯蔵**
　グリコーゲンやビタミン，鉄の貯蔵。
② **タンパク質の合成・分解**
　血しょう中タンパク質(アルブミン，フィブリノーゲン，プロトロンビンなど)などの合成，不要になったタンパク質の分解。
③ **解毒作用**
　アンモニアからの尿素合成，アルコールやアルデヒドなどの分解。尿素回路(オルニチン回路)は**標問55**の解説を参照。
④ **胆汁の合成**
　主にひ臓で破壊された赤血球中のヘモグロビンは，鉄成分を含むヘムとタンパク質のグロビンに分解される。グロビンは肝臓に運ばれアミノ酸として再利用され，

ヘムの鉄は代謝によって造血に再利用される。ヘムの鉄以外の成分は**ビリルビン**となり，アルブミンと結合して肝臓に運ばれて加工され，**胆汁**の成分となる。

⑤　**発熱**
　　骨格筋に次ぐ発熱量（からだの発熱量のうち，約20％）を担う。

⑥　**血液の貯蔵**
　　血流量を調節。

標問 54 の 解説

問1　コ．破壊された赤血球のヘモグロビンをもとに，胆汁の成分である**ビリルビン**が合成される。胆汁は消化酵素を含まないが，脂肪を乳化させ，脂肪分解酵素のリパーゼの働きを助ける。

問2　血しょう中のタンパク質のほとんどは肝臓で合成される。また，成人では，すべての血球は骨髄（骨組織に囲まれた柔組織）で**造血幹細胞**から産生される。ただし，胎児では血球の産生は肝臓およびひ臓で起こるので注意しておくこと。

問3　タンパク質は呼吸基質として利用されるとアミノ酸に加水分解され，さらにアミノ酸のアミノ基（$-NH_2$）がはずされてアンモニア（NH_3）が生じる。NH_3はニューロンの呼吸を阻害し，細胞死を引き起こす神経毒となる。そのため，水生生物はNH_3を鰓などから水中へ排出する。哺乳類や両生類の成体ではNH_3を肝臓で尿素（$CO(NH_2)_2$）につくり変え，血液により腎臓へ運んでから尿として排出する。は虫類，鳥類，昆虫類はわずかにしか水に溶けない尿酸に変えて排出する。

問4　細胞間結合（細胞接着）は大きく①**密着結合**，②**接着結合**，③**デスモソームによる結合**，④**ギャップ結合**の4種類に分けられる。
　　体内外の境界面となる上皮組織の細胞間は，低分子物質も通さない密着結合でつながっている。細胞間結合に関しては**標問3**を参照のこと。

標問 55 循環系・腎臓

答

問1 ア－閉鎖　イ－開放　ウ－脳下垂体後葉　エ－バソプレシン
　　　オ－水　カ－鉱質コルチコイド　キ－Na^+
問2 名称－場所の順で，組織液(間質液)－体組織の細胞間，
　　　リンパ液－リンパ管内
問3 魚類：1心房1心室　　両生類：2心房1心室
　　は虫類：2心房1心室　　鳥類：2心房2心室　　哺乳類：2心房2心室
問4 昆虫：マルピーギ管　　ゾウリムシ：収縮胞
問5 名称：尿素回路(オルニチン回路)
　　　反応式：$2NH_3 + CO_2 + H_2O \longrightarrow 2H_2O + CO(NH_2)_2$
　　消費ATP：3分子
問6 右図
問7 グルコースはAの糸球体で
　自由にろ過された後，Bに至る
　までの過程で全て再吸収される
　ため，それ以降の原尿中には含
　まれない。

　　Na^+はAの糸球体で自由にろ過された後，Bに至るまでの過程で再吸
収される。しかし，このNa^+の再吸収に伴って水も再吸収されるため，
Na^+の濃度は変化しない。BからCに至る過程ではNa^+は再吸収され
ないが，水が再吸収されるため，Na^+の濃度は上昇する。CからDに至
る過程では水の再吸収はあまり起きないが，Na^+の再吸収が盛んに起こ
り，濃度が低下する。DからEに至る過程では，Na^+は再吸収されない
が，水が再吸収されるためNa^+の濃度は上昇する。EからFに至る過
程ではNa^+，水ともに再吸収されるが，水が再吸収される割合の方が大
きいため，Na^+濃度は上昇する。
問8 80
問9 尿素の濃縮率：60倍
　　理由：表1より，ろ過された直後の原尿中と腎うの尿中の相対量を比較
　　　すると，再吸収されないイヌリンが100のままであるのに対して，尿
　　　素は100から75に減少する。よって，イヌリンの濃縮率80に比べて尿
　　　素の濃縮率が60と低いのは，尿素が25%再吸収されるためである。

精講 腎臓における水の再吸収

① 腎臓では，<u>皮質から髄質にかけて髄質の方が浸透圧が高くなるような浸透圧勾配</u>がみられる。
② ボーマンのうでろ過された原尿は，細尿管を髄質方向へと進むに従い，高まる細

尿管周囲の浸透圧により水が再吸収されていき，液量が減少する。
③ ヘンレのループで折り返し，皮質方向へと進む細尿管の壁は，能動輸送によるNa^+再吸収は起こるが，水透過性が極めて低い。そのため，皮質方向へと進むにつれ，Na^+の再吸収により原尿のNa^+濃度は低下する。
④ 集合管を髄質，さらには腎う方向へと進むときにも②と同様の原理で水の再吸収が起こり，液量が減少する。

標問 55 の解説

問4 陸生昆虫では消化管から突出した**マルピーギ管**が排出系に働く。体液はマルピーギ管の壁を通って管内へ入る。この液が管を通って消化管の腸へと流れるとき，窒素老廃物は尿酸などとして沈殿し，その後に排出される。ゾウリムシなどの原生動物や，カイロウドウケツなどの海綿動物では，**収縮胞**が体内に浸透してくる水と老廃物の排出に働く。

問5 **アンモニア**は肝細胞のミトコンドリアから細胞質基質に渡って進行する**尿素回路**により，毒性の低い**尿素**へとつくり変えられる。

〔尿素回路〕

問7 表1および問6からわかるように，ネフロンを進むにつれて原尿の水分量は減少するが，Na^+濃度には増減が見られる。ここで，原尿中のNa^+「濃度」ではなく，Na^+「量」を考えよう。**原尿の体積とNa^+濃度の積がNa^+量に相当すると考える**ことができる。

ここでNa^+量の変化と濃度変化を合わせて見てみよう。A→Bの過程ではNa^+は再吸収され

	A	B	C	D	E	F
水分量	100	36	21	19	10	1.25
Na^+濃度	1	1	1.7	0.25	0.5	1
Na^+量	100	36	35.7	4.75	5	1.25

ているが濃度変化は起きていない。よって，A→Bの過程ではNa^+と水の再吸収率が等しいことがわかる。また，B→Cの過程およびD→Eの過程ではNa^+は再吸収されていないが濃度が高まっているので，水の再吸収により濃度が上昇したとわかる。C→Dの過程ではNa^+濃度が低下している。これは，水分量はほとんど変化しておらず，Na^+量が減少していることからNa^+の再吸収によるといえる。最後にE→Fの過程では水分量，Na^+量ともに減少していることから，ともに再吸

収を受けているとわかる。この過程では濃度が上昇していることから，水の再吸収率の方が大きいことがわかる。

水分量はほとんど変化していない
＝水の再吸収はほとんど起きていない
＝この時の Na^+ 濃度変化は Na^+ の再吸収による

	A	B	C	D	E	F
水分量	100 ★	36	21	19 ★	10 ★	1.25
Na^+ 濃度	1	1	1.7	0.25	0.5	1
Na^+ 量	100 ★	36	35.7 ★	4.75	5	★ 1.25

水分量も Na^+ 量も減少している
＝ともに再吸収が起きている

Na^+ 濃度は上昇している
＝（水の再吸収率）＞（Na^+ の再吸収率）
となっている

Na^+ 量はほとんど変化していない
＝ Na^+ の再吸収は起きていない
＝この時の Na^+ 濃度変化は水の再吸収によるもの

★…再吸収が起きている過程

問8　「原尿量＝尿量×イヌリンの濃縮率」なので，
　　　$100 = 1.25 \times x$　∴　$x = 80$

問9　問7と同様に，水分量と尿素濃度の積は液体中の尿素量（相対量）を示すと考える。すると，原尿中では $100 \times 1 = 100$ であった尿素量が，尿中では $1.25 \times 60 = 75$ にまで減少している。これはろ過後，細尿管を通って腎うに達するまでの間に再吸収が起きたことを意味している。全く再吸収を受けないイヌリンとの違いはここに起因する。

	原尿中	尿中
イヌリン量	$100 \times 1 = 100$	$1.25 \times 80 = 100$
尿素量	$100 \times 1 = 100$	$1.25 \times 60 = 75$

　尿素は有害なのになぜ再吸収されるのか疑問に思う読者もいるだろう。まず，尿素の分子は小さいので膜を透過しやすく，受動輸送により再吸収が行われる。また，精講で述べた「皮質から髄質にかけての浸透圧勾配」をつくるのにも，尿素が使われている。

160

標問	**56**	**尿生成**

答

問1　ア－腎小体(マルピーギ小体)　イ－細尿管(腎細管)
　　　ウ－糸球体　エ－ボーマンのう

問2　(1)　15〔L〕　　(2)　43〔%〕　　(3)　234〔g〕

問3　閾値：2〔mg/mL〕
　　　グルコース再吸収量の最大値：250〔mg/ 分〕

問4　ホルモン：インスリン　　　臓器の名称：すい臓
　　　しくみ：組織細胞へのグルコースの取り込みや，細胞内での酸化分解に
　　　　　よる消費，肝臓でのグリコーゲン合成などを促進することで血糖値を
　　　　　低下させる。(65字)

問5　④　　問6　②，④

問7　脳下垂体後葉から分泌されるバソプレシンが集合管に作用し，水の
　　　透過性を高めることで水の再吸収量を増やし，体液浸透圧の上昇を抑え
　　　る。(64字)

精講 濃縮率

「尿中での濃度が血しょう中での濃度の何倍に濃くなったか」を濃縮率といい，次の式で表される。

$$濃縮率＝\frac{尿中での濃度}{血しょう中での濃度}$$

イヌリン(多糖類)は糸球体で自由にろ過されたあと，全く再吸収されることなく尿中へと排出される。そのためイヌリンの濃縮率(倍)は，生成された尿が何倍の体積の原尿に由来するかを示す。

原尿量＝尿量×イヌリンの濃縮率

標問 56 の 解説

問2　(1)　イヌリンの濃縮率が，

$$\frac{0.3〔mg/mL〕}{0.002〔mg/mL〕}=150〔倍〕$$

なので，100 mL の尿が由来する原尿の体積は，

$$100〔mL〕×150＝15000〔mL〕＝15〔L〕$$

(2)　(1)より，尿が1mL 排出されたとき，その尿が由来する原尿は150 mL である。
このとき代謝産物 X は，原尿中に，

$$150〔mL〕×0.07〔mg/mL〕＝10.5〔mg〕$$

尿中には，

$$1〔mL〕×6〔mg/mL〕＝6〔mg〕$$

第6章　体内環境の維持　　　161

含まれている。この差の,

$$10.5-6=4.5(mg)$$

が再吸収された量であるので, 再吸収率は,

$$\frac{4.5(mg)}{10.5(mg)}\times100(\%)≒42.85(\%)\cdots\rightarrow43(\%)$$

(3) 1日の尿量が1.3Lであるので, 1日の原尿量は, (2)の〜〜より

$$1.3\times150=195(L)$$

である。

血液中のグルコースは自由にろ過されるため, 血しょう中と原尿中のグルコース濃度1.2mg/mLは等しい。よって1日当たりのグルコースろ過量は,

$$195(L)\times1.2(g/L)=234(g)$$

血糖値は1日中閾値を超えることはなかったため, ろ過された全量が再吸収される。よって1日当たりの再吸収量は234(g)となる。

問3　図1より, 尿にグルコースが排出されるようになる血糖値は2(mg/mL)である。また, **再吸収量＝ろ過量－排出量**であり, 図1より血糖値をxとすると$x≧2$のとき

$$ろ過量=125x(mg/分)$$
$$排出量=125x-250(mg/分)$$

であるので,

$$再吸収量=(ろ過量125x)-(排出量125x-250)$$
$$=250(mg/分)$$

問5　血糖量調節や体温維持など, 恒常性維持の中枢は間脳視床下部である。

問6　① 低血糖時には交感神経が優位となる。 ∴ ×

②, ⑤ 低血糖時, 交感神経による刺激を受けると, 副腎髄質からはアドレナリンが, すい臓ランゲルハンス島A細胞からはグルカゴンが分泌される。これらは肝細胞などにおけるグリコーゲンの分解を促進することで血糖量の増加に働く。
∴ ②＝○, ⑤＝×

③, ④ 低血糖時, 副腎皮質刺激ホルモンによる刺激を受けると, 副腎皮質から糖質コルチコイドが分泌される。糖質コルチコイドはタンパク質から糖を新生することにより血糖量の増加に働く。 ∴ ③＝×, ④＝○

問7　バソプレシンが集合管上皮細胞の受容体に結合すると, 集合管上皮細胞内のアクアポリン(水チャネル)が細胞膜へ移動し, 水の透過性が高まることにより集合管内からの水の再吸収速度が増す。

| 標問 | **57** | **カルシウム代謝** |

答

問1　副甲状腺

問2　ア－視床下部　イ－脳下垂体前葉　ウ－甲状腺刺激ホルモン
　　　エ－フィードバック調節

問3　ホルモンAの標的細胞は破骨細胞であり，ホルモンAは破骨細胞の
　　　細胞膜上にのみ特異的に存在する受容体に結合するため。(56字)

問4　血液中のカルシウム濃度が低いとき，破骨細胞は骨を破壊し骨中の
　　　カルシウムを血液中に放出させ，カルシウム濃度を上昇させる。血液中
　　　のカルシウム濃度が上昇すると，甲状腺からのホルモンA分泌が促進さ
　　　れる。ホルモンAは破骨細胞の細胞膜に存在する受容体に結合し，破骨
　　　細胞による骨の破壊を抑制することで，カルシウム濃度の上昇を抑える。
　　　(159字)

精講 **カルシウムの主な生理的機能とホルモンによる濃度調節**

■カルシウムの主な生理的機能

骨の構成成分：リン酸カルシウムとして，骨質を構成する。

筋収縮：筋収縮の際のアクチンフィラメントとミオシンフィラメントの結合に働く。

細胞接着：細胞膜に存在するカドヘリンが，隣接する細胞のカドヘリンと結合する際
には Ca^{2+} を必要とする。

神経伝達物質の放出：Ca^{2+} によりシナプス小胞と軸索末端の細胞膜とが融合すると，
シナプス間隙に神経伝達物質が放出される。

血液凝固：血液凝固に働く酵素トロンビンの生成にかかわる。

■カルシウム濃度の調節に働くホルモン

パラトルモン（副甲状腺ホルモン）：血液中の Ca^{2+} 濃度を上昇させるペプチドホルモ
ン。副甲状腺が，直接血液中の Ca^{2+} 濃度の減少を受容してパラトルモンを分泌する。
　　骨芽細胞の受容体に結合して，骨芽細胞からの破骨細胞分化因子の産生を促し，
間接的に破骨細胞を増殖させて骨からカルシウムやリン酸が溶け出すのを促進す
る。腎臓では細尿管に作用して Ca^{2+} の再吸収を促進し，リン酸の再吸収を抑制する。
小腸ではビタミンDを活性化して Ca^{2+} の吸収を促進する。甲状腺から分泌される
カルシトニンと拮抗的に作用する。

カルシトニン：血液中の Ca^{2+} 濃度を低下させるペプチドホルモン。甲状腺から分泌
される。血液中の Ca^{2+} 濃度の上昇により分泌が促進される。
　　破骨細胞の受容体に結合して，破骨細胞の働きを抑え，骨からカルシウムやリン
酸が溶け出すのを抑制し，骨へのカルシウムとリン酸の沈着を促進する。腎臓では
Ca^{2+} の再吸収を抑制する。パラトルモンやビタミンDと拮抗的に作用する。
　　本問で問われているホルモンAはカルシトニンである。

第6章　体内環境の維持　　163

標問 57 の解説

問4 以下のように考える。

〈1〉 実験1から，甲状腺から分泌されるホルモンA（カルシトニン）は，血液中のCa^{2+}濃度の上昇によって分泌が促進されることがわかる。

〈2〉 実験2，3から，ホルモンAは血液中のCa^{2+}濃度の低下に働くことがわかる。

〈3〉 ホルモンは受容体に結合して初めて効果を生む。実験4より，ホルモンAは破骨細胞の細胞膜にのみ存在する受容体と結合していると考えられる。

〈4〉 実験5で，骨のみ(イ)，骨＋骨芽細胞(ハ)の場合はいずれもCa^{2+}濃度は低いが，骨と破骨細胞がともに存在すると，培養液中のCa^{2+}濃度が上昇している（図4(ロ)）。よって，破骨細胞のみが培養液中のCa^{2+}濃度を上昇させる働きをもつといえる。

〈5〉 骨＋破骨細胞をホルモンAを加えた培養液中に置くと，Ca^{2+}濃度の上昇はホルモンAがない場合に比べて小さくなる。このことから，ホルモンAは破骨細胞による血液中Ca^{2+}濃度の上昇作用に抑制的に働くといえる。

| 標問 | **58** | **血糖量調節** |

答

問1 (1) すい液
    (2) ホルモン：セクレチン　　器官：十二指腸
    (3) 炭水化物，タンパク質，脂質を加水分解する。(21字)
問2 名称：グルカゴン　　組織：ランゲルハンス島　　細胞：A細胞
問3 ア－グルコース　イ－視床下部　ウ－副交感
    エ－B(ランゲルハンス島B)　オ－インスリン　カ－グリコーゲン
問4 物質Eは，通常は細胞質中に存在するグルコース輸送体xを細胞
    膜上に移動させることで，細胞Xが濃度勾配に従ってグルコースを細
    胞内へ取り込むようにする。(69字)
問5 細胞外のグルコース濃度が高くなると，細胞Yの細胞膜に常在す
    るグルコース輸送体yによる取り込み量が増加し，その量に応じて物質
    Eの産生量も増加する。(72字)
問6 患者X：(オ)　　患者Y：(エ)

精講 グルコース輸送体

　細胞内へのグルコースの取り込みには，**グルコース輸送体**(グルコーストランスポーター　glucose transporter)という，生体膜に存在してグルコースを輸送する膜タンパク質が関与する。

　動物細胞では，受動輸送である促進拡散型のグルコース輸送体である**GLUT**ファミリーと，Na^+依存能動輸送型のグルコース共(役)輸送体である**SGLT**ファミリーの2種に大別できる。

■ GLUT(グルコース輸送体)

　グルコースを促進拡散させるグルコース輸送体で，グルコースは細胞膜に存在するGLUTに結合し，濃度勾配に従って細胞内へと取り込まれる。

　GLUTは複数種あり，常に細胞膜上に存在して定常的なグルコースの取り込みに働くもの(本問のグルコース輸送体y)や，脂肪細胞や筋細胞の細胞質に存在してインスリン刺激により細胞質から細胞膜上へと移動してグルコース取り込みに働くもの(本問のグルコース輸送体x)などがある。

■ SGLT(グルコース共(役)輸送体)

　小腸上皮や腎臓の近位細尿管にあり，Na^+の輸送と共役してグルコースの吸収や再吸収に働く。詳しい機構については**標問5**，**標問15**を参照すること。

第6章　体内環境の維持　　165

標問 58 の解説

問4　物質Eは，「適切に働かなくなると高血糖状態が持続し，糖尿病を引き起こす」ホルモンである。血糖量低下に働くホルモンは，すい臓ランゲルハンス島B細胞から分泌されるインスリンのみである。よって物質Eはインスリン，細胞Yはランゲルハンス島B細胞である。

　　実験4．図3(a)より，細胞Xではインスリン（物質E）添加後に，グルコース取り込み量が大幅に上昇し，またグルコース輸送体xの分布が細胞内から細胞膜上へと変化している。このことから，細胞Xは輸送体xによってのみグルコースを細胞内へ取り込むが，輸送体xはインスリンが存在するときにのみ細胞膜上へと移動するため，細胞Xがグルコースを取り込めるのはインスリン存在時のみであると考えられる。

問5　実験5より，ランゲルハンス島B細胞（細胞Y）では，培養液中のグルコース濃度とグルコース取り込み速度，およびインスリン産生量との間に正の相関関係がみられる。グルコース輸送体yをもたないランゲルハンス島B細胞（細胞Y*）ではグルコースの取り込みもインスリンの産生もみられない。このことから，ランゲルハンス島B細胞は，細胞膜上に存在する輸送体yによってのみグルコースを細胞内へと取り込んでおり，取り込みにより細胞内のグルコース濃度が上昇するとインスリン産生量を増加させると考えられる。

問6　患者Xはインスリン（物質E）産生はできるが，細胞Xがグルコースを取り込めないため，食後の血糖値低下が起きない。よって物質E，血糖値ともに高いままとなっている(オ)である。

　　患者Yは輸送体yの異常によりランゲルハンス島B細胞内のグルコース濃度が上昇しないため，インスリンの分泌が起こらない。よって血糖値は高いが，物質Eの濃度は低いままの(エ)となる。

166

標問	**59**	糖尿病

答

問1　ア－交感　イ－アドレナリン　ウ－グルカゴン
　　　エ－副腎皮質刺激ホルモン　オ－糖質コルチコイド　カ－副交感(迷走)

問2　(1)　C

(2)　B　自己抗体の作用：インスリン受容体に結合することで，その受容体がインスリンと結合するのを阻害し，標的細胞のインスリンに対する反応性を低下させる。(63字)

(3)　1型糖尿病　理由：(ランゲルハンス島)B細胞が破壊されているので，食後に血糖濃度が上昇してもインスリンが分泌されない。
〈48字(40字)〉

精講　糖尿病

　食事などによって高くなった血糖濃度が正常に下がらず，慢性的に血糖濃度が高くなる病気が糖尿病であり，その原因に基づいて1型と2型に大別される。

〈1〉　**1型糖尿病**：自己免疫疾患の1つで，ランゲルハンス島B細胞が自己の免疫細胞によって破壊され，インスリンが分泌されなくなる。B細胞が破壊される原因は，まだよくわかっていない。

〈2〉　**2型糖尿病**：1型以外の糖尿病。生活習慣や遺伝などが原因で，インスリンの分泌量の低下や標的細胞のインスリンに対する反応性の低下が少しずつ起こる。

標問 59 の解説

問2　(1)　食後の血糖濃度の上昇とともにインスリン濃度も上昇し，血糖濃度の低下とともにインスリン濃度も低下するCが健常者のグラフである。

(2)　「自己抗体 → 自己免疫疾患 → 1型糖尿病」と早合点してはいけない。問題文に「B細胞に対する自己抗体」ではなく「(標的細胞の)インスリン受容体に対する自己抗体」とあることから，B細胞自体が破壊される1型糖尿病ではなく，自己抗体が結合することでインスリンが受容体に結合できなくなり，標的細胞のインスリンに対する反応性が低下する2型糖尿病である。従って，食後の血糖濃度の上昇とともにインスリン濃度も上昇するが，血糖濃度が高いままのグラフBを選ぶ。これを機に，2型糖尿病の中にも標的細胞のインスリン受容体に対する自己抗体をつくる自己免疫疾患もあることを確認しておこう。

(3)　残るグラフAが1型糖尿病患者で，B細胞が破壊されているので食後に血糖濃度が上昇してもインスリンが分泌されず，インスリン濃度が低いままである。

第6章　体内環境の維持　　167

標問 60 体温調節

答
問1 ア-間脳視床下部　イ-交感神経　ウ-糖質コルチコイド
　　エ-肝臓　オ-収縮
問2 ホルモン：鉱質コルチコイド　　内分泌器官：副腎皮質
問3 (1) A
　　(2) AB
　　(3) A
問4 右図

問5 冷やされた血液が静脈を通って頭部から心臓へと戻る際，隣接し対向して脳へと流れる動脈を冷やすため。(48字)
問6 カ-②　キ-①

精講　体温調節

血液温度の変化を**間脳視床下部**の体温調節中枢が感知して，体温を調節する。

(1) **体温が低下したときの調節**
　① **発熱量の増加** … チロキシン・糖質コルチコイド・アドレナリンなどのホルモンによる。
　肝臓：物質の分解が促進される。物質分解による発熱量の増大，血糖量の増加。
　骨格筋：収縮と弛緩が促進される ⟶ 震え。収縮による発熱量の増大。
　心臓：拍動が促進される ⟶ 血流量の増加。血液による全身への熱の運搬。
　② **放熱量の減少** … 交感神経による。
　皮膚の毛細血管：収縮 ⟶ 皮膚直下の血流量減少。
　立毛筋：収縮 ⟶ 立毛。

(2) **体温が上昇したときの調節**
　① **発熱量の減少** … 各種ホルモンの分泌抑制，および副交感神経の働きによる。
　肝臓・筋肉・心臓：発熱量減少。
　② **放熱量の増大**
　交感神経が作用しなくなることによる調節。
　┌ 皮膚の毛細血管：拡張 ⟶ 皮膚直下の血流量増加。
　└ 立毛筋：弛緩。
　交感神経による調節
　　└→ 汗腺：発汗。

標問 60 の解説

問3 (1) アドレナリンは体温低下時に分泌され，発熱を促進する効果をもつが，体

温が上がったときに下げる効果はない。

(2) 図3（下の図）より，範囲A，Bともに熱中立帯よりもエネルギー消費量，すなわちATP消費量が多いことがわかる。

(3) 熱中立帯に比べ環境温が低い範囲Aでは，発汗量が少ないため体液浸透圧が低くなり，尿生成における水の再吸収量が減少する。

問4　範囲Aでは環境温が低下するにつれ，範囲Bでは上昇するにつれ，エネルギー消費量が増している。これは，範囲Aではふるえなどによる発熱，範囲Bでは発汗などによる放熱により，体温を一定に保つためのエネルギー消費である。範囲Aより環境温が低い範囲や範囲Bより環境温が高い範囲では，エネルギー消費量が一定となっているので，環境温に応じて体温も変化する。

問5　四肢や首では太い動脈に静脈が隣接し，互いに逆方向に血液が流れるため，この両者の間に温度の差があると熱の交換が行われることになる。首の静脈を通って体幹部へ戻る血液が，体幹部から頭部へ流れる温かい血液を冷やすため，脳内の温度を下げる効果がある。

問6　体温調節は，核心温が何度であるかという絶対的な温度ではなく，目標値と核心温とが一致しているかいないか，という相対的な温度により行われる。目標値が38℃，核心温が37℃であると，核心温が目標値よりも低いため，核心温を38℃にするため，体温を上げる調節，すなわちふるえなどが起きる。

　なお，この目標値の引き上げは次のようなしくみで起こる。

　病原細菌などが体内に侵入することにより刺激を受けたマクロファージや単球は，ある種のサイトカイン（主として免疫系の細胞の増殖や分化を制御する生理活性物質）を分泌する。このサイトカインが脳に到達すると合成されるプロスタグランジンという物質が，体温調節中枢である間脳視床下部に作用して，目標値の変更が起こる。発熱時に服用する解熱剤は，プロスタグランジンの合成を阻害することで目標値の変更を止め，発熱を抑制する。

標問 61 レプチン

答　問1　ア-大脳　イ-条件反射　ウ-視床下部
　　　　エ-副交感神経(迷走神経)　オ-インスリン　カ-グリコーゲン
　　　　キ-交感神経　ク-グルカゴン　ケ-負のフィードバック
　　　　コ-ホメオスタシス(恒常性)
　　　問2　サ-低下　シ-上昇
　　　問3　各々のホルモンに特異的な受容体が，標的細胞にのみ存在する。
　　　(29字)
　　　問4　(1)　obマウスのレプチンは受容体と結合できないという異常をも
　　　　　　ち，dbマウスの受容体はレプチンと結合できない，または細胞内に
　　　　　　情報を伝達できないという異常をもつ。(75字)
　　　　　(2)　obマウスは摂食量と体重がともに減少し，ついには餓死してしま
　　　　　　う。dbマウスの摂食量に変化はなく，体重は増え続ける。(55字)
　　　問5　受容体が，合成されない，レプチンと結合できない，細胞内に情報
　　　　を伝達できないなどが原因で，レプチン感受性が低下している。(59字)
　　　問6　③　　問7　④

精講　摂食調節

　間脳視床下部には，摂食行動を抑制する**満腹中枢**と，摂食行動を促進する**摂食中枢**
とがある。満腹中枢および摂食中枢には，血糖値の変化を感知するニューロンがあり，
体内のグルコース濃度の変化により摂食の調節がなされていると考えられている。摂
食調節に働くホルモンには**レプチン，グレリン**などがある。
レプチン：脂肪細胞から分泌されるペプチドホルモンであり，視床下部への作用を介
　して摂食の抑制と，体内でのエネルギー消費の促進に働く。
グレリン：胃や視床下部から分泌されるペプチドホルモンで，成長ホルモンの分泌を
　促進するほか，摂食の促進に働く。

標問 61 の解説

　問4　(1)　標的細胞がもつレプチン受容体に結合するレプチンが増加すると，摂食量
　　　および体重が減少するようになる。
　　　　obマウスと正常マウスの併体結合では，obマウスの体重減少が起きた。これ
　　　は正常マウスから血液によりレプチンが移動し，obマウスのレプチン受容体に
　　　結合したことによる。よって**obマウスは正常なレプチン受容体をもつ**とわかる。
　　　しかし，正常な受容体をもつにも関わらず肥満マウスとなることから，**正常なレ
　　　プチンをもたない**とわかり，**受容体と結合できない異常なレプチンを合成する**と
　　　考えられる。

170

dbマウスと正常マウスの併体結合では，正常マウスの著しい体重減少が起きた。これはdbマウスから血液により多量のレプチンが移動し，正常マウスのレプチン受容体に結合したことによる。よってdbマウスは正常なレプチンをもつとわかる。しかし，正常なレプチンをもつにも関わらず肥満マウスとなることから，正常なレプチン受容体をもたないとわかり，レプチンと結合できない，あるいは細胞内に情報を伝達できない異常な受容体を合成すると考えられる。

(2)　obマウスとdbマウスの併体結合では，dbマウスから血液により大量のレプチンがobマウスに移動し，obマウスの標的細胞にあるレプチン受容体に結合する。そのため併体結合したobマウスは，dbマウスと正常マウスの併体結合における正常マウスと同じ結果になると考えられる。

　　それに対して，自ら大量の正常なレプチンを合成するdbマウスは正常なレプチン受容体をもたないため，併体結合したdbマウスは，dbマウスと正常マウスの併体結合におけるdbマウスと同じ結果になると考えられる。

問5　レプチン濃度が上昇しても肥満になるのはdbマウスと同じで，レプチンに対する感受性の低下という異常をもつと考えられる。しかし，その原因は問4の(1)のように合成する受容体に異常があるとは限定されておらず，次の〈1〉や〈2〉なども原因として考えられる。
〈1〉　レプチン受容体遺伝子の遺伝子産物そのものが合成されない（異常な受容体さえ合成されない）。
〈2〉　正常な受容体が合成されるが，受容体に対する自己抗体が結合するために，レプチンと結合できない。

問6　問題主文中に「大脳(ア)は摂食行動の意思決定を行う領域でもある」と明示されている。

問7　問題主文の第6段落に「動物にとって低血糖は致命的なため，その防御機構が二重三重に働くが，高血糖は致命的ではないので，その防御機構は強力ではない」と明示されている。これと同じで，摂食の機会が少ないのに，摂食を促さなければ餓死するが，摂食を抑えなくても直接には死に至らない。

第6章　体内環境の維持　　171

標問 62 細胞性免疫

答
問1　①

問2　MHC-B分子をもつ母親の細胞がMHC-A分子しかもたない仔マウスXの免疫系に非自己と認識された。(43字)

問3　(1)　①　　(2)　②　　(3)　①　　(4)　①　　(5)　②

問4　(1)　50%　　(2)　100%　　(3)　25%

問5　①，③，⑥，⑧

問6　脱落する。

問7　生着する。

問8　胸腺がないためT細胞が分化せず細胞性免疫による拒絶反応が起きないから。(35字)

精講 免疫の多様性

　B細胞やT細胞の細胞膜には，抗原に特異的に結合する受容体となる膜タンパク質が存在する。B細胞のものは，そのB細胞が産生する抗体の一種でBCR（B細胞受容体）と呼ばれる。T細胞のものはTCR（T細胞受容体）と呼ばれる。受容体には抗体と同じく定常部と可変部がある。未熟なB細胞やT細胞が分化する際，抗体と同様に可変部の**遺伝子再編成**が起こり，可変部と結合する抗原がそれぞれ1つに限定されるため，1つの成熟B細胞やT細胞は，特定の抗原としか反応しない。

　遺伝子再編成による遺伝子断片の選択は偶然であり，その組み合わせは極めて多様である。そのため多様な抗原の排除が可能となる一方，自己の体内に存在する物質を抗原として認識する可変部が生じることもある。通常はそのような受容体をもつ不適切な細胞は**アポトーシス**（細胞死）により特異的に排除されるが，その排除が正常に行われなくなると，自己の細胞や組織を攻撃することによる**自己免疫性疾患**（リウマチや重症筋無力症など）が起きることがある。

標問 62 の解説

問1，2　父親の雄マウスはMHC-A分子の遺伝子をホモ(AA)でもち，母親はMHC-A分子とMHC-B分子の遺伝子をヘテロ(AB)でもつ。よって，この両親から生まれる仔マウスの遺伝子型はAAもしくはABである。仔マウスXは，母親の組織を非自己として認識した。これは，母親のもつMHC-A分子とMHC-B分子，いずれか一方をもっていないためと考えられる。よって仔マウスXの遺伝子型はAAであり，MHC-A分子のみを発現しているとわかる。

問3　骨髄細胞は，血球にのみ分化する。選択肢のうち血球はマクロファージとT細胞のみである。

問4　第1世代の雄はAA，雌はBBであるので，第2世代は雌雄ともにABである。

172

第3世代はAA，AB，BBの3種類のマウスが25%，50%，25%の割合で出現すると期待される。

(1) 第2世代の母親（AB）からの皮膚移植を拒絶しないのはABのみである。

(2) 第2世代の父親と母親（ともにAB）は，MHC-A分子とMHC-B分子の両方を発現しているので，いずれのMHC分子をもつ細胞も攻撃しない。よって第3世代の3種類すべてのマウスの皮膚が生着する。

(3) 第1世代の父親（AA）はMHC-A分子しかもたないため，MHC-B分子を発現しているABおよびBBの皮膚は移植できない。

問5　図1において，MHC-A分子のみを発現する骨髄細胞と，MHC-B分子のみを発現する骨髄細胞の結果がほぼ同じなので，MHC分子がAかBはこの実験結果には無影響であると考えられる。従って，図2での実験結果の差異は遺伝子Xの有無によるものと考えてよい。

〈1〉　①・②について

図3から，遺伝子Xを欠損すると細胞周期のS期・G_2期・M期の細胞の割合が増加するとわかるので，遺伝子Xは細胞の増殖を抑制する（①＝○）と考えられる。

〈2〉　③・④について

図2で，薬剤投与後に遺伝子X欠損（●）の方がより多く細胞死し，その割合がほぼ0になることから，遺伝子Xは細胞死を抑制する（③＝○）と考えられる。

〈3〉　⑤・⑥，⑦・⑧について

図2で，放射線照射後に，遺伝子X欠損（●）をより多く含む状態で，骨髄細胞数が正常値に回復していることから，遺伝子Xは骨髄細胞数の回復に必須ではなく（⑥＝○），無論，移植した細胞が宿主の骨髄に到達するためにも必須ではない（⑧＝○）と考えられる。

問6　通常，何も処理していないマウスの免疫細胞は，異なる系統の皮膚片を異物として認識し攻撃するため，皮膚片は生着せず脱落する。しかし，B系統のマウスで獲得免疫が成立する以前に，体内にA系統マウスの細胞を移植すると，A系統マウスの細胞を自己として認識する免疫寛容が起こる。そのため，成長してもA系統の細胞は攻撃対象とはならず，皮膚片は生着する。

しかし，何も処理していないB系統のマウスのリンパ節の細胞は，A系統の皮膚片を異物として認識し，攻撃する。

問7，8　未熟な前駆T細胞が胸腺に移動し，胸腺で増殖と分化を繰り返して成熟T細胞となる。よって，生後すぐに胸腺を除去したマウスでは，細胞性免疫だけでなく，ヘルパーT細胞がかかわる体液性免疫も働かない。

第6章　体内環境の維持　173

| 標問 | 63 | 体液性免疫 |

答
問1　ア－細胞　イ－抗原　ウ－抗原抗体　エ－体液
　　　オ－免疫グロブリン　カ－可変部　キ－定常部
問2　⑤
問3　①
問4　$100 \times 23 \times 6 = 13800$〔種類〕
問5　(1)　ミエローマ細胞：×　　ハイブリドーマ：○
　　(2)　ミエローマ細胞：用いたミエローマ細胞は経路Sによる塩基合成を行えない。HAT培養液には物質Aが含まれるため，ミエローマ細胞は経路Dによっても塩基合成を行えない。増殖時には塩基を必要とするDNA合成が不可欠であるため，HAT培養液中のミエローマ細胞は無限増殖できない。(119字)
　　　　ハイブリドーマ：ハイブリドーマはB細胞の遺伝子ももつため，物質H，A，Tが存在するHAT培養液中で経路Sによる塩基合成が可能である。よって，経路Sによって合成された塩基を材料にDNAが合成され，無限増殖が可能となる。(94字)
問6　マウスの免疫グロブリンはヒトの免疫グロブリンとアミノ酸配列が異なるため，ヒトの体内で抗原として認識され排除される可能性があるから。(65字)
問7　タンパク質pの抗原と直接結合するのは免疫グロブリンの可変部であるので，可変部はそのままに，マウスDNAの免疫グロブリン定常部をコードする領域を，ヒト免疫グロブリン定常部をコードする遺伝子に組み換え，タンパク質pに特異的に結合する抗体を産生するハイブリドーマにおいて発現させる。(138字)

精講　抗体の構造

　B細胞がつくる抗体は，**免疫グロブリン**というY字型のタンパク質である。免疫グロブリンは4本のポリペプチド鎖（H鎖（重鎖）2本，L鎖（軽鎖）2本）がジスルフィド結合(S-S結合)した右図のような構造をしている。
　可変部と定常部からなり，可変部の先端にある2カ所の**抗原結合部位**の立体構造は抗体により異なり，特異的な抗原にのみ結合する。

〔免疫グロブリン〕

標問 63 の解説

問4 抗体をつくるための遺伝子は断片化されており，DNA上でいくつかの集団をつくって並んでいる。H鎖の可変部をつくる遺伝子群はV，D，Jの3群，L鎖の可変部をつくる遺伝子群はV，Jの2群である。B細胞の成熟過程でそれぞれの群から遺伝子の断片が1つずつ選択されて再構成されるので，可変部をつくる遺伝子の組み合わせは膨大な数となる。このしくみは利根川進により解明された。

〔抗体H鎖遺伝子の再構成〕

問5 次のように考える。

ミエローマ細胞について
〈1〉 経路Sにおける塩基の合成に不可欠な酵素が働かないようになっているため，経路Sは働かない。
〈2〉 HAT培養液に物質A（経路Dを阻害）が含まれるため，経路Dも働かない。
〈3〉 細胞増殖に不可欠な塩基が合成できないのでDNAが合成できず，無限増殖できない。

ハイブリドーマについて
〈1〉 B細胞の遺伝子が含まれるため，経路D，経路Sのどちらも正常に働く。
〈2〉 HAT培養液に物質Aが含まれるため，経路Dは働かない。
〈3〉 HAT培養液に物質H，Tが含まれるため，経路Sによって塩基合成ができる。
〈4〉 細胞増殖に不可欠な塩基が合成できるのでDNAが合成でき，無限増殖できる。

問6，7 タンパク質pに対する反応性をもつためには，その抗体の可変部はタンパク質pに特異的に結合する立体構造をもつ必要がある。また，ヒトの体内で抗原として認識されず排除を受けないためには，その抗体の定常部はヒト免疫グロブリンの定常部である必要がある。このような抗体をつくるためには，タンパク質pに特異的な抗体を産生するハイブリドーマがつくる抗体の定常部遺伝子を，ヒト免疫グロブリン定常部遺伝子に組み換えれば良い。

第6章 体内環境の維持　175

標問 **64** 血液型

答

問1　血液型：次郎君 - B型　　健太君 - AB型　　彰君 - O型
　　　遺伝子型：次郎君 - BO　　次郎君の母親 - AO
問2　太郎君から健太君，次郎君から健太君，彰君から太郎君，彰君から
　　　次郎君，彰君から健太君
問3　A：B：AB：O = 3：3：9：1
問4　(1) $\dfrac{1}{64}$　　(2) $\dfrac{9}{64}$

精講 ABO式血液型

■ ABO式血液型

　赤血球上の凝集原（A，B，O）のもち方
と，血しょう中の凝集素（α，β）のもち方
により決まる。

$\begin{cases} 遺伝子 A \cdots 凝集原Aをつくる。 \\ 遺伝子 B \cdots 凝集原Bをつくる。 \\ 遺伝子 O \cdots 凝集原をつくらない。 \end{cases}$

血液型	遺伝子型
A型 （凝集原A，凝集素β）	AA，AO
B型 （凝集原B，凝集素α）	BB，BO
AB型 （凝集原A・B，凝集素なし）	AB
O型 （凝集原なし，凝集素α，β）	OO

標問 64 の 解説

問1　それぞれの血液型は次のように考える。

〈1〉　A型の太郎君は赤血球上に凝集原Aのみをもち，血しょうに凝集原βのみを
　　　もつ。太郎君の血しょうに混ぜたときに凝固が起きた（＋）次郎君と健太君は赤
　　　血球上に凝集原Bをもつ（つまりこの2人は凝集素βをもたない）。凝固が起き
　　　ていない彰君は赤血球上に凝集原Bをもたない（つまり彰君は凝集素βをもつ）。

〈2〉　太郎君の赤血球を血しょうに混ぜたときに凝固が起きた（＋）次郎君と彰君は
　　　血しょう中に凝集素αをもつ。凝固が起きていない（－）健太君は血しょう中
　　　にαをもたない。

〈3〉　〈1〉，〈2〉より，次郎君がもつ凝集素はαのみ，血液型はB型である。健
　　　太君は凝集素をもたないので血液型はAB型である。彰君は凝集素α，βをと
　　　もにもつので血液型はO型である。

　　A型のヒトの遺伝子型はAAもしくはAO，B型のヒトの遺伝子型はBBもしく
はBO，AB型のヒトの遺伝子型はABのみである。AB型である父親とA型であ
る母親からB型の子が生まれるのは，父親から遺伝子Bを受け取り，かつ遺伝子
型がAOである母親から遺伝子Oを受けとり，子の遺伝子型がBOとなるときの
みである。

問2　問題文の表より，輸血により提供された赤血球が，輸血を受けた側の血しょう

176

中の凝集素により凝固しない組合せ（－となる組合せ）を答える。

問3 各遺伝子型の出現頻度が等しい，とあるので，B型である父親は BB である確率と BO である確率が $1:1$，A型である母親は AA である確率と AO である確率が $1:1$ である。

　　よって，父親から生じる配偶子の期待値は $B:O=3:1$，母親から生じる配偶子の期待値は $A:O=3:1$。受精により生じる子の遺伝子型（血液型）とその期待値は，

　　　$(3B+1O)\times(3A+1O)=9AB+3BO+3AO+1OO$

　　よって，

　　　AA（A型）$:BB$（B型）$:AB$（AB型）$:OO$（O型）$=3:3:9:1$

問4 ABO式血液型を決定する遺伝子と Rh 式血液型を決定する遺伝子は異なる染色体上に存在するので，両者は独立に子に遺伝する。

　　問3と同様に，B型の父親とA型の母親から生まれる子の血液型とその期待値はA型：B型：AB型：O型 $=3:3:9:1$ であるので，O型である確率は $\dfrac{1}{16}$，A型である確率は $\dfrac{3}{16}$ である。

　　Rh 式血液型は Rh^{+} 遺伝子が優性（D とする），Rh^{-} 遺伝子が劣性（d とする）である。Rh^{+} 型である父親は DD である確率と Dd である確率が $1:1$，Rh^{-} 型である母親は dd である。よって父親から生じる配偶子の期待値は $D:d=3:1$，母親から生じる配偶子は d のみなので，受精により生じる子の遺伝子型（血液型）とその期待値は，

　　　$(3D+1d)\times(1d)=3Dd+1dd$

　　よって，Dd（Rh^{+} 型）$:dd$（Rh^{-} 型）$=3:1$

となり，Rh^{+} 型である確率は $\dfrac{3}{4}$，Rh^{-} 型である確率は $\dfrac{1}{4}$ である。

(1)　O型でありかつ Rh^{-} 型である確率は，$\dfrac{1}{16}\times\dfrac{1}{4}=\dfrac{1}{64}$

(2)　A型でありかつ Rh^{+} 型である確率は，$\dfrac{3}{16}\times\dfrac{3}{4}=\dfrac{9}{64}$

第7章　動物の反応と調節

標問 65　ニューロンの興奮

答
問1　(1)　3倍　　(2)　②
　　(3)　Cl⁻による電気的勾配が関わるため。(16字)
問2　(1)　②　　(2)　②
問3　(1)　膜電位が正になると開口する。(14字)
　　(2)　①
　　(3)　電位依存性Na⁺チャネルが閉じるため。(17字)
　　　　電位依存性K⁺チャネルが開くため。(16字)
　　(4)　⑤

精講　本題のテーマ

■ニューロンの興奮

　ニューロンの細胞は，静止状態と興奮状態の2つの状態をとる。細胞膜を介した膜電位(細胞外に対する細胞内の電位)が負である状態が静止状態，正である状態が興奮状態である。この状態の変化には細胞膜に存在する**ポンプ**および**チャネル**といったタンパク質の働きが大きく関与する。

■膜電位の発生とその変化
(1)　静止時
　①　**Na⁺ポンプによるイオン濃度勾配の発生**
　　　Na⁺(内→外)とK⁺(外→内)の能動輸送
　　　――→ Na⁺とK⁺の濃度勾配の発生(図1)。
　②　**電位非依存性K⁺チャネルによるK⁺の流出**
　　　膜透過性の高いK⁺が濃度勾配に従い細胞外へ流出するため，細胞外に対して内側が負になる膜電位が発生(Na⁺は細胞膜を透過しにくい)
　　　――→ 静止電位の発生(図2)。

図2　静止電位

(2)　興奮時
　③　**電位依存性Na⁺チャネルによるNa⁺の流入**
　　　刺激が与えられるとNa⁺の膜透過性が一時的に高まり，Na⁺が細胞内へ流入するため，細胞外に対して内側が正になるように膜電位が変化
　　　――→ 活動電位の発生(図3)。

④ 電位依存性K⁺チャネルによるK⁺の流出

Na⁺透過性は再び低下し，透過性の高いK⁺が細胞外へ流出して電位が元に戻る（図4）。

図3　活動電位の発生　　　　図4　K⁺が流出

標問 65 の解説

問1　(1) はじめの容器のB液の濃度をM〔mol/L〕とするとA液の濃度は$2M$〔mol/L〕，後の容器では，B液の濃度はM〔mol/L〕，A液の濃度は$4M$〔mol/L〕となる。拡散による物質移動では，最終的に全体の濃度が等しくなる。

よって，はじめの容器では最終的な濃度が，

$$\frac{M+2M}{2}=1.5M 〔\mathrm{mol/L}〕$$

となるので，移動量Pは1Lあたり，

$$1.5M-1M=0.5M 〔\mathrm{mol}〕$$

となる。

また，後の容器では最終的な濃度が

$$\frac{M+4M}{2}=2.5M 〔\mathrm{mol/L}〕$$

となるので，移動量Pは1Lあたり，

$$2.5M-1M=1.5M 〔\mathrm{mol}〕$$

となる。

A液，B液の体積は常に変わらないため，同体積あたりの移動量は，

$$\frac{1.5M}{0.5M}=3 〔倍〕$$

(2) 問題文にあるように，イオンの移動には濃度勾配だけでなく，電気的勾配も影響を与える。はじめのA液とB液とのK⁺の濃度は同じであるため，濃度勾配による移動は起きない。しかし，K⁺は正の電荷を帯びているため，A液よりもB液の方が正となる電気的勾配を作ると，より負であるA液側へと引き寄せられる。

(3) K⁺の濃度勾配だけを考えると，はじめ（A液中の濃度）＞（B液中の濃度）であることから，K⁺はA液側からB液側へ移動し，濃度が等しくなるまで移動が続くと考えられる。しかし，負の電荷をもつCl⁻も存在しており，Cl⁻は細胞膜を介した移動が起きないため，Cl⁻によりA液側はB液側よりも負の電荷をもつことになる。この電気的勾配によりK⁺は負の電荷をもつA側へ引き寄せられるので，A側の濃度の方がB側よりも高い状態で安定する。

問2 (1) 閾値以上の刺激を与えられた部位では Na^+ チャネルが開き，Na^+ が軸索内に流入して膜電位が逆転(内側：＋，外側：－)し，活動電位が発生する。この膜電位の逆転が起きている興奮部と，隣接する静止部(内側：－，外側：＋)との間に，微弱な電流である活動電流が流れると，静止部の電位依存性 Na^+ チャネルが開口して Na^+ の透過性が上昇し，Na^+ が軸索内に流入して隣接部に興奮が起こる。

(2) 興奮は細胞膜を介した Na^+ の濃度勾配と電位依存性 Na^+ チャネルの開口により起こる。活動電位が発生した後，電位依存性 Na^+ チャネルは短い時間再開口することができない。この時間が不応期であり，このため活動電位はUターンすることなく，軸索を一方向にのみ伝わっていく。

問3 (1) ＋65mV になると細胞内への電流が急激に発生することから，＋65mV になると陽イオンの急激な流入，もしくは陰イオンの急激な流出が起こるとわかる。イオンの急激な移動が起こるのは，それまで閉鎖していたイオンチャネルが開き，濃度勾配に従ってイオンが移動できるようになったためと考えられる。

(2) テトロドトキシンにより Na^+ チャネルの開口をブロックした結果(図4)では，＋65mV にした直後の細胞内への電流が抑制されているので，急激な細胞内への電流は Na^+ の流入によって起きているとわかる。

また，テトラエチルアンモニウムにより K^+ チャネルの開口をブロックした結果(図5)では，＋65mV にした直後の細胞内への電流には変化が見られないが，その後の細胞外への電流が抑制されているので，ゆっくりとした細胞外への電流は K^+ の流出によって起きているとわかる。

(3) 活動電位のピークで Na^+ チャネルが閉じるため，濃度勾配に基づく Na^+ の細胞内への流入は停止する。また，同時に K^+ チャネルが開くため，濃度勾配に基づく K^+ の細胞外への流出が起こり，これらにより細胞内への電流は停止する。

(4) K^+ の細胞外への漏れ出しにより，静止電位は通常よりもより負へ寄ったものになる。興奮が発生するには活動電位が閾値を超えなければいけないため，静止電位が負へ寄ることにより興奮の発生は抑制されることになる。

標問 66 閾値と伝導速度

答
問1　ア，イ－髄鞘，ランビエ絞輪（順不同）　ウ－跳躍
問2　25〔m/秒〕　　問3　15〔cm〕
問4　下図赤実線

C－E間の電位差

D－E間の電位差

問5　4〔ミリ秒〕
問6　Eの周囲が麻酔されていたため，Eでは膜電位の変化が起きなかったから。
問7　座骨神経には伝導速度が大きい神経繊維と小さい神経繊維とがある。Aから記録電極までの距離が大きくなるにつれて，Aで同時に発生した興奮が記録電極に届くまでの時間差が大きくなるため。
問8　座骨神経には閾値が大きい神経繊維と小さい神経繊維とがある。伝導速度が小さい神経繊維は閾値が大きいため，与える刺激を小さくすると興奮が生じず，波形が生じなくなったから。

精講　本題のテーマ

■閾値
　1本のニューロンに与える電気刺激の大きさと，ニューロンに発生する活動電位の大きさとの関係を調べると，
　　刺激がある一定の大きさ未満のとき ─→ 活動電位は発生しない。
　　刺激がある一定の大きさ以上のとき ─→ 発生する活動電位の大きさは，刺激の大きさに関わらず一定。
となっている。
　興奮の発生に必要な，最も弱い刺激の大きさを閾値という。

> **Point　全か無かの法則**
> 　1本のニューロンに与えた刺激が，
> 　　閾値未満の場合 ─→ 活動電位は発生しない。
> 　　閾値以上の場合 ─→ 刺激の大きさに関わらず，一定の大きさの活動電位が発生する。

■伝導速度

軸索が太く，髄鞘をもつ神経ほど伝導速度は大きい。また，最適温度までは温度が高いほど伝導速度が大きくなる。

標問 66 の 解説

問1　神経繊維は，その構造から有髄神経繊維と無髄神経繊維とに分けられる。

　　有髄神経繊維は脊椎動物でみられ，末梢神経ではシュワン細胞，中枢神経ではオリゴデンドログリアの細胞膜が軸索に巻きつき，髄鞘を形成している。髄鞘は0.05～1.0mm 程度の長さで，髄鞘と髄鞘の間は軸索がむき出しになっており，この部分をランビエ絞輪という。

　　一方，無髄神経繊維は髄鞘をもたず軸索がむき出しになっている神経繊維で，脊椎動物の一部の神経と無脊椎動物の神経でみられる。

　　髄鞘は絶縁性であり，有髄神経繊維では，興奮がランビエ絞輪からランビエ絞輪へと伝わる跳躍伝導が起こる。跳躍伝導は通常の伝導に比べ速度が大きいため，有髄神経繊維は無髄神経繊維に比べて伝導速度が大きい。

問2　A点に刺激を与えているので，興奮はAに近いBに到達した後でEに到達する。よって，刺激後7ミリ秒後がピークとなる凸型のグラフがB，11ミリ秒後がピークとなる凹型のグラフがEで記録された波形である。

　　細胞外の2点に電極を置いて記録した場合，記録電極に興奮が到達するとグラフはマイナス方向，すなわち凸型に，基準電極に興奮が到達するとグラフはプラス方向，すなわち凹型になる（グラフの縦軸の向きに注意）。よって，今回の実験ではEが基準電極となっていることがわかる。

　　さて，図2より，興奮がB－E間を伝導するのに要した時間は，

　　　11〔ミリ秒〕－7〔ミリ秒〕＝4〔ミリ秒〕

であり，B－E間の距離は10〔cm〕であるので，伝導速度は，

$$\frac{10〔cm〕}{4〔ミリ秒〕}=2.5〔cm/ミリ秒〕=\frac{2.5\times10^{-2}〔m〕}{1\times10^{-3}〔秒〕}=25〔m/秒〕$$

　　問2の解答は25〔m/秒〕だが，問3以降は2.5〔cm/ミリ秒〕の値を使って計算した方が速くて楽である。

問3　図2より，A点を刺激後，B点に興奮が到達し電位変化が起き始めるまでに約6ミリ秒かかっている。問2より伝導速度は2.5〔cm/ミリ秒〕なので，

　　　2.5〔cm/ミリ秒〕×6〔ミリ秒〕＝15〔cm〕

問4　基準電極であるEはそのままで，記録電極をCおよびDへと移動しているので，記録電極で記録されるグラフの凸型部分の発生時間のみが変化する。問2より伝導速度は2.5〔cm/ミリ秒〕なので，A点から20cm離れたC点に興奮が到達するのにかかる時間は，

$$\frac{20〔cm〕}{2.5〔cm/ミリ秒〕}=8〔ミリ秒〕$$

　　同様に，A点から22.5cm離れたD点に興奮が到達するのにかかる時間は，

$$\frac{22.5 \text{〔cm〕}}{2.5 \text{〔cm/ミリ秒〕}} = 9 \text{〔ミリ秒〕}$$

問5　刺激を2回与えているにも関わらず，凸型及び凹型の波形が1つずつしか記録されていない。1度目の刺激による興奮がEに到達したときに記録されるはずの10ミリ秒時点から生じる凹型の波形が見られず，2度目の刺激による興奮がBに到達したときに記録される凸型の波形も見られない。このことから，**1度目の刺激によりEの膜電位が負に変化するのと同時に，2度目の刺激によりBの膜電位も負に変化**し，その結果，2点間の電位差がなくなってグラフに変化が表れなかったと考えられる。

　　　すなわち，2度目の刺激による興奮がBに到達したのは，1度目の刺激を与えてから10ミリ秒後であり，これは1度目の刺激による興奮がBに到達した6ミリ秒後よりも，

　　　　　10〔ミリ秒〕−6〔ミリ秒〕＝4〔ミリ秒〕

後である。よって2度目の刺激は1度目の刺激の4ミリ秒後に与えられたことがわかる。図3を見ると，実際にEでの電位変化は14ミリ秒後に始まっており，正しいと確認できる。

問6　膜電位変化は細胞膜の電位依存性 Na^+ チャネルが開口し，細胞内へ Na^+ が流入することにより生じる。実験3においてBでの電位変化のみが記録されたのは，麻酔によりE点で電位変化を引き起こす Na^+ の流入が起きなかったためである。

問7　座骨神経は**複数のニューロンが束になったもの**である。ニューロンの太さや閾値はそれぞれ異なるため，座骨神経に刺激を与え，離れた記録部位に膜電位変化が生じるまでの時間を測定すると，伝導速度が大きいニューロンによる電位変化が先に，伝導速度が小さいニューロンによる電位変化が後に見られる。**この時間差は刺激部位からの距離が離れるにつれて大きくなる**（同時にスタートした，俊足のランナーと一般人とがゴールするまでの時間差を考えればよい。100m走ではあまり時間差はないが，フルマラソンでは大差がつく）。

問8　刺激を弱くすると，4ミリ秒後から生じる電位差は変化しないが，7ミリ秒後から生じる電位差が消失した。つまり，**伝導速度が小さい（＝遅い）ニューロンの興奮が生じていない**ことがわかる。閾値以上の刺激であれば，興奮の大きさは減衰なく伝導するので，**弱い刺激は伝導速度が小さいニューロンの閾値に達していなかった**ということになる。

第7章　動物の反応と調節　　183

標問 67 筋収縮

答

問1　ア-随意筋　イ-心筋　ウ-横紋筋　エ-筋原繊維
　　　オ-ミトコンドリア　カ-カルシウムイオン　キ-Z膜

問2　タンパク質の名称：ミオシン
　　　働き：ATPを分解して生じたエネルギーでアクチンフィラメントをたぐり寄せ，サルコメアを短縮させる働き。(46字)

問3　現象：伝達
　　　理由：運動神経細胞の末端からのみ神経伝達物質が放出でき，また，筋細胞側のみが神経伝達物質を受容できるから。(50字)

問4　化学物質の名称：アセチルコリン
　　　働き：心臓-心拍抑制　　腸-運動促進

問5　ク-ナトリウムイオン　ケ-カリウムイオン
　　　コ-カルシウムイオン

問6　サ-⑨　シ-⑨　ス-⑪　セ-⑱　ソ-③　タ-⑫　チ-⑲
　　　ツ-④　テ-④　ト-㉔

精講　本題のテーマ

■筋収縮

ミオシン頭部はATPアーゼ活性をもち，ATPを分解して生じたエネルギーを用いてアクチンフィラメントをたぐり寄せる。

〔筋収縮のしくみ〕

> **Point** 筋収縮のしくみ
> ① ミオシン頭部に ATP が結合。
> ② ATP が ADP とリン酸に分解され，そのエネルギーを用いてミオシン頭部の角度が変わりもち上がる。
> ③ アクチンフィラメントとミオシン頭部が結合する。
> ④ ミオシン頭部は ADP とリン酸を放出すると同時にその構造を変化させ，アクチンをサルコメア中央方向へと動かす。
> ⑤ ATP が結合するとアクチンフィラメントからミオシン頭部が離れる(①に戻る)。

　筋収縮の際には，ミオシンフィラメントが，アクチンフィラメント(球状のタンパク質であるアクチンが重合)に結合する必要がある。筋弛緩時にはアクチンフィラメントに絡みつくように存在する**トロポミオシン**というタンパク質が，両者の結合を物理的に妨げている。筋収縮時に筋小胞体から放出される**カルシウムイオン**(Ca^{2+})が**トロポニン**というタンパク質と結合すると，トロポミオシンの構造が変化して，ミオシンとアクチンフィラメントとの結合を可能にする。

〔アクチンフィラメントの構造〕

標問 67 の解説

問2　1分子のミオシンタンパク質は2本のポリペプチド鎖が互いに巻きついた構造からなる。それぞれの一端はミオシン頭部と呼ばれる球状の構造となっている。

〔ミオシン分子〕

　ミオシンフィラメントはミオシン分子が多数集合して束になったもので，一定の間隔で頭部が突き出している。ミオシン頭部は**ATP アーゼ活性**をもち，ATP を分解したエネルギーを用いて構造を変え，結合したアクチンフィラメントをたぐり寄せるので，**モータータンパク質**と呼ばれる。ATP のエネルギーによるミオシンフィラメントとアクチンフィラメントの「滑り」が筋繊維の短縮，すなわち筋収縮の原理である。

問3　運動神経細胞の末端から放出されたアセチルコリンが，筋細胞の細胞膜表面にあるアセチルコリン受容体に結合すると筋細胞膜において電位変化が生じ，細胞内での筋原繊維の収縮が引き起こされる。
　運動神経細胞と筋細胞のうち，細胞内にアセチルコリンを含むのは運動神経細胞

第7章　動物の反応と調節　　185

のみであり，アセチルコリン受容体をもつのは筋細胞のみであるため，興奮の伝達は運動神経細胞側から筋細胞側への一方向にのみ起こる。

問4　自律神経のうち，交感神経の末端からはノルアドレナリン，副交感神経の末端からはアセチルコリンが放出される。一般に交感神経は各器官を活動状態に，副交感神経は各器官を安静状態になるよう促す。

問5　筋収縮には，膜電位変化にかかわる Na^+ と K^+，アクチンとミオシンの結合に必要な Ca^{2+} が重要な働きを担う。Na^+ は体液中で，K^+ は細胞内液中で，それぞれ最も高濃度で存在する陽イオンである。

問6　筋細胞膜に存在するアセチルコリン受容体は Na^+ チャネルとしての機能ももち，アセチルコリンが結合すると開口して Na^+ を細胞内へと流入させる。その結果生じた活動電位は，細胞膜から一続きになって細胞内に入り込んでいるT管膜へと伝わり，電位依存性 K^+ チャネルを開口させる。すると，濃度勾配に従って K^+ が流出し，膜電位は低下する。

　　筋細胞内ではT管と筋小胞体(筋原繊維を取り囲むように分布している)とが接している部分があり，T管膜に生じた膜電位変化が筋小胞体膜に存在する Ca^{2+} チャネルを開口させ，筋小胞体からの Ca^{2+} 放出を起こす。精講でも述べたように，Ca^{2+} によりトロポミオシンの構造が変化し，ミオシンのアクチンフィラメントへの結合が可能になり，収縮が起こる。

標問 68 張力

答 問1 すべてのミオシン頭部がアクチンフィラメントと重なった状態になっていて収縮に働くため。(42字)

問2 ③ 理由：筋肉を引き伸ばして張力が完全にゼロになるのは，アクチンフィラメントとミオシンフィラメントの重なりがなくなるためで，そのときのサルコメアの長さはアクチンフィラメント2本分の長さとミオシンフィラメントの長さとを足したものになる。暗帯はミオシンフィラメントが存在する部分であり，その幅はミオシンフィラメントの長さに一致する。ミオシンフィラメントの長さが半分であると，張力がゼロになるときのサルコメアの長さは元のミオシンフィラメントの2分の1の長さ分，短いものになるから。

標問 68 の 解説

問1 ミオシンフィラメントはミオシン分子が多数結合したもので，その両端にはミオシン頭部が突出する領域が，中央にはミオシン頭部がない領域がある。

張力は，ミオシンフィラメントの頭部が，アクチンフィラメントに結合しそれをたぐり寄せることにより生じる。よって，ミオシンフィラメントの頭部とアクチンフィラメントの**重なりの長さと張力は比例する**と考えてよい。

〔サルコメア〕

図1のCにおいて筋を伸ばすほど張力が低下するのは，筋を伸ばすほどミオシンフィラメントとアクチンフィラメントとの重なりが少なくなるからである。

図のAにおいて筋が短くなるほど張力が低下するのは，
① アクチンフィラメントどうしが重なり合い，互いにミオシンフィラメントとの相互作用が阻害される。
② 筋原繊維が過剰に収縮するため，T管が圧迫され，細胞の中心のT管に活動電位が伝わりにくくなる。
ことなどが原因となっている。

> **Point** 張力は，ミオシン頭部とアクチンフィラメントとの重なりの長さに比例する。

第7章 動物の反応と調節

問2 筋を引き伸ばして張力がゼロになるのは，アクチンフィラメントの端がミオシンフィラメントの端に位置し，**両者の重なりがなくなった状態**である。暗帯の幅，すなわちミオシンフィラメントの長さが半分になると，この状態の長さも短くなる。

標問 69 中枢神経

答

問1　ア-樹状突起　イ-1m　ウ-散在神経　エ-介在神経
　　オ-跳躍伝導
問2　(1)　名称：シナプス　　物質：神経伝達物質
　　(2)　神経伝達物質を含むシナプス小胞は軸索末端にしか存在せず，また神経伝達物質が結合する受容体は細胞体や樹状突起の細胞膜にしか存在しないため。
問3　(1) 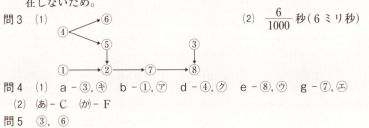　　(2)　$\dfrac{6}{1000}$秒（6ミリ秒）

問4　(1)　a-③,㋖　b-①,㋐　d-④,㋗　e-⑧,㋑　g-⑦,㋓
　　(2)　㋐-C　㋕-F
問5　③，⑥

精講　本題のテーマ

■脊椎動物の中枢神経

脊椎動物の中枢神経は**脳**（大脳・間脳・中脳・小脳・延髄）と**脊髄**とからなる。これらはそれぞれ異なる機能を有しており，動物種により発達するところが異なる。

中枢神経	機　能
脊　髄	脊髄反射の中枢 感覚および運動情報の中枢
延　髄	呼吸，心拍などの中枢
小　脳	随意運動の調節 からだの平衡維持
中　脳	眼・耳に関連した反射の中枢
間　脳	恒常性の中枢
大　脳	記憶，情動，随意運動，感覚情報の統合

〔中枢神経系の構成部位と機能〕

〔神経管からの中枢神経の分化〕

> **Point**　脊椎動物の脳の特徴
> 　魚　類：延髄・小脳・中脳が発達。
> 　両生類：中脳が発達。小脳は未発達。
> 　は虫類：両生類に比べ，大脳が発達。
> 　鳥　類：小脳の発達が著しい。
> 　哺乳類：大脳にひだがあり，著しく発達。

第7章　動物の反応と調節　　189

標問 69 の解説

問2　シナプスでは神経伝達物質による興奮伝達が行われる。シナプス前細胞の細胞内には**シナプス小胞**があり，興奮が末端方向へ伝達されるとシナプス小胞が軸索末端の細胞膜と融合し，エキソサイトーシス（開口分泌）により神経伝達物質がシナプス間隙へと放出される。神経伝達物質は受容体に結合すると膜電位を変化させるが，受容体は細胞体および樹状突起の細胞膜にのみ存在する。そのため，興奮は軸索末端側から細胞体側への一方向にしか伝達されない。

　神経伝達物質には**興奮性**のものと**抑制性**のものとがある。興奮性の神経伝達物質はシナプス後細胞の細胞膜に存在する受容体，すなわちリガンド依存性 Na^+ チャネルに結合し，Na^+ の流入による**活動電位の発生**を引き起こす。対して抑制性の神経伝達物質はシナプス後細胞の細胞膜に存在する受容体であるリガンド依存性 Cl^- チャネルに結合し，Cl^- の流入により膜電位をより負へと変化させ，**活動電位の発生を抑制**する。興奮性の神経伝達物質にはノルアドレナリンやアセチルコリン，グルタミン酸などがあり，抑制性の神経伝達物質には GABA（γ-アミノ酪酸）やグリシンなどがある。

問3　(1)　神経細胞1を刺激したときには，2，7，8の順に神経発火がみられるので，1→2→7→8の順に興奮が伝えられ，これらの間には他の神経細胞は介在していないとわかる。

　　神経細胞4を刺激したときには，5および6，2，7，8の順に神経発火がみられる。5，6は同時に神経発火しているので4は5と6の両方に興奮を伝えているとわかる。表1に「2と5が接続」とあるので，同時に興奮した5，6のうち5のみが2に興奮を伝えているとわかる。

　　表1に「3と8が接続」とあるが，8が3に興奮を伝えるならば，8が興奮した後に3が興奮するはずである。図1，2どちらでも3の興奮が生じていないことから，3と8は接続しているが，興奮を伝える方向は3→8であるとわかる。

　(2)　神経細胞1を刺激してから8に興奮が伝わるまでは「1→」「2→」「7→」8の経路で3つの神経細胞を経由する。よって1つの神経細胞あたりにかかる時間は，

$$\frac{18}{1000} \div 3 = \frac{6}{1000} 〔秒〕= 6〔ミリ秒〕$$

問4　(1)　脊椎動物の中枢神経は5つの脳（大脳，間脳，中脳，小脳，延髄）と，それに続く脊髄とからなる。脳は神経管から生じる。発生の進行に伴い，神経管の前方の膨らみ（すなわち脳胞）は脊髄に近い側からから後脳（菱脳）・中脳・前脳に分化する。そののち後脳から延髄と小脳，前脳から間脳と大脳が分化する。進化が進むにつれて，前脳が発達する。

　　すなわち，魚類では延髄や小脳の割合が高く，両生類および虫類では大脳の割合が増す。さらに鳥類・哺乳類では大脳の割合が著しく大きい。特に哺乳類では大脳が大きく発達し，間脳と中脳を包み込んでしまうため，外からは大脳，小脳，延髄，脊髄しか見られない。このことから，図4の(え)と(か)は哺乳類の脳であ

190

り，cが大脳，bが小脳，fが延髄，gが脊髄と決定される。また，大脳の割合が小さい㋘が魚類と判断され，魚類で小脳，延髄に次いで発達しているaが中脳である。dは間脳であり，その下に見られる突起部分であるeは脳下垂体である。両生類とは虫類とを比べると，は虫類の方が大脳が発達していることから，㋑がは虫類，㋐が両生類である。

(2) A．顎骨（あごの骨）をもたない脊椎動物は，初めて出現した脊椎動物である無顎類である。ヤツメウナギやヌタウナギなどが該当する。

B．顎骨をもつが四肢をもたないものは無顎類以外の魚類であり，サメなどの軟骨魚類やタイなどの硬骨魚類が該当する。

C．羊膜は陸上で胚発生する動物で見られる。四肢をもち羊膜をもたない（すなわち水中で発生する）動物はカエルなどの両生類である。

D．陸上で発生し胎生でなく（すなわち卵生であり），かつ羽毛をもたない動物はヘビなどのは虫類である。

E．陸上で発生し卵生，かつ羽毛をもつ動物はニワトリなどの鳥類。

F．脊椎動物のうち胎生であるのはヒトなど哺乳類のみである。

問5　③　神経は外胚葉由来である。

⑥　反射には感覚神経と運動神経の間に介在神経を挟むもの（例：熱いものに手が触れたときに思わず手を引く，屈筋反射）だけでなく，感覚神経と運動神経が直接シナプスを形成するもの（例：膝蓋腱反射）もある。

第7章　動物の反応と調節　191

標問	**70**	眼(1)

答

問1　アー角膜　イー虹彩　ウー水晶体　エー網膜

問2

		右眼		左眼	
		視神経束	動眼神経束	視神経束	動眼神経束
患者	①	○	×	×	○
	②	×	○	○	○
	③	○	○	○	×

問3　交感神経からの刺激により大きくなり，副交感神経からの刺激により小さくなる。(37字)

問4　強い光の下では，感度は低いが青・緑・赤の波長のそれぞれをよく吸収する3種類の錐体細胞の興奮の度合いを統合することによって色を見分ける。そして，弱い光の下では，主に感度が非常に高い桿体細胞に基づく暗順応によって極めて微弱な明暗をも見分ける。(119字)

標問 70 の 解説

問2　眼に光が照射されると瞳孔は縮小する。健常者の結果，および図1からわかるように，右眼のみ，もしくは左眼のみに光が照射されても，脳から両方の瞳孔へ縮小するよう命令が出るので，光が照射されていない側の眼でも瞳孔の縮小が起こる。

　　患者①～③に両眼照射した結果を見ると，少なくとも片方の眼で瞳孔の縮小が起きているので，少なくとも片方の眼からの視神経束は正常であり，脳へ情報を伝えている。だが，患者①では脳から瞳孔縮小するよう命令が出ているにも関わらず右眼の瞳孔縮小が起きていない。つまり，患者①は命令を伝える動眼神経束のうち右眼につながるものに異常がある。同様に患者③は動眼神経束のうち左眼につながるものに異常がある。患者②は両目で瞳孔縮小が起きているので，左右いずれの動眼神経束も正常である。

　　視神経束が正常で脳に情報が伝えられるならば，動眼神経束が正常である側の眼（患者①は左眼，患者②は両目，患者③は右眼）では瞳孔反射が起きる。右眼に光照射した場合，患者①と③では瞳孔縮小が起きているので，患者①，③は右眼視神経束は正常，患者②は縮小が見られていないので異常がある。左眼に光照射した場合，患者②と③では瞳孔縮小が起きているので，患者②，③は左眼視神経束は正常，患者①は縮小が見られていないので異常がある。

問3　交感神経末端から放出されるノルアドレナリンは，虹彩内部に放射状に分布する瞳孔散大筋を収縮させる。これにより虹彩の幅は狭まり，瞳孔が大きくなって眼球内へ入る光量が増大する。副交感神経末端から放出されるアセチルコリンは，虹彩内部に環状に分布する瞳孔括約筋を収縮させる。これにより虹彩の幅は広くなり，瞳孔が縮小して眼球内へ入る光量が減少する。

Point 瞳孔反射（中脳中枢）

強光時
副交感神経（アセチルコリン）
　── 瞳孔括約筋収縮
　── 瞳孔縮小
　── 光量減少

①瞳孔括約筋が収縮
②瞳孔縮小

弱光時
交感神経（ノルアドレナリン）
　── 瞳孔散大筋収縮
　── 瞳孔散大
　── 光量増大

①瞳孔散大筋が収縮
②瞳孔散大

問4 視細胞の内部には光を吸収する感光物質（**視物質**）が含まれる。視物質は光により分解され，この変化が視細胞の興奮を起こす。**強光下では視物質が分解される反応が連続して起き，その速度は視物質の再合成の速度より大きい**。その結果，視物質の濃度が低く，視細胞の光に対する感度は低い。対して**弱光下では分解速度よりも再合成速度の方が大きい**ため視物質の濃度は高く，視細胞の光に対する感度は高い。

　桿体細胞に含まれる視物質は**ロドプシン**という。錐体細胞はロドプシンと構造が似た**フォトプシン**を視物質としてもつ。暗所に入った際に視物質の濃度が高まり，光に対する感度が上昇していく現象が**暗順応**である。フォトプシン濃度の上昇，つまり**錐体細胞による暗順応は暗所に入るとすぐに起きる**。それに対しロドプシン濃度の上昇，つまり**桿体細胞による暗順応は暗所に入ってから10分程度を要する**。しかし，桿体細胞の暗順応は錐体細胞に比べ感度を大きく上昇させるため，時間経過に伴う光閾値の変化をグラフにすると，**2段階に変化**する。

		（視物質）	（光量）	（視細胞の興奮を引き起こすエネルギー量）
明順応	はじめ：眩しい	高濃度 ＋	強光 →	過剰
	あ　と：目が慣れる	低濃度 ＋	強光 →	適量
暗順応	はじめ：暗くて何も見えない	低濃度 ＋	弱光 →	不足
	あ　と：目が慣れる	高濃度 ＋	弱光 →	適量

第7章　動物の反応と調節

標問 71 眼(2)

答　問1　ア−水晶体　イ−視　ウ−ロドプシン　エ−盲斑(盲点)
　　　　オ−黄斑(黄点)
　　問2　透明で血管がない。(9字)
　　問3

　　問4　視野の中心部分が歪んだり欠けて見える。(19字)
　　問5　A−青　B−緑　C−赤
　　問6　夜行性であり色覚を必要としなかった。(18字)
　　問7　(1)　明るさの違いのみで色の違いは見えない。(19字)
　　　　(2)　3色とも異なる色に見えている。(15字)

精講　ヒトの色覚

　ヒトの眼には最もよく吸収する波長が異なる3種類の錐体細胞，**青錐体細胞**(極大吸収波長：420nm)，**緑錐体細胞**(534nm)，**赤錐体細胞**(564nm)がある。
　波長により各錐体細胞に生じる興奮の大きさが異なり，その興奮の大きさの違いが色覚の違いとして処理される。

標問 71 の解説

問1　視細胞は，網膜の脈絡膜側に位置する。光を受容して生じた視細胞の興奮は，ガラス体側の連絡神経細胞，さらに視神経細胞へと伝達される。視神経細胞は眼球の外へ出るため，網膜全体から一点に集中し，束となって網膜を貫く。この部位には視細胞が存在しないため，光が当たっても感知できない。この部位が盲斑(盲点)である。盲斑は黄斑よりも鼻側の網膜上に位置していることも確認しておきたい。

問2　角膜は強膜の一部で，共に眼球の最外層である。眼球内に入る光は角膜を通過したものであり，角膜には光の通過を妨げる色素や血管は分布しない。角膜の細胞が必要とする酸素や栄養分は，涙や眼房水(角膜と水晶体の間を満たす液体)により供給される。

問3　視細胞は細胞内に視物質をもつ。視物質は視細胞内の脈絡膜側(すなわち眼球

外寄り)にあり，光が当たるとその構造が変化し，視細胞の興奮を起こす。

問4　一点を注視するとその像は黄斑に結像する。つまり黄斑には視野の中央が結像するので，黄斑に障害が生じると視野の中央部分が黒く欠損した状態となる。

問5　下図に示す，光の波長と色の関係は覚えておきたい。動物の視覚器だけでなく，植物の光合成色素や光発芽の分野でも必要となる。

問6　哺乳類はは虫類が全盛であった中生代三畳紀に出現した。初期の哺乳類の多くは夜行性であり，色覚が不要であったと考えられる。そのため4種類あった錐体細胞のうちの2つが退化した。なお，現在ヒトを含めた霊長類(サル)の多くがもつ3種類の錐体細胞は，霊長類が進化する過程において2種類の錐体細胞のうちの一方の遺伝子に生じた突然変異によって獲得されたものである。

問7　色の違いは，波長の違いにより異なる錐体細胞が興奮し，その興奮の違いが脳で処理されることにより捉えられる。
　(1)　イヌの場合，信号機の色である緑・黄・赤の波長は1種類の錐体細胞を興奮させるのみである。興奮の大きさ，つまり明るさの違いは認識されるが，色の違いとしては認識されない。
　(2)　4種類の錐体細胞をもつ鳥類は，3色のそれぞれの光が複数種の錐体細胞を興奮させるので，色の違いを認識することができる。

標問 72 耳

答 問1 ①　問2 ③　問3 a-②　b-⑤　問4 ⑤
　　　問5 ③　問6 0.3〔ミリ秒〕

標問72の解説

問1　鼓膜の振動は耳小骨を経て内耳のうずまき管へ伝えられる。耳小骨は鼓膜側から順に**つち骨，きぬた骨，あぶみ骨**となっており，つち骨ときぬた骨とが**てこの原理**で振動を増幅し，うずまき管の**卵円窓**につながるあぶみ骨が内耳へと振動を伝える。

〔耳の断面〕　　〔うずまき管の断面〕

　うずまき管は2枚の長い仕切り板で区切られた三重構造をしている。卵円窓につながる前庭階はうずまきの頂部で鼓室階へとつながる。前庭階と鼓室階の間にうずまき細管が位置し，うずまき細管の床部分にあたる基底膜が振動すると，基底膜上の聴細胞が興奮する。

〔うずまき管（模式的に伸ばしてある）〕

問2　強い音は大きな振動として耳に伝わる。聴細胞の閾値は細胞ごとに異なっており，大きな刺激では閾値の大きい聴細胞（すなわち感度の低い聴細胞）も興奮する。強い音では多くの聴細胞からの興奮が伝達されるため，聴神経細胞で見られる興奮

の回数(頻度)も増える。ただし，**1本の聴神経細胞に生じる活動電位の大きさは一定である(全か無かの法則)による)**ので，図1と同じ大きさの活動電位が複数回生じている③が正解となる。

問3　基底膜の幅はうずまき管の入り口(基部)付近ほど狭く，奥(先端部)ほど広くなっている。高音，すなわち**高い周波数の振動は基部付近の狭い基底膜を振動させ**，低音，すなわち**低い周波数の振動は先端部付近の広い基底膜を振動させる**。ヒトの場合，基底膜を振動させる周波数は$20Hz〜20000Hz$であり，この範囲外の周波数は基底膜を振動させないため，音として認識されない。

問4　気導音は外耳，中耳を経て内耳で聴細胞の興奮を起こす。内耳に異常がある場合，内耳までの経路が正常であってもその異常のため聴神経へと興奮が伝わりにくく，聴力レベルは低いものとなる。また，骨導音は内耳そのものに振動を与えるが，同じく内耳の異常のため聴神経の興奮は起きにくく，聴力レベルは同程度に低いものとなる(このような，内耳における音の受容機構が障害を受けていることによる難聴を感音性難聴という)。なお，気導音の聴力レベルが骨導音のものより高いことはありえない。②のように気導音の聴力レベルのみが低いのは内耳に振動を伝達するまでの経路に異常があるタイプの難聴(伝音性難聴という)であり，内耳までの経路および内耳の両方に異常がある場合，④のように共に聴力レベルが低いが気導音の聴力レベルがより低いものとなる。

問5　気導音，骨導音の聴力レベルが同程度に低下しているので，内耳に異常があると考えられる。また，高い周波数において聴力レベルの低下が顕著であるため，高音を受容する部分の基底膜，すなわちうずまき管の基部付近に異常があると考えられる。

問6　音源から右耳と左耳までの距離の差は10cm(右図参照)であるので，

$$10[cm] \div 330[m/秒]$$
$$= \frac{10 \times 10^{-2}[m]}{330 \times 10^{-3}[m/ミリ秒]}$$
$$= 0.30[ミリ秒]$$

| 標問 | **73** | **動物の行動** |

答

問1 (1) 実験2において視覚を奪われた雄が，雌が見えなくとも雌に接近したから。(34字)

(2) 実験1においてガラス容器によって雌のにおい物質を遮断された雄が，雌に反応を示さなかったから。(46字)

(3) 実験4で雌のにおい刺激に反応できたのは，触角をもつ雄のみであったから。(35字)

問2 集合フェロモン－ゴキブリ，道しるべフェロモン－アリ，警報フェロモン－ミツバチ，階級フェロモン－シロアリ，などから1つ。

問3 雌のカイコガが分泌する性フェロモンの受容体をもつのは，雄のカイコガのみであるから。(41字)

問4 ③

問5 におい刺激を受容していないときにはジグザグターン-回転行動を行い，この行動の途中でにおい刺激を受容するとにおいの刺激方向へと直進行動を行う。(70字)

問6 本能行動

精講 動物の行動

　動物の行動には**生得的行動**(生まれつき遺伝的なプログラムにより決定している行動)や**学習行動**(生まれてからの経験によって変化する行動)がある。生得的行動を引き起こすきっかけになる特定の刺激を**かぎ刺激**(信号刺激)という。

　生得的行動には，

　走性：特定の刺激源に対する，一方向性の移動行動。

　定位行動：環境中の刺激を情報源として自身の位置を定める行動。鳥の渡りなど。

などのほか，

　フェロモン：体外に分泌する揮発性の化学物質で，特定の情報をもつ。

　ミツバチの8の字ダンス：なかまに餌の位置情報などを伝える。

などの同種の個体どうしのコミュニケーション(情報伝達)などがある。

　学習行動には，

　慣れ：無害な刺激を与え続けると反応が消失または小さくなる。

　古典的条件付け：反射を起こさせる刺激Aと，それとは無関係な刺激Bとをいつも同時に与え続けると，刺激Bだけで反射を起こすようになる。

　オペラント条件付け：試行錯誤により，自身の行動と結果(報酬や罰)を結びつけ行動の頻度を変化させる。

　刷込み：特定の時期に記憶した対象により，生涯にわたって影響を受ける行動。

などがある。

標問 73 の解説

問1　リード文および実験1～4の条件と結果をまとめてみると次の表のようになる。

	視覚刺激	におい刺激	雄の反応
対照 （リード文）	○	○	雌に接近
実験 1	○	×	反応なし
実験 2	×	○	雌に接近
実験 3	×	○	激しく羽ばたいた
実験 4	×	○	触角のある雄：激しく羽ばたいた 触角のない雄：反応なし

(1)　対照実験と実験2の結果を合わせると，視覚刺激により雌に接近しているのではないことがわかる。

(2)　対照実験と実験1の結果を合わせると，におい刺激を手がかりに雌に接近していることがわかる。

(3)　同じ刺激を与えても，実験4で触角の有無により反応が異なることから，におい刺激の受容は触角で行われていることがわかる。

問3　フェロモンやホルモンなどの情報伝達物質は，特定の受容体に結合して初めて効果を発揮する。他の動物や雄のカイコガは，雌のカイコガが分泌する性フェロモンの受容体遺伝子をもたない，もしくは遺伝子が発現しないなどの理由で受容体をもたないと考えられる。

問5　におい刺激を受容していないときにはジグザグターン-回転行動を行い，においフィラメントを探索する。その行動の途中でにおい刺激を受容した場合には，におい源の方向へ直進行動を行う。その途中でにおい刺激をがなくなった場合には再びジグザグターン-回転行動でにおいの探索を行う。このように，におい物質受容の有無により行動を切り替えることで，効率的ににおい源に到達する。

第7章　動物の反応と調節　　199

第8章 植物の反応と調節

標問 74 オーキシンの働き

答

問1 (1) アブシシン酸：−
(2) アブシシン酸：−，ジベレリン：+
(3) エチレン：+，オーキシン：−
(4) エチレン：−，ジベレリン：+

問2 インドール酢酸　問3 ③，⑤，⑥

問4 明らかにしたい内容：オーキシンは表皮組織と内部組織のどちらに
より強く作用を及ぼすか。(32字)
〔別解〕 オーキシンの作用によって成長がより促進されるのは表皮組
織である。(32字)
実験：表皮組織のみを，水あるいはオーキシン溶液に浮かべて測定する。
(30字)

問5 液胞　問6 c

問7 反応：重力屈性
しくみ：芽ばえを水平に置くとオーキシンの重力側の濃度が垂直の場合
より高まるが，茎より根の方が感受性が高いので，重力側の伸長が茎
では促進され，根では逆に抑制される。(76字)
〔別解〕 芽ばえを水平に置くとオーキシンの重力側の濃度が垂直の場
合より高まる。このため，重力側の伸長は茎では促進されるが，感受
性が茎より高い根では逆に抑制される。(76字)

問8 根冠が重力方向を感知し，先端で合成されて根まで極性移動してき
たオーキシンを重力側の濃度が高くなるように偏らせているから。
(60字)

精講 植物ホルモン

　植物の成長には，植物の体内で合成され，植物体の他の部分に運ばれ，ごくわずか
な量で植物の成長や反応を調節する，植物ホルモンと総称される物質が大きくかかわ
る。
　オーキシンは植物の光屈性に関する研究から発見された植物ホルモンの一種である。

■オーキシン

　インドール酢酸(IAA)という化学物質。
　細胞分化，茎の伸長調節，根の伸長調節，発根促進，離層形成抑制に働く。

標問 74 の解説

問1 (3) アブシシン酸は**エチレン**の合成を誘導することで，離層形成に促進的に働く。

問2　人工的に合成された，インドール酢酸と同様の働きをもつ物質としては，ナフタレン酢酸や2,4-D などがある。

問3　③　表皮組織をはがした茎における処理1時間後の結果は，水に浸した場合とオーキシン溶液に浸した場合とで差がない。よって，この時点での伸びはオーキシンの影響はないといえる。　∴　×

　　　⑤　オーキシンが正常な表皮組織を通過したときにしか成長を促進しないならば，表皮組織をはがした茎ではオーキシンの効果はなく，2つの点線のグラフは常に一致するはずである。　∴　×

　　　⑥　12%のスクロース溶液はエンドウの茎よりも高張であると考えられ，浸透圧差により茎の吸水が起こりにくく，茎は伸びにくくなると考えられる。　∴　×

問6　水に浮かべたときに外側に曲がったのは，細胞の吸水による伸長が外側よりも内側で大きかったためである。図2のグラフで20時間後を見ると，確かに水に浮かべた茎の長さは，表皮組織をはがした茎の方が未処理の茎より長い。これより，問6の実験では，表皮組織がない側(内側)の方が表皮組織がある側(外側)よりも大きく伸長したため，図3の結果になったとわかる。

　　　図2の20時間後のオーキシンに浮かべた茎の長さを見ると，水に浮かべた場合とは逆に，未処理の茎の方が表皮組織をはがした茎より長い。つまり，オーキシンの入った水に浮かべると，20時間後では表皮組織がある側(外側)の方が，表皮組織がない側(内側)の細胞より伸長することがわかる。よって，c が正解。

　　　オーキシンの方がより伸長するだろうと勝手に考えて a を選ばないように。「20時間後に観察すると」など条件がきちんと示されていることに気づき，しっかりグラフを読み取ることが大切である。

問7　オーキシンは伸長成長を促進するが，その作用は濃度に依存する。高濃度のオーキシンは伸長成長に抑制的に作用する。オーキシンに対する感受性は植物の器官によって異なっており，根は感受性が高く，茎は低い。よって，同じオーキシン濃度で培養しても，根では伸長が抑制されるのに対し，茎では伸長が促進されることもある。

　　　植物を横たえておくと，茎の内皮細胞や根の平衡細胞内で，アミロプラストという細胞小器官が重力方向へ移動し，植物体が重力方向を感知する。すると，オーキシンが重力方向へと輸送され，植物体全体において重力側のオーキシン濃度が高まる(標問75を参照)。その結果，感受性が低い茎では重力側の伸長が促進されて上向きに，感受性が高い根では重力側の伸長が抑制されて下向きに屈曲する。

問8　植物体の先端で合成されたオーキシンは中心柱を通って根へと極性移動する。根冠に達したオーキシンは，表皮および皮層を通って先端側へと移動する。根を横たえておくと，根冠の平衡細胞内でアミロプラストが重力側へ沈降することで重力方向が感知され，オーキシンが重力方向の表皮および皮層へと多く輸送され，正の重力屈性が起こる。根冠を取り除くと，重力方向の感知が起こらないため，屈曲は見られない。

第8章　植物の反応と調節　　201

標問 75 オーキシンの移動

答
問1　傾性　問2　曲線A−根　曲線B−茎　問3　エ
問4　輸送：求基的輸送
　理由：根端から2mmと5mmのいずれの位置にオーキシンを与えても，未処理の場合と比較して，その位置より茎側の部分の成長が抑制されており，根端側の部分の成長は抑制されていない。(84字)
問5　①
問6　(1)　重力とは別の作用で起こっている。
　(2)　根の切片に対し，オーキシンを含む寒天片は下側，オーキシンを含まない寒天片は上側に置かれているが，いずれの実験でもオーキシン由来の放射能が上側の寒天片から検出されている。これは，オーキシンが重力とは逆の方向にも輸送されたことを示す。(115字)
問7　根の中心部を通って求頂的に根端へ輸送されたオーキシンは，重力を感知した根冠内で，重力側に多く偏って存在するようになる。このオーキシンが中心部よりも外側の部域を求基的輸送によって茎側に向けて輸送され，成長部域において重力の反対側と比較して重力側の相対的成長量を減少させる。これによって水平に置かれた根は重力側へ屈曲する正の重力屈性を示す。(168字)

標問 75 の解説

問2　オーキシンに対する感受性は根の方が高く，茎の方が低い。よって，最大の伸長促進作用を与える濃度は根の方が低く，茎の方が高い。

問3，4　オーキシンを塗布した位置が根端から2mm，5mmのいずれの場合でも，効果が表れているのは塗布した部分よりも茎に近い位置であり，かつ現れた効果は成長の抑制である。

塗布した部分から茎側へ向かう輸送は**求基的輸送**である。また，図2において，根(A)に成長抑制効果を与える濃度はエのみである。

問5　実験2の，図5左は，求頂的輸送がどの部分で行われているかを調べた結果を示す。針金で中心部をふさいだ(B)結果，ふさがない(A)ときと比べて移動量が減少している。よって，**求頂的輸送は中心部で行われている**といえる。

　また，図5右は，求基的輸送がどの部分で行われているかを調べた結果を示す。針金で中心部をふさいだ(B)ときとふさがない(A)ときとでは移動量に変化はない（ただし，いずれも移動は起きている）。よって，**求基的輸送は中心部ではなく，外側の部域で起こっている**といえる。

問6　重力の作用によって移動しているならば，オーキシンは重力方向，すなわち上から下への方向にしか移動しないはずである。実験2ではオーキシンを下側の寒天片に含ませることにより，オーキシンの移動が重力方向とは逆に起きること，つまり重力の作用によるものではないことを示している。

問7　実験1，2からは根における求基的輸送は中心部より外側で，求頂的輸送は中心部で起こっていることがわかる。

　実験3では，根冠に重力刺激を与えると，伸長域は重力刺激を受けていなくとも根冠が重力方向だと感知した側の成長が抑制されることがわかる。根の伸長は，高濃度のオーキシンにより抑制される。そのことをあわせて考えると，次のように考えられる。

　根の中心部を求頂的輸送されてきたオーキシンを，重力刺激を受けた根冠が，重力方向へと偏らせる。その結果，重力方向側（下側）では重力方向反対側（上側）よりも高濃度のオーキシンが，根の中心部より外側を求基的輸送され，重力方向側の伸長域の伸長が抑制されている。

精講　オーキシンの移動

オーキシンは植物体の先端部で合成され，植物体内を移動して他の部分に作用する。

■**オーキシンの極性移動**

茎におけるオーキシンの移動は**先端側から基部側への一方向のみ**であり，逆方向の移動は起きない。これは，細胞膜に存在するオーキシン輸送タンパク質の局在に基づく。細胞膜にはオーキシン取り込み輸送体（**AUX1タンパク質**）とオーキシン排出輸送体（**PINタンパク質**）とがあるが，PINタンパク質は細胞膜の**基部側**の細胞膜に集中して存在している。細胞内へのオーキシンの移動は，AUX1タン

〔茎におけるオーキシンの移動〕

パク質のみによるのではなく，拡散や師管によっても起こる。結果，AUX1タンパク質の分布よりもPINタンパク質の分布の片寄りの方がオーキシンの移動に大きく影響するので，オーキシンは先端側から基部側への極性移動をすることになる。

■重力屈性とオーキシン

　茎の先端で合成されたオーキシンの一部は，根の中心部の維管束を通って根へと移動する。根冠に達したオーキシンは，中心部よりも表面に近い皮層に移動し，皮層の中を根冠から離れる方向へと移動する。根の伸長に関わるのは，この皮層内を移動するオーキシンである。

　植物体を横たえると，根冠の中央付近にある平衡細胞(コルメラ細胞)にある細胞小器官であるアミロプラストが，重力方向に沈降する。すると，PINタンパク質の配置が変化する。その結果，根冠から皮層に移動するオーキシンが，重力側，つまり下側では多く，上側では少なくなる。根はオーキシンに対する感受性が高いため，下側の成長が抑制され，正の重力屈性を示すことになる。

〔根の横断面〕

〔根におけるオーキシンの移動〕

標問 76 発芽の促進

答

問1 ア-休眠 イ-アブシシン酸 ウ-フィトクロム エ-核
問2 水, 温度, 酸素　問3 レタス, タバコ
問4 葉に含まれるクロロフィルが赤色光をよく吸収するが, 遠赤色光はほとんど吸収しない。(40字)
問5 光発芽種子は一般的に小さく貯蔵養分が少ないので, 赤色光がよく届く明るい場所でのみ発芽するという光応答性は, 発芽後すぐに光合成し始めることを可能にして生育する確率を高める。(85字)
〔別解〕 光発芽種子は一般的に小さく貯蔵養分が少ないので, 赤色光が届かない暗い場所では発芽しないという光応答性は, 発芽後すぐに光合成し始めることができずに枯死する確率を低める。(83字)
問6 (1) 名称：ジベレリン　合成される場所：胚　(2) アミラーゼ
(3) 実験内容：イネの種子を半分に切断し, 胚のついた断片から糊粉層を除去したものをデンプンを含む溶液中に一定時間浸してから, 溶液にヨウ素液を加える。
予想される結果：青紫色に変化する。
導き出される結論：酵素Yは糊粉層で合成される。
〔別解〕 実験内容：イネの種子を胚と胚乳と糊粉層に分け, それぞれに植物ホルモンXを加えて, デンプンを含む溶液中に一定時間浸してから, 溶液にヨウ素液を加える。
予想される結果：糊粉層の溶液のみ色の変化がない。
導き出される結論：酵素Yは糊粉層で合成される。
(4) 胚乳に作用し, (貯蔵)デンプンを糖に分解する反応を触媒する。
〈26字(24字)〉

精講 オオムギ種子におけるジベレリンの発芽促進

オオムギでは, 発芽三条件と呼ばれる**酸素**, **適温**, **水**が揃うと, 以下の反応が起こり, 発芽が始まる。

① **胚**で**ジベレリン**の合成が盛んになる。
② **糊粉層**の細胞にジベレリンが作用すると, **アミラーゼ**の合成が盛んになる。
③ アミラーゼが**胚乳**の**デンプン**を**糖**へと分解する。
④ **胚**は**糖**を吸収して, 浸透圧を高めて吸水を促進すると共に呼吸を行い, 発芽のためのエネルギーを産生する。

〔種子の発芽〕

第8章 植物の反応と調節　205

標問 76 の解説

問2 発芽の3条件を示せばよいが,「いくつかの環境要因が整った時に」とあるので,「適切な温度」や「適温」ではなく,「温度」と示さなければならない。

問3 カボチャとキュウリは暗発芽種子である。

問4 **標問81の解説**問6・問7を参照。

問5 **標問81の解説**問8を参照。

問6 (1), (2) ヨウ素液を加えて溶液が青紫色に変化するのはデンプンが分解されずに残っているからなので,酵素Y(アミラーゼ)が合成されなかったとわかる。逆に,溶液の色が変化しないのはデンプンが分解されてなくなっているからなので,酵素Yが合成されたとわかる。従って,**実験1**と**実験2**を次のようにまとめることができる。

酵素Yの合成（← アミラーゼ）

実験1	胚乳 ＋ 糊粉層 ＋	胚	⟶	○	…	①
	胚乳 ＋ 糊粉層		⟶	×	…	②
実験2	胚乳 ＋ 糊粉層 ＋	植物ホルモンX	⟶	○	…	③

（↑ ジベレリン）

①と②から胚が酵素Yの合成には不可欠とわかる。そして,①と③から胚が果たす役割を植物ホルモンX(ジベレリン)で代用できるとわかるので,**植物ホルモンXを合成するのは胚である**と考えられる。

(3) 胚が植物ホルモンXを合成することが(1)で既にわかっているので,酵素Yがどこで合成されるかを調べるには,次のような**実験3**を組むとよい。

酵素Yの合成

実験3　胚乳 ＋ 胚 ⟶ × … ④

（← 植物ホルモンXを合成する）

少し詳しく説明しておくと,①と④の唯一の条件の違いは糊粉層の有無であり,糊粉層があると酵素Yが合成され,糊粉層がないと酵素Yが合成されないので,**酵素Yを合成するのが糊粉層だけである**とわかる。しかし,次の**実験3′**を組んでしまうと,糊粉層だけではなく胚も酵素Yを合成するという可能性が残ることに注意する。

酵素Yの合成

実験3′　胚乳 ＋ 植物ホルモンX → ×

なお,〔別解〕に示す実験3を組んでもよい。

標問 77 アブシシン酸の働き

答
問1　フォトトロピン
問2　赤色光照射により発芽が促進され，遠赤色光照射により発芽が抑制される。(34字)
問3　ア-膨圧　イ-浸透圧　ウ-大きく
問4　個体：葉の温度が低い個体
　　　理由：気孔が開口したままの葉では蒸散が盛んに起こり，気化熱を奪われるため葉面温度が低いと考えられるから。(49字)
問5　種子が休眠せず，すぐに発芽する。

精講　環境要因と気孔の開閉

気孔は植物体のガス交換の95%以上を担っている。

気孔は晴天時に開いて，光合成に必要な二酸化炭素を取り込み，産生される酸素を放出する。また，葉から水を<u>蒸散</u>させて根からの水分や養分の取り込みを促進し，同時に日光により上昇した葉の温度を低下させる。

光合成を行うためには気孔を開く必要があるが，蒸散量が増えてしまうと植物体が水不足になる危険もある。植物体は環境の変化に応じて適宜気孔の開閉を調節している。気孔開閉を調節する要因には<u>水</u>と<u>光</u>とがある。

■水による気孔開閉調節

植物は水不足の状態になると，<u>アブシシン酸</u>の合成量を増す。アブシシン酸は孔辺細胞の細胞膜に存在する陰イオンチャネルを活性化させ，主にCl^-が細胞外へ流出する。これにより膜電位が変化すると，K^+チャネルが開き細胞外へK^+を流出させる。その結果，<u>孔辺細胞の浸透圧は低下</u>し，<u>水の流出</u>が起きると<u>膨圧が低下し，気孔が閉じる</u>。

■光による気孔開閉調節

孔辺細胞に<u>青色光</u>が当たると，青色光を受容したフォトトロピンが細胞膜のH^+ポンプ（プロトンポンプ）を活性化する。H^+ポンプは能動輸送によりH^+を細胞外へ排出する。H^+の分布が変化したことにより膜電位が変化すると，電位依存性K^+チャネルが開き，K^+が細胞内へ流入する。その結果，孔辺細

胞の浸透圧は上昇し，水の流入が起きると膨圧が上昇し，気孔が開く。フォトトロピン欠損株では青色光を照射しても，気孔はあまり開かない。

標問 77 の解説

問1　フォトトロピンはクリプトクロムと共に青色光を受容する色素タンパク質である。クリプトクロムは光による茎の伸長抑制や，暗所での芽や葉の形態形成などに働く。

問2　光発芽種子には細胞質に存在するフィトクロムというタンパク質が関わっている。フィトクロムは赤色光と遠赤色光を吸収し，赤色光を吸収すると遠赤色光吸収型(Pfr 型)に，遠赤色光を吸収すると赤色光吸収型(Pr 型)に可逆的に変化する。赤色光照射により生じた Pfr 型は核内へ移行し，調節タンパク質と共に調節領域に結合し，発芽に関わる遺伝子の発現を促進すると考えられている(標問81参照)。

問3　植物細胞をスクロースなどの溶液に浸した場合，細胞の吸水力，細胞内外の浸透圧，および細胞の吸水力について，次の等式が成立する。

　　吸水力＝(細胞内の浸透圧－細胞外の浸透圧)－膨圧

細胞内に水が流入したということは「吸水力＞0」なので，次の不等式が成立する。

　　(細胞内の浸透圧－細胞外の浸透圧)－膨圧＞0

　∴　細胞内の浸透圧 ＞ 細胞外の浸透圧＋膨圧
　　　　イ　　　　　ウ　　　　イ　　　ア

　実験1では細胞壁のないプロトプラストを用いているので，膨圧＝0であり，さらに次の不等式が成立する。

　　　　細胞内の浸透圧＞細胞外の浸透圧

問4　アブシシン酸は気孔閉鎖作用をもつ。アブシシン酸不応変異体は気孔が開いたままになっているため，常に蒸散が起きている。蒸散時に気化熱が奪われるため，変異体の葉面温度は正常個体よりも低くなっていると考えられる。

問5　アブシシン酸は種子の休眠を維持する働きをもつ。休眠には，生活に不適切な時期に発芽して枯死してしまう危険性を回避する意義がある。アブシシン酸が作用しないと，種子が休眠せず，種子形成後に発芽に必要な環境要因(水や酸素，適温など)が揃うとすぐに発芽してしまうと考えられる。

標問 **78** **カルス**

答

問1 ②, ⑤   問2 ジベレリン

問3 腫瘍形成能をもたない土壌細菌AはTiプラスミドをもたないが, Tiプラスミドを導入すると形質転換が起こり, 腫瘍形成能をもつものへと変化した。(67字)

問4 ②, ⑤   問5 サイトカイニン   問6 ④

問7 土壌細菌Aは植物のカルス化を引き起こし, 一方的に利益を得る寄生的な関係であるのに対し, 根粒菌とマメ科植物は互いに利益を受けあう相利共生の関係である。(74字)

問8 原核生物界(モネラ界)から植物界

精講 **組織培養**

多細胞生物の個体から無菌的に組織片や細胞群を取り出し, 適当な条件で生かし続ける技術を**組織培養**という。植物体の一部を切り取り, オーキシンやサイトカイニンなどの植物ホルモンを含む培地上で培養すると, 細胞は**脱分化**して無定形の細胞塊である**カルス**を形成する。カルスを, オーキシン濃度が高い条件で培養すると根が, サイトカイニン濃度が高い条件で培養すると芽が再分化する。

標問78の解説

問1 ① オーキシン2.00, サイトカイニン0.20のときにカルスが生じている。
∴ ○

② オーキシン2.00, サイトカイニン0.02のときに根が分化している。 ∴ ×

③ オーキシン2.00, サイトカイニン0のときに根が分化している。 ∴ ○

④ 根が分化しているのは, オーキシンが存在するときのみである。 ∴ ○

⑤ 根が分化したのは, いずれもオーキシン濃度の方が高いときである。 ∴ ×

⑥ オーキシンもサイトカイニンも含まれていないときには, 分化も増殖もしていない。 ∴ ○

問2 ジベレリンは, イネの苗が異常に伸長し丈が高くなる病気の原因が, 根に感染した馬鹿苗病菌(ジベレラ)が分泌する化学物質であったという研究から発見された。

問3 腫瘍形成能の有無とTiプラスミドの有無とが対応しており, Tiプラスミドを与えると腫瘍形成能があるものへ, またTiプラスミドを除去すると腫瘍形成能がないものへと形質転換することを確認すればよい。

問4 ① 腫瘍細胞は, 組み込まれたオーキシン合成酵素の遺伝子およびサイトカイニン合成酵素の遺伝子が発現して産生された**オーキシン**および**サイトカイニン**により, 細胞が異常増殖するようになっている。正常な細胞と共に培養しても, 細胞内のオーキシンおよびサイトカイニンの濃度は高いままで変化しないので, 正

第8章 植物の反応と調節 209

常細胞には変化しない。　∴　×

② 腫瘍細胞の維持には，タバコの染色体 DNA にオーキシン合成酵素の遺伝子およびサイトカイニン合成酵素の遺伝子が組み込まれていることが必要である。土壌細菌 A は，これらの遺伝子をもつ Ti プラスミドをタバコ細胞へ運び込む過程に必要であるが，腫瘍細胞の増殖維持には必要ない。　∴　○

③ 組み込まれたオーキシン合成酵素の遺伝子とサイトカイニン合成酵素の遺伝子が発現し，細胞内でのこれら植物ホルモン濃度が高くなるため，カルスになると考えられる。　∴　×

④ オピンの合成酵素の遺伝子である N を失った土壌細菌 A を感染させても腫瘍が形成されたので，オピンは腫瘍化には必要ないとわかる。　∴　×

⑤ 腫瘍細胞の染色体 DNA には Ti プラスミドから組み込まれた遺伝子 S, R, N が存在し，これらの転写が進行している。　∴　○

⑥ 腫瘍細胞の染色体 DNA には，正常なタバコ細胞の染色体 DNA にはない遺伝子 S, R, N が存在する。　∴　×

問5　遺伝子 S と R とが働くと，カルスに似た腫瘍が形成されることから，S と R はオーキシン，サイトカイニンいずれかの合成酵素の遺伝子であると考えられる。S を失い，R のみが働くと茎葉が分化することから **R はサイトカイニン** の，R を失い，S のみが働くと根が分化することから **S はオーキシン** の合成酵素の遺伝子であるとわかる。

問6　遺伝子 S と R をともに失った土壌細菌 A は，遺伝子 N のみをタバコ細胞の染色体 DNA に組み込む。S と R は腫瘍化に必要な遺伝子であるため，このタバコ細胞では腫瘍化は起きず，大きな形態変化は起こらない。ただし，遺伝子 N は組み込まれているので，オピンの合成は起こると考えられる。

問7　根粒菌とマメ科植物は，根粒菌はマメ科植物へ無機窒素化合物を，マメ科植物は根粒菌へ糖などの有機物を渡す，互いに利益がある **相利共生** の関係にある。土壌細菌 A は，タバコ細胞にオピンを合成させ，それを炭素源及び窒素源として利用する。よって，土壌細菌 A 側には利益がある。しかし，タバコ細胞側は何の利益もない。このような関係を土壌細菌 A がタバコに **寄生** している，と表現する。

標問 79 フロリゲン

答

問1 実験1-①　実験2-②　実験3-①　実験4-④

問2 長日条件下におかれると，葉においてFT遺伝子の転写及び翻訳が起こる。合成されたFTタンパク質は茎を通って茎頂まで輸送される。(60字)

問3 下図実線

問4 遺伝子組換えにより，GFPが結合したFTタンパク質を合成する植物体を作製する。その植物体を長日条件で栽培し，GFPの蛍光が葉から茎を通って茎頂へと運ばれることを確認する。(80字)

精講　フロリゲンの実体

　長日条件下に置かれたシロイヌナズナでは，葉で**FT遺伝子**(*Flowering Locus T*遺伝子)が発現し，**FTタンパク質**が合成される。FTタンパク質は**師管**を通って**茎頂**へ移動し，茎頂分裂組織にある**FDタンパク質**と結合する。このFTタンパク質とFDタンパク質の複合体が花芽分化に関わる遺伝子の発現を誘導する。
　短日植物であるイネでは，短日条件下で発現が誘導され，*FT*遺伝子と塩基配列の相同性が高い***Hd3a*遺伝子**からつくられる**Hd3aタンパク質**がFTタンパク質と同様の働きをもつ。このFTタンパク質，Hd3aタンパク質こそが**フロリゲン**の実体である。
　シロイヌナズナやイネだけではなく他の植物においても，*FT*遺伝子・*Hd3a*遺伝子と高い塩基配列相同性を示す遺伝子からつくられるタンパク質が，同じように花芽形成促進の働きをもつことがわかっている。
　標問80の精講も参照すること。

標問79の解説

問1　フロリゲンは花芽形成に適した日長を感受した**葉**で合成され，茎の**師管**を通って茎頂へと移動して作用する。
実験1　オナモミBの領域Xで合成されたフロリゲンが，オナモミBだけでなく，接ぎ木によりオナモミAへも移動して花芽を分化させる。

実験2　領域Xの葉をすべて取り去ったので，花芽形成に適した短日条件を感受する葉が存在しない。よってフロリゲンは合成されず，花芽形成は見られない。

実験3　花芽形成に適した日長を感受する葉が1枚でもあれば，フロリゲンは合成される。

実験4　環状除皮は，形成層より外側を剥ぎ取る処理であるため，フロリゲンの通路となる師管が除去される。よって，領域Xの葉で合成されたフロリゲンはオナモミAに移動することはできず，オナモミAでは花芽形成がみられない。

問2　DNAに記されている遺伝情報は転写，翻訳によりタンパク質という実体となる。FTタンパク質が働いている茎頂で*FT*mRNAが検出されないということは，他の部位で転写・翻訳が行われ，合成されたFTタンパク質が茎頂へ輸送されていることを意味する。

問3　COタンパク質が*FT*遺伝子の転写促進に働くので，COタンパク質濃度と*FT*mRNA濃度との間には正の相関関係があるといえる。COタンパク質が合成されてDNAの転写調節領域に結合し，*FT*遺伝子の転写が開始するまでの時間のずれがあると考えられるので，COタンパク質濃度の変動が少し遅れたものが*FT*mRNA濃度の変動となる。

問4　GFP（Green Fluorescent Protein）は，緑色の蛍光を発するタンパク質である。他のタンパク質につなげても蛍光を発するので，生体内での特定のタンパク質の位置を探る手がかりとしても用いることができる。

　実際の研究でも，イネのHd3aタンパク質にGFPタンパク質をつなげた融合タンパク質を用いて，Hd3aタンパク質が茎頂分裂組織に運ばれることが観察された。

| 標問 | **80** | 花芽形成 |

答

問1　ア－茎頂分裂　イ－光周性

問2　短日植物は，連続暗期の長さのみによって花芽形成が決定されるのではなく，約24時間周期の光に対する感受性の変化をもち，感受性が高いときに光照射を受けると花芽形成が抑制される。

問3　光中断は花成ホルモンにより誘導される花芽形成の有無に影響を与える。実験4より，光中断により発現量が変化するのはA遺伝子のみである。よってA遺伝子産物が花成ホルモンであると考えられる。

問4　項目：①葉で合成されたA遺伝子産物が師管を通って移動すること。
②A遺伝子産物が茎頂分裂組織に作用すると，芽が花芽へと分化すること。

実験：遺伝子組換えによりA遺伝子産物にGFPが結合したタンパク質を合成する植物体を作製し，葉で合成されたGFPが師管を通って茎頂分裂組織に到達すると花芽形成が起こることを確認する。

〔別解〕　①花芽形成が起こる日長条件下で栽培されている双子葉植物において，葉と芽の間で環状除皮を行い師管を除去すると花芽形成が起こらないことを確認する。
②花芽形成が起こらない日長条件下で栽培されている植物に，A遺伝子を導入した大腸菌などから得られるA遺伝子産物を与えると，花芽形成が起こることを確認する。

問5　①A遺伝子の転写はB遺伝子産物と光照射の影響を受け，B遺伝子産物が多く存在するときに光照射を受けると転写が抑制される。B遺伝子産物が少ないときであれば光照射を受けても転写は抑制されない。
②B遺伝子の転写は24時間周期で変動しており，光照射の影響を受けない。

標問 80 の **解説**

問2　図1のa，e，fに注目する。連続暗期の長さは，a＞f＞eだが，開花率はf＞a＞eとなっている。このことから，単純に連続暗期の長さのみによって花成のオン・オフが決定されるのではないことが明らかである。

　　また図2より，光中断が効果を発揮して開花率が低くなっているのは暗期開始から8時間後のb，32時間後のd，56時間後のfである。また20時間後のc，44時間後のeでは光中断を行っても開花率は低下していない。これらから，光中断が開花率を低下させる効果には約24時間の周期性があることがわかる。よって，短日植物は24時間周期で巡る光受容のタイミングに光照射を受けると花芽形成が阻害され，その他のタイミングならば光照射を受けても花芽形成は阻害を受けない。

問3　花成ホルモンが存在すると花芽形成が促進される。よって，花成ホルモン遺伝

第8章　植物の反応と調節　　213

子は花芽形成が行える条件でのみ転写される。短日植物であるイネにおいて、A遺伝子は花芽形成可能な短日条件でのみmRNAが増加しており、パルスにより光中断を行うとmRNA量が増加しないのに対し、B遺伝子はどちらの条件でもmRNA量に違いはない。よって、A遺伝子がコードするタンパク質が花成ホルモンであると考えられる。

問4　〔別解〕のように①を確認する際、イネは単子葉植物であるため維管束が散在しており移動を妨げるのは難しい。そのため、同じ短日植物の双子葉植物であるオナモミなどに環状除皮した結果で確認する。

問5　実験5より、A遺伝子の転写にはB遺伝子産物が必要であることがわかる。また、図3からB遺伝子の転写は光中断の影響を受けず、24時間周期での変動が見られる。そして、A遺伝子mRNAはB遺伝子mRNAの発現量が多いときに光中断を受けると発現量が低下している。よって、A遺伝子は、24時間周期で変動するB遺伝子産物が多いときに光照射を受けると転写が抑制され、B遺伝子産物が少ないときならば、光中断されても転写は抑制されないと考えられる。

精講　イネの花芽形成促進

このB遺伝子は*Hd1*遺伝子、A遺伝子は*Hd3a*遺伝子である。標問79で解説したように、シロイヌナズナでは、*CO*遺伝子産物のCOタンパク質が、フロリゲンの本体である*FT*遺伝子を活性化させ、FTタンパク質が合成され、花芽形成が促進される。

イネでは、COタンパク質に相当するのがHd1タンパク質、FTタンパク質に相当するのがHd3aタンパク質である。ただし、COタンパク質が*FT*遺伝子の転写促進に働くのに対して、Hd1タンパク質は短日条件では*Hd3a*遺伝子の転写を促進して花芽形成を促進し、長日条件では*Hd3a*遺伝子の転写を抑制して花芽形成を抑制するというように、日長に応じて異なる2つの機能をもっている。

そのため、*CO*遺伝子欠損株は長日条件下で野生株より遅咲きになるが、*Hd1*遺伝子欠損株は、長日条件下では野生株より早咲きになり、短日条件下では野生株より遅咲きになる。

標問 81 発芽調節

答

問1　①，⑤，⑦，⑩

問2　発芽は赤色光照射により誘導されるが，低温処理はその効果をさらに高めることで発芽率を増大させる効果をもつ。(52字)

問3　①

問4　赤色光照射は，作物Xと雑草Yに対してジベレリン合成を促進する効果をもつ。低温処理は，雑草Yに対して赤色光照射によるジベレリン合成の促進作用をさらに高める効果をもつが，作物Xに対する効果はない。(96字)

問5　(1) ⑥　(2) ②　問6　②，④，⑤

問7　発芽に必要な赤色光が，作物Xにより上部で吸収されるため，雑草Yの種子に到達しないから。(43字)

問8　光合成に必要な青色光と赤色光が到達しない環境では発芽しないことで，発芽後に光合成が行えずに枯死する危険性を回避することができる。(64字)

精講　フィトクロム

　光発芽種子の発芽や就眠運動の制御，短日植物の花芽形成の抑制には，主に赤色光と遠赤色光を吸収する色素タンパク質であるフィトクロムが関わっている。

　光発芽種子に赤色光を照射すると，フィトクロムはPfr型へ変化する。Pfr型のフィトクロムは核内へ移動し，他のタンパク質とともに調節タンパク質として働き，ジベレリンの合成に関わる遺伝子の発現を誘導する。

標問 81 の 解説

問1　処理 a, b の比較より，赤色光は種子の発芽を促進することがわかる。
　∴　① = ○，② ・ ③ = ×

処理b，dの比較より，遠赤色光は発芽促進の効果をもたず（⑤＝○，④・⑥＝×），かつ遠赤色光は赤色光照射による発芽促進作用を打ち消すことがわかる（⑩＝○，⑪・⑫＝×）。

処理c，eやd，fの比較より，赤色光は遠赤色光による「発芽促進打ち消し」の効果を打ち消すことがわかる。　∴　⑦＝○，⑧・⑨＝×

問2　実験1処理a，実験1処理b，実験2の処理と発芽率をまとめると，右表のようになる。

	作物Xの種子	作物Yの種子
実験1a（暗黒）	0％	0％
実験1b（赤色光→暗黒）	90％	45％
実験2（低温・暗黒→赤色光→暗黒）	90％	90％

よって，雑草Yに対する低温処理は，赤色光照射によって0％から45％に高められた発芽率を，さらに90％にまで高める効果があるといえる。

問3　実験1処理aと実験3の比較より，ジベレリンは発芽を促進すること，さらに実験4，5をあわせて考えると，赤色光照射や低温処理を行ってもジベレリンがなければ発芽はみられないことから，ジベレリンは発芽に必要で，赤色光照射にジベレリン合成を促進する効果があると推測できる。

問4　問2の解説の表からわかるように，赤色光は作物X，雑草Yの両方に対して発芽促進効果をもつが，低温処理は雑草Yの種子に対してのみ効果をもつ。

問5　①はエチレン，③・⑤はともにオーキシン，④はサイトカイニンの作用。

問6　図2(い)を読み取る。波長と対応する色は大まかでいいので覚えておこう。

問7　雑草Yは赤色光照射により発芽が誘導される（正確には赤色光照射により合成が誘導されるジベレリンの作用による）。問6でも確認したように，群落を通過する際に赤色光は上部の葉に吸収されるため，種子が存在する地表付近にはほとんど到達しない。

問8　植物に吸収されやすい赤色光により発芽が促進され，吸収されにくい遠赤色光によりその発芽促進が打ち消されることは，他の植物に覆われていない，開けた環境でのみ発芽すること，つまりは光合成に適した条件下でのみ発芽することにつながる。

標問 82 水分調節

答
問1 ア−根毛 イ−無機塩類 ウ−皮層 エ−内皮
問2 ④, ⑥ 問3 ④, ⑦ 問4 ②
問5 (1) ④ (2) エ→イ→ウ→ア→オ
問6 (1) フォトトロピン (2) ③
(3) プロトプラスト内にカリウムが取り込まれることで浸透圧が上昇し，プロトプラスト内に水が流入した。(47字)
(4) 野生株で葉表面温度が低下した理由：青色光を受容することで気孔が開き，蒸散が盛んになってより多くの気化熱が奪われた。(40字)
変異株では低下しなかった理由：青色光を受容できないので気孔が開かず，蒸散量も気化熱として奪われる熱量も増えなかった。(43字)

精講 吸水に働く力

植物体内で水を上昇させるのに働く力には，根で発生する水を押し上げる圧力である**根圧**，水分子どうしが互いに引き合い離れにくい性質(**凝集力**)，葉の気孔から水蒸気を放出(**蒸散**)することにより浸透圧を高め，水を引き上げる力などがある。

標問 82 の解説

問1　**根毛**から吸収された水や無機塩類は，皮層の細胞間隙を通って，もしくは細胞内に取り込まれ細胞間の原形質連絡を通って**内皮**に達する。内皮は1層の内皮細胞からなり，根の中心部にある維管束を取り囲んでいる。内皮の細胞壁の周囲には水を透過させにくい構造があるため，**すべての水は内皮の細胞内へ取り込まれ**，さらに内側に位置する道管へと入る。
水や無機塩類が根の中心部へ移動する際に，必ず内皮の細胞内を通ることによってその移動が制御されている。

問2　④ 道管・仮道管の中では，根→茎→葉へと水分が**一方向**的に移動している。
⑥ 茎では内側に道管，外側に師管が位置する。この位置関係を保ったまま葉へと延びると，葉の表側に道管，裏側に師管が位置する。構造を理解すること(次ページの図を参照)。

第8章　植物の反応と調節　217

茎において内側に位置した道管は葉では表側に，
茎において外側に位置した師管は葉では裏側に位置する。

問3　④　水分子は凝集力(水分子どうしで引き合う力)が大きいため，蒸散により葉の浸透圧が上昇すると，道管内の水が途切れることなく引き上げられる。
　　　⑦　蒸散が起きると，気化熱が奪われるため葉温は低下する。
問4　気孔が閉じているとき，孔辺細胞の体積は2.5，カリウム濃度は0.04である。気孔が開いているときの体積は5.0，すなわち閉じているときの2倍なので，「孔辺細胞の細胞膜が完全な半透性」であれば，カリウム濃度は$\frac{1}{2}$倍の0.02となる。

問5　問4がヒントとなっている。「細胞膜が完全な半透性」であるならば，カリウム濃度は0.02となるはずであるが，表1より，実際の濃度は0.4となっている。これは気孔が開く際に細胞内へカリウムが取り込まれていることを意味している。カリウムが取り込まれることにより孔辺細胞の浸透圧が高まり，周囲の細胞から水が流入し，膨圧が上昇する。孔辺細胞の大きな特徴として，気孔側の細胞壁は厚く，反対側(外側)は薄いことは知っておかねばならない。膨圧の上昇により，外側の細胞壁が薄い側へと孔辺細胞が湾曲することで気孔が開く(**標問77**の精講を参照)。

問6　**標問77**の精講を参照。
　(2)　①と②にはフィトクロムが受容する赤色光と遠赤色光が関わっている。なお，「最も適切なものを1つ選べ」とあるので答は③でよいが，②については最近になってクリプトクロムが受容する青色光も関わっているとわかってきていることを付け加えておく。
　(3)　「問5の内容をもとに」とあるので，「プロトプラスト内へのカリウムの取り込み」→「浸透圧の上昇」→「水の流入」を示せばよい。
　(4)　青色光を受容できる野生株は気孔を開いて蒸散量を増加させ，気化熱として奪われる熱量も増加させることができる。これに対して，青色光を受容できない変異株は気孔を開くことができず，蒸散量も気化熱として奪われる熱量も増加させることができない。

第9章 生態と環境

標問 83 個体群密度の変化

答
問1 密度効果
問2 (1) 餌や生活空間が不足して競争が激しくなり，動物では排出物の蓄積などにより環境が悪化するため。
(2) 環境収容力
(3) 右図
問3 ②　問4 イ―②　ウ―④

精講　本題のテーマ

■密度効果
　個体群密度が，個体の形態・生理・成長・行動などに及ぼす影響を**密度効果**という。個体群密度が高くなると，出生率が低下し，死亡率が高くなる。
動物：餌や生活空間の不足，排泄物による汚染。
植物：光・水・栄養塩類など，資源の不足。

■環境収容力
　一定の地域では，資源量によって個体群密度の最大数が決まる（**環境収容力**）。

標問83の解説

問2　(1) 個体群密度はある地域における資源量によって決まる。餌が不足すれば栄養状態が悪くなり，生活空間を巡る競争が強まれば，餌を摂取したり繁殖に費やしたりする時間が減少して，産卵数や産子数が減少する。動物では排泄物による汚染が進めば感染症の蔓延などにより死亡率が高くなる。
(3) 問題主文に「個体数の増加率＝出生率－死亡率」として与えられている。個体数が一定の値になるのは，**個体数の増加率＝0** となるとき，すなわち**出生率と死亡率が等しくなるとき**である。
問3　メスの産む卵の数が一定であり，その卵がすべて羽化すると仮定すれば，右図に示すように羽化してくる子世代の成虫数は，親世代の成虫数に比例するはずである（正確には

雌雄が1：1ならば，親世代の成虫数の$\frac{1}{2}$に比例する）。

① 密度の影響がみられないならば，親世代の成虫数約150匹までは，羽化してきた子世代の成虫数は親世代の成虫数に比例するはずである。しかし実際は，親世代の成虫数が150匹に近づくにつれて，羽化した子世代の数は比例する場合より少なくなっている。　∴　×

② 「親世代のメス1匹あたりの増殖率」は，羽化してきた成虫数を親世代のメスの数で割った値に相当する。この値は親世代の成虫数と子世代の成虫数が比例するならば一定になるが，実際には，親世代の成虫数がおおよそ50匹になるあたりからグラフの傾きが比例する場合よりも緩やかになっている。よって，メス1匹あたりの増殖率が最大になる密度は，親世代の成虫数が150匹になる以前のはずである。　∴　○

③ 親世代の成虫数が約150匹を超えてから羽化する子世代の成虫数が急激に減少するのは，メスの産卵数が減少する以外に，卵のふ化率や羽化する割合が低下することも考えられるので，産卵数の減少だけでは必ずしも説明できない。　∴　×

問4　図2が意味するところを検討する。

はじめ成虫は雌雄1対で，産卵後に羽化した子は餌となるアズキを入れ替えた容器に移すので，餌と生活空間は十分にあり個体数は増加することが容易に予測できる（すべての選択肢のグラフで初期の個体数は増加している）。

理解を容易にするために，ある程度個体数が増加した状態として，成虫が400匹になったときを考える（下図a）。このとき，羽化する子世代の成虫数は約730匹（b）程度である。この成虫が親となったとき（b'），羽化する子世代の成虫数は約470匹（c）である。この成虫が親になったとき（c'），羽化する子世代の成虫数は約700匹（d）である。この成虫が親になったとき（d'）…と繰り返していくと，最終的な個体数は600匹に収束することが推測される（変化のようすを矢印でつないでいくと，収束するようすがつかみやすい）。

この数は親世代の成虫数と，羽化してきた子世代の成虫数が等しくなるところ（グラフに$y=x$として示している）であるので，ここから判断することもできるだろう。

グラフについて，一般に成長曲線は選択肢のグラフ①のように示されるが，本問では成虫数はa→b'→c'→d'と増減はするものの最終的には一定値（600匹）に近づく。よって②が妥当である。

| 標問 | **84** | 個体数の推測・相変異 |

答
問1　ア-標識再捕法　イ-環境収容力　ウ-群生相　エ-孤独相
問2　ある地域に生息する複数の生物種の個体群の集まり。(24字)
問3　固着生活をする動物や，動きが緩慢な動物。
問4　305個体
問5　①調査する区域に移出入する個体がない。②調査期間中に死亡や出生がない。③標識が脱落したり，生存に影響したりしない。
問6　20　　問7　(b)，(c)，(f)
問8　成虫になって餌や生活空間が確保できる環境に移動してから，産卵に適した状態になる。

精講 個体数の推測法

■区画法
固着性の生物や植物などに適用する。個体数を推測する場所を区画で仕切り，1区画あたりの個体数を数区画で調べ，その平均に区画数をかけて全個体数を求める。

■標識再捕法
移動・分散する動物に適用する。

$$\frac{1回目に捕獲して標識をつけた個体数}{全個体数} = \frac{2回目に捕獲した個体のうち標識個体数}{2回目に捕獲した個体数}$$

の式から全個体数を推測する。

標問 84 の 解説

問1〜3　ある地域に存在する生物全体を**生物群集**と呼び，その地域に生息する特定の種の集まりを**個体群**と呼ぶ。

ある地域に生息する個体数をその地域の面積で割った値を**個体群密度**と呼ぶ。個体群密度を測定する場合，狭い範囲ではすべての個体数を調べることができるが，広い範囲や個体数が非常に多い場合には全個体数を計測するのが難しい。

個体数を推測する方法には**標識再捕法**と**区画法**がある。前者は移動・分散する動物に適用し，後者は固着生活する動物，植物に適用する。

問4　この区画全体は $5m \times 5m = 25m^2$。$1m \times 1m$ に仕切られた5区画に個体数が示されており，この5区画 $(5m^2)$ の個体数は，

$$8 + 10 + 17 + 12 + 14 = 61$$

全体の面積は数えた5区画の5倍あるので，全個体数は，

$$61 \times 5 = 305 〔個体〕$$

問6　捕獲した1250匹に標識して放したのち，標識個体が集団内で均一に拡散すれば，

第9章　生態と環境　　221

全個体数に対する標識個体数の比と，2回目に捕獲した個体数に対するその中の標識個体数の比が一致するはずである。

　今，全個体数が156250匹，1回目の捕獲数が1250匹，2回目の捕獲数が2500匹である。2回目に捕獲した個体のうち標識のある個体数をx匹とすれば，

$$\frac{1250}{156250} = \frac{x}{2500}$$

$$x = \frac{1250 \times 2500}{156250}$$

$$= 20〔個体〕$$

問7　個体群密度によって形態や生理的状態，行動が著しく変化することを**相変異**と呼ぶ。個体群密度が高くなっても個体の移動能力が高くなれば，現在生息している場所での密度効果が緩和され，移動した個体は餌や生活空間を確保することができる。

　バッタでは個体群密度が高くなると，体色が暗化し，体長に対して翅が長くなり，後脚は短くなる。また，集合性が高くなって集団で飛翔する。産卵数は少ないものの，幼虫の成長は速い。よって，(a)，(d)，(e)は関係が逆である。

問8　個体群密度が高い状態では，餌不足などで成虫の栄養状態が悪く，産まれてきた幼虫にとっても成長に適した環境ではないことから推測する。

| 標問 | **85** | 種内関係，種間関係 |

答

問1　模様の違いを学習して有毒な被食者を捕食しなくなる。(25字)

問2　被食者全体に対する有毒な被食者の割合が低く，捕食者が毒性とその外見との関係を学習しにくい場合。(48字)

問3　擬態

問4　有毒昆虫のG種が多い島では，捕食者がその模様から捕食を回避する学習が成立しやすく，似た模様をもつタイプβも捕食者からの捕食を逃れているため。(70字)

問5　捕食者はX種やY種を模様から有毒であると認識しているが，まれにしか出現しない模様の異なる雑種は有毒であることが学習されにくいため。(65字)

問6　生殖的

問7　地域1のX種はY種と交尾しない。雑種は捕食者に捕食されやすいため，Y種と交尾しない性質をもつものの方が子孫を残しやすく有利であるためと考えられる。(73字)

標問 85 の **解説**

問1　実験1では，①で模様がなく毒性のない餌を与えているので，②の1回目の実験ですでに認識されている無毒な餌の食べられている数が多い。②，③では無毒な餌と有毒な餌の両方が与えられ，実験を繰り返すことで有毒な餌の食べられる回数が減少している。有毒な餌が不味などですぐに認識されるならば，捕食によって餌に描かれた模様と餌の有毒性が結びつき，**学習**が成立して捕食者が食べなくなったことを示している。

問2　実験2では「無毒な餌には台紙と同じ模様を，有毒な餌には台紙と異なる模様を描いて」とあることから，**有毒な餌が目立つ**ことがわかる。実験群の有毒な餌の割合は，群(1) 4 %，群(2)12%，群(3)32%となっており，50個の餌を無作為に食べたときの有毒な餌を食べる期待値は，それぞれ2個，6個，16個である。

　　群(1)と(2)では有毒な餌が期待値より多く捕食されているが，これは有毒な餌が目立ち，また，その数が少ないためだと考えられる。ある程度以上に有毒な餌の割合が多くなると捕食される確率も高くなり，そこに描かれた模様と毒性が結びついて学習され，やがて捕食されにくくなっていくと考えられる。

問3　動物の体の構造や姿勢が他のものに似ることを**擬態**と呼ぶ。擬態には他のものに似て目立たなくなる場合(隠蔽的擬態)や，模様をまねることで捕食を逃れる場合(標識的擬態)などがある。標識的擬態は，さらにベーツ型擬態(有毒や悪味で警告色をもつ他の生物種に似る)と，ミュラー型擬態(有毒や悪味の生物種どうしが共通の警告色をもつことで捕食者の学習を早める)がある。

問4　実験1では餌の毒性と模様が結びつけられて学習が成立することを，実験2で

第9章　生態と環境　　223

は有毒な餌が多くなるほど捕食者に避けられることが示されている。無毒な昆虫F のタイプαは黒色だが，タイプβは有毒昆虫Gと似た模様であり，昆虫Gが多い 島の捕食者では，学習によってG種の模様が有毒性と結びついており，昆虫Gと似 たような模様をもつタイプβの捕食を回避すると考えられる。これは問3の解説で 述べたベーツ型擬態の例である。

問5　X種とY種はともに形状が同じで有毒性をもつが模様が異なる。この両者の模 様と有毒性については捕食者の学習が成立している。しかし，両者の雑種が出現す ることはまれで個体数が少ないので，X種やY種と異なる模様をもつ雑種が毒性を もっていても捕食者による学習が成立しにくい。

問6，7　実験3～5より，地域1のX種は他種であるY種との求愛と交尾を避けて おり，同種であるが模様が異なる地域2のX種との求愛も避けることがわかる。し かし，地域2のX種はY種にも模様が異なるX種にも求愛して交尾する。

　　地域1でこのような生殖的隔離が進んだ理由を，雑種が捕食されやすいことから 推察する。

| 標問 | **86** | 遷　移 |

答

問1　林冠を形成する木が寿命や台風などで部分的に倒木して光が差し込むようになった場所であり，林床まで届く光量が増加する。

問2　陽樹：ミズナラ　　陰樹：ブナ

問3　B種

　　根拠：B種は林床での生存率が高いので，幼木が弱光下でも成長できる陰樹のアに対応し，E種は大きいギャップ内での成長速度が高いので，幼木が強光下でよく成長する陽樹のイに対応すると判断できる。

問4　林床での生存率を高めようとすると陰樹的な性質が強くなり，光量の多い大きなギャップでの生育に有利になる成長速度を高くすることができない。一方，大きなギャップ内で成長速度が高くなるような陽樹的な性質が強くなると，光補償点が高くなり，光量の少ない林床で生存することが難しくなる。

問5　台風などによる倒木で大きなギャップができて林床にまで光が差し込むと，陰樹の幼木が成長するだけでなく，埋土種子や外部から侵入した種子から発芽した陽樹の幼木が急速に成長してギャップを埋める。このことで，極相林に部分的に陽樹が混生した状態になる。

標問 86 の 解説

問1　森林の上部を林冠と呼び，葉で覆われているため林内は暗い。病気や寿命，台風などの影響で林冠を構成する木や枝が失われると，光が差し込む隙間ができる。この場所がギャップである。

問2　どちらも夏緑樹林帯の代表的な樹種である。

問3　幼木が森林のさまざまな場所に出現するアが陰樹で，ギャップの部分に集中的に出現するイが陽樹である。そして，問題文に「アとイはそれぞれ図1中のB種とE種のどちらかに対応する」と明示されているので，図1より，幼木の林床での生存率が高いB種が弱光下でも成長できる陰樹のアに対応し，幼木の大きいギャップ内での成長速度が高いB種が強光下でよく成長する陽樹のイに対応すると判断できる。

問4　本問でいう「トレードオフ関係」は「一方を追求すると他方が犠牲にならざるを得ない」と示されており，「一方」と「他方」はグラフの縦軸と横軸である。つまり，「林床での生存率を高くしようとすると，大きいギャップ内での成長速度を高くできない」ということである。このままではグラフの軸をただ書き写しただけで答案にならないので，解釈が必要である。

　　問3の解説に示したように，光量の多い場所での生育に有利なのは成長速度の大きい陽樹である。しかし，森林が成立した後には林床の光量が著しく減少し陽樹の芽生えは成長できないので，林床での成長速度と生存率の両方を高くすることはで

第9章　生態と環境　　225

きない。

つまり，林床での生存率を高くするには陰樹的な性質をもつ必要があるが，大きいギャップ内では成長速度が高いことが生存には有利に働くため，陽樹的な性質が有利となる。

問5　ギャップの大きさによって，その後に出現する樹種に違いが生じる。

倒木する木が少なく，小さいギャップしかできなかった場合，林内に光は差し込んでも林床にまで光が届かないことがある。林床が明るくならなければ陽樹の幼木は成長できないので，このような場合はすでに存在している陰樹の幼木が成長して林冠が閉鎖される。つまり，陽樹が混じらない。

大きいギャップができた場合は林床にまで光が届き光量が多くなるので，外部から侵入したり土壌に残っていたりした種子から発芽した陽樹の幼木が，陰樹よりも速く成長する。この陽樹によって林冠が閉鎖されると，極相林に陽樹が混生することになる。

ギャップ形成によって木が入れ替わることをギャップ更新と呼ぶ。極相林の安定とは，全体としては変化していないように見えるが，部分的には少しずつ入れ替わっていることによって保たれている。また，気候変化や開発などによる自然状態の変化を攪乱と呼び，大規模な攪乱は多くの生物を絶滅に追い込むが，ある程度の攪乱は優占する種を減らし，多様な種の共存を可能にする(中規模攪乱説)。

精講　ギャップ更新

ギャップが形成されることで森林を構成する樹木が入れ替わる。
大きいギャップ：林床の光量が増え，陽樹が成長してギャップをうめる。
小さいギャップ：林床の光量はあまり増えず，陰樹の幼木が成長してギャップをうめる。

標問 87 バイオーム

答
問1 (1) A (2) 熱帯多雨林 問2 ③
問3 降水量が極めて少なく，1日における気温差が大きい。(25字)
問4 (1) (iv)
(2) (i)よりも気温が低い地域に成立する(iv)では，分解者による腐植の分解が進みにくいため。(42字)
問5 一般に(i)では楕円形の葉が地面と平行につくが，Eでは針状の葉が枝に垂直につく。(35字)

精講 バイオーム・生活形

■ **バイオーム**
　気候によって区分されるある地域の植生や動物などの生物のまとまりを**バイオーム**（**生物群系**）という。バイオームは**相観**によって分類される。相観（森林・草原・荒原）は**年平均気温**と**年間降水量**によって決まる。相観は降水量が多い方から，森林，草原，荒原と変化する。
　森林は気温の違いによって，比較的温暖な地域では熱帯多雨林や照葉樹林のような常緑広葉樹が，寒暖差や雨季・乾季がある地域では落葉広葉樹が，年間を通じて気温の低い地域では針葉樹が中心となる。
　草原はイネ科植物が主体で，熱帯では木本が混じるサバンナとなり，温帯では木本がほとんどないステップとなる。
　乾燥が厳しいと砂漠になり，気温がかなり低いとツンドラとなる。

〔気温・降水量とバイオーム〕

■ **ラウンケルの生活形**
　生育に不適当な時期につける芽を**休眠芽**と呼ぶ。ラウンケルはこの位置によって植物を分類したが，これは植物の生育する環境と密接な関係がある。
　熱帯多雨林のような好適な環境では生育を阻害する因子が少ないため，植物は年間を通じて成長する。一方，気温が極端に低くなる地域では，大気中よりも地表面の方が温度の変化が少ないため，地表面付近に休眠芽を形成するようになる（半地中植物・地中植物）。乾燥が強くなると植物体を残すことができないので，休眠芽をつけるのではなく乾燥に強い種子を残してやり過ごす一年生植物が多くなる。

温暖で湿潤な熱帯多雨林：地上植物が多い。
寒冷な地域：半地中植物・地中植物が多い。
著しく乾燥する地域：一年生植物が多い。

標問 87 の解説

　バイオームを理解する上で重要な精講の図と，問題文の図1を照らし合わせると本問の判断は容易である。

問1　設問文の「世界のバイオームの中で最も樹木の種類数が多い」は，年平均気温が高い熱帯(図1のA)に成立する**熱帯多雨林**の特徴である。高温多湿で植物の生育に適しているこの地域には，多種類の植物が生育し，地上植物が多い。

問2　森林は年間降水量が700〜1000mm程度以上，砂漠は年間降水量が200mm以下の地域に成立する。よってCは草原であり，イネ科草本が主体となる。なお，熱帯と温帯の境は年平均気温が12℃前後なので，Cは**ステップ**である。

問3　一年生植物が多いのは砂漠の特徴である。砂砂漠では植生はほとんど見られないが，岩砂漠や礫砂漠(れきさばく，表面を石が占める)にはわずかだが植生が見られる。土壌がない分，直射日光が当たる昼間は気温が非常に高く，夜間はかなり気温が下がる。いずれにしろ植物の生育には厳しい地域である。

問4　「落葉樹が優占する森林」には雨緑樹林と夏緑樹林とがある。雨緑樹林は熱帯多雨林(図1 A)と同じくらいの年平均気温で年降水量が1000〜2000mmの地域に成立するが，図1 A〜Eはいずれも該当しない。年降水量が1000mmを越え，かつ冷温帯に成立しているDが植物群落(iv)，**夏緑樹林**と判断できる。

　　高温多湿な熱帯多雨林では，活発に活動する分解者によって土壌に供給される落葉落枝の分解が速く進み，腐植が厚くならない。夏緑樹林では冬の低温によって分解者の活動が停止するため，腐植の分解が熱帯多雨林ほど進まない。

問5　Eはかなり気温の低い地域に成立するが，設問文に「優占する樹木は常緑樹」とあるのでツンドラではなく**針葉樹林**である。針葉樹と広葉樹の葉の違いについて述べる。

標問 88 垂直分布（動物）

答
問1　ア－氷期（氷河期）　イ－すみ分け　ウ－種間競争
問2　互いに交配が可能で生殖能力のある子孫を残すことができ，他種とは遺伝的な交流が制限された集団を種というが，交尾器の形態に差があって交配が不可能で子孫を作れないならば同種といえないため。
問3　樹林帯名：夏緑樹林　　樹種：③，⑤
問4　②

標問 88 の解説

問1　ウ．競争には種間競争と種内競争がある。
問2　種の概念，という根本の理解を必要とする設問である。一般に種は，**個体間で自由に交配可能で生殖能力のある子孫を生じる生物群**と定義される。問題に挙げられている交尾器の形態が一致しない，繁殖期が異なる，繁殖の合図が異なるなどの**生殖的隔離**が成立する生物どうしは別種に分類される。
問3　標高によるバイオームの違いを垂直分布と呼び，中部日本における垂直分布は標高 700m までの丘陵帯(低地帯)が**照葉樹林**，1500m までの山地帯が**夏緑樹林**，2500m までの亜高山帯が**針葉樹林**である。標高 2500m 以上になると木本が少なくなるのでこの標高を**森林限界**，さらに高くなって雪などによって高木が生息できなくなる標高を**高木限界**と呼び，高山の頂上付近は**高山草原**となる。

問4　問題に示されたルリクワガタは図 2 の水平分布および図 3 の垂直分布から判断して山岳帯の冷涼な地域での生活に適している。ルリクワガタが分布を広げるには地域一帯の気温が低下して，ルリクワガタの生息に適するようになることが必要である。よって，**寒冷化が先行し，寒冷期に低標高地に分布を広げた**と判断できる。広く分布した後に温暖化が起これば，低標高地で生活できなくなるため，**再び高標高地に孤立するようになる**。

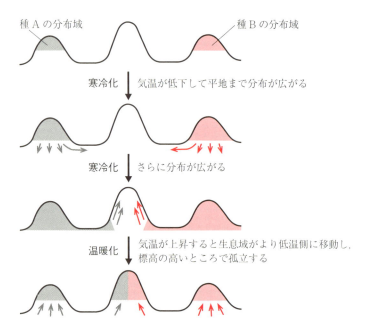

　問題はここまでであるが，さらなる温暖化が進めば，ルリクワガタの生息域は山頂付近に追い詰められ，やがては絶滅すると推測できる。現在進行しているとされる地球温暖化に通じるテーマである。

| 標問 | **89** | **垂直分布（植物）** |

答

問1　②, ⑤

問2　この標高だけが草原や陽樹林の段階で，極相に達していない。(28字)

問3　森林限界

問4　①, ④

問5

標高(m)	バイオームの名称	代表的な樹種
900 m	照葉樹林	②・③
1400 m	照葉樹林	②・③
1800 m	夏緑樹林	⑦・⑩
2500 m	針葉樹林	⑤・⑧

精講　本題のテーマ

■植物の垂直分布

標問88の解説問3を見よ。

■暖かさの指数

日本のような降水量が十分な地域では，どのようなバイオームになるかは気温によって決まる。そこで，植物が成長したり繁殖したりできる下限の温度を5℃と考え，1年のうち月平均気温が5℃以上の月について，月平均気温から5を差し引いた値を求め，それらを積算したものを暖かさの指数(WI, warmth index)とする。暖かさの指数と生育するバイオーム・水平分布・垂直分布の関係を下の表にまとめておく。

暖かさの指数(WI)	バイオーム	水平分布	垂直分布*
0< WI ≦ 15	低木林・草原	寒　帯	高 山 帯
15< WI ≦ 45	針葉樹林	亜寒帯	亜高山帯
45< WI ≦ 85	夏緑樹林	冷温帯	山 地 帯
85< WI ≦180	照葉樹林	暖温帯	丘 陵 帯
180< WI ≦240	亜熱帯多雨林	亜熱帯	

＊本州中部における垂直分布

標問 89 の 解説

まず，本題で扱われている本州中部のある山の各標高でのバイオームについて，確認しておく。

第9章　生態と環境　　231

標高　900 m：ススキ草原，アカマツ林　　　　　　　──→ 照葉樹林

標高 1400 m：ミズナラ林，カエデ類の落葉広葉樹

　　　　　　　ただし，アカマツは見られず　　　　──→ 夏緑樹林

標高 1800 m：オオシラビソやコメツガの森　　　　──→ 針葉樹林

標高 2500 m：ハイマツの低木林，高山植物　　　　──→ 高山帯

　なお，高校の教科書に記載されているような一般的な本州中部の山では標高 900 m は夏緑樹林である。しかし，アカマツ林が暖温帯における遷移の過程で見られる代表的な陽樹林であること，および標高 1400 m の夏緑樹林ではアカマツは見られないと明示されていることから，本題で扱われている山の標高 900 m では極相に達すると照葉樹林になると判断できる。

問1　①　アカマツは外生菌根を形成し，菌根菌に光合成産物を与え，菌根菌から土壌から吸収した水と無機塩をもらう（相利共生）。しかし，窒素固定はしない。　∴　×

　　②　林床に生えるコミヤマカタバミは陰生植物であり，ススキは強光・高温に適した C_4 植物である。　∴　○

　　③　オオシラビソは北海道の平地にも自生するが，コメツガは北海道には自生せず，青森県（八甲田山）〜愛媛県（石鎚山）の亜高山帯に自生する。　∴　×

　　④　ダケカンバは陽生の落葉広葉樹である。　∴　×

問2　標高 1400 m ではミズナラの林，標高 1800 m ではオオシラビソやコメツガの森という極相林が見られるのに対して，標高 900 m ではススキ草原やアカマツ林という暖温帯の陽樹林は見られるが，スダジイやタブノキなどの陰樹林が見られない。

問3　高校の教科書に高木限界の記載がないので解答には森林限界と示したが，厳密には，「高木が生えていない」なので高木限界である。

問4　①　生育可能期間が短いため，多年生草本が多い。　∴　○

　　②　C_4 植物は強光・高温に適した植物である。　∴　×

　　③　ハイマツは常緑の針葉樹である。　∴　×

　　⑤　暖かさの指数は，高山帯が 0 〜15 で，亜高山帯が15〜45である。　∴　×

　　ただし，各帯の具体的な数値まで覚えている受験生は殆んどいないはずである。

問5　3℃＝0.6℃×5 なので，それぞれが現在の標高より 500 m 低い標高でのバイオームになると考える。

　　標高 900 m と 1400 m はそれぞれ標高 400 m と 900 m に相当するようになり，本題では標高 900 m は照葉樹林として扱われているので，両者ともにスダジイ（②）やタブノキ（③）などを代表樹とする照葉樹林になる。

　　標高 1800 m は標高 1300 m に相当するようになり，標高 1500 m 付近までに見られ，ブナ（⑩）やミズナラ（⑦）を代表樹とする夏緑樹林になる。

　　標高 2500 m は標高 2000 m に相当するようになり，標高 2500 m 付近までに見られ，シラビソ（⑤）やコメツガ（⑧）などを代表樹とする針葉樹林になる。

標問 90 生態系とエネルギーの移動

答
問1 ア−無機物 イ−有機物 ウ−食物網 エ−光 オ−化学 カ−熱
問2 ⑥ 問3 ①−× ②−○ ③−×
問4 春以降に新たな地上部を速やかに成長させるため，前年の生産活動により地下部に貯蔵されていた栄養分を利用するので，地下部現存量が減少する。(67字)
問5 最大の純生産量の月：7月 純生産量：0.65 $[g/m^2/月]$

精講 生態系における有機物量の収支

〔ある期間(t)における生産者と消費者の有機物量の収支〕

標問 90 の 解説

問1 物質は生態系内を循環するが，**エネルギーは熱エネルギーとして生態系外へ失われ，循環しない**。

問2 生態系で利用される有機物は，生産者による炭酸同化などで合成される。植物や藻類は代表的な生産者である。生産者によって合成された有機物量を総生産量と呼ぶ。生産者の合成した有機物は，生産者自身の成長(成長量)と呼吸によって消費される分(呼吸量)もあるが，食物連鎖によって消費者に移行する分(生産者の被食量＝消費者の摂食量)，枯死や脱落によって分解者へと移行する分(枯死量，死亡量など)として利用される。

> **Point** 生産者の物質生産
> 総生産量＝純生産量＋呼吸量
> 純生産量＝成長量＋被食量＋枯死・死亡量

第9章 生態と環境

生産者や一次消費者といった，食物連鎖上の位置に基づく生物の分類は，栄養段階と呼ばれる。生産者の被食量は，消費者では摂食量と呼び名が変わる。消費者において，摂食量のうち消化できない分を不消化排出量，残りを同化量と呼ぶ（総生産量と呼ぶこともある）。同化量から呼吸量を引いた値は生産量と呼ばれる。生産量の内訳は成長量，被食量，死滅量であり，生産者の内訳と変わらない。なお，最高次の消費者では被食量がない。

Point 　消費者の物質生産

　　消費者の摂食量＝生産者の被食量

　　摂食量＝同化量＋不消化排出量

　　同化量＝生産量＋呼吸量＝（成長量＋被食量＋死滅量）＋呼吸量

問3　① 　移行するエネルギー量は低次の栄養段階では低く（1％以下），栄養段階が高くなるにつれて利用できるエネルギーが少なくなるため，エネルギー利用効率が高くなる。ただし，最大でも20％程度しか移行しない。

　　② 　植物による総生産量が減少すると，一次消費者が利用できる有機物量が減って一次消費者の数が減少する。それにより二次消費者も減少し，さらに高次の消費者が利用できる有機物量が減少するので，高次消費者の絶滅，すなわち栄養段階は減少する可能性がある。

　　③ 　総生産量には限界があり，栄養段階が高くなるにつれて高次消費者に移行するエネルギー量は減少するため，栄養段階の数が無限に増加することはない。

問4　多年生植物は生育に不適当な時期をやりすごすために根や地下茎などに栄養分を貯蔵する。このことは，表1で8月以降の地下部現存量が増加していることに表れている。貯蔵されている栄養分を利用することで，種子から発芽して成長する植物よりも地上部を急速に成長させることができ，早期に葉を展開して光を獲得することに有利であることも理解しておきたい。

問5　純生産量は以下の式で与えられる。

　　　　　　　純生産量＝成長量＋被食量＋枯死量

　　成長量は現存量の増加分であり，被食量は条件より0，枯死量は表に示されている。よって，各月の純生産量は次の通り。

　　　7月の純生産量＝（8月の現存量 − 7月の現存量）＋ 7月の枯死量

　　　　　　　　　　＝｛(0.98 + 1.22) − (0.69 + 1.12)｝＋ 0.26 ＝ 0.65

　　　8月の純生産量＝（9月の現存量 − 8月の現存量）＋ 8月の枯死量

　　　　　　　　　　＝｛(1.07 + 1.46) − (0.98 + 1.22)｝＋ 0.12 ＝ 0.45

　　　9月の純生産量＝（10月の現存量 − 9月の現存量）＋ 9月の枯死量

　　　　　　　　　　＝｛(1.11 + 1.62) − (1.07 + 1.46)｝＋ 0.09 ＝ 0.29

標問	**91**	**炭素循環**

答

問1　固定される量：18%　　入れかわる割合：5.5年

問2　陸地：9.5年　　海洋：0.070年

　　　原因：陸地の主たる生産者は木本で，現存量における非同化器官の割合が大きいため，現存量あたりの純一次生産量は小さい。一方，海洋の生産者は寿命の短い植物プランクトンで，現存量における非同化器官の割合が小さいため，現存量あたりの純一次生産量は大きいから。

問3　木本が主体で現存量が大きい亜熱帯季節林では乾季は活動を停止し，雨季も非同化器官が多いので呼吸量が大きくなり，純生産量があまり大きくならない。イネ科草本が主体のサバンナは現存量は小さいが，総生産量は大きくなくても非同化器官が少ないので呼吸量が小さくなり，純生産量が小さくならないため。

問4　緯度が高くなると気温が下がり，植物の成長が低下するので，現存量や純一次生産量は小さくなる。また，分解者の活動が低下して土壌有機物の分解が進まなくなるため，高緯度になるほど土壌有機物量が多くなる。

標問 91 の 解説

問1　大気中の CO_2 が植物の光合成によって固定されて有機物になるので，この量は総生産量に相当する。「植物の総生産量の $\frac{1}{2}$ が呼吸で失われる」ことから，総生産量の $\frac{1}{2}$ が呼吸量，残りの $\frac{1}{2}$ が純生産量（本問では純一次生産となっている）である。よって，地球全体の単位面積あたりの総生産量（以下すべて炭素量で示す）は，

$$総生産量＝純一次生産量×2＝0.133×2＝0.266〔kg/(m^2・年)〕$$

地球全体の面積が，$510×10^{12}m^2$ なので，1年間に地球全体で固定される CO_2 量は，

$$0.266〔kg/(m^2・年)〕×510×10^{12}〔m^2〕＝135.66×10^{12}〔kg/年〕$$

となる。この量が大気中の CO_2 量（$750×10^{12}kg$）に占める割合は，

$$\frac{135.66×10^{12}〔kg/年〕}{750×10^{12}〔kg〕}×100〔%〕＝18.088≒18.1〔%/年〕$$

である。このことから，毎年大気中の18.1%の CO_2 が植物に固定され，同量が放出されれば，1年で大気中の CO_2 が18.1%入れかわるので，

$$\frac{100〔%〕}{18.1〔%/年〕}≒5.52〔年〕$$

より，約5.5年ですべてが入れかわることになる。

第9章　生態と環境　　235

問2 「純一次生産量あたりの植物現存量」と求める値が示されているので,

$$陸地の炭素の滞留時間 = \frac{3.8〔kg/m^2〕}{0.40〔kg/m^2 \cdot 年〕} = 9.5〔年〕$$

$$海洋の炭素の滞留時間 = \frac{0.0043〔kg/m^2〕}{0.061〔kg/m^2 \cdot 年〕} ≒ 0.070〔年〕$$

である。次にこの値の違いを検討する。

　陸上の主たる生産者は大規模に存在する森林の木本である。安定した森林では非同化器官である幹などで構成される現存量が極めて大きい。非同化器官の割合が高いので呼吸量が大きくなり純生産量が小さい。また,成長量や被食量が小さく,純生産量の大部分は枯死量で占められる。すなわち,光合成によって固定された炭素の大部分は,枯死・脱落した分を更新する(作り替える)ことに利用される。つまり,大きな現存量を小さな枯死量に相当する純生産量でコツコツと更新するため,炭素の滞留時間が長くなる。

　海洋の主たる生産者は植物プランクトンであることに注意する必要がある。枯死量は小さいが,個体がそのまま消費者に捕食されるので純生産量における被食量の割合が大きい(純生産量はほぼ被食量に相当する)。植物プランクトンは寿命が短く,現存量も小さいが,非同化器官の割合が低いので呼吸量がさほど大きくない。よって,小さな現存量を比較的大きな被食量に相当する純生産量で更新することになるため,炭素の滞留時間が短くなる。

問3 草本が主体のサバンナは,木本が主体の亜熱帯季節林(雨緑樹林)よりも現存量が小さい。草本の総生産量はあまり大きくならないが,木本に比べて非同化器官の割合が低く,総生産量に対する呼吸量の割合が小さい。このためサバンナの純生産量は,比較的大きくなる。雨緑樹林は乾季には葉が落ちて光合成できないため総生産量があまり大きくならず,また総生産量に対する呼吸量の割合が大きいので純生産量はあまり大きくならない。

問4 土壌有機物は植物が枯死・脱落することなどで供給されるが,土壌中の分解者によって分解される。高温多湿の熱帯多雨林は分解者の活動が活発なため,土壌に供給される有機物は速やかに分解されて失われる。気温が下がるにつれて分解者の活動が低下し,針葉樹林では気温が低いことに加えて冬季には分解者の活動が停止するため,有機物の分解があまり進まない。よって,緯度が高く,気温が低くなるにつれて,土壌有機物量が多くなる。

標問	**92**	海岸の生態系

答

問1 補償深度より深い水深では1日の呼吸量が光合成量を上回り，生存に必要な有機物が不足するため。

問2 日中は光合成速度が呼吸速度を上回ることで酸素が供給されて溶存酸素濃度が高くなる。光合成ができない夜間は呼吸による酸素消費が進み溶存酸素濃度は低くなる。

問3 脱落した個体の一部から新個体を生じる，栄養生殖によって増殖すると考えられる。

問4 根粒内部に共生する根粒菌の窒素固定によって，植物は無機窒素化合物の供給を受ける。

問5 湖岸に生育するYでは根の細胞の浸透圧が高くないので，食塩水を与えると土壌からの吸水量が減少する。水の供給が減少したことで気孔開度が低下し，二酸化炭素の取り込みが減少することで光合成速度が低下したと考えられる。

問6 両者の祖先となる植物は，湖が海に接近した時期にはこの地域に広く分布していた。湖が海から離れると両者は地理的に隔離されて交配が妨げられ，さらに湖岸と海岸という異なる環境に適応した結果，遺伝的な違いが大きくなり生殖的に隔離されるようになった。

標問 92 の 解説

問1 光合成の光補償点（光合成速度と呼吸速度が等しくなり，見かけの光合成速度が0となる光の強さ）と等しい光の強さに達する深度を補償深度という。補償深度における光量は，おおよそ海面が受ける光の1%程度とされる。植物や藻類などの光合成生物は，補償深度より浅い水深でないと生存できない。

一般には，1日の光合成量と呼吸量が等しくなる水深（日補償深度）の意味で補償深度が使われる。

問2 夜間は呼吸のみが行われることから判断する。

問3 雄株だけでは有性生殖での増殖はできない。つまり，無性生殖によって増殖していると考えられる。本問の条件からは具体的な繁殖方法ははっきりとはわからないが，植物や藻類では栄養生殖で増殖するものが少なくないので，栄養生殖によることを含めて解答する。

問4 植物の生育にはリン，窒素，カリウムなどの無機塩類が必要であり，やせた土地ではこのような無機塩類が不足することで生育が著しく抑制される。マメ科植物が遷移の初期に出現したり，砂浜などの荒れ地でも比較的よく生育できるのは，根粒菌が共生することでアンモニウムイオン（NH_4^+）を得ることができるためである。

問5 食塩によって光合成が阻害されるなどと短絡的に判断してはいけない。**実験2**から，食塩水の影響は細胞の浸透圧に反映している。

第9章　生態と環境　**237**

一般に根の細胞の浸透圧は土壌水（土壌に含まれる水分）の浸透圧よりも高く，そのため根での吸水が起こる。根に食塩水を与えたとき，海岸に生育するYでは根の細胞の浸透圧が土壌水の浸透圧よりも高く保たれるので吸水が可能であるが，湖岸に生育するYでは根の細胞の浸透圧が高くないので土壌水からの吸水が十分に起こらない。そのため湖岸に生育するYでは根からの吸水が不足して，気孔開度が低下し二酸化炭素の供給が減少する。

植物が水不足の環境にさらされると，根の細胞でアミノ酸や糖を貯蔵して土壌水よりも浸透圧が高い状態を維持する。また，海岸沿いでは海水によって土壌水の浸透圧が高くなるので，このような場所で生育する植物では能動輸送によってNa^+を細胞内に取り込み，根の細胞の浸透圧が高い状態を維持している。

問6　種分化のしくみを踏まえて説明する。なお，湖と海が接近した時期に，湖岸にいた個体が海岸に進出したのか，逆に海岸にいた個体が湖岸に進出したのかは問題文からははっきりしない。

| 標問 | **93** | キーストーン種 |

答

問1 (1) b-イ (2) a-ウ (3) d-エ (4) c-ア

問2 カサガイはフジツボのように固着生活ではないので，ヒトデの捕食から逃れることができる。

問3 ヒザラガイ 問4 ① 問5 対照区

問6 (1) 捕食者であるヒトデがいなくなり，生存率が高くなった。

(2) ⓘⓘの時期に餌となる紅藻が減少した。

問7 ②，③

標問 93 の **解説**

問1 (1) ヒトデはウニ・ナマコとともに代表的な棘皮動物である。棘皮動物は新口動物なので，原口は肛門側にでき，口は原口の反対側に新たにつくられる。

(2) ヒザラガイ(多板綱)は軟体動物に属するが，イカやタコ(頭足綱)，二枚貝(斧足綱)や巻貝(腹足綱)とはかなり形態が異なる。外套膜は炭酸カルシウムが蓄積して貝殻となるものが多い。

(3) フジツボはカメノテなどとともに固着生活をする節足動物で，エビやカニのなかまである(甲殻綱)。節足動物は体節構造をもち，外骨格である。

(4) イソギンチャクはクラゲやサンゴなどとともに刺胞動物に分類される。

問2 問題文に示された「フジツボ＝固着生活，カサガイ＝動き回る」に注目する。

問3 競争とは同種または異種の個体間で餌や生活空間を奪い合うような関係を指す。

問4 ① ヒトデとイソギンチャクは餌として共通な動物がいない。

②，③ フジツボとイガイ，イガイとカメノテはともにプランクトンを共通の餌としているので競争関係にある。

問6 (1) 捕食者がいなくなったために個体数が増加したと考えられる。

(2) 増加したフジツボとイガイによって，ヒザラガイやカサガイの餌となる紅藻が減少したことによると考えられる。

問7 捕食者が存在することで，多様な生物の共存が可能になる場合があり，このときバランスを保つのに重要な役割をする種を **キーストーン種** と呼ぶ。キーストーンとは石組みのアーチを安定させるために必要な石(鍵石)に由来する(右図)。本問ではヒトデがキーストーン種である。

①，④ 均等に捕食していないし，藻類も捕食しない。

②，③ ヒトデがいないと最終的にイガイで占拠される場所で，捕食によってイガイの定着を抑制し，結果としてヒザラガイなど多様な生物の生息を可能とする。

> **Point** **キーストーン種**
> 種間関係を決定するのに重要な役割を果たす捕食者。

第9章 生態と環境　239

標問 **94** 環境保全

答
問1 　ア－食物連鎖　イ－生物濃縮　ウ－水俣　エ－カドミウム
　　　オ－オゾン層　カ－DNA
問2 　①脂溶性であり，体内に取り込まれると脂肪組織に蓄積しやすい。
　　　（29字）
　　　②体内で代謝されず，また体外に排出するしくみがない。（25字）
問3 　(1)　24倍　　(2)　96000倍
問4 　(1)　卵殻が薄くなって強度が低下し，壊れやすくなった。（24字）
　　　(2)　母親が卵を温めるときに殻が壊れて，胚が死亡した。（24字）
問5 　⑤，⑦

標問 94 の解説

問1，2　環境中に放出された有機物は，一般に微生物によって分解され無機物にな
るが，DDTやBHC，PCBなどの有機塩素化合物は自然界に存在しないため，こ
れらの物質を代謝する生物がほとんどいない。現在ではどの物質も使用が禁止され
ているが，過去に放出されたものは全世界的に分散し，極地帯の海獣類の体内から
も検出されている。

　これらの物質はいずれも脂溶性で，生物にはこれらの物質を分解や排出するしく
みがないので，体内に取り込まれると脂肪組織などに蓄積される。低次消費者では
これらの物質を体内に取り込む量が少なく体内濃度がさほど高くならないが，食物
連鎖を通じて生物濃縮が進むことで，高次消費者では毒性が問題になる。

　工場排水に含まれる有機水銀（メチル水銀）による水俣病は1950年代に熊本県や新
潟県で発生し世界的にも有名であるが，現在でも新興国で似たような健康被害が報
告されている。

問3　(1)　濃縮率は濃度が何倍高くなったかを示す値である。イワシとアジサシの体
重100gあたりのDDT濃度をそれぞれ，イワシのDDT濃度＝0.02（mg/100g体
重），アジサシのDDT濃度＝0.48（mg/100g体重）とすれば，求める値は，

$$\frac{アジサシのDDT濃度}{イワシのDDT濃度}=\frac{0.48〔mg/100g体重〕}{0.02〔mg/100g体重〕}=24〔倍〕$$

(2)　海水のDDT濃度は0.00005ppmであり，濃縮率を求めるにはまず同じ単位に
する必要がある。ppmは百万分率を示す単位で，本来の割合に100万をかけた値
である（"%"が本来の割合に100をかけて大きく見せるのと同様）。よって100g
の海水中に含まれるDDT量は，

$$100〔g〕\times\frac{0.00005}{10^{6}}=5\times10^{-9}〔g/100g海水〕=5\times10^{-6}〔mg/100g海水〕$$

である。したがって，

240

$$\frac{アジサシのDDT濃度}{海水のDDT濃度} = \frac{0.48 [\text{mg}/100\,\text{g 体重}]}{5 \times 10^{-6} [\text{mg}/100\,\text{g 海水}]} = 96000 [倍]$$

となり，海水では極めて低い濃度で含まれても，高次消費者の体内では濃縮されていることがわかる。

> **Point　生物濃縮**
> ① 食物連鎖を通じて濃縮が進み，高次消費者に影響する。
> ② PCB や DDT などの脂溶性物質は分解や排出がされにくく，生物濃縮が起こりやすい。

問4 (1) 農薬散布以降，グラフでは卵殻指数が低下している。この値が小さくなるのは，分子が小さくなる，分母が大きくなるなど，さまざまな理由が考えられる。ここで，分母の卵長×卵幅は右図に示すように卵の大きさの指標となるのだが，設問に「卵の殻に何が起きたか」とあることから，卵殻のみに原因があると判断する。すなわち，卵の大きさは変化しないが，卵殻重量が減少したことでふ化率が低下したと推測される。

(2) 卵殻が薄くなったことで，胚を保護する能力が低下したことがふ化率に影響したと判断する。

問5 紫外線が DNA に吸収されると塩基に変化が起こり，突然変異を起こす原因になる。このことで細胞周期が異常になると，細胞ががん化する可能性がある。また，タンパク質を変性させる働きももち，白内障(水晶体が白濁し，視力が低下する疾患)の進行が速くなるとされる。

第10章　生物の進化と系統

標問 95　進化の証拠

答

問1　ア－原索動物　イ－ゲノム　ウ－バージェス　エ－カンブリア
　　　オ－無顎(円口)

問2　(1)　二名法　　(2)　(A)－属名　(B)－種小名

問3　(1)　系統樹　　(2)　右図

問4　共通祖先に由来しない構造なので
　　　相同ではなく，機能も一致しないので
　　　相似でもない。(39字)

```
         ┌──── アメリカクロクマ
      ┌──┤
      │  └──── ジャイアントパンダ
   ───┤
      └──────── レッサーパンダ
```

問5　③

問6　三者の共通祖先で体節構造が獲得されたが，固着生活をするホヤで
　　　は体節構造が失われた。(41字)

問7　かつて大陸が１つだった頃にディプテルスが広く分布し，大陸移動
　　　に伴って分断された後，肺魚としてわずかに残ったと考えられる。

精講　生物の分類階級

■生物の分類階級

界 ── 門 ── 綱 ── 目 ── 科 ── 属 ── 種

　　　　　　　　　　　　　　　　　└──┴─学名はこの２つで示す

　界の上に**ドメイン**があり，生物は(**真正**)**細菌**(バクテリア)，**古細菌**(アーキア)，**真核生物**(ユーカリア)の３つに分類する。

標問 95 の解説

問1　おおよそ6億年頃に生物の多様化が進んだといわれる。先カンブリア時代末期には比較的大きいが柔らかいため化石としては残りにくい多様な生物(**エディアカラ生物群**)が存在していたことがわかっている。古生代に入り，カンブリア紀には食物連鎖が発達し，殻や骨格などが残る動物が多様化したと推測されている(**澄江動物群**，**バージェス動物群**)。

問2　**二名法**はリンネによって提唱され受け継がれてきた。学名はこのうち下位の2階級である，属名と種小名を組み合わせて示す。ラテン語またはラテン語化した語を用い，大文字で起こしイタリック体で表記する。ときに，命名者や命名年を示すこともある。

〔例〕　ソメイヨシノ　　*Prunus yedoensis* Matsum.
　　　　　　　　　　　　└属名　└種小名　└命名者 Matsumura の略

問3　(1)　生物が進化してきた道筋を**系統**と呼び，系統関係を示す樹状図を**系統樹**と呼ぶ。

　　(2)　下線部 a に，血清タンパク質および遺伝子の塩基配列の比較から，ジャイアン

242

トパンダはレッサーパンダよりもアメリカクロクマに近縁であることが示されたとあるので，この内容をもとに系統樹を書けばよい。参考までに現在の分類を以下に示す。

問4　形態や機能が異なっていても共通祖先に由来する同一の基本構造をもつ関係を**相同**と呼び，共通祖先に由来しないが類似した形態や機能をもつ関係を**相似**と呼ぶ。問題文に「構造，機能ともに異なる」と示されているので相同でも相似でもないことがわかる。

問5　近年では系統分類も分子的な特徴によって決定されることが多くなっている。分子系統樹を作成するときに必要なのは，共通した分子をもつことである。
　　①のヘモグロビンはほぼすべての脊椎動物と，一部の無脊椎動物がもつ色素である。脊椎動物の類縁性を調べるのに利用される。②の葉緑体は動物・原核生物にはなく，④のミトコンドリアは原核生物がもたない。③のリボソームはすべての生物がもつので③が適する。

問6　現在では三者は発生時に脊索がみられるので**脊索動物**に分類されるが，ナメクジウオとホヤは**原索動物**としてまとめることもある(さらにナメクジウオは頭索目，ホヤは尾索目に分類する)。ナメクジウオが体節をもつことと，問題に示された系統樹から，次の2つの可能性が考えられる。
①　もともと体節をもたなかった共通祖先のうち，ナメクジウオと脊椎動物がそれぞれ独自に体節を獲得し，ホヤは獲得しなかった。
②　これらの共通祖先で獲得された体節がホヤで失われた。
　この群に含まれる生物の多くがもち一部の生物がもたない形質について，類似する構造がそれぞれ独自に獲得されたというより，一部の生物でその構造が失われたという方がよりシンプルに説明できるので，②を解答とするのが妥当である。ただし，問題の条件だけから①の可能性を完全に否定できるわけではない。

問7　問6と同様に，次の2つの可能性が考えられる。
①　各大陸の河川で独自に出現した。
②　共通した祖先から出現したが，現在は孤立して存在する。
　問題文にある「現生の近縁種が…遠く離れたところに分布する」と〔語群〕の「大陸移動」がヒントとなり，②が妥当であると判断できる。
　地球上の陸地は古生代には1つ(**パンゲア大陸**)として存在し，**大陸移動**によって分離したとされる(プレートテクトニクス)。つまり，ディプテルスはこの頃に広く世界中に分布したが，淡水で生活するので，各大陸が分離したことで海を移動することができず孤立したと考えられる。

標問 96 熱水噴出孔

答 問1 アーパスツール イーミラー ウー発酵 エーストロマトライト
オーオゾン カー紫外線 キーATP

問2 ④　問3 化学進化　問4 ②

問5 深海の熱水噴出孔付近は高温・高圧であり，硫化水素・水素・アンモニア・メタンなどが噴出する還元的な環境なので，化学反応が盛んに起こることで有機物が合成され，生命誕生のもとになった。

問6 現象：共生

意義：ハオリムシは硫化水素などを取り込んで化学合成細菌に供給し，化学合成細菌が合成した有機物を栄養源として利用できる。

問7 相補的な塩基間で形成される水素結合が2つのAとTよりも，3つのGとCを含む割合が高いと考えられる。

精講 化学進化と生物進化

生命誕生までの過程を化学進化と呼び，その後の過程は生物進化と呼ぶ。

約46億年前 ……… 地球の誕生

約38億年前 ……… 生命の誕生（原始原核生物の出現）

約30億年前 ……… シアノバクテリアの出現

約20億年前 ……… 真核生物の出現

標問 96 の 解説

問1～3 生命誕生までの過程を化学進化と呼ぶ。現在では原始大気の組成はミラーが想定したものとはかなり異なっていると考えられている（CO_2，N_2，H_2O など）。これらの無機物が落雷などの空中放電などによって有機物となって原始海洋に蓄積し，最初の生命が誕生したとされる。このとき出現した原始原核生物が従属栄養か独立栄養かはまだわかっていない。独立栄養生物として最初に出現したのは化学合成細菌であると考えられている。その後，光合成が可能な光合成細菌やシアノバクテリアが出現した。

光合成細菌は水素源に硫化水素などを用いていて酸素を生じないが，シアノバクテリアのような酸素発生型の光合成を行う生物が出現し広く分布するようになると，海水に溶けていた鉄が酸化されて沈殿し，反応しきれない酸素は大気中に放出されて酸素濃度が高くなった。

問4 ①，③は従属栄養である。

244

問5　高圧下の水深 1000 m 付近に点在する**熱水噴出孔**では，硫化水素などの無機塩類を豊富に含む 200～300℃ の熱水が噴出しており，この付近には硫黄細菌がマット状に分布する。さらに，これを餌とするエビやカニ，硫黄細菌と共生するハオリムシ（チューブワーム）やシロウリガイなどの多様な生物が生息する。生態系における生産者は植物や藻類の場合が多いが，深海では太陽光が届かないためこれらの生物は生活できない。しかし熱水噴出孔では，硫黄細菌が生産者となることで多様な生態系を形成することができる。

　　　熱水噴出孔が生命の起源に関わるとされるのは，**反応性**に**富む環境**だからである。この点を踏まえて解答する。

> | **Point** | **熱水噴出孔** |
> | --- | --- |
> | | 　硫化水素などを含む熱水が吹き出る深海の生態系であり，多様な生物が生息する。 |

問6　教科書的な知識ではないが，ハオリムシは特殊なヘモグロビンをもち，酸素以外に硫化水素を運搬できる。つまり，体内に共生する硫黄細菌が合成した有機物をハオリムシが利用し，ハオリムシは硫化水素を硫黄細菌に効率よく供給する，という**相利共生**の関係がある。

問7　「水素結合の数を踏まえて」とあるので，解答のポイントがわかりやすい。

　　　二本鎖 DNA における水素結合の数は，**A と T 間で 2 個，G と C 間で 3 個**であり，水素結合自体はあまり強い結合ではないが，数が多くなると結びつきが強くなる。よって，高温下で生活する生物では DNA のもつ塩基のうち，G と C の含有率が高くなると考えられる。

第10章　生物の進化と系統　　245

| 標 問 | **97** | 進化の要因(1) |

答
問1　ア－工業暗化　イ－自然選択
問2　DNA の塩基配列の変化である突然変異によって生じる。
問3　(1)　イ　　(2)　ア　　(3)　ア　　(4)　ア
問4　②，③
問5　実験区1　明色型：暗色型＝100%：0%
　　　実験区2　明色型：暗色型＝17%：83%
問6　②

精講 遺伝子頻度の変化のしくみ（自然選択）

■自然選択

　生存や繁殖に与える影響が対立遺伝子間で異なる場合，相対的に有利な対立遺伝子が集団中に広まったり不利な遺伝子が消えたりすることを**自然選択**という。自然選択によって遺伝子頻度が変化すると，それに伴って個体の形質の頻度も変化していく。
　自然選択による進化が起こる条件は，次の3つである。
① 集団内に変異がみられる。
② 変異に応じて，生存率や繁殖率に違いがある。
③ 変異が遺伝する。

標問 97 の 解説

問2　不連続に新たな形質が出現するのは，**突然変異**によって元の遺伝子の機能が変化したことによる。
問3　(1), (2)　「樹皮に付着していた地衣類が枯死して，黒っぽい樹皮が露出」するようになると，「明色型が減少した」ことから，地衣類が樹皮に付着すると表面が白っぽく（明るく）なるとわかる。よって，暗色型個体の比率が高くなるには，地衣類が生存しにくい環境が必要である。
　(3)　捕食者が体色の違いによって捕食する個体を選択することで，オオシモフリエダシャクの各体色の個体数が変化することから，捕食者がある程度存在することが遺伝子型の割合の変化をもたらすと判断できる。
　(4)　「光がほとんど差し込まない林」は暗く地衣類が生息できないので，暗色型の個体は発見されにくいと考えられる。
問4　大進化と小進化の定義がわかっていれば判断は容易である。種以上のレベルで系統が分かれることを<u>大進化</u>と呼び，種分化に至らない種内で起こる遺伝的な変化を<u>小進化</u>と呼ぶ。「大進化ではない」ということは，種分化が認められなかったことを示す。
問5　暗色型を決定する遺伝子をA，明色型を決定する遺伝子をaとする。また暗色

型の遺伝子頻度をx，明色型の遺伝子頻度をyとする（ただし$x+y=1$）。暗色型の遺伝子型はAAとAa，明色型の遺伝子型はaaとなる。最初の集団では，ハーディ・ワインベルグの法則が成り立ち，明色型が49%存在しているので，

$$明色型\ aa\ の遺伝子頻度の割合 = y^2 = \frac{49}{100} = \left(\frac{7}{10}\right)^2$$

より$y=0.7$となり，また$x+y=1$より$x=0.3$とわかる。

これから，最初の集団における遺伝子型の割合は，

AA$=x^2=0.3^2=0.09$

Aa$=2xy=2\times0.3\times0.7=0.42$

aa$=y^2=0.7^2=0.49$

となる。この集団を明色型個体群と暗色型個体群に分割すると，

明色型個体群〔実験区1〕には aa のみ

暗色型個体群〔実験区2〕には AA：Aa$=0.09:0.42=3:14$

が含まれることになる。

〔実験区1〕は劣性の明色型しかいないので，子もすべて劣性の明色型になる。

〔実験区2〕では AA：Aa$=3:14$ の割合で含まれるので，新たな集団における遺伝子頻度は，

$$Aの遺伝子頻度 = \frac{3+\left(14\times\frac{1}{2}\right)}{3+14} = \frac{10}{17}$$

$$aの遺伝子頻度 = \frac{14\times\frac{1}{2}}{3+14} = \frac{7}{17}$$

となる（ここでは小数にしない）。

この集団で自由交配によって子を生じれば，遺伝子型の割合は$\left(\frac{10}{17}A+\frac{7}{17}a\right)^2$より，

$$AA\ の割合 = \left(\frac{10}{17}\right)^2 = \frac{100}{17^2}$$

$$Aa\ の割合 = 2\times\frac{10}{17}\times\frac{7}{17} = \frac{140}{17^2}$$

$$aa\ の割合 = \left(\frac{7}{17}\right)^2 = \frac{49}{17^2}$$

AA：Aa：aa$=100:140:49$となるので，明色型（aa）：暗色型（AAとAa）$=49:240$から，

$$明色型：暗色型 = \frac{49}{289} : \frac{240}{289} = 17.0\% : 83.0\%$$

問6　① が誤りやすい。単に「ハエ集団に殺虫剤に対して耐性の個体がいる」ことだけが問題文に示されており，遺伝的多型があることだけがわかっている。耐性と自然選択の関係については示されていない。

② 各島の環境の違いにそれぞれ適応して多様化したフィンチのくちばしの形は，代表的な自然選択の例である。

③ 品種は人為的に作り出したもので，中には生存に有利ではないものもある。

第10章　生物の進化と系統　　247

| 標問 | **98** | **進化の要因(2)** |

答

問1 ア-個体群　イ-生物群集　ウ-生態的地位(ニッチ)
　　エ-食物連鎖
問2 　a-346個体　　b-69個体
問3 　オ-地理的　カ-自然　キ-競争
　　地理的隔離：キリンの祖先集団がオカピの祖先集団と地理的に隔離され
　　　ることで遺伝的交流がなくなり，それぞれ独自の遺伝的変化が蓄積し
　　　て交雑できなくなった結果，種分化が起きた。(78字)
　　自然選択：首の長い個体ほど高い木の葉を食べることで首の短い個体よ
　　　りも採餌に有利に働き，首を長くする遺伝子の頻度が高まった。(56字)
　　種間競争：キリンの祖先種のうち首の短い個体はシマウマやサイなどの
　　　祖先種と草本や低木の葉をめぐる競争に勝てず，首の長い個体は高い
　　　木の葉を独占することで有利に働いた。(76字)
問4 　①

精講 遺伝子頻度の変化のしくみ(性選択)

■性選択

　自然選択において不利であったとしても，配偶者を得る上で有利な性質が進化する
という概念を**性選択**という。シカの雄の大きすぎる角や，鳥の雄の長すぎる尾羽など
が性選択の例で，その形質を維持するのにエネルギー(体力)が必要で，天敵につかま
りやすいなど自然選択において不利な点がある。同性間選択と異性間選択がある。
同性間選択：異性の獲得をめぐって，同性どうしが闘争する場合に，その闘争能力を
　高める方向に働く選択。
　〔例〕　繁殖期にアカシカの雄が角を使って闘争し，角が大きくて強い雄が競争に
　　　勝って多くの雌と交尾する。
異性間選択：交尾相手となる異性を他方の性が選り好み(配偶者選択)する場合に，異
　性を惹きつける能力を高める方向に働く選択。
　〔例〕　コクホウジャク(東アフリカに生息する鳥)の雄では，より長い尾羽をもつ雄
　　　が雌に選択されやすい。

標問 98 の解説

問1　生態系に関する基本的な用語が問われている。ある地域に存在する同種生物の
　集まりのことを**個体群**と呼び，さまざまな種の個体群の集まりを**生物群集**と呼ぶ。
　生物は捕食-被食関係などで互いに密接に関係しながら生活しているが，食性や生
　活場所，活動時間によって決まる生態系における役割を**生態的地位(ニッチ)**と呼
　ぶ。

問2　a．グラフには死亡率が示されているので，生存率は6ヶ月までが50%，6ヶ
　　　月から12ヶ月までが80%，12ヶ月から24ヶ月までが90%，24ヶ月から36ヶ月，
　　　36ヶ月から48ヶ月までが各98%である。よって，
　　　　　1000〔個体〕×0.5×0.8×0.9×0.98×0.98＝345.7…≒346〔個体〕
　　b．48ヶ月目に345.7頭生存している成体の半数が雌で，この雌がそれぞれ1個体
　　　の子を出産するのが60ヶ月目である。よって，60ヶ月目に産まれる子の個体数は，
　　　　　345.7〔個体〕÷2＝172.85〔個体〕
　　　となる。さらに6ヶ月経過して66ヶ月目になると生存率は50%，そして72ヶ月目
　　　になると生存率は80%なので，
　　　　　172.85〔個体〕×0.5×0.8＝69.14≒69〔個体〕
問3　書き分けがやや難しいかも知れない。
　オ．問題に取り上げられているキリンとオカピは祖先種が共通でも，現在生息する
　　　場所が異なっていることが示されているので，地理的隔離によって別種に分かれ
　　　る方向づけがなされたと考えられる。地理的隔離が長く続くと，その間にそれぞ
　　　れの集団に独自の遺伝的な変化が蓄積され，その違いが十分に大きくなると両者
　　　の間では交配できなくなる。この状態を，生殖的隔離が生じたという。
　カ．地理的に隔離された個体群には，同種であってもさまざまな遺伝的な違いがあ
　　　る。時間経過に伴い，それぞれの環境で相対的に有利な遺伝子をもつ個体が，そ
　　　うでない個体よりも多くの子孫を残すことになり，それぞれの個体群で遺伝子頻
　　　度が変わっていく。これを自然選択という。
　キ．文脈から大方判断できるが，キリンの祖先種が長い首をもつことで，生態的地
　　　位の近い他種との間では競争を回避することができたことと，他種には届かない
　　　高い位置の葉を利用できることで有利に働いたことを述べる。
問4　仮に長い首の個体が生存に有利だった場合，雌による選り好みはなくても遺伝
　　子頻度は高くなるはずである。個体の生存に不利な形質でも，その形質を雌が好む
　　ことによって繁殖に有利であれば，その形質の遺伝子頻度は高くなる。これが性選
　　択のうちの，異性間選択である。雄のもつ特定の形質が雌に好まれることで，遺伝
　　子頻度が急速に高くなることが知られている。よって，この形質が生存不利に働く
　　ことが示されている①が妥当である。

第10章　生物の進化と系統　　249

標問 99 鎌状赤血球貧血症

答 問1 0.143　問2 16.7%
問3 (1) B　(2) E　(3) A　(4) D

精講 鎌状赤血球貧血症

　鎌状赤血球症のようなヘモグロビンの異常は，生存にとって不利なので，S 遺伝子の遺伝子頻度は低下するはずである。しかし，マラリアの流行地域では S 遺伝子をヘテロ接合にもつことでマラリアに対する抵抗性をもち，この地域では S 遺伝子をもたない正常ヘモグロビン保持者はマラリアで一定の割合で死亡することによって，遺伝子頻度がほぼ一定に保たれている。

　鎌状赤血球貧血症の遺伝の計算的な問題は，**標問49**でも扱っているので参照すること。

> **Point** 鎌状赤血球貧血症
>
> 　ホモ接合は致死的だが，ヘテロ接合でもつとマラリアに対する抵抗性がある
> ── 変異したヘモグロビン遺伝子の遺伝子頻度が一定に保たれる。

標問 99 の解説

それぞれの遺伝子型と表現型の関係を整理すると，以下のようになる。

$\begin{cases} AA \rightarrow \lceil 貧血ではない \rfloor + \lceil マラリア抵抗性がない \rfloor \\ AS \rightarrow \lceil 軽度の貧血 \rfloor + \lceil マラリア抵抗性が高い \rfloor \\ SS \rightarrow \lceil 重度の貧血で致死的 \rfloor \end{cases}$

問1　$AA : AS : SS = 36 : 12 : 1$ なので，S の遺伝子頻度は，

$$S \text{の遺伝子頻度} = \frac{\left(\frac{1}{2} \times 12\right) + 1}{36 + 12 + 1} = \frac{1}{7} = 0.1428\cdots$$

問2　成人の集団では SS のヒトはいなくなるので，この時点での遺伝子型の割合は AA のヒトがマラリアで死亡していなければ $AA : AS = 36 : 12 = 3 : 1$ である。この集団で AA の x%がマラリアで死亡したときの遺伝子型の割合は，

$$AA : AS = 3 \times \frac{100 - x}{100} : 1$$

となる。この集団の遺伝子頻度が新生児集団，すなわち問1で求めた遺伝子頻度に一致する。よって，この集団における S の遺伝子頻度は，

250

$$S\text{の遺伝子頻度} = \frac{\frac{1}{2} \times 1}{3 \times \frac{100 - x}{100} + 1} = \frac{1}{7}$$

が成り立つので，これを解いて，

$$x = \frac{100}{6} \fallingdotseq 16.7 \text{〔％〕}$$

問3　マラリアによるAへの負の淘汰（選択）の大きさと鎌状赤血球貧血症によるSへの負の淘汰の大きさとのバランスによって，AとSの遺伝子頻度がそれぞれどのような値になって平衡に達するかが異なる。

〈1〉　Aへの負の淘汰$=0$で，Sへの負の淘汰のみ

　　　　Sの遺伝子頻度が減少するだけなので，最終的には$A=1$ ＆ $S=0$となって平衡に達する。

〈2〉　Aへの負の淘汰$<S$への負の淘汰

　　　　Aの遺伝子頻度の減少に比べてSの遺伝子頻度の減少の方が大きいので，最終的にはAの遺伝子頻度$>S$の遺伝子頻度の状態で平衡に達する。

〈3〉　Aへの負の淘汰$=S$への負の淘汰

　　　　Aの遺伝子頻度とSの遺伝子頻度との減少が同じなので，最終的にはAとBがともに0.5となって平衡に達する。

〈4〉　Aへの負の淘汰$>S$への負の淘汰

　　　　Aの遺伝子頻度の減少の方がSの遺伝子頻度の減少に比べて大きいので，最終的にはAの遺伝子頻度$<S$の遺伝子頻度となって平衡に達する。

〈5〉　Aへの負の淘汰のみで，Sへの負の淘汰$=0$

　　　　Aの遺伝子頻度が減少するだけなので，最終的には$A=0$ ＆ $S=1$となって平衡に達する。

〈6〉　Aへの負の淘汰$=0$かつSへの負の淘汰$=0$

　　　　AもSも減少しないので，AとSはその値のまま即座に平衡に達する。

(1)　生殖年齢に達するまでの死亡率がSSとAAで同じになるというのは，AとSへの負の淘汰圧が等しいという〈3〉の例なので，最終的には$S=0.5$となって平衡に達する。　∴　B

(2)　マラリアが撲滅されるというのは，Aへの負の淘汰$=0$でSへの負の淘汰のみになるという〈1〉の例なので，最終的には$S=0$となって平衡に達する。
　　∴　E

(3)　鎌状赤血球貧血症で死ぬことがなくなるというのは，Aへの負の淘汰のみでSへの負の淘汰$=0$という〈5〉の例なので，最終的には$S=1$となって平衡に達する。図1からは，右端まででではまだ1に達していないが，次第に1に漸近していきつつあることがわかる。　∴　A

(4)　マラリアが撲滅されるとともに，鎌状赤血球貧血症で死ぬことがなくなるというのは，AとSへの負の淘汰がともに0であるという〈6〉の例なので，Sはそのままの値で即座に平衡に達する。　∴　D

標問 **100** 遺伝的浮動

答

問1　②，⑤

問2　$AA = p^2$ ，　$Aa = 2pq$ ，　$aa = q^2$

問3　ア－36　イ－48

問4　(1)　冬季の積雪量が異なるので，自然選択によって，被捕食率を下げる毛色に違いが生じた。(40字)

　　　(2)　隔離された小さな集団なので，遺伝的浮動によって遺伝子頻度が大きく変化した。(37字)

精講 ハーディ・ワインベルグの法則

　次の条件を満たす集団では，世代を経ても遺伝子頻度や遺伝子型の割合が変化しない。詳しくは**標問49**を参照すること。

① 個体数が十分に多い。

② 突然変異が起こらない。

③ 自然選択が起こらない。

④ 自由交配によって繁殖する。

⑤ 集団への移出入がない。

標問 100 の 解説

問1　個体数が多く，自由交配(任意交配)によって増殖するような理論的な集団で，移出入や突然変異・自然選択がない場合には集団の遺伝子頻度は変化しないことをハーディ・ワインベルグの法則と呼ぶ。実際の集団では，これらを完全に満たすものはないので，生物の集団は時間が経過すれば必ず遺伝子頻度が変化し，これが進化につながるのである。

問2　Aの遺伝子頻度がp，aの遺伝子頻度がqなので，この集団でつくられる配偶子比も遺伝子頻度に一致し，$A : a = p : q$である。よって，各世代の遺伝子型頻度は，

$$(pA + qa)^2 = p^2 AA + 2pq Aa + q^2 aa$$

となる。よって，

　　$AA(Aを2つもつ確率) = p^2$

　　$Aa(Aとaを1つずつもつ確率) = 2pq$

　　$aa(aを2つもつ確率) = q^2$

問3　Cの遺伝子頻度をx，cの遺伝子頻度をy $(x + y = 1)$とおけば，この集団でつくられる配偶子比は$C : c = x : y$である。ccの個体数が明らかなので，

$$cc = y^2 = \frac{16}{100} = \left(\frac{4}{10}\right)^2$$

より，$y = 0.4$ となり，$x = 1 - 0.4 = 0.6$ である。よって，それぞれの遺伝子型頻度は，

$CC = x^2 = 0.6^2 = 0.36$

$Cc = 2xy = 2 \times 0.6 \times 0.4 = 0.48$

となるので，100個体のうち，CC は36個体，Cc は48個体である。

問4　表に示された地域の特徴を考慮する必要があり，データだけでは解釈できない。このような常識がらみの問題は難しく感じるかもしれない。

(1)　$B(b)$ 遺伝子は毛色の決定に関わる遺伝子である。Ⅰ(東北)とⅢ(九州)では環境にどのような違いがあるか検討する必要がある。

　　ノウサギはふつう茶色の毛色だが，北方の積雪地帯に生息するものは冬季に毛色が白色に生えかわり，非積雪地帯では白色にならない。降雪のある東北のノウサギは冬に白毛に生えかわることにより天敵に見つかりにくくなる。地域による毛色の違いは，それぞれが**自然選択**を受けて進化した結果と考えられる。

(2)　佐渡は本州から離れた島であり，陸続きではないため他集団と遺伝的な交流がない。長い年月を経る中で遺伝的特徴が他地域と大きく異なるようになったと推測される。

　　ある集団の遺伝子頻度が，風水害などの偶然の原因で変化することを**遺伝的浮動**と呼ぶ。個体数が少ない小集団では遺伝子頻度が極端に偏ることがあり，これを特に**びん首効果**(ボトルネック効果)と呼ぶ。

　　遺伝的浮動は陸続きだった地域が分断されて小集団になった後や，気象の変化などによって個体数が大きく減じた後などに起こりやすく，集団の遺伝的性質を大きく変化させるので，進化の一要因とされる。人種による血液型の頻度の差などが代表的な例である。

標問 101 分子系統樹

答 問1 (1) X-ウマ　Y-マグロ　Z-酵母
　　　　(2) a-6　b-10　c-23
　　　　(3) $\dfrac{6}{104} \div 8000 〔万年〕 \fallingdotseq 7.21 \times 10^{-10}$〔個/年〕
　　　　(4) アミノ酸の置換数が多くなると，同じアミノ酸のコドンに複数回塩基置換が起こる可能性があり，DNA の塩基配列に変異が生じた回数よりもアミノ酸置換数の方が少なくなるため。
　　問2 同義置換はアミノ酸配列が変化しないため，環境変化による自然選択を受けない中立的な変異である。よって変異が起こって形質に影響が出ると淘汰される可能性のある非同義置換よりも，同義置換の方がDNA上に蓄積されやすいため。
　　問3 欠失や付加のような突然変異を生じた場合，コドンの読み枠が大きく変化するため，合成されるタンパク質の機能が大きく変化する可能性が高い。このような個体は進化の過程で淘汰される確率が高く，集団内に残りにくいため。

標問101の解説

問1 (1) ヒトに対するアミノ酸の置換数から判断する。ヒトに対して，ウマが12個，マグロが21個，酵母が45個の違いがあるので，共通祖先①からまず酵母の祖先が分かれ（Zに向かう），次の共通祖先②からマグロの祖先が分かれ（Yに向かう），そして共通祖先③からウマの祖先と分かれたと判断できる。

　　なお，本問であげられた生物のように類縁関係が明らかな場合（ヒトとウマが最も近縁で，ヒトと酵母は系統間がかなり離れている）であれば常識的に判断することもできるが，その場合も与えられたデータと照合すること。

(2),(4) 突然変異はランダムに発生し，中立的な突然変異は形質に影響せず自然選択を受けないので，一定の速度で蓄積することになる。生物間で特定の DNA 領域を比較すれば，共通祖先から分かれてからの時間が短いほど塩基配列の違いが少なく，分かれてからの時間が長いほど塩基配列の違いが多くなる。このことを利用して生物の系統関係を示したものが**分子系統樹**である。DNA に起こった突然変異がタンパク質のアミノ酸配列に反映すれば，これを比較しても同様に利用できる。

ここで注意する必要があるのは，共通祖先から分岐した後，「それぞれの種でアミノ酸配列の置換が一定の速度で蓄積する」ので，右図に示すようにそれぞれの種で1カ所ずつのアミノ酸配列の置換が起こると，2つの種間では2カ所の違いがみられることである。

a．ヒトとウマの間でアミノ酸配列が12カ所異なっているので，それぞれの種については，
$$12 \div 2 = 6 \text{カ所} = 6 \text{回ずつ}$$
のアミノ酸置換が起こったと推測できる。

b，c．bとcについてはさらに考慮すべきことがある。

cをみてみよう。ヒト・ウマ・マグロ・酵母は共通祖先①から同じ時間経過して現在に至るので，理論上，酵母に対するアミノ酸置換数は同じになるはずである。しかし，長い時間経過すると同じアミノ酸に複数回の置換が起こるなどが原因で，必ずしも置換数が一致しない場合が多い。この場合，平均値を使うことになる。

bでは，マグロに対してヒトの置換数が21，ウマの置換数が19なので，

$$\text{置換数の平均} = \frac{21+19}{2} = 20 \quad \text{よって，} b = \frac{20}{2} = 10$$

cについては，酵母に対してヒトの置換数が45，ウマの置換数が46，マグロの置換数が47なので，

$$\text{置換数の平均} = \frac{45+46+47}{3} = 46 \quad \text{よって，} c = \frac{46}{2} = 23$$

(3)「1年間にペプチド鎖の中のある1カ所のアミノ酸に置換が生じる割合（確率）」の解釈がポイントである。

距離aの値から，8,000万年で104個のアミノ酸のうち6個が置換されていることから，この間（8,000万年）に1カ所のアミノ酸に置換が生じる確率は，$\frac{6}{104}$である。よって，1年あたりでは，$\frac{6}{104} \div 8000 \text{〔万年〕}$ となる。

問2　同義置換ではアミノ酸配列が変化しないので形質が変化せず，生存に影響しない。非同義置換によるアミノ酸配列の変化は，合成されるタンパク質のどの位置に変化が起こるかによって，タンパク質の機能への影響が異なる。つまり，非同義置換が形質の変化を引き起こすとは限らず，また形質が変化しても生存に対する影響もどの程度であるかはさまざまである。しかし，同義置換に比べると非同義置換は生存に影響しやすく，結果として同義置換の方が蓄積しやすい。よって，同義置換の速度が大きくなる。

問3　翻訳領域の塩基置換によってアミノ酸配列が1つ変化することよりも，1塩基や2塩基の挿入や欠失が起こりフレームシフトによって合成されるタンパク質のアミノ酸配列が大きく変化することの方が，機能に重大な影響を及ぼす。よって，置換より挿入や欠失の方が淘汰されやすいと考えられる。ただし，置換によって終止コドンを指定したり，アミノ酸配列の変化で立体構造が大きく変化することもあるので，常に置換の影響が少ないわけではないことは意識しておきたい。

Point　**中立的な変異は蓄積しやすい**

⟶ 異なる生物間でDNAの塩基配列やタンパク質のアミノ酸配列を比較することで，系統関係を推測できる。

標問 102 ヒトの進化

答

問1　ア－クックソニア　イ－胎盤　ウ－原猿類
　　エ－アウストラロピテクス　オ－原人
問2　(1)　DNA を損傷する強い紫外線が地表面に届いていたこと。
　　(2)　光合成生物により大量の酸素が放出され，オゾン層が形成されて地
　　　　表面に届く紫外線の量が著しく減少した。
問3　ロボク，リンボク，フウインボク　（などから1つ。）
問4　共進化
問5　単孔類：カモノハシ，ハリモグラ　（などから1つ。）
　　有袋類：カンガルー，コアラ，フクロネコ　（などから1つ。）
問6　①かぎ爪が平爪になり，さらに拇指対向性をもつことで，枝をつか
　　　みやすくなった。
　　②両眼が正面を向き立体視の範囲が広がることで，木から木に飛び移る
　　　ときの距離が把握しやすくなった。
問7　②，③，⑥
問8　①ミトコンドリア DNA は卵の細胞質を通じてのみ子に遺伝するの
　　　で，父からの遺伝情報が混じらない。このため，母方の系統をたどり
　　　やすい。
　　②塩基置換速度が速いので，比較的短い進化的時間の中で生じた DNA
　　　の変異を効率よく測ることができる。
　　③ミトコンドリアは数が多いため，組織から大量に収集することができ，
　　　分析しやすい。
　　（①～③のうちから1つ。）

標問 102 の 解説

問1　ア．クックソニアは約4億年前の古生代シルル紀に出現した，最も古いと考え
　　られる陸上植物である。小型(数 cm)で維管束はなく，二又に分かれた軸の先端
　　に胞子のうをつけ胞子で増えた。
　ウ．霊長類はキツネザルなどの原猿類と，いわゆるサルらしい特徴をもつ真猿類に
　　分けられる。人類は真猿類に分類される。
　　　人類は祖先となる類人猿から，猿人(500万年前頃：ラミダス猿人，アウストラロ
　　ピテクスなど) ──→ 原人(200万年前頃：ホモ・エレクトスなど) ──→ 旧人(80
　　万年前頃：ネアンデルタール人〈ネアンデルタール人は絶滅〉など) ──→ 新人(20
　　万年前頃：ホモ・サピエンス)と進化してきたとされる。
問2　強い紫外線は直接皮膚を損傷するだけではなく，核酸を構成する塩基に吸収さ
　　れて突然変異を引き起こす元になる。突然変異によって細胞周期が異常になると皮
　　膚癌を引き起こす一要因となる。

第10章　生物の進化と系統　　257

酸素発生型の光合成によって約22億年前くらいから大気中の酸素濃度は上昇してきたが，オゾン層の形成によって紫外線の影響が少なくなるのは古生代のカンブリア紀末頃からである。海で誕生して多様化した生物もその頃には生活する場所が徐々に少なくなり，淡水や水深の浅いところで生活するものが増えていたが，オゾン層の形成によって陸上進出が進んだ。

問3　石炭紀は木本化した高さ数十mのシダ植物が大森林を作っていたとされる。代表的な種類として，ロボク（トクサのなかま），リンボクやフウインボク（ヒカゲノカズラのなかま）がある。

問4　異なる種の生物が互いに影響し合って進化することを共進化と呼ぶ。受粉の媒介は風などによるもの（風媒）と，動物を利用するもの（虫媒・鳥媒）などに分けられるが，同種の花粉を効率的に受粉させるには動物を利用する場合が多い。このとき，より特殊な関係が成り立てば，確実に同種の花粉が特定の動物によってもたらされるので極めて効率がよく，動物を誘引するための花や蜜を作る必要があるものの花粉量は少なくて済む。

問5　単孔類は排泄孔が1つにまとまっており，母乳で子を育てるが卵生である。カモノハシやハリモグラが含まれる。有袋類はオーストラリアや南米大陸に生息域が限られている。代表的な動物は，カンガルー，コアラ，ウォンバットなどである。

問6　樹上生活に最も重要な点は，移動のしやすさである。このため，多くの哺乳類にみられるかぎ爪は平爪になり，拇指対向性（親指が他の指と向かい合う）となって，枝がつかみやすくなった。また，肩関節の可動域が広がって円運動ができるようになると，枝渡りができるようになる。

　　視覚については立体視以外に，多くの哺乳類が最大吸収波長の異なる錐体細胞を2種類しかもたないのに対して，赤色光側に最大吸収波長をもつ錐体細胞が1つ増えたことで色の識別が容易になり，消化吸収のよい熟した実や若葉を見つけやすくなることで，栄養分の獲得に有利であったという考え方もある。

問7　①　直立二足歩行になっても人類はしばらく狩猟生活が中心であった。農業は道具の発達などを経て発達するのであり，直立二足歩行と直接は関係ない。
　　③　歩行時の振動が脳に伝わりにくくするために脊椎はS字になっている。
　　④　暗闇では視覚が働かず行動できない。
　　⑤　外骨格は節足動物などの骨格であり，ヒトをはじめ脊椎動物は内骨格である。

問8　精子は細胞質に乏しい細胞で，中片部にらせん状のミトコンドリアをもつが，受精時には卵内に入らない（入ったとしても分解される）。よって，核内の遺伝情報は両親に由来するが，ミトコンドリア上の遺伝子は母にのみ由来する。核内遺伝子は両親に由来するほか，減数分裂時に乗換えを起こすなど，両親の遺伝子が混じるので遺伝情報の追跡が難しいことがある。

　　また，ミトコンドリアDNAは核DNAに比べて塩基置換の起こる速度が5倍から10倍速く，比較的短い進化的時間の中で生じたDNAの変異を効率よく測ることができる。ミトコンドリアは1個の細胞に数百個含まれており，組織から大量に収集することができ，分析しやすいことも利点である。

標問 103 五界説とドメイン

答
問1　ア－原核生物（モネラ）　イ－原生生物　ウ－動物　エ－菌
　　オ－植物
問2　mRNA の情報をタンパク質に翻訳する。（19字）
問3　ⓐ－原核生物界　ⓑ－植物界　ⓒ－動物界　ⓕ－原核生物界
問4　真正細菌ドメイン－ⓐ　　古細菌ドメイン－ⓕ
　　真核生物ドメイン－ⓑ，ⓒ，ⓓ，ⓔ
問5　(1)　葉緑体－Ⓐ　　ミトコンドリア－Ⓑ
　　(2)　Ⓑはⓑ～ⓔすべての真核生物に含まれるが，Ⓐはⓑと一部のⓔにの
　　　　み含まれることから，原始的な真核生物にⓑが共生した後に，一部の
　　　　生物でⒶを取り込んだといえるため。（78字）
　　(3)　ⓑ－①　　ⓒ－②　　ⓓ－②

標問 103 の 解説

問1　従来提唱されてきた五界説では，生物はまず**原核生物**と**真核生物**に分類され，
前者を**原核生物界**（モネラ界）としてまとめた。後者の真核生物のうち，単細胞生物
や藻類をはじめとして体制の比較的単純な生物を**原生生物界**とした。原生生物界は
多様な生物を含み，1つの界としてまとめるには当時から議論があった。原生生物
に含まれない生物は，独立栄養生物からなる**植物界**，従属栄養のものは**動物界**と**菌
界**に分類された。
　　その後，分子生物学的な考え方が分類学に持ち込まれると，原核生物界を1つに
まとめるのが難しいことがわかった。すなわち，細胞膜の成分の違いや，真核生物
と構造の似た RNA ポリメラーゼをもつような"原核生物らしくない"一群を**古細菌**
として分けることが提唱された。界よりもさらに上位の分類階級である**ドメイン**を
設けることで，現在では生物は3つのドメインに大きく分類されることとなった。

> **Point**　**3ドメイン説による生物の分類**
> 　　細菌（真正細菌）ドメイン（バクテリア）
> 　　古細菌ドメイン（アーキア）
> 　　真核生物ドメイン（ユーカリア）

　　ウとエの違いが若干わかりにくいが，「摂取によって」という部分は他の生物自
体を「摂取」する，「吸収によって」という部分は他の生物のもつ有機物をある程
度分解してから「吸収」するというように解釈する。
問3，5(1)　ⓐ～ⓕの6つを5界に分類するのでやや戸惑うが，ⓐの系統からⒶとⒷ
　　が他の系統に混じっていくことから，ⓐは原核生物である（これは問5の設問文に
　　も示されている）。Ⓑはⓑ～ⓔが共通して含む好気性細菌に由来するミトコンドリ

第10章　生物の進化と系統　　259

アで, ⓑだけに取り込まれるのはシアノバクテリアに由来する葉緑体であることから⑤は植物界である。つまり, ⓕは真核生物ではないので原核生物界と判断できる。残るⓒは動物界である。

問4　好気性細菌やシアノバクテリアは真正細菌ドメインに分類されるので, ⓐが真正細菌ドメイン, ⓕは古細菌ドメインである。残りは真核生物ドメインである。

問5　(2)　真核生物の起源は, 核をもつような原始的な真核細胞にはじめ好気性細菌が取り込まれてミトコンドリアが生じ, 一部の細胞でシアノバクテリアを取り込んだ結果, 葉緑体が生じたと考えられている(共生説)。

　(3)　ⓑは植物界, ⓒは動物界, ⓓは菌界である。ⓓの菌界は従属栄養であり, 葉緑体はもたない。

　なお, 本問では真正細菌ドメインとしているが, 現在では古細菌ドメイン(アーキアドメイン)と対置して細菌ドメイン(バクテリアドメイン)という。

標問 104 動物の分類

答
問1　(a)－⑥, ⑫　　(b)－③, ⑩　　(d)－②, ⑨　　(e)－④, ⑧
問2　(1)　ア－左右　イ－体腔　　(2)　④, ⑤, ⑧
問3　(1)　動物群名：A－旧口動物　B－新口動物
　　　　　違い：旧口動物では原口が口になり肛門が後からできるが，新口動物では原口付近に肛門ができ口が新たに形成される。
　　(2)　体制：体節
　　　　　理由：図1では環形動物と節足動物の共通する祖先で体節が獲得されたが，図2では体節は共通する祖先によらず，各々で独自に獲得されたと考えられている。
　　(3)　トロコフォア幼生

標問104 の解説

問1　①と⑪は脊索動物（原索動物），⑤と⑦は節足動物に分類される。

問2　(1)　ア．多くの動物の体制は正中面で左右に対称な**左右相称**である。これに対して，刺胞動物や棘皮動物では対称軸が2つ以上あり，**放射相称**である。
　　　　イ．体腔には大きく分けて胞胚腔の名残である**偽体腔**（原体腔）と，新たに生じる**真体腔**の2つがある。真体腔は胞胚腔が**中胚葉性**の膜で裏打ちされてできる新たな空間である。体腔ができることによって，体をくねらせながら運動することができる。以前は，偽体腔か真体腔かは系統を考える上で重要であるとされてきたが，現在では体腔の種類は系統には無関係であることがわかっている。
　　(2)　海綿動物は胚葉の分化がなく（無胚葉），刺胞動物では陥入が起こり内側が内胚葉に，外側が外胚葉に分化して二胚葉となる。つまり，三胚葉の動物には**中胚葉**が分化するので，中胚葉性のものを選ぶ。

問3　(1)　AとBは原口の行方や体腔を覆う中胚葉の起源から，三胚葉性の動物を大きく分けるもとになる。Aは原口がそのまま口になり，肛門が新たに形成される**旧口動物**であり，中胚葉は胞胚腔に脱落した細胞に由来する。Bは原口がそのまま，または付近に肛門ができ，口が新たにできる**新口動物**で，体腔を仕切る中胚葉は陥入した原腸の膨らみに由来する。
　　(2), (3)　従来の動物分類では，旧口動物を以下の基準（図1に相当）で分類してきた。

第10章　生物の進化と系統　　261

分子生物学的な研究から，現在では図2に相当するような以下の基準で分類される。ワムシなどの輪形動物はその形態がトロコフォア幼生とよく似ており，この幼生を経て発生する軟体動物と環形動物と共通点があるとされる。これらの動物は冠輪動物と呼ばれる。カイチュウなどの線形動物と節足動物はともに脱皮をして成体になる共通点があることから脱皮動物と呼ばれる。この結果，従来の分類の指標とされた環形動物と節足動物の共通点である「体節をもつ」ことについては，それぞれが独自で体節を獲得したと考えられるようになった。